Malte Brettel/Markus Rudolf/Peter Witt

Finanzierung von Wachstumsunternehmen

Malte Brettel/Markus Rudolf/Peter Witt

Finanzierung von Wachstumsunternehmen

Grundlagen – Finanzierungsquellen – Praxisbeispiele

GABLER

Bibliografische Information Der Deutschen Bibliothek
Die Deutsche Bibliothek verzeichnet diese Publikation in der Deutschen Nationalbibliografie; detaillierte bibliografische Daten sind im Internet über <http://dnb.ddb.de> abrufbar.

Prof. Dr. Malte Brettel ist Inhaber des Lehrstuhls Wirtschaftswissenschaften für Ingenieure und Naturwissenschaftler an der RWTH Aachen.

Prof. Dr. Markus Rudolf ist Inhaber des Dresdner Bank Lehrstuhls für Finanzintermediäre und Kapitalmarkttheorie an der WHU.

Prof. Dr. Peter Witt ist dort Inhaber des Lehrstuhls für Unternehmertum und Existenzgründung.

1. Auflage Juli 2005

Lektorat: Jutta Hauser-Fahr / Walburga Himmel

Der Gabler Verlag ist ein Unternehmen von Springer Science+Business Media.
www.gabler.de

Umschlaggestaltung: Ulrike Weigel, www.CorporateDesignGroup.de
Druck und buchbinderische Verarbeitung: Wilhelm & Adam, Heusenstamm
Gedruckt auf säurefreiem und chlorfrei gebleichtem Papier
Printed in Germany

ISBN 3-409-12655-4

Für

Tanja

Elisabeth, Anna-Sophie, Eva-Marie und Paul-Markus

Hiltrud, Laura, Julia und Alexandra

Vorwort

Wachstumsunternehmen sind von großer Bedeutung für Volkswirtschaften. Sie setzen neue Technologien und Serviceideen in innovative Produkte und Fertigungsverfahren um. Sie schaffen Arbeitsplätze. Und sie erwirtschaften hohe Renditen auf das investierte Kapital. Allerdings sind Wachstumsunternehmen auch höheren Risiken ausgesetzt als etablierte Unternehmen. Daher ist die Finanzierung von Wachstumsunternehmen eine besondere betriebswirtschaftliche Herausforderung. Insbesondere der Eigenkapitalfinanzierung durch Risikokapitalgeber kommt eine zentrale Bedeutung zu. Sie ist für Wachstumsunternehmen deutlich wichtiger als die bei mittelständischen deutschen Unternehmen traditionell dominierende Finanzierung über Bankkredite.

Dieses Buch gibt eine theoriegeleitete und systematische Einführung in alle Fragen der Finanzplanung und der Finanzierung von Wachstumsunternehmen. Ein Schwerpunkt liegt auf der Darstellung spezifischer Finanzierungsquellen, insbesondere Business Angels, Venture Capital und Förderkredite.

Das Buch beruht auf zwei Fundamenten. Zum einen haben wir den Stand der theoretischen Forschung zur Finanzierung von Wachstumsunternehmen erhoben und ihn so kompakt und anschaulich wie möglich dargestellt. Zum anderen haben wir unsere persönlichen und ganz praxisnahen Erfahrungen eingebracht. Dabei handelt es sich um Erfahrungen als Gründer eines Wachstumsunternehmens (Malte Brettel), als Berater sowie als Beirat bzw. Aufsichtsrat in jungen Wachstumsunternehmen (alle drei Autoren).

Das vorliegende Werk ist primär ein Lehrbuch für das Hauptstudium in den Fächern „Entrepreneurship" und „Corporate Finance". Es ist aus Vorlesungen entstanden, die wir in den letzten drei Jahren an der Wissenschaftlichen Hochschule für Unternehmensführung (WHU), Otto-Beisheim-Hochschule, und an der RWTH Aachen gehalten haben. Das Buch eignet sich jedoch auch als Nachschlagewerk oder Handbuch für Gründer und Manager von Wachstumsunternehmen, die Finanzierungsentscheidungen zu treffen haben und mit Investoren umgehen müssen.

Auch wenn wir alle Texte und Abbildungen selbst erstellt haben, sind wir doch mehreren Personen zu einem herzlichen Dank verpflichtet. Unser erster Dank gilt unseren Studenten, die uns in den letzten Jahren geholfen haben, den Aufbau unserer Vorlesungen zu verbessern, Unklarheiten in der Darstellung zu beseitigen und praktische Erfahrungen einzubringen. Für ihre Hilfe bei der Literaturrecherche, der Formatierung der Texte und dem

Korrekturlesen des Manuskripts danken wir Frau Hannelore Forssbohm, Herrn Gerald Schönbucher und Herrn Jan Miczaika am Lehrstuhl für Unternehmertum und Existenzgründung an der WHU. Schließlich danken wir Frau Walburga Himmel vom Gabler-Verlag für die gute Zusammenarbeit bei der Drucklegung des Buches.

Ihnen, liebe Leserinnen und Leser, wünschen wir viel Spaß beim Lesen und beim Nutzen des Buches. Wenn Sie Verbesserungsvorschläge haben oder noch Unstimmigkeiten finden sollten, sagen Sie es uns. Wir freuen uns über jeden Hinweis. Wenn Ihnen das Buch gefällt und es Ihnen nützt, sei es in der Praxis oder im Studium, sagen Sie es weiter. Auch darüber freuen wir uns.

Malte Brettel Markus Rudolf Peter Witt

Inhaltsverzeichnis

Abbildungsverzeichnis

1 Merkmale von Wachstumsunternehmen

1.1 Der Begriff des Wachstumsunternehmens

Traditioneller Begriff

Die Unterscheidung zwischen Wachstumsunternehmen und klassischen Unternehmen ist keine Errungenschaft der 1990er Jahre, sondern eine traditionelle Unterscheidung. Die Termini "Old" und "New Economy" hingegen sind ein Phänomen der 90er. Heute weiß man jedoch, neuen ökonomischen Gesetzmäßigkeiten folgt die "New Economy" nicht. Nach den vielen Insolvenzen von jungen Unternehmen in den Jahren 2000 und 2002, die man in den damaligen Wachstumsbranchen beobachtet hat, sind lediglich einige wenige „Sterne" unter den Wachstumsunternehmen geblieben. In Deutschland wurde im Januar 2003 ein ganzes Marktsegment abgeschafft, an dem Wachstumswerte gehandelt wurden: der vormals sehr erfolgreiche „Neue Markt".

Wachstumsunternehmen sind Technologieunternehmen

Heutige Wachstumsunternehmen sind sehr stark mit dem Internet als Medium verbunden. Dabei handelt es sich um eine Technologie, die neue Distributionswege schafft und in vielen Dienstleistungen zu dramatischen Produktivitätssteigerungen beiträgt. Man könnte sagen, das Internet trägt zur Mobilisierung des Produktionsfaktors Information bei. Die Verarbeitung von Informationen durch Personal Computer ist bereits 15 Jahre alt. Die Verbreitung des Internet stellt durch PCs aufbereitete Informationen zu jedem beliebigen Zeitpunkt an jedem beliebigen Ort zur Verfügung. Zweifellos handelt es sich dabei um eine technologische Revolution. Allerdings ist sie nicht die erste dieser Art in der Industriegeschichte der Erde. Als wichtige industrielle Revolution bezeichnet man gemeinhin die Einführung der Dampfmaschinentechnologie gegen Ende des 18. Jahrhunderts. Thomas Newcomen erfand um 1710 herum die Dampfmaschine. James Watt begann in den 1760er Jahren mit dem Bau einer Dampfmaschine und erreichte 1796 den Durchbruch. Dadurch konnte der Produktionsfaktor Arbeit wesentlich effizienter eingesetzt werden. Ein wichtiger Erfolg dieser neuen Technologie ergab sich mit der Verwendung der Dampfmaschine in Lokomotiven. Die Erschließung und Besiedelung von Kanada oder den USA wäre ohne Eisenbahnen nicht möglich gewesen. Die Fertigstellung der Bahnstrecke zwischen Atlantik und Pazifik in Kanada durch die Canadian Pacific Railway (CPR)

Gesellschaft am 7. November 1885 beispielsweise führte zum Zusammenschluss der Kolonien nördlich der USA zum Land Kanada. Noch heute findet man den weitaus größten Teil der besiedelten Gebiete in Kanada in sehr engem Abstand um den Trans Canada Highway herum. Die Streckenführung des Highway entspricht der der ersten Bahnstrecke. In der Zeit des Eisenbahnbaus stiegen die Aktien von Eisenbahnunternehmen in ungeahnte Höhen. In der heutigen Sprachverwendung würde man alle Sektoren, die damals im Zusammenhang mit der Eisenbahn-Technologie standen, als "New Economy" Unternehmen bezeichnen. Tatsächlich waren diese Sektoren auch außerordentlich wachstumsstark. Hätte es die NASDAQ im Jahr 1885 gegeben, die Aktien der CPR wären zweifelsfrei dort notiert worden.

Growth Stocks versus Value Stocks

Offenbar verändert sich die Definition und Wahrnehmung von Wachstumssektoren ständig. Peter Bernstein (1956) hat frühzeitig zur Unterscheidung zwischen "Growth" und "Value" Stocks beigetragen. Nach seiner Definition müssen Wachstumsunternehmen über ein organisches Wachstum verfügen. Das heißt, das Wachstum muss von innen heraus kommen und darf nicht durch Bevölkerungs- oder Geldvermögenswachstum oder auch durch eine expansive Akquisitionspolitik bedingt sein. Bernstein hält ein von innen heraus erzeugtes Wachstum nur durch technologischen Fortschritt für möglich. Damit löst sich das eingangs geschilderte Dilemma in der Abgrenzung zwischen Technologie- und Wachstumsunternehmen: Voraussetzung für Wachstum, das über dem in traditionellen Branchen liegt, ist ein erheblicher, technischer Fortschritt. Wachstumsbörsen sind grundsätzlich Technologiebörsen. Dafür spricht auch, dass der frühere Index NEMAX des Neuen Marktes im Jahr 2003 durch den TecDAX abgelöst wurde, ein Index der wachstumsstarke Technologieaktien umfasst. Der wohl bedeutendste Markt für Wachstumsunternehmen ist die NASDAQ, also die elektronische U.S. Börse für Technologieunternehmen. Für den deutschen Aktienmarkt gilt aber dennoch eine Besonderheit: Im Vergleich zu fast allen anderen Märkten ist der DAX sehr stark durch Technologietitel getragen. Man beobachtet deshalb auch eine wesentlich höhere Volatilität in Deutschland als beispielsweise am U.S. Markt. Muck und Rudolf (2003) arbeiten diese Besonderheiten der europäischen Börsen und deren Unterschied zur U.S. Börse in einer kurzen Abhandlung heraus.

Gewinne und Wachstum

Bernstein (1956) definiert ein Wachstumsunternehmen als eines, das deutlich über dem Durchschnitt liegende (risikobereinigte) Gewinnmargen erwarten lässt. Diese Forderung ist kaum auf die heutigen Zeiten übertragbar. Fast keines der derzeitigen Wachstumsunternehmen wies in der Anfangszeit Gewinne aus. Tatsächlich erwarteten die Marktteilnehmer nicht einmal Gewinne in der Anfangsphase. Mancher Leser mag sich daran erinnern, dass der Internet-Buchhändler amazon.com sogar durch fallende Aktienkurse abgestraft wurde, wenn die Verluste kleiner wurden. Diese auf den ersten

Blick paradoxen Beobachtungen lassen sich dadurch erklären, dass Wachstumsunternehmen aus der Internetbranche nicht um Marktanteile kämpften, sondern um ganze Märkte. Internet- und Telekommunikationsunternehmen leben natürlich von Netzwerkeffekten. Je stärker ein Netzwerk ausdifferenziert ist, desto höher würden die Gewinnmargen in der Zukunft sein und ein desto höherer Aktienkurs kann gerechtfertigt werden. Natürlich erfordert der Aufbau eines solchen Netzwerks erhebliche Anfangsinvestitionen. Daher waren fallende Verluste bis zum März 2000 nicht gerne gesehen; sie wurden als Indikatoren für eine mangelhafte Förderung des Netzwerks verstanden. Dies dürfte übrigens bei der Schaffung der ersten Eisenbahnlinien, die ebenfalls von Netzwerken leben, kaum anders gewesen sein.

Das Platzen der Technologie-Blase

Wir alle wissen, wie groß die Enttäuschung war, die nach dem März 2000 folgte. Uns allen ist bewusst, wie schnell und schonungslos das oben geschilderte Geschäftsmodell auf den Boden der Realität zurückgeführt wurde. Seit März 2003 ist aber wieder deutlicher geworden, dass der Aktienkurs eines Unternehmens dem Barwert seiner erwarteten Gewinne entspricht. Nur erwartete Gewinnsteigerungen führen zu Aktienkurssteigerungen. Allein die Frist, in der Gewinne erzielt werden, kann sich bei Wachstumsunternehmen von traditionellen Unternehmen unterscheiden. Bernstein hat die Entwicklungen der 90er Jahre natürlich nicht vorher sehen können. Und natürlich müssen die erwarteten Gewinnmargen höher sein, wenn Wachstumsunternehmen höhere Aktienkurssteigerungen rechtfertigen wollen als "Value Stocks". Sie müssen es aber nicht unbedingt sofort sein. Es genügt, wenn in fünf bis zehn Jahren hohe Gewinnmargen erwartet werden können. Interessant ist übrigens auch, welche Unternehmen Bernstein (1956) als Wachstumsunternehmen einstuft. Neben mehreren anderen führt er insbesondere Unternehmen aus der Elektro- und Chemieindustrie an. Beispiele sind IBM, Eastman Kodak, General Electric, Dow Chemical, aber auch General Motors, DuPont und andere Unternehmen, von denen viele heute nicht mehr existieren. Alle diese Unternehmen sind heute etablierte "Value" Unternehmen. Niemand käme heute mehr auf die Idee, eines dieser Unternehmen als Wachstumsunternehmen zu bezeichnen. Andere Autoren nennen zusätzlich Polaroid als Wachstumsunternehmen. Pikanterweise handelt es sich dabei um ein Unternehmen, das zwar in den 60er Jahren eine technologische Revolution in der Fotografie auslöste (Sofortbilder), das aber den Übergang zur digitalen Fotografie in der Mitte der 90er Jahre vollkommen verpasste und deshalb heute in existenziellen Schwierigkeiten steckt.

1.2 Ansätze zur Bewertung von Wachstumsunternehmen

Negative Cash Flows

Diese Analyse zeigt, dass das Phänomen der Wachstumsunternehmen kein neues Phänomen ist. Die Frage, wie „Value Stocks" im Gegensatz zu „Growth Stocks" zu bewerten seien, ist eine alte Diskussion, die immer wieder auflebt. Beispiele dafür sind Fama und French (1992) oder Harris und Marston (1994) und viele andere mehr. Ein Unterschied zwischen Wachstumsunternehmen heute und vor 50 Jahren besteht aber in den negativen Cash Flows, die bei heutigen Wachstumsunternehmen teilweise über viele Jahre hingenommen werden müssen. Erst die Etablierung von Venture Capital-Gesellschaften hat solche Entwicklungen, wie wir sie z.B. von amazon.com oder von United Internet in Deutschland her kennen, ermöglicht. Für die Bewertung von Wachstumsunternehmen sind die Konsequenzen aber wichtig. Das von Bernstein (1956) vorgeschlagene Verfahren, welches auf organisches Wachstum von innen heraus setzt, eignen sich nicht mehr. Heutige Unternehmensgründungen werden vornehmlich extern finanziert, typischerweise von Venture Capital-Gesellschaften. Sie weisen über viele Jahre negative Cash Flows auf und werden dennoch mit positiven Preisen bewertet. Deshalb ist zwar das Phänomen von Wachstumsunternehmen nicht neu. Deren Bewertungsmethoden mussten jedoch gründlich überarbeitet werden. Wissenschaftliche Ansätze, die das Problem der negativen Cash Flows berücksichtigen, sind jedoch wesentlich jünger als das Phänomen der Wachstumsunternehmen selbst. Nachfolgend werden in aller Kürze die folgenden Bewertungsmodelle behandelt:

1. Traditionelle Unternehmensbewertungsmodelle
2. Realoptionsmodelle
3. Rationale Unternehmensbewertungsmodelle
    - Cash Flow Modelle
    - EBIT Modelle
4. Kundenbewertungsmodelle

Traditionelle Bewertungsmodelle

Alle traditionellen Unternehmensbewertungsmodelle setzen entweder an Erfolgsgrößen (wie z.B. der Vorsteuergewinn vor Zinszahlungen EBIT) oder an finanzwirtschaftlichen Größen (wie z.B. Cash Flows) an, die für die Zukunft geschätzt werden müssen. Die einfachste Form eines Cash Flow basierten Bewertungsmodells stammt von Gordon und Shapiro (1956). Demnach entspricht der Unternehmenswert P dem folgenden Ausdruck:

$$(1) \qquad P = \frac{CF}{r-g}$$

Gordon Growth Modell

CF bezeichnet den nächsten Cash Flow in €, r den Kalkulationszinsfuß und g die jährliche Wachstumsrate der Cash Flows. Es gilt: r > g. Nehmen wir beispielsweise einen Cash Flow von 1 Million € und einen Kalkulationszins von 10 % an, dann beträgt der Unternehmenswert 10 Millionen €, falls kein Wachstum zu beobachten ist, aber 100 Millionen € bei einem jährlichen Wachstum von 9 %. Auf diese Weise lassen sich „Value Stocks" (g klein) problemlos von growth stocks (g hoch) unterscheiden. Implementierbare Bewertungsmodelle können wesentlich komplexer sein als das in Gleichung (1) dargestellte Gordon Shapiro Modell. Dennoch ist allen diesen Modellen gemeinsam, dass sie von positiven Cash Flows ausgehen. Dies zeichnet jedoch die Situation vieler Wachstumsunternehmen nicht angemessen nach. Eine Anpassung von traditionellen Bewertungsverfahren auf Gründungsunternehmen stammt von Achleitner und Nathusius (2003). Sie liefern einen Überblick zur Anwendung von DCF Verfahren, von Realoptionsansätzen, von marktorientierten Verfahren (Vergleichsmethoden) und der Venture Capital-Methode als Faustregel auf die Bewertung von Gründungsunternehmen.

Realoptionsansatz von Myers

Einer der ersten Erklärungsansätze für Wertkomponenten von Unternehmen, die über den Barwert der Cash Flows hinausgehen, stammt von Myers (1977). Auf ihn geht das Konzept der Realoptionen zurück. Reale Optionen sind unternehmerische Flexibilitäten, die vom Kapitalmarkt als bewertungsrelevant angesehen werden können und die somit einen negativen Cash Flow-Barwert in einen positiven Unternehmenswert verwandeln können. Dem liegt die Annahme zugrunde, dass der Unternehmenswert aus dem Barwert der Cash Flows nach Gleichung (1) bestehe plus einen Gegenwert für die Flexibilität. Reale, unternehmerische Optionen können auch im Lebenszyklus des Unternehmens berücksichtigt werden.

EBIT-Modelle

Zusätzlich zum Realoptionsansatz haben sich aber auch zwei weitere Bewertungsansätze herauskristallisiert, die wesentlich neuer sind. Beim ersten Ansatz handelt es sich um rationale Bewertungsmodelle. Sie erfassen die gesamte Wahrscheinlichkeitsverteilung bewertungsrelevanter Größen und projizieren sie durch Simulation in die Zukunft. Als bewertungsrelevante Größen kommen wiederum entweder Erfolgsgrößen in Frage (EBIT Modelle) oder Cash Flow Größen. Schwartz und Moon (2000) und Schwartz und Moon (2001) sind Vertreter der Cash Flow orientierten, rationalen Bewertungsmodelle. Sie nehmen für Umsätze und Kosten stochastische Prozesse an und simulieren sie für einen relativ langen Zeithorizont in die Zukunft. Daraus ergibt sich dann eine Wahrscheinlichkeitsverteilung mit zum Beispiel 100.000 verschiedenen Cash Flows in 25 Jahren. Aus dieser Cash Flow-

Verteilung lässt sich dann ein Unternehmenswert bestimmen. Der Vorteil dieser Art der Modellierung ist, dass der gesamte Wachstumsprozess des Unternehmens auf 100.000 verschiedenen Pfaden dargestellt werden kann. Auf diesem Pfad kann das Unternehmen beispielsweise in 20 % aller Fälle in den Konkursfall laufen und in 80 % aller Fälle überleben. Damit erhält man eine sehr realistische, asymmetrische Cash Flow-Verteilung beispielsweise für das Jahr 25. Aus dieser Verteilung ergibt sich dann durch Diskontierung die Verteilung des heutigen Unternehmenswertes. Negative Cash Flows in den Anfangsjahren können problemlos in den Prozess hinein modelliert werden. Die Wachstumsgeschwindigkeit der Cash Flows sinkt aber im Zeitablauf, weil das Unternehmen in einem Lebenszyklus verschiedene Stadien durchläuft. Am Ende der Simulationsperiode ist das Unternehmen entweder ein profitables „Value" Unternehmen oder bankrott. Die Ansätze von Schwartz und Moon wurden häufig aufgegriffen. Eine umfangreiche, empirische Untersuchung des deutschen Wachstumsmarktes stammt von Keiber, Kronimus und Rudolf (2002). Die umfangreichste theoretische Abhandlung dazu stammt von Kronimus (2003). Ihm gelingen zahlreiche Erweiterungen, z.B. hinsichtlich der Frage, wie viel Eigenkapital Venture Capital-Geber bereit sind zu zahlen bzw. wann der optimale Bankrottzeitpunkt eingetreten ist. Zudem gelingen ihm Schlussfolgerungen nicht nur zum Unternehmenswert, sondern auch zum Kreditrisiko eines Wachstumsunternehmens.

Rationale Modelle der Unternehmensbewertung

Ebenfalls zur Klasse der rationalen Modelle gehören die so genannten EBIT Modelle, die den bereits oben erwähnten Zahlungsstrom-orientierten Modellen ähneln. Im Unterschied dazu wird bei ihnen jedoch keine Cash Flow-Größe modelliert (als Differenz von Umsätzen und Kosten), sondern direkt eine Erfolgsgröße, typischerweise EBIT. Der Vorzug dieser Modellierung ist der geringere Datenbedarf. Das erste Papier zu dieser Art der Bewertung stammt von Goldstein, Ju und Leland (2001). Ammann und Genser (2004) greifen EBIT Modelle auf, um Credit Spreads von Unternehmensanleihen zu bestimmen. Damit bilden sie die Vorgehensweise von Kronimus (2003) mit einem EBIT Modell nach. Kapitel 12 wird noch genauer auf diese Modellklasse eingehen.

Customer Equity Modelle

Eine zweite Gruppe von Bewertungsmodellen für Wachstumsunternehmen setzt nicht an finanziellen Erfolgszahlen an, sondern an der Anzahl und der Qualität der Kundenbeziehungen. Man spricht in der Marketing-Literatur von Customer-Valuation- oder von Customer-Equity-Modellen. Der Vorzug dieser Modelle besteht darin, dass Kundenwerte in der Regel nicht negativ sein können. Summiert man den Wert aller Kunden, so erhält man den Wert des Unternehmens. Im Bereich des Marketing gibt es dazu umfangreiche Literatur, z.B. Rudolf-Sipötz (2001) oder Krafft (2002). Die Anwendung dieser Ansätze in der Finanzwirtschaft ist recht selten. Beispiele dafür sind z.B. Treynor (1994) oder Krafft, Rudolf und Rudolf-Sipötz (2005).

In der bisherigen Literatur wird vor allem auf die traditionellen und die rationalen Modelle der Unternehmensbewertung eingegangen. Kundenwertmodelle werden vernachlässigt, weil sie einer stark unterschiedlichen Modellklasse angehören. Rudolf und Witt (2002) gehen jedoch ausführlicher auf diese Modellklasse ein. Der Versuch, sowohl traditionelle wie auch rationale Modelle auf Wachstumsunternehmen anzuwenden, wurde in einer umfassenden Studie auch von Behm (2003) gewagt. Hier wird einerseits gezeigt, wie traditionelle, erfolgsorientierte Modelle zur Verwendung von Wachstumsunternehmen eingesetzt werden können. Andererseits stellt Behm stochastische, Zahlungsstrom-orientierte Modelle vor. Er schließt dann eine empirische Untersuchung für 21 am Neuen Markt in Frankfurt notierte Unternehmen aus den Sektoren Telekommunikation, Biotechnologie und Medizintechnik an. Der empirische Bewertungsteil stützt sich auf die Simulation von Erfolgsgrößen wie EBIT. Hier schließt Behm die traditionellen Verfahren aus seiner Untersuchung aus, weil sie schlicht nicht geeignet sind. Im Gegensatz dazu wird hier der Versuch unternommen, ein Unternehmen in seinem Lebenszyklus zu verfolgen und zu bewerten. Der Schwerpunkt dieses Kapitels wird dabei auf einer Darstellung des Modells von Schwartz und Moon (2001) zur Bewertung von Wachstumsunternehmen liegen.

1.3 Unternehmensbewertung und der Lebenszyklus von Unternehmen

Der Lebenszyklus eines Unternehmens

Den Entwicklungsprozess, den ein Unternehmen durchläuft, kann man theoretisch in mehrere Phasen einteilen, wovon die Phase des Wachstums nur eine ist. Idealtypisch steht vor der Wachstumsphase die Gründungs- und Anlaufphase, an die Wachstumsphase schließen sich die Reife- und die Konsolidierungsphase an. Eine solche Einteilung ist weit verbreitet und leitet sich aus den beiden Erkenntnissen ab, dass einerseits Produkte typischerweise einen Lebenszyklus durchlaufen und andererseits Unternehmen typischerweise um Produkte herum entstehen und organisiert sind. Entsprechend kann sich der schematische Ablauf einer Unternehmensentwicklung in Abhängigkeit von Produkteigenschaften unterschiedlich schnell vollziehen, auch können sich einzelne Geschäftsfelder innerhalb eines Unternehmens in verschiedenen Phasen befinden und sich überlagern. Insofern ist es nicht immer eindeutig möglich, ein Wachstumsunternehmen als solches zu kategorisieren. Black (2003) hat einen Versuch für verschiedene Branchen in den USA unternommen, dieser ist in Abbildung 1-1 dargestellt.

Abbildung 1-1 *Übersicht zu Lebenszyklusphasen von Unternehmen ausgewählter Branchen*

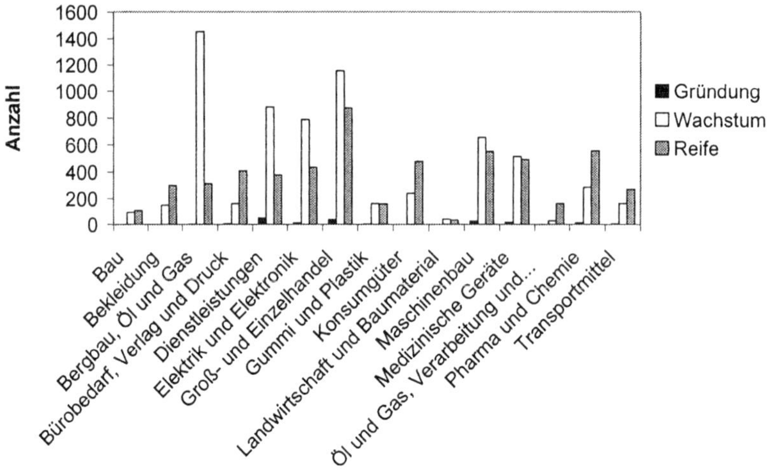

Wachstum und Branchen

Aus Abbildung 1-1 lassen sich zwei Schlussfolgerungen ableiten. Zunächst lässt sich erkennen, dass die verschiedenen Branchen unterschiedliche Grade an Innovation beinhalten und damit auch einen weit divergierenden Anteil an Wachstumsunternehmen besitzen. Schließlich kann man aber auch über alle Branchen hinweg ein typisches Muster erkennen: Während die Anzahl an Gründungsunternehmen gering ist, kann die Anzahl der Wachstumsunternehmen sehr groß sein, im Bereich Bergbau, Öl und Gas bspw. ein Vielfaches der als reif kategorisierten Unternehmen. Die Zahl der reifen Unternehmen ist häufig geringer als die der Wachstumsunternehmen. Dies spiegelt einfache Tatsachen der wirtschaftlichen Realität wider: Sobald ein Unternehmen gegründet wurde, muss es wachsen, um eine kritische Größe zu erreichen und die anfänglichen Investitionen zu amortisieren. Anders formuliert muss es einem Unternehmen möglichst schnell gelingen, von der Gründungsphase in die Wachstumsphase überzugehen. Ist eine Branche sehr innovativ, so werden sich zahlreiche Unternehmen daran machen, die Innovationen in marktfähige Produkte und wirtschaftliche Geschäftsprozesse umzusetzen. Nur einigen wird dies jedoch gelingen, andere werden aufgrund nicht gangbarer Geschäftsmodelle, zu langsamen Wachstums oder ganz einfach mangelnder liquider Mittel aufgeben müssen. Steigender Konkurrenzdruck führt schließlich zu einer, wenn man es so bezeichnen möchte, darwinistischen Auswahl der fittesten oder angepasstesten Geschäftsmodelle, die in eine Konsolidierungsphase der Branche mündet und somit die Reife-Phase einläutet.

1.4 Schlussbemerkungen

Lebensphase und Bewertung

Aus den Betrachtungen des vorangehenden Abschnitts lässt sich ableiten, dass die Finanzierung reifer Unternehmen mit weniger Unsicherheit behaftet ist, als die von Wachstumsunternehmen. Grundsätzlich sind die Finanzierung und damit auch das Bewertungsverfahren jedoch unabhängig von den Charakteristika eines Unternehmens. In der Theorie spielen beispielsweise weder die Branche eines Unternehmens eine Rolle für Finanzierung und Bewertung, noch die Phase des Lebenszyklus, in der es sich gerade befindet. In der Theorie lassen sich alle Unternehmen nach den gleichen methodischen Ansätzen bewerten. Das Problem der Bewertung ist jedoch ein Zweifaches: Einerseits bedarf es eines Modells, dass die Realität hinreichend genau erfasst und abbildet sowie den Bewertungszweck berücksichtigt. Andererseits entsteht erfahrungsgemäß der wesentlich größere Teil der Bewertungsungenauigkeit, oder besser: Bewertungsunsicherheit, durch die Annahmen zu Daten und Parametern, die in das Bewertungsmodell einfließen. Das Ziel einer jeden Bewertung ist die Minimierung der Bewertungsunsicherheit, oder, anders gesagt, die Maximierung der Bewertungsgenauigkeit. Unterschiedliche Datenverfügbarkeit und unterschiedliche Datenrelevanz bzw. –Aussagekraft führt jedoch dazu, dass sich verschiedene Modelle unterschiedlich gut eignen zur Bewertung von Unternehmen in spezifischen Phasen ihres Lebenszyklus. Dies ist einer der Gründe dafür, warum nicht nur verschiedene Bewertungsmodelle existieren, sondern auch immer wieder bestimmte Modelle auf Unternehmen in spezifischen Phasen ihres Lebenszyklus angewandt werden.

Wachstums-optionen

Dem bereits erwähnten Ansatz von Myers (1977) zufolge besteht der Wert eines Unternehmens aus dem Wert des bestehenden Unternehmens, d.h. des laufenden Geschäfts, und den Wachstumsoptionen des Unternehmens. Genauer gesagt besteht der Wert eines reifen Unternehmens darin, mit einem gangbaren Geschäftskonzept nachhaltig positive Zahlungsströme zu erwirtschaften. Der Wert eines Wachstumsunternehmens besteht jedoch darin, möglichst stark zu wachsen und eine gewisse Größe zu erreichen, mit der es dann in eine reife Phase übergeht und idealerweise nachhaltig positive Zahlungsströme erwirtschaftet. Etwas salopp könnte man demnach auch sagen, dass die Finanzierung von Wachstumsunternehmen eine Wette auf das Erreichen der Reife-Phase ist. Bei reifen Unternehmen wird der erste Teil den Hauptteil des Wertes ausmachen, bspw. 90 %, während die verbleibenden

10 % auf die einem Unternehmen inhärenten Wachstumsoptionen zurückzuführen sind. Je weiter man im Lebenszyklus eines Unternehmens zu dessen Gründung zurückgeht, desto mehr steigt der relative Anteil der Wachstums- oder Optionskomponente am Unternehmenswert, entsprechend fällt der relative Anteil des Wertes, der aus dem gegenwärtig laufenden Geschäft erklärt werden kann. Zu einem ähnlichen Ergebnis kommt Black (2003), der in einer empirischen Studie zur Aussagekraft der Rechnungslegung die Relevanz von Cash Flow-Statement, Gewinn- und Verlustrechnung sowie Bilanz untersucht im Hinblick auf die Bewertung von Unternehmen in den drei bereits erwähnten Lebenszyklusphasen: Gründung, Wachstum und Reife.

Struktur des vorliegenden Buches

Je nach Stadium eines Unternehmens stehen verschiedene Finanzierungsformen im Vordergrund. Das vorliegende Buch widmet sich der Finanzierung der Wachstumsphase und beleuchtet dabei die verschiedenen Finanzierungsformen. Die Kapitel drei bis sieben konzentrieren sich auf die Eigenfinanzierung; die Kapitel acht und neun auf die Fremdfinanzierung. Entsprechend der Logik des Unternehmens-Lebenszyklus widmen sich die Kapitel zehn und elf dem Abschluss der Wachstumsphase entweder durch einen Trade Sale oder durch einen Börsengang. Die Kapitel zwölf und 13 schließlich beleuchtet quantitative (Bewertung und Risikomanagement) und psychologische Aspekte der Finanzierung des Unternehmenswachstums.

1.5 Literatur

ACHLEITNER, ANN-KRISTIN/NATHUSIUS, EVA (2003): Bewertung von Unternehmen bei Venture-Capital-Finanzierungen, Arbeitspapier TU-München.

AMMANN, MANUEL/GENSER, MARTIN (2004): A testable EBIT-based credit risk model, Arbeitspapier Universität St. Gallen.

BEHM, GEORG (2003): Valuation of innovative companies, Dissertation Wirtschaftsuniversität Wien.

BERNSTEIN, PETER L. (1956): Growth Companies vs. Growth Stocks, in: Harvard Business Review 34, S. 87-98.

BLACK, ERVIN L. (2003): Usefulness of financial statement components in valuation: an examination of start-up and growth firms, Venture Capital 5, S. 47-69.

FAMA, EUGENE F./FRENCH, KENETH R. (1992): The cross-section of expected stock returns, The Journal of Finance 47, S. 427-465.

GOLDSTEIN, ROBERT/JU, NENGJIU/LELAND, HAYNE (2001): An EBIT-based model of dynamic capital structure, in: Journal of Business 74, S. 483-512.

GORDON, MYRON J./SHAPIRO, ELI (1956): Capital Equipment Analysis: The Required Rate of Profit, in: Management Science 3, S. 102-110.

HARRIS, ROBERT S./MARSTON, FELICIA C. (1994): Value versus Growth Stocks: Book-to-Market, Growth and Beta, in: Financial Analysts Journal 50, S. 18-24.

KEIBER, KARL/KRONIMUS, ANDRÉ/RUDOLF, MARKUS (2002): Bewertung von Wachstumsunternehmen am Neuen Markt, in: Zeitschrift für Betriebswirtschaft 72, S. 735-764.

KRAFFT, MANFRED (2002): Kundenbindung und Kundenwert, Heidelberg.

KRAFFT, MANFRED/RUDOLF, MARKUS/RUDOLF-SIPÖTZ, ELISABETH (2005): Valuation of customers in new technology start-up companies - a scenario based model, erscheint in: Schmalenbach's Business Review 57.

KRONIMUS, ANDRÉ (2003): Firm valuation in continuous time, Dissertation, WHU.

MUCK, MATTHIAS/RUDOLF, MARKUS (2003): How Technology Stocks have become poor dogs and not cash cows, Editorial, in: Financial Markets and Portfolio Management 17, S. 1-8.

MYERS, STEWART C. (1977): Determinants of corporate borrowing, in: Journal of Financial Economics 5, S. 147-175.

RUDOLF, MARKUS/WITT, PETER (2002): Bewertung von Wachstumsunternehmen – Traditionelle und innovative Methoden im Vergleich, Wiesbaden.

RUDOLF, MARKUS/WITT, PETER (2002): Wachstumsunternehmen: Historie, Branchen, Bewertung, in: Das Wirtschaftsstudium, Nr. 10, S. 1247-1257.

RUDOLF, MARKUS/WITT, PETER (2003): Die Bewertung von KMU's – Möglichkeiten und Grenzen des Realoptionsansatzes, in: Meyer, Jörn-Axel (Hrsg.): Unternehmensbewertung und Basel II – in kleinen und mittleren Unternehmen, Lohmar/Köln, S. 141-155.

RUDOLF-SIPÖTZ, ELISABETH (2001): Kundenwert: Konzeption - Determinanten – Management, St. Gallen.

SCHWARTZ, EDUARDO S./MOON, MARK (2000): Rational Pricing of Internet Companies, in: Financial Analysts Journal 56, S. 62-75.

SCHWARTZ, EDUARDO S./MOON, MARK (2001): Rational Pricing of Internet Companies Re-visited, in: Financial Review 36, S. 7-26.

TREYNOR, JACK L. (1994): Growth companies, in: Financial Analysts Journal 50, S. 12-16.

2 Kapitalbedarfs- und Finanzierungsplanung

2.1 Einleitung

Kapitalbedarf als Ausgangspunkt

Ausgangspunkt aller in diesem Buch zu behandelnden Fragen der Finanzierung von Wachstumsunternehmen ist der Kapitalbedarf. Aus der Geschäftsidee, dem verwendeten Geschäftsmodell und der verfolgten Unternehmensstrategie muss das Management den Kapitalbedarf des Unternehmens für alle Planungsperioden berechnen. Die Kapitalbedarfsplanung erfolgt unter Unsicherheit. Je nach Art, Branche und Technologie eines Wachstumsunternehmens kann diese Unsicherheit ein erhebliches Ausmaß erreichen. Entsprechend müssen bei der Planung des Kapitalbedarfs Reserven vorgesehen und ungünstige Szenarien der Unternehmensentwicklung mitberücksichtigt werden. Nach Fertigstellung der Kapitalbedarfsplanung erfolgt die Finanzierungsplanung, in der nach Möglichkeiten der Deckung des Kapitalbedarfs gesucht wird. Aus den grundsätzlich zur Verfügung stehenden Finanzierungsinstrumenten wählt das Management schließlich diejenigen aus, die zu den geringsten Kapitalkosten führen oder die unter Abwägung zusätzlicher Leistungen der Kapitalgeber den größten Nutzen für das Wachstumsunternehmen versprechen. Mitunter verfolgen Wachstumsunternehmen auch bestimmte Finanzierungsstrategien, die als Nebenbedingungen der Auswahl und Optimierung von einzusetzenden Finanzierungsinstrumenten wirken. Wir werden im Folgenden alle diese Aufgaben unter den Oberbegriff der Unternehmensfinanzierung fassen und in den Details näher erläutern.

Kernaufgaben der Finanzierung

Die Unternehmensfinanzierung als betriebliche Funktion verfolgt zwei Kernaufgaben. Zum einen hat sie das finanzielle Gleichgewicht eines Unternehmens zu garantieren (Gutenberg 1980, S. 273-279), zum anderen hat sie dafür zu sorgen, dass der Kapitalbedarf zu möglichst niedrigen Kosten gedeckt wird. Eine Mindestvoraussetzung für den Erhalt des finanziellen Gleichgewichts ist die Sicherstellung der Zahlungsfähigkeit bzw. der zahlungsorientierten Liquidität. Ein Unternehmen ist liquide, wenn es jederzeit in der Lage ist, seine fälligen (Geld)Schulden fristgerecht zu begleichen (vgl. Schmidt 1986, S. 9). Gelingt die Sicherstellung der Liquidität im Sinne der Zahlungsfähigkeit nicht, droht dem Unternehmen die Insolvenz und damit das Ausscheiden aus dem Markt. Für Wachstumsunternehmen ist die Gefahr einer Zahlungsunfähigkeit oft größer als für etablierte Großunternehmen, weil weniger Möglichkeiten der kurzfristigen Neuaufnahme von Finanzmitteln zum Ausgleich von unerwarteten Liquiditätsengpässen bestehen. Bei jungen Gründungsunternehmen ist die Sicherstellung der Zahlungsfähigkeit auch als „the entrepreneur's achilles heel" bezeichnet worden (Timmons/Spinelli 2004, S. 443).

Optimale Kassenhaltung

Die Sicherstellung der Zahlungsfähigkeit bedeutet jedoch nicht, dass ein Wachstumsunternehmen zu jedem Zeitpunkt über hohe Bestände an Liquidität im umgangssprachlichen Sinne, also Bestände an Zahlungsmitteln verfügen müsste. Zu hohe Bestände an unverzinslich vorgehaltenen Zahlungsmitteln sind sogar unerwünscht, weil sie die Rentabilität eines Unternehmens verringern. Das Ziel der Kapitalbedarfs- und Finanzplanung ist folglich die Sicherstellung einer optimalen Kassenhaltung. Die theoretische Finanzierungsliteratur hat verschiedene Modelle der optimalen Kassenhaltung in Unternehmen bei unsicheren zukünftigen Zahlungsströmen entwickelt (vgl. Perridon/Steiner 1993, S. 147-156). In jüngerer Zeit sind auch entsprechende Modelle für Gründungs- und Wachstumsunternehmen vorgestellt worden (vgl. Brachtendorf/Witt 2004). Sie berücksichtigen u.a. die Möglichkeit der gestaffelten Aufnahme von Finanzierungsmitteln und Liquiditätsreserven, die eingeplant werden sollten, um unerwartete Änderungen der Zahlungsmittelströme noch vor der Insolvenz des Unternehmens ausgleichen zu können.

Interdependenz der Teilpläne

Die Sicherstellung des finanziellen Gleichgewichts erfordert neben der Sicherung der kurz- und mittelfristigen Zahlungsfähigkeit auch die Deckung des langfristigen Kapitalbedarfs, der sich aus den Investitionsentscheidungen sowie dem Absatz- und Produktionsprogramm eines Unternehmens ableitet. Die Deckung des Kapitalbedarfs setzt eine Finanzplanung voraus, die mit den anderen betrieblichen Teilplanungen interdependent ist. Zu prüfen ist dabei, welche Teilplanung als Ausgangspunkt bzw. als Engpass anzusehen ist (vgl. Schefczyk/Pankotsch 2003, S. 36). Bei einer passiven Finanzplanung ergibt sich der Kapitalbedarf als Ergebnis bzw. Konsequenz der anderen Pläne. Aufgabe der Unternehmensfinanzierung ist dann nur noch die geeignete Deckung des errechneten Kapitalbedarfs. Theoretisch gerechtfertigt ist eine solche Vorgehensweise bei vollkommenen Kapitalmärkten, auf denen sich für jedes Investitionsvorhaben mit positivem Kapitalwert (zum Kapitalmarktzinssatz) eine Finanzierung finden lässt. Eine aktive Finanzplanung erkennt Unvollkommenheiten des Kapitalmarkts an. Sie geht davon aus, dass die Deckung des Kapitalbedarfs der Engpass der unternehmerischen Planungen ist (oder zumindest sein kann) und daher die Finanzierbarkeit die möglichen Produktions-, Absatz und Investitionspläne determiniert.

Minimierung der Kapitalkosten

Weiterhin ist es die Aufgabe der Unternehmensfinanzierung, die Kapitalkosten des Unternehmens so gering wie möglich zu halten. Wir definieren Kapitalkosten als die Opportunitätskosten der Aufnahme von finanziellen Mitteln. Der Kapitalkostensatz eines einzelnen Finanzierungsinstruments entspricht bei dieser Sicht dem Erwartungswert der Verzinsung, den ein Kapitalgeber für die Überlassung von Finanzmitteln an ein Unternehmen mindestens fordert. Auf Kapitalmärkten mit Wettbewerbsbedingungen entspricht die geforderte Verzinsung der im Gleichgewicht tatsächlich gewährten Verzinsung (vgl. Breuer 1998, S. 48). Auf den ersten Blick ergibt sich für die Finanzierung von Wachstumsunternehmen aus diesen Überlegungen nur eine Aufgabe, nämlich das Finanzierungsinstrument mit den niedrigsten Kapitalkosten zu finden und mit ihm den gesamten Kapitalbedarf des Unternehmens zu decken. In der Praxis der Unternehmensfinanzierung gestaltet sich die Minimierung der Kapitalkosten bei langfristiger Deckung des Kapitalbedarfs jedoch schwieriger. Aufgrund von Kapitalmarktunvollkommenheiten und externen Einflussfaktoren, auf die in diesem und den folgenden Kapiteln noch näher einzugehen sein wird, nutzen Unternehmen typischerweise mehrere Finanzierungsinstrumente gleichzeitig, selbst wenn jedes Instrument andere Kapitalkosten aufweist. Folglich ist der Gesamtkapitalkostensatz eines Unternehmens, definiert als der gewichtete durchschnittliche Kapitalkostensatz, zu bestimmen und langfristig zu minimieren.

Rechtsform und Finanzplanung

Wir werden im Folgenden für die betrachteten Wachstumsunternehmen immer die Rechtsform der Aktiengesellschaft (AG) unterstellen, es sei denn, dass wir explizit auf andere Rechtsformen hinweisen. Wir tun das vor allem zur Vereinfachung und Vereinheitlichung der Terminologie. Gesellschafter des Unternehmens bezeichnen wir demzufolge als Aktionäre, Geschäftsführer als Vorstände sowie Beratungs- bzw. Aufsichtsgremien als Aufsichtsrat. Eigenkapitalfinanzierungen entsprechen Kapitalerhöhungen mit Verkauf der jungen Aktien an neue oder bestehende Aktionäre. Auf Fragen der Mitbestimmung gehen wir in diesem Buch nicht ein (vgl. Witt 2003, S. 37-40). Empirisch betrachtet ist die Aktiengesellschaft trotz der hier gewählten begrifflichen Konvention keineswegs die wichtigste Rechtsform. Bei nicht börsennotierten deutschen Wachstumsunternehmen ist die Rechtsform der Gesellschaft mit beschränkter Haftung (GmbH) weiter verbreitet als die AG. Börsennotierte Unternehmen müssen die Rechtsform der AG oder einer Kommanditgesellschaft auf Aktien (KGaA) aufweisen (vgl. Schanz 2000, S. 27).

2.2 Kapitalbedarfsplanung

Treiber des Kapitalbedarfs

Jedes Wachstumsunternehmen kann aus finanzwirtschaftlicher Sicht als eine Institution angesehen werden, die heute zur Verfügung stehende Zahlungsmittelbestände in zukünftig zu erwartende (hoffentlich höhere) Zahlungsmittelbestände umwandelt (vgl. Smith/Smith 2000, S. 145). Finanzierungs- bzw. Kapitalbedarf entsteht, wenn es zu einem - vorübergehenden - Überschuss der Auszahlungen über die Einzahlungen kommt. Von besonderer Bedeutung bei der Planung des Kapitalbedarfs in Wachstumsunternehmen sind einerseits Investitionen, also Kapitalbedarfe für den Erwerb von Anlage- und Umlaufvermögen (vgl. Nathusius 2001, S. 133), und andererseits Verluste aus laufendem Geschäft, die vorfinanziert werden müssen. Beide können von den Gründern bzw. Managern eines Wachstumsunternehmens durch die Wahl des Geschäftsmodells und der Markteintrittsstrategie beeinflusst werden. So können Investitionen beispielsweise dadurch begrenzt werden, dass auf den Erwerb von Anlagevermögen zugunsten einer Miete oder eines Leasing des entsprechenden Vermögensgegenstands verzichtet wird. In ähnlicher Weise können die Anfangsverluste begrenzt werden, indem zusätzlich zur Entwicklung innovativer Produkte auch bestimmte Dienstleistungen angeboten werden, die kurzfristig zu Umsatzerlösen führen.

Quellen des Kapitalbedarfs

Aus welchen Quellen der Kapitalbedarf gedeckt werden kann, hängt von der Geschäftsidee und ihrer Attraktivität in den Augen von Kapitalgebern ab. Aufgrund von bestimmten Moden und Kapitalmarkttrends sind nicht alle Geschäftsideen immer gleich beliebt. Bei schnell wachsenden und technologieorientierten Gründungsunternehmen erfolgt die Finanzierung aufgrund der fehlenden Kreditsicherheiten und der zum Teil sehr hohen Markt- und Technologierisiken des Geschäftsmodells typischerweise durch die Aufnahme von Eigenkapital. Weiterhin hängt die Verfügbarkeit verschiedener Kapitalquellen auch von der Höhe des Kapitalbedarfs ab. Im Fall höherer Kapitalbedarfe reicht das von den Gründern bereitgestellte Eigenkapital häufig nicht aus, so dass externes Eigenkapital aufgenommen werden muss, z.B. von einem Business Angel. Bei sehr hohem Kapitalbedarf stehen schließlich nur noch ganz bestimmte Formen der externen Eigenkapitalfinanzierung zur Verfügung, insbesondere Venture Capital oder Corporate Venture Capital.

Finanzierungsstrategien

Neben einer expliziten Unternehmensstrategie kann das zu finanzierende Wachstumsunternehmen auch eine spezifische Finanzierungsstrategie verfolgen, d.h. ganz konkrete Vorstellungen von den geeigneten Kapitalgebern und der zu erreichenden Kapitalstruktur haben. Zum Beispiel könnten die Gründer eines Wachstumsunternehmens das Ziel verfolgen, auf Dauer die Mehrheit des Eigenkapitals zu behalten und aus diesem Grund die Aufnahme externen Eigenkapitals begrenzen. Ein anderes Beispiel ist die Vermeidung von Fremdfinanzierungen, um nicht zu viele vertrauliche Informationen an eine Bank geben zu müssen. Nicht alle Wachstumsunternehmen können jedoch derart wählerisch in ihrer Finanzierungsstrategie sein. Wenn schnelles Wachstum für das Geschäftsmodell und damit für den langfristigen Unternehmenserfolg von Bedeutung ist, wie z.B. bei Produkten mit Netzgutcharakter, muss das Primat der Unternehmensstrategie über die Finanzierungsstrategie gelten, d.h. jede verfügbare Quelle von Kapital ist zu nutzen. Abbildung 2-1 verdeutlicht die Zusammenhänge zwischen den einzelnen Strategien und Rahmenbedingungen der Finanzierung von Wachstumsunternehmen.

Abbildung 2-1

Determinanten des Kapitalbedarfs und seiner Deckung

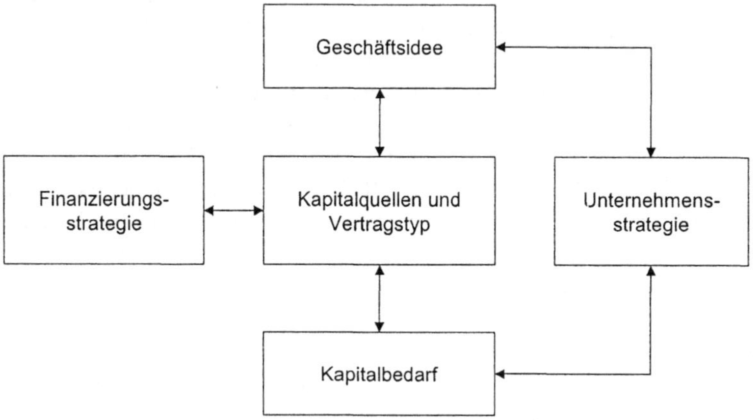

Höhe und Dauer des Kapitalbedarfs

Bei der Planung des Kapitalbedarfs kommt es nicht nur auf die absolute Höhe der insgesamt aufzunehmenden Mittel an, es muss auch eine Planung bezüglich der zeitlichen Verteilung der Kapitalbedarfe erfolgen. Bei manchen Wachstumsunternehmen wie beispielsweise Arzneimittel entwickelnden Biotechnologie-Firmen kann es mehrere Jahre dauern, bis erstmalig Umsätze oder sogar positive Cash Flows erzielt werden (vgl. Rudolf/Witt 2002, S. 165-166). In diesen Unternehmen treten nicht nur hohe, sondern auch ausgesprochen langfristige Kapitalbedarfe auf. In anderen Wachstumsunternehmen ist der Kapitalbedarf zwar ebenfalls hoch, er fällt jedoch nur über einen vergleichsweise kurzen Zeitraum von ein bis zwei Jahren an. Beispiele sind innovative Maschinenbaufirmen, die neue Produktvarianten entwickeln und anschließend entsprechende Prototypen erstellen sowie testen müssen. Bei wieder anderen Unternehmen sind sowohl die Höhe des

Kapitalbedarfs als auch dessen zeitliche Verteilung variabel. Beispiele sind Softwareunternehmen, die von Anfang an durch Dienstleistungen wie beispielsweise Beratungs- oder Schulungsprojekte Geld verdienen und ihren Kapitalbedarf auf diese Weise gering halten können. Bei diesen Unternehmen besteht nur die Gefahr, dass die Dienstleistungserbringung zur Erwirtschaftung eigener finanzieller Mittel dem Kerngeschäft mit dem eigentlichen Vorfinanzierungsbedarf, konkret z.B. der Erstellung von Standardsoftware, schadet.

Prognosen und Szenarien

Die Aufgabe des Managements eines Wachstumsunternehmens besteht also darin, die Höhe und den Zeitraum des insgesamt zu finanzierenden Kapitalbedarfs (einschließlich von Liquiditätsreserven) möglichst genau zu prognostizieren bzw. Szenarien für eine besonders positive, eine besonders negative und eine mittlere Entwicklung des Kapitalbedarfs im Zeitablauf zu entwerfen. Basis der Finanzierungsplanung sollte dann das schlechteste Szenario sein, nicht das mittlere. Nur so kann der Kapitalbedarf auch im Fall einer ungünstigen Geschäftsentwicklung noch gedeckt werden. Im Ergebnis kommt man (fast) immer zu einer sogenannten Hockey-Schläger-Prognose („hockey stick forecast“). Sie bezeichnet einen über die Zeit zunächst steigenden Kapitalbedarf mit negativen Netto-Zahlungsmittelüberschüssen. Erst zum Zeitpunkt des „break-even“, also mit Erreichen positiver Netto-Cash flows, verändert die Kurve ihre Richtung und weist abnehmende Netto-Zahlungsmittelabflüsse auf. Den Zeitpunkt, zu dem der anfängliche Zahlungsmittelabfluss aus dem Wachstumsunternehmen durch positive Cash flows genau ausgeglichen wird, bezeichnet man auch als „equity breakeven“. Ihm folgen üblicherweise Zeiträume mit exponentiell steigenden positiven Zahlungsmittelüberschüssen. Abbildung 2-2 stellt den typischen Verlauf einer solchen Hockey-Schläger-Prognose für die zeitliche Verteilung des Kapitalbedarfs in einem Wachstumsunternehmen dar.

Struktur des Kapitalbedarfs in einem Wachstumsunternehmen

Abbildung 2-2

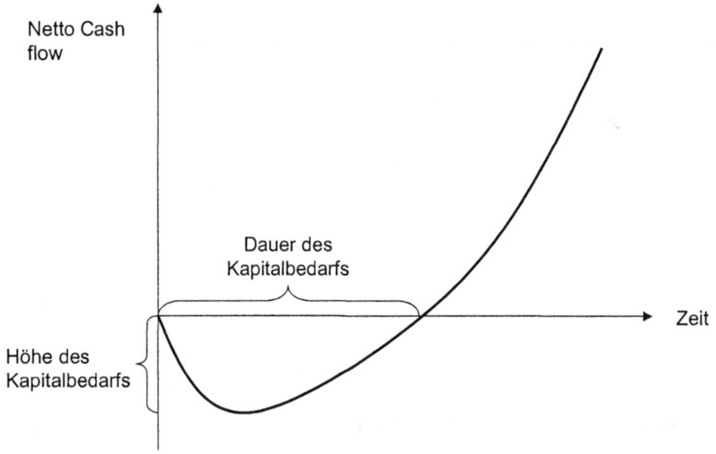

2.3 Komponenten der Finanzplanung

Komponenten der Finanzplanung

Die Finanzplanung eines Wachstumsunternehmens umfasst typischerweise drei verschiedene Planungsrechnungen: eine Bilanzplanung, eine Planung der zukünftigen Gewinn- und Verlustrechnungen und eine Liquiditätsplanung. Letztere wird häufig auch als Cash Flow-Planung bezeichnet. Alle drei Planungsrechnungen werden aus dem Businessplan bzw. der Geschäftsplanung des Wachstumsunternehmens abgeleitet und sind interdependent. Sie sind aber auch alle drei notwendig, weil jede Planungsrechnung auf anderen Erfolgsmaßen beruht und andere Informationen zur Verfügung stellt. Die Bilanzplanung betrifft die Ebene des Realvermögens eines Unternehmens. Sie ist stichtagsbezogen und zeigt zum einen die Kapitalverwendung, d.h. welche Vermögensgegenstände das Wachstumsunternehmen erwerben will, und zum anderen die Kapitalherkunft, d.h. mit welchen Finanzierungsinstrumenten die erworbenen Vermögensgegenstände finanziert werden wollen. Die Gewinnplanung widmet sich der Ebene des Geldvermögens und stellt periodenbezogen die geplanten Erlöse und Kosten gegenüber. Die Liquiditätsplanung betrifft schließlich die Ebene der Zahlungsmittel. Hier werden periodenbezogen die Ein- und Auszahlungen des Wachstumsunternehmens gegenübergestellt und als Saldo die Zahlungsmittelüberschüsse bzw. Zahlungsmittelabflüsse berechnet. Abbildung 2-3 stellt die Komponenten der Finanzplanung in einer Übersicht dar.

Abbildung 2-3 *Komponenten der Finanzplanung*

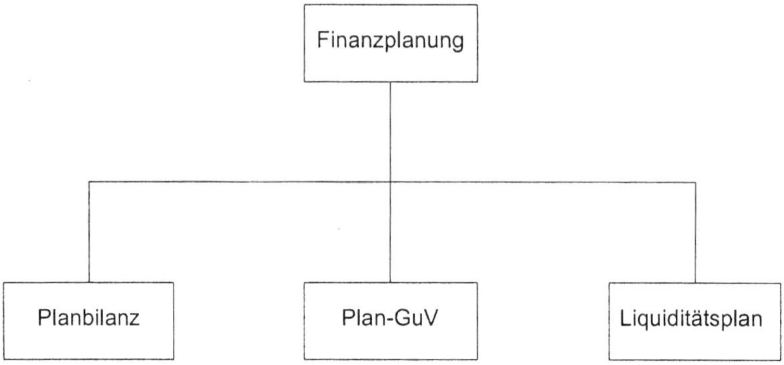

Die Bilanzplanung

Die Bilanzplanung stellt auf der Aktivseite die Ergebnisse der Investitionsplanungen dar. Auf der Passivseite nennt sie die geplante Finanzierungsstruktur im Sinne von Eigen- und Fremdkapitalanteilen. Typischerweise erfolgt sie auf Jahresbasis für einen Planungszeitraum von drei bis fünf Jahren. Investitionen erfolgen zum einen in Anlagevermögen, also in dauerhaft dem Unternehmen zu dienen bestimmten Vermögensgegenständen, und zum anderen in das Umlaufvermögen. Wenn aufgrund der beschränkten Finanzierungsmöglichkeiten eines Unternehmens oder aus Wirtschaftlichkeitsrechnungen heraus wenige oder gar keine Investitionen geplant sind, ist das Anlagevermögen entsprechend gering. Die Bilanz bleibt aber immer bedeutsam, da auch im Umlaufvermögen Kapitalbedarfe entstehen, die zum einen unsicher sind und zum anderen im Verlauf des Wachstumsprozesses eines Unternehmens stark ansteigen können. Um die Unsicherheit so gut wie möglich zu erfassen, bietet es sich erneut an, die Bilanzplanung nicht nur einwertig zu erstellen, sondern Szenarien zu planen. Fehler bei der Bilanzplanung in Wachstumsunternehmen entstehen häufig bei der ungeprüften Verwendung von Standardsoftware. So haben wir beispielsweise Computer-Programme gesehen, bei denen nicht immer ein Ausgleich von Aktiv- und Passivseite sicher gestellt ist. Ein anderer Fehler besteht darin, die Maßgeblichkeit der Handelsbilanz auf die Steuerbilanz zu vernachlässigen und in der Bilanzplanung steuerlich ungünstige Ansätze vorzunehmen. Insgesamt betrachtet ist die Bilanzplanung aber vielleicht noch die einfachste Komponente der Finanzplanung in Wachstumsunternehmen.

Die Gewinnplanung

Die Gewinnplanung beschreibt die Selbstfinanzierungsmöglichkeiten eines Wachstumsunternehmens. Sie leitet sich aus der Umsatz- und der Produktionsplanung des Business- bzw. Geschäftsplans ab und erfolgt ebenfalls auf Jahresbasis über den Planungszeitraum von drei bis fünf Jahren. Ein Wachstumsunternehmen muss hier jährliche Erlöse und Kosten abschätzen und daraus den erwarteten Gewinn pro Periode berechnen. Das setzt sorgfältige Planungen der Produktpreise, Absatzmengen und aller Kosten voraus. Zur Berücksichtigung der unausweichlich gegebenen Planungsunsicherheiten ist auch bei der Gewinnplanung die Durchführung von Szenarioanalysen empfehlenswert. Die Verbindung zwischen Gewinnplanung und Bilanzplanung besteht über die Abschreibungen und über den Jahresüberschuss bzw. Jahresfehlbetrag, der als Saldo der Gewinn- und Verlustrechnung in der Bilanz erscheint. Ein typischer Fehler bei der Erstellung der Gewinnplanungen sind unvollständige Angaben. So werden häufig bestimmte Aufwandsarten ganz übersehen, z.B. zwingend erforderliche Versicherungen oder Personalnebenkosten. Andere Aufwendungen werden typischerweise in ihrer Höhe unterschätzt, z.B. Marketingaufwendungen, Rechtsanwaltskosten oder Aufwendungen für die Eintragung von Patenten. Neben der Nutzung von Checklisten (zur Sicherung der Vollständigkeit der Planungen) bieten sich daher Vergleiche mit den Gewinnplanungen anderer Wachstumsunternehmen oder mit entsprechenden Branchenangaben an.

Die Cash-Flow-Planung

Liquiditäts- bzw. Cash Flow-Planungen sind zeitraumbezogen und für kurze Zeitintervalle (Monate oder Wochen) erforderlich, weil die zukünftigen Auszahlungen auch bei einem profitablen Wachstumsunternehmen nicht automatisch zu jedem Zeitpunkt von ausreichend hohen Einzahlungen abgedeckt werden. Stichtagsbetrachtungen am Jahresende wie beispielsweise in einer Bilanz reichen im Falle der Liquiditätsplanung nicht aus, weil auch unterjährig der Tatbestand der Illiquidität bzw. Zahlungsunfähigkeit auftreten kann. Dieser Tatbestand bezeichnet die dauerhafte Unfähigkeit eines Unternehmen, seine fälligen Verbindlichkeiten fristgerecht zu bezahlen. Eine Zahlungsunfähigkeit ist ein gesetzlicher Insolvenzgrund. Sie führt zum Ausscheiden des Unternehmens aus dem Markt und zu erheblichen persönlichen Belastungen aller Beteiligten. Insolvenzen binden die Kapazitäten des Managements, führen möglicherweise zu Reputationsverlusten und verursachen zusätzliche Kosten, z.B. für den Insolvenzverwalter und die beteiligten Rechtsanwälte. Wann immer es möglich ist, sollte eine Insolvenz vermieden werden. So kann das Management beispielsweise versuchen, bei absehbar aussichtloser Entwicklung der wirtschaftlichen Lage des Unternehmens einen Gesellschafterbeschluss zur Auflösung des Unternehmens herbeizuführen. Die Auflösung ist weniger reputationsschädlich für das Management als die Insolvenz, zudem ist sie mit deutlich geringeren rechtlichen Auflagen und Risiken verbunden. Ein Auflösungsbeschluss ist aber nur möglich, wenn noch genügend Geld vorhanden ist, um alle fälligen Verbindlichkeiten bis zum Zeitpunkt der Durchführung der Auflösung zu begleichen. Gerade bei der Liquiditätsplanung sollte man deshalb äußerst konservativ vorgehen und ausreichende Liquiditätsreserven einplanen.

Typische Planungsfehler

Typische Fehler bei der Erstellung von Liquiditätsplanungen sind Unvollständigkeiten und viel zu optimistische Prognosen. Eine Cash Flow-Planung ist unvollständig, wenn bestimmte Ein- oder Auszahlungen nicht aufgeführt werden, obwohl sie tatsächlich anfallen. Ein interessantes Beispiel sind die Gehälter für das Managementteam eines Wachstumsunternehmens, die in Business- oder Geschäftsplänen häufig vergessen werden. Optimistische Prognosen bezeichnen Zahlungsplanungen, die nur bei sehr günstigen Umweltzuständen oder eventuell sogar nie erreicht werden können. Sie kommen nicht nur bei Umsatzplanungen vor, sondern betreffen häufig auch den Zeitpunkt des Zahlungseingangs bei offenen Forderungen sowie die zukünftige Kostenstruktur des Unternehmens. Viele Businesspläne neu gegründeter Wachstumsunternehmen unterschätzen die laufenden Auszahlungsverpflichtungen durch Umsatzsteuervorauszahlungen, Lieferantenrechnungen, Mieten, Gehälter usw. Oft wird auch nicht berücksichtigt, dass manche Kunden ihre Rechnungen gar nicht bezahlen. Die Vorliebe von Wachstumsunternehmen, sehr optimistische Finanzierungspläne zu schreiben (und schließlich irgendwann selber daran zu glauben), ist nach unseren persönlichen Erfahrungen weit verbreitet und hat dazu geführt, dass manche Investoren generell starke Abschläge bei den Prognosen in Businessplänen machen, was letzten Endes nur zu ungenaueren Schätzwerten und schwierigeren Verhandlungen mit Kapitalgebern führt (vgl. Sahlmann 1997, S. 98).

Risiko- und Szenarioanalysen

Wenn alle Teile der Finanzierungsplanung stehen, müssen Risikoanalysen durchgeführt werden. Wachstumsunternehmen sollten in ihrem Businessplan bzw. Geschäftsplan spätestens im Abschnitt über die Finanzplanung auf die wesentlichen Treiber des Kapitalbedarfs und die wesentlichen Risiken der finanziellen Entwicklung des Unternehmens hinweisen. Es muss auch dargestellt werden, welche Annahmen der bisherigen Finanzrechnungen besonders sensitiv sind, also bei kleinen Änderungen der Parameter schon zu deutlich anderen Ergebnissen führen. Eine sorgfältige Risikoanalyse erfordert zudem das Erstellen von Szenarien des zukünftigen Kapitalbedarfs. Typische Fragen im Rahmen einer Szenarioanalyse lauten: Was passiert, wenn nur 80 % des geplanten Umsatzes erreicht werden? Wie wirkt ein unerwarteter Kostenanstieg bei Forschungs- und Entwicklungsaktivitäten? Welche Folgen hat ein über den Planansätzen liegendes Wachstum (andere Büroräume, mehr Personal, steigende Fixkosten etc.)? Die Finanzplanung muss dann auch zeigen, wie das Management auf einen unerwartet schlechten Geschäftsverlauf reagieren könnte, d.h. wo zusätzliche Finanzierungsmöglichkeiten bestehen und welche Auszahlungen kurzfristig verringert oder ganz eingestellt werden können. Investoren lesen in der Finanzplanung auch gerne eine Beschreibung von Abbruchs- und Ausstiegsoptionen, die ihnen eine Begrenzung ihrer Investitionsrisiken erlauben.

Insolvenzplanung

Im schlimmsten Fall können negative Entwicklungen der wirtschaftlichen Lage eines Wachstumsunternehmens nicht durch entsprechende Finanzierungsmaßnahmen ausgeglichen werden, es kommt zur Insolvenz. Auch und gerade in diesem Fall kommt einer verlässlichen Finanzplanung des Unternehmens große Bedeutung zu. Mit einer Insolvenz verbinden sich viele rechtliche Verpflichtungen des geschäftsführenden Managements, die bei Nichtbeachtung schwerwiegende Konsequenzen für die betroffenen Personen nach sich ziehen. So muss eine Insolvenz vor allem rechtzeitig erkannt und angemeldet werden. Dafür stehen nach deutschen Recht nur wenige Tage zur Verfügung. Versäumt das Management die rechtzeitige Anmeldung der Insolvenz, liegt der Tatbestand der Insolvenzverschleppung vor. Er ist strafrechtlich relevant, d.h. kann für die verantwortlichen Geschäftsführer Gefängnisstrafen nach sich ziehen. Leider hat es in der Vergangenheit immer wieder Beispiele von Wachstumsunternehmen gegeben, die trotz guter Managementteams und aussichtsreicher Geschäftsmodelle in wirtschaftliche Schwierigkeiten kamen und dann schwerwiegende Fehler bei der Finanzplanung machten. Beispielsweise zahlte ein Unternehmen wegen drohender Zahlungsunfähigkeit die Sozialabgaben für Mitarbeiter nicht rechtzeitig aus, wohl aber die Löhne und Gehälter. Das Management versuchte auf diese Weise, Finanzierungsengpässe zu überbrücken und gleichzeitig nicht die Mitarbeiter in persönliche Schwierigkeiten zu bringen. Leider ist das Nichtzahlen von Sozialabgaben aus rechtlicher Sicht ein Insolvenznachweis. Der umgekehrte Fall der Lohnstundung bei pünktlicher Bezahlung der Sozialabgaben wäre dagegen rechtlich problemlos gewesen.

2.4 Theoretische Grundlagen der Finanzierung von Wachstumsunternehmen

Eigenkapitalfinanzierung

Unter dem Begriff Kapitalstruktur versteht man die Aufteilung der gesamten zur Finanzierung eines Unternehmens benötigten Mittel in solche, die von Eigentümern als Eigenkapital eingebracht, und in solche, die von Gläubigern als Fremdkapital bereit gestellt werden. Ein Eigenkapitalanteil verleiht seinem Inhaber, unabhängig von der Rechtsform des Unternehmens, mehrere Rechte: ein Stimmrecht, einen Anspruch auf einen Teil des Unternehmensgewinns und einen Anspruch auf einen Teil des Unternehmensvermögens im Fall seiner Auflösung bzw. Liquidation. Feste Verzinsungsansprüche sind mit Eigenkapital nicht verbunden, auch keine Rückzahlungsansprüche. Es besteht lediglich ein Anspruch auf den erzielten Überschuss bzw. Gewinn, sofern er denn erwirtschaftet wurde und sofern beschlossen wird, diesen Überschuss auch an die Aktionäre auszuschütten. Falls das Unternehmen Verluste macht, vermindern sie zuerst das Eigenkapital bevor sie auf das Fremdkapital durchschlagen (vgl. Schmidt 1986, S. 180). Die Vermögensposition eines Aktionärs enthält folglich nur residuale Ansprüche auf Zahlungen aus Gewinnen, die aber in ihrer möglichen Höhe nicht begrenzt sind.

Fremdkapitalfinanzierung

Fremdkapitalinstrumente verleihen ihren Inhabern eine grundsätzlich andere Vermögensposition (vgl. Perridon/Steiner 1993, S. 299). Die Überlassung der finanziellen Mittel ist zeitlich befristet, es besteht ein Rechtsanspruch auf Rückzahlung des Kredits bzw. Darlehens. Typischerweise wird für Fremdkapital auch eine feste Verzinsung vereinbart. Dafür verleihen Fremdkapitalpositionen keine Mitspracherechte bei der Unternehmensführung und lassen ihre Inhaber auch nicht an Überschüssen in Form von Gewinnen partizipieren. Die Beteiligung der Fremdkapitalgeber bzw. Gläubiger an Risiken und Renditechancen eines Unternehmens ist folglich grundsätzlich anders als bei Eigenkapitalgebern. An Gewinnen partizipieren Gläubiger nicht, die mögliche Verzinsung des eingesetzten Kapitals ist auf den vereinbarten Kreditzins beschränkt. An Verlusten partizipieren Fremdkapitalgeber solange nicht, solange das Eigenkapital noch nicht aufgezehrt ist. Darüber hinaus entsteht aber durchaus das Risiko eines Ausbleibens von Zins- und Tilgungszahlungen bis hin zum völligen Ausfall der Kreditforderung. Folglich ist es rational erklärbar, dass Fremdkapitalgeber andere Einstellungen zu unternehmerischen Risiken haben als Eigenkapitalgeber. Sie sind risikoaverser, weil sie möglicherweise an Verlusten, aber nicht an Gewinnen einer riskanten Unternehmenspolitik (im Sinne einer größeren Varianz der möglichen finanziellen Ergebnisse) teilhaben.

Der Leverage-Effekt

Ein erster finanzierungstheoretischer Ansatz zur Bestimmung der optimalen Kapitalstruktur eines Unternehmens ist der sogenannte Leverage-Effekt (vgl. Perridon/Steiner 1993, S. 423-429). Er gilt für den Fall, dass die Rendite auf das gesamte eingesetzte Kapital eines Unternehmens (Gesamtkapitalrendite) größer ist als die (konstanten) Fremdkapitalkosten. Die Eigenkapitalrendite nimmt unter diesen Bedingungen mit steigender Verschuldung zu, ist also steigend im Anteil des Fremdkapitals am gesamten eingesetzten Kapital. Daraus folgt, dass eine größtmögliche Fremdfinanzierung zu minimalen Kapitalkosten führt. Im Extremfall setzt ein Unternehmen nur Fremdkapital ein. Allerdings gilt dieses Ergebnis nur unter den genannten, sehr restriktiven Annahmen. Wenn die Gesamtkapitalrendite geringer ist als der Fremdkapitalkostensatz, dann sinkt die Eigenkapitalrendite mit steigender Verschuldung und das Unternehmen wird insolvent. Man spricht in diesem Fall vom negativen Leverage-Effekt. Wenn die Fremdkapitalkosten nicht unabhängig vom Verschuldungsgrad sind, sondern mit zunehmender Verschuldung ansteigen, ergibt sich möglicherweise doch ein optimaler Verschuldungsgrad, d.h. eine maximale Fremdkapitalfinanzierung ist nicht mehr zwingend kapitalkostenminimal. Das theoretisch wichtigste Manko der Idee des Leverage-Effekts ist jedoch die Vernachlässigung von Risiken und ihres Einflusses auf die Kapitalkosten.

Das Theorem von Modigliani und Miller

Einer der wichtigsten Beiträge zur Unternehmensfinanzierung – für manche Ökonomen ist es der Ausgangspunkt der modernen Finanzierungstheorie überhaupt (vgl. Breuer 1998, S. 61) - ist das Modigliani-Miller-Theorem (vgl. Modigliani/Miller 1958, 433). Es leitet aus einer Gleichgewichtsanalyse von Kapitalmärkten die Irrelevanz der Kapitalstruktur eines Unternehmens für seinen Marktwert und damit auch für seine Kapitalkosten ab. Das Theorem gilt unter der Annahme eines vollkommenen Kapitalmarkts, konkret also unter der Bedingung, dass alle Kapitalmarktteilnehmer auf einem friktionsfrei arbeitenden Sekundärmarkt Handel treiben und Zahlungsströme entsprechend ihrer persönlichen Zeit- und Risikopräferenzen erwerben können (vgl. Breuer 1998, S. 2). Die zentrale Idee des Modigliani-Miller-Theorems, das später auch unter etwas weniger restriktiven Annahmen als in der Originalarbeit bewiesen wurde, lautet, dass Kapitalstrukturentscheidungen des Unternehmens deswegen irrelevant sind, weil sie nichts bewirken können, was die Anleger am Kapitalmarkt nicht auch selbst erreichen könnten.

Optimale Kapitalstruktur in der Praxis

Wenn die Annahmen des Modigliani-Miller-Theorems zutreffen und die durchschnittlichen Kapitalkosten unabhängig von der Kapitalstruktur sind, dann wird die Unternehmensfinanzierung einfacher. Eine Minimierung der Kapitalkosten ist dann gar nicht, zumindest jedoch nicht über Kapitalstrukturentscheidungen zu leisten, weil jede beliebige Kombination von Eigen- und Fremdkapitalpositionen zu den gleichen Kapitalkosten führt. Das Irritierende an diesem Ergebnis ist, dass es in der Praxis der Finanzierung von Unternehmen nicht zuzutreffen scheint. Insbesondere Wachstumsunternehmen sehen sich erheblichen Finanzierungsrestriktionen ausgesetzt und sind auch in besonderer Weise auf eine Senkung der Kapitalkosten durch eine geeignete Kombination von Eigen- und Fremdkapital angewiesen. Offensichtlich liegen in der Realität nicht die Bedingungen eines vollkommenen Kapitalmarkts vor. Das gilt für große, etablierte Unternehmen, aber in besonderer Weise auch für Wachstumsunternehmen, die sich in stark segmentierten Bereichen des Kapitalmarkts finanzieren und häufig gar nicht an einer Börse notiert sind. Insbesondere wirken steuerliche Einflüsse, sind Risiken sowie Insolvenzkosten zu berücksichtigen und bestehen Informationsasymmetrien sowie Interessendivergenzen zwischen den beteiligten Parteien.

Neo-institutionalistische Theorien

Die neo-institutionalistische Finanzierungstheorie greift diese Probleme sowie die Kosten von wirtschaftlichen Transaktionen auf und integriert sie systematisch in eine Erklärung verschiedener Finanzierungsinstrumente. Konkret werden Finanzierungsformen nicht nur als Ansprüche auf zukünftige Zahlungen angesehen, sondern als spezifische Kombinationen von Rechten und Handlungsmöglichkeiten für Kapitalgeber gedeutet. Sie reduzieren die Anreize und Möglichkeiten der Kapitalnehmer, den Kapitalgeber zu schädigen, schützen auf diese Weise den Kapitalgeber und sichern den Kooperationsvorteil für beide Seiten bei möglichst geringen Kosten der Transaktion (vgl. Schmidt 1986, S. 190). Konkrete Regelungen zum Schutz der Kapitalgeber sind Haftungsbeschränkungen bei Eigenkapitalgebern, Kündigungsrechte, Kreditsicherheiten, Informationsrechte usw. In der Praxis der Unternehmensfinanzierung setzen sich der neo-institutionalistischen Theorie zufolge die Finanzierungsinstrumente durch, die besonders effiziente Anreiz- und Kontrollmechanismen vorsehen. Auch die Vielfalt der in der Praxis zu beobachtenden Finanzierungsinstrumente lässt sich mit der neo-institutionalistischen Theorie direkt erklären. In verschiedenen Finanzierungssituationen, z.B. in Abhängigkeit von der Rechtsform, der wirtschaftlichen Lage, der Dauer des Kapitalbedarfs oder der steuerlichen Situation, können ganz unterschiedliche Finanzierungsformen den beiderseitigen Kooperationsvorteil zu den geringsten Kosten sichern. Auf die Besonderheiten der Märkte für die Finanzierung von Wachstumsunternehmen werden die späteren Kapitel dieses Buches noch im Detail eingehen.

2.5 Finanzierungsplanung in Wachstumsunternehmen

Das Problem der Auswahl konkreter Finanzierungsinstrumente

Die Frage nach der optimalen Kapitalstruktur untersucht zunächst nur, welches Verhältnis von Eigen- und Fremdkapital ein Unternehmen zur Finanzierung aufnehmen sollte. Wenn sie beantwortet ist, was in der Praxis der Unternehmensfinanzierung angesichts der weiter oben geschilderten zahlreichen Einflussfaktoren schon schwierig genug ist, stellt sich eine weitere Frage. Ein Wachstumsunternehmen kann nämlich innerhalb der jeweiligen Finanzierungskategorien Eigenkapital und Fremdkapital aus einer Fülle von unterschiedlichen konkreten Finanzierungsinstrumenten auswählen. Hinzu kommen sogenannte mezzanine Finanzierungsinstrumente, die ihrem Charakter nach weder eindeutig dem Eigenkapital noch dem Fremdkapital zuzurechnen sind. Ein Beispiel sind Wandelschuldverschreibungen, die zunächst als Anleihen emittiert werden und daher Fremdkapital darstellen, ihren Inhabern aber innerhalb eines bestimmten Zeitraums das Recht einräumen, die Anleihen in Eigenkapitalanteile des Unternehmens zu tauschen.

Typen von Aktien

Beim Eigenkapital (einer Aktiengesellschaft) muss zunächst zwischen verschiedenen Typen von Aktien unterschieden werden. Bei Inhaberaktien vollzieht sich die Eigentumsübertragung durch Einigung und Übergabe. Namensaktien können nur durch Indossament und Übergabe übertragen werden, die Anteilseigner werden also mit Namen und Wohnort im Aktienbuch des Unternehmens ausgewiesen. Vinkulierte Namensaktien können nur von einem Inhaber auf den anderen übertragen werden, wenn die Gesellschaft dem zustimmt. Sie schützen ein Unternehmen vor feindlichen Übernahmen, können aber auch eingesetzt werden, um den Verkauf der Anteile durch einzelne Aktionäre zu verhindern (z.B. in Familienunternehmen). Bei der Unternehmensfinanzierung durch Eigenkapital ist weiterhin die Differenzierung zwischen Stammaktien und Vorzugsaktien bedeutsam. Vorzugsaktien bieten ihren Inhabern – wie es der Name schon andeutet – bestimmte Vorzüge, z.B. höhere Dividenden, Vorabdividenden oder besondere Liquidationsansprüche. Dafür sind sie typischerweise jedoch auch mit gewissen Nachteilen ausgestattet, verleihen z.B. kein Stimmrecht (vgl. Perridon/Steiner 1993, S. 292-293).

Fremdkapitalformen

Fremdkapital steht einem Unternehmen in noch größerer Vielfalt zur Verfügung. Formen der langfristigen Fremdfinanzierung sind Schuldverschreibungen (Anleihen oder Obligationen), Schuldscheindarlehen, langfristige Bankkredite und langfristige Darlehen von Nicht-Banken. Obligationen sind Wertpapiere, die eine Geldforderung verbriefen. Ihr Vorteil besteht darin, dass sie an Kapitalmärkten, konkret dem Rentenmarkt, gehandelt werden können und daher fungibel sind. Ökonomisch betrachtet lohnt sich die Ausgabe von Obligationen nur bei der Aufnahme von großen Fremdkapitalbeträgen, weil hohe Fixkosten der Emission entstehen (vgl. Schmidt 1986, S. 181). Unternehmen, die nicht selbst Schuldscheine am Kapitalmarkt emittieren können, sind auf die Kredit- bzw. Darlehensvergabe durch Banken oder andere Institutionen angewiesen. Neben dem klassischen langfristigen Bankkredit, der üblicherweise durch das Unternehmen zu besichern ist, z.B. durch Sicherungsübereignungen, Pfandrechte oder Hypotheken, gibt es langfristige Förderkredite von öffentlichen Banken und Darlehen von Nicht-Banken, z.B. anderen Unternehmen oder Privatpersonen.

Kurzfristige Fremdfinanzierung

Zu den kurzfristigen Formen der Fremdfinanzierung zählen zunächst alle Formen des kurzfristigen Bankkredits wie beispielsweise Kontokorrentkredite, Wechseldiskontkredite oder Lombardkredite. Der Kontokorrentkredit ist eine Kreditlinie, die das Unternehmen in unterschiedlichem Umfang ausnutzen kann. Die Kosten eines Kontokorrentkredits setzen sich zusammen aus den Zinsen für den durchschnittlich in Anspruch genommenen Kreditbetrag und für eventuell zu zahlende Kredit- oder Bereitstellungsprovisionen. Der wesentliche Vorteil des Kontokorrentkredits, die Flexibilität in der Inanspruchnahme, wird in der Praxis mit vergleichsweise hohen Effektivzinsen erkauft. Niedrigere Kreditzinsen bieten die selten gewordenen Wechseldiskontkredite, bei denen eine Bank einen Wechsel in Zahlung nimmt, und die Lombardkredite, die eine Kreditvergabe gegen die Überlassung eines Pfands bezeichnen. Pfandobjekte können Forderungen, Wertpapiere, Warenbestände oder Edelmetall sein. Auch aus Sachleistungsverträgen mit Nicht-Banken kann ein Unternehmen kurzfristige Fremdfinanzierungen realisieren, sogenannte Handelskredite. Beispiele sind Kundenanzahlungen, Lieferantenkredite und Pensionszusagen (vgl. Franke/Hax 1999, S. 508-519). Während Kundenanzahlungen und Pensionszusagen häufig eine zinslose Form der Kreditierung darstellen, verursacht die Inanspruchnahme von Lieferantenkrediten relativ hohe Fremdkapitalkosten. Sie kommen insbesondere dadurch zustande, dass das Unternehmen die Skontofrist verstreichen lässt und dementsprechend keinen Abzug vom Rechnungsbetrag vornehmen kann.

Mezzanine Finanzierung

Zu den mezzaninen Finanzierungsformen sind die bereits erwähnten Wandelschuldverschreibungen, Genussscheine und Gesellschafterdarlehen zu zählen (vgl. Perridon/Steiner 1993, S. 329-331). Genussscheine verbriefen keine Stimmrechte, aber dafür Ansprüche auf einen Anteil am Gewinn des Unternehmens. Typischerweise ist auch eine Beteiligung am Verlust vorgesehen. Feste Auszahlungsverpflichtungen im Sinne von Zins- und Tilgungszahlungen entstehen dem Unternehmen also nicht. Trotz dieser eigenkapitalähnlichen Merkmale werden Genussscheine steuerrechtlich wie Fremdkapital behandelt, solange keine Beteiligung am Liquidationserlös vorgesehen ist. Für Banken sind Genussscheine interessant, weil sie unter bestimmten Bedingungen auf das haftende Eigenkapital angerechnet werden. Gesellschafterdarlehen haben im Vergleich zur Bereitstellung von Eigenkapital zunächst steuerliche Vorteile, weil die Darlehenszinsen bei der Ermittlung des zu versteuernden Einkommen als Betriebsausgaben abzugsfähig sind. Im Falle einer Insolvenz haben Gesellschafterdarlehen aber nicht dieselbe Stellung wie andere Fremdkapitalinstrumente. Wenn das Darlehen zu einem Zeitpunkt gegeben wurde, zu dem ein „ordentlicher Kaufmann" Eigenkapital zugeführt hätte, dann kann das Gesellschafterdarlehen in der Insolvenz nicht als Forderung geltend gemacht werden, es wird also wie Eigenkapital behandelt.

Theorie der Partenteile

Aus allen diesen Finanzierungsinstrumenten wählt ein Unternehmen diejenigen aus, die ihm verfügbar sind und die ihm im Vergleich zu anderen verfügbaren Finanzierungsinstrumenten die niedrigsten Kapitalkosten verschaffen. Dahinter steht die Theorie der Partenteilung (vgl. Schmidt 1986, S. 188-189). Sie besagt, dass unterschiedliche Kapitalgeber unterschiedliche Fähigkeiten und Präferenzen der Risikoübernahme haben. Je mehr ein Unternehmen seinen Kapitalbedarf in unterschiedliche Parten zerlegt, desto eher und mit desto niedrigeren Kapitalkosten kann es den Anlagewünschen verschiedener Kapitalgeber entsprechen. Konkret kann ein Unternehmen versuchen, zu jedem verfügbaren Finanzierungsinstrument die Laufzeit und die erwarteten Kapitalkosten zu bestimmen, um dann eine kostenminimale Mischung kapitalbedarfsgerechter Instrumente auszuwählen. Manchmal ist die Bestimmung der Kapitalkosten leicht, z.B. bei der Effektivverzinsung eines einfachen und unbesicherten Bankkredits, die im Kreditvertrag nachzulesen ist. Aber bei vielen Finanzierungsinstrumenten ist die Berechnung der tatsächlich entstehenden Kapitalkosten einschließlich der Besicherungs- und der Transaktionskosten sehr schwierig.

2.6 Gestaffelte Deckung des Kapitalbedarfs

Die Idee der gestaffelten Finanzierung

Zur Vermeidung oder Verringerung von Agency-Problemen kann eine Staffelung der Beteiligungsfinanzierung erfolgen. In der englischsprachigen Literatur wird für die gestaffelte Finanzierung der Begriff des Staging benutzt: „Staging of venture capital investments can be understood in an agency and monitoring framework." (vgl. Gompers 1995, S. 1485). Hierbei wird einem Wachstumsunternehmen die Investitionssumme nicht komplett zu einem Zeitpunkt, sondern in einzelnen Teilbeträgen zeitlich gestaffelt zur Verfügung gestellt. Die Auszahlung der jeweils nächste Tranche der gestaffelten Finanzierung hängt vom Erreichen bestimmter Meilensteine ab, z.B. der Realisierung vorab definierter Umsatzziele, dem erfolgreichen Abschluss eines Entwicklungsprojekts oder dem Besetzen vakanter Leitungspositionen im Gründungsunternehmen. Aus der Sicht des zu finanzierenden Unternehmens muss darauf geachtet werden, dass die vereinbarten Meilensteine vom Management auch wirklich beeinflussbar sind und nicht ausschließlich externe Risiken darstellen. Ansonsten könnte ein Kapitalgeber die Staffelung nämlich nicht nur zur Reduzierung von Agency-Problemen verwenden, sondern auch Teile des Risikos seiner Investition in ein Wachstumsunternehmen auf die Gründer bzw. die anderen Aktionäre dieses Unternehmens überwälzen. Empirische Untersuchungen deutscher Wachstumsunternehmen mit gestaffelter Finanzierung zeigen, dass durchaus Meilensteine beider Art vorkommen. Abb. 2-4 zeigt eine entsprechende Übersicht aus einer jüngeren empirischen Untersuchung deutscher Wachstumsunternehmen, deren Finanzierungsbedarf in gestaffelter Form gedeckt wurde.

Abbildung 2-4 *Typische Meilensteine bei Finanzierungsverträgen mit Staffelung (vgl. Brachtendorf 2004, S. 237)*

Art des Meilensteins	Anzahl der Nennung	in % *
Anzahl Kunden oder Letter of Intent	24	30,4
Markteintritt/ Online	18	22,8
Mitarbeiteranzahl	5	6,3
Patente	8	10,1
Technologische Entwicklung	44	55,7
Umsatzhöhe	32	40,5
sonstiges	24	30,4
insgesamt	79	

* *Mehrfachantworten möglich.*

Anreizwirkungen der Staffelung

Durch die Vereinbarung einer gestaffelten Bereitstellung der Finanzierungsmittel kann der Kapitalgeber eines Wachstumsunternehmens innerhalb der einzelnen Finanzierungsrunden weitere Informationen gewinnen und bewahrt sich das Recht, die Beteiligung bei einer nicht zufriedenstellenden Geschäftsentwicklung zu beenden oder neu zu bewerten. Der Ausstieg ist dann vorteilhaft, wenn der erwartete künftige Beteiligungswert unter dem Liquidationswert der Beteiligung liegt. Das wird typischerweise dann der Fall sein, wenn der Kapitalgeber die Insolvenz des Beteiligungsunternehmens erwartet, die auch durch die Bereitstellung weiteren Kapitals nicht verhindert werden kann. Eine niedrigere Bewertung bedeutet steigende Eigenkapitalkosten für das Wachstumsunternehmen. Der Kapitalgeber erhält für die Bereitstellung weiterer Finanzmittel einen höheren Eigenkapitalanteil am Unternehmen als es bei Erreichen des Meilensteins vereinbart worden wäre. Die Staffelung senkt also potenziell die Agency-Kosten, auch wenn sie selbst neue Transaktionskosten verursacht. Die Unternehmer haben aufgrund des limitierten Finanzierungsvolumens weniger Möglichkeiten zu opportunistischem Verhalten wie beispielsweise Konsum am Arbeitsplatz oder die Umsetzung von technischen Interessen. Sie sind gezwungen, die zur Verfügung stehenden Ressourcen effizient einzusetzen, um das Erreichen der vereinbarten Meilensteine nicht zu gefährden (vgl. von Einem/Tränkle 2003, S. 464).

Empirische Befunde zur Staffelung

Empirische Untersuchungen in den USA bestätigen grundsätzlich die Principal Agent-theoretische Erklärung der gestaffelten Finanzierung: Eine gestaffelte Bereitstellung des Beteiligungskapitals findet häufig statt und fördert den Beteiligungserfolg der Kapitalgeber. Zudem werden immer dann niedrige Finanzierungsbeträge pro Runde vereinbart, wenn das Wachstumsunternehmen sich in frühen Entwicklungsphasen befindet, wenn es vergleichsweise wenige tangible Vermögensgegenstände aufweist und wenn hohe Informationsasymmetrien zwischen den Managern bzw. Gründern und den Investoren bestehen (vgl. Gompers 1995, S. 1462). Eine empirische Untersuchung deutscher Wachstumsunternehmen, die mit Venture Capital finanziert wurden, ergab ein von den amerikanischen Befunden etwas abweichendes Ergebnis (vgl. Reißig-Thust/Brettel/Witt 2004). Die gestaffelte Finanzierung wurde nur in 42 % der untersuchten Unternehmen angewendet. Zudem ließ sich keine generelle Korrelation mit dem Beteiligungserfolg nachweisen. Nur für die Fälle, in denen das Verfehlen eines Meilensteins zu einer Neubewertung des Unternehmens führte, d.h. einer deutlich geringeren Bewertung als im ursprünglichen Beteiligungsvertrag, korreliert die Staffelung positiv mit dem Beteiligungserfolg des Kapitalgebers.

Typische Anwendungen der Staffelung

Ein möglicher Grund für die Unterschiede der Ausgestaltung und der Wirkung von Verträgen mit gestaffelter Bereitstellung des benötigten Kapitals in den vorliegenden empirischen Studien könnte darin liegen, dass eine durch die Staffelung angestrebte Knappheit der Ressourcen in Wachstumsunternehmen nicht in allen Stichproben und vor allem nicht in allen Betrachtungszeiträumen vertraglich durchsetzbar war. In Zeiten des Booms der New Economy war beispielsweise in Deutschland der Wettbewerb der Venture Capital-Gesellschaften untereinander so stark, dass den aussichtsreichen Wachstumsunternehmen der gesamte Kapitalbedarf oft in einer einzigen Runde und ohne eine Staffelung der Auszahlungen bereitgestellt wurden. Neuere empirische Untersuchungen für Deutschland zeigen zudem, dass die gestaffelte Finanzierung von Wachstumsunternehmen in bestimmten Branchen wie Biotechnologie und Medizintechnik deutlich weiter verbreitet ist als in anderen Branchen (vgl. Brachtendorf 2004, S. 217). Insofern könnten empirische Studien, die unterschiedliche Samples von Wachstumsunternehmen verwenden, auch zu sehr unterschiedlichen Ergebnissen hinsichtlich des Verbreitungsgrads der gestaffelten Finanzierung kommen.

Staffelung in einem Lagerhaltungsmodell

Das in den Theorien zur gestaffelten Finanzierung formulierte Problem der Wachstumsfinanzierung weist auch interessante Parallelen zum Problem der optimalen Lagerhaltung bzw. optimalen Bestellmenge in einem Warenlager auf, einem der ältesten betriebswirtschaftlichen Optimierungsprobleme. So ist es möglich, das aus der Theorie der optimalen Bestellmenge bekannte deterministische Lagerhaltungsmodell auf die Finanzierung von Gründungsunternehmen zu übertragen (vgl. Brachtendorf/Witt 2004). Die Modellierung der Eigenkapitalkosten erfolgt dabei über die Einstandspreise des Kapitals. Dieser Einstandspreis reduziert sich im Zeitablauf. Zur Lösung des Optimierungsproblems wird ein sogenannter Part-Period-Algorithmus verwendet. Eine Staffelung der Finanzierung erweist sich in diesem Modell als deutlich vorteilhaft. Die optimale Anzahl der Finanzierungsrunden hängt von den Parametern der Optimierungsrechnung ab. Eine Erhöhung der Transaktionskosten einer Finanzierungsrunde führt zu weniger Runden, steigende Habenzinsen ebenso wie ein absolut größerer Rückgang der Eigenkapitalkosten führen zu mehr Runden. Eine Veränderung des Verlaufs der Eigenkapitalkostenkurve führt zu einer zeitlichen Verschiebung der Finanzierungsrunden und kann auch deren Anzahl beeinflussen. Eine nichtlineare Abnahme der Eigenkapitalkosten für neue Mittel führt zu anfänglich kleineren und kürzeren Finanzierungsrunden. In allen betrachteten Szenarien ist die Staffelung der Finanzierung vorteilhaft. Diese Vorteilhaftigkeit gegenüber der Bereitstellung des gesamten Kapitalbedarfs in einer einzigen Auszahlung ist bei Eigenkapitalkosten, die im Verlauf der Entwicklung des Unternehmens durch Risikoreduzierung stark abnehmen, besonders deutlich ausgeprägt. Abbildung 2-5 zeigt ein Beispiel einer in zwei verschiedenen Modellen optimierten zeitlich gestaffelten Kapitalbeschaffung für ein Wachstumsunternehmen.

Abbildung 2-5 *Ein Beispiel einer optimalen Staffelung der Finanzierung (vgl. Brachtendorf/Witt 2004, S. 107)*

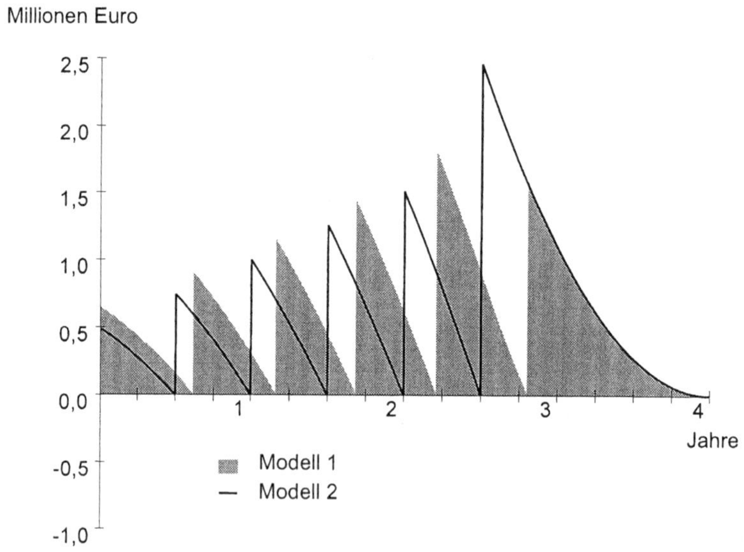

Stochastische Modelle der Staffelung

In stochastischen Ansätzen der gestaffelten Finanzierung wird der Lagerabgang bzw. der Zahlungsmittelabfluss als Zufallsvariable modelliert. Dabei sind Annahmen über die Wahrscheinlichkeiten des Auftretens bestimmter Cash Flows zu treffen. Dies führt zu einer Abschätzung der dem Zahlungsmittelabfluss zugrunde liegenden Verteilung. Zudem stellt sich die Frage nach der intertemporären Verteilung des gesamten Cash burns. Eine konkrete Formulierung stochastischer Modelle bereitet Probleme. Der aktuelle Cash burn kann beispielsweise unabhängig vom Zahlungsmittelabfluss der Vorperiode sein. Allerdings ist der Cash burn in der Realität eher nicht stationär. Eine Vermutung kann sein, dass er beispielsweise autokorreliert ist. Eine Vielzahl weiterer Möglichkeiten für die konkrete Cash burn-Struktur ist denkbar. Ähnliches gilt für die Modellierung des Finanzierungszugangs bzw. der Bestell- oder Lieferzeit. Die tatsächliche Finanzierungspolitik ergibt sich erst ex post nach der Realisierung der stochastischen Größen. Eine explizite Formulierung der stochastischen Prozesse kann zu Sicherheitsbeständen führen, deren Einhaltung mit einer vom Management festzulegenden Wahrscheinlichkeit gewährleistet, dass das Unternehmen zu jedem Zeitpunkt neue Mittel akquirieren kann, ohne zwischenzeitlich insolvent zu werden. Je höher die Opportunitätskosten sind, je stärker die Volatilität des prognostizierten Cash Flows und je zeitaufwändiger die Vertragsverhandlung sind, desto größer wird der geforderte Sicherheitsbestand sein. Ist der Sicherheitsbestand stationär, d.h. wird zu jedem Zeitpunkt ein gleich hoher Sicherheitsbestand gefordert, dann ist die erste Finanzierungsrunde größer, um den Sicherheitsbestand zu erhöhen. Bei einer Staffelung der Finanzierung finden alle weiteren Finanzierungsrunden in der geplanten Höhe und zu den geplanten Zeitpunkten statt. Um eine gleich niedrige Insolvenzwahrscheinlichkeit des Wachstumsunternehmens bei einer Staffelung der Finanzierung wie bei einer Einmal-Finanzierung zu erreichen, müssen die Sicherheitsbestände bei Staffelung höher sein als bei der Einmal-Finanzierung. Aufgrund des annahmegemäß dynamischen Verlaufs des Zahlungsmittelabflusses ist auch der geforderte Sicherheitsbestand dynamisch.

Grenzen der Modellierung

Allerdings hat die Übertragung der lagerhaltungstheoretischen Erkenntnisse auf die Wachstumsfinanzierung auch Grenzen. Bisher (vgl. Brachtendorf/Witt 2004) wurde ein deterministisches Modell betrachtet, das zu einer ex ante fixierten optimalen Bestellpolitik führte. Es eignet sich in einer praktischen Anwendung nur sehr eingeschränkt für die Bestimmung der optimalen Finanzierungspolitik. Wegen der Unsicherheit der Prognosedaten sind Finanzierungsstrategien erfolgreicher, die flexibel auf neue Informationen reagieren können. Entsprechende Modelle einer rollierenden deterministische Planung der Finanzierung in Wachstumsunternehmen liegen jedoch bisher nicht vor. Weitere Problembereiche wie die Ganzzahligkeit der Rundenzahl oder die Berücksichtigung der Zahlungszeitpunkte der Kosten durch Abdiskontierung sind bisher ebenfalls nicht in entsprechende Modelle eingegangen. Insgesamt ist der Analogieschluss mit der Lagerhaltungstheorie unserer Ansicht jedoch nach geeignet, die Vorteilhaftigkeit der Staffelung der Wachstumsfinanzierung nachzuweisen.

2.7 Literatur

BRACHTENDORF, GERMAN (2004): Die gestaffelte Finanzierung junger Unternehmen – Eine empirische Untersuchung in Deutschland, Wiesbaden.

BRACHTENDORF, GERMAN/WITT, PETER (2004): Gründungsfinanzierung und optimale Kassenhaltung, in: Kredit und Kapital 37, S. 86-116.

BREUER, WOLFGANG (1998): Finanzierungstheorie. Eine systematische Einführung, Wiesbaden.

FRANKE, GÜNTER/HAX, HERBERT (1999): Finanzwirtschaft des Unternehmen und Kapitalmarkt, 4. Auflage, Berlin.

GOMPERS, PAUL A. (1995), Optimal Investment, Monitoring, and the Staging of Venture Capital, in: Journal of Finance 50, S. 1461-1489.

GUTENBERG, ERICH (1980): Grundlagen der Betriebswirtschaftslehre. Band 3: Die Finanzen, 8. Auflage, Berlin.

MODIGLIANI, FRANCO/MILLER, MERTON (1958): The Cost of Capital, Corporation Finance and the Theory of Investment, in: American Economic Review 48, S. 261-297.

NATHUSIUS, KLAUS (2001): Grundlagen der Gründungsfinanzierung, Wiesbaden.

PERRIDON, LOUIS/STEINER, MANFRED (1993): Finanzwirtschaft der Unternehmung, 7. Auflage, München.

REIßIG-THUST, SOLVEIG/BRETTEL, MALTE/WITT, PETER (2004): Vertragsgestaltung durch Venture Capital-Gesellschaften, in: Finanz Betrieb 6, S. 636-645.

RUDOLF, MARKUS/WITT, PETER (2002): Bewertung von Wachstumsunternehmen – Traditionelle und innovative Methoden im Vergleich, Wiesbaden.

SAHLMANN, WILLIAM A. (1997): How to Write a Great Business Plan, in: Harvard Business Review 75, S. 98-109.

SCHANZ, KAY (2000): Börseneinführung: Recht und Praxis des Börsengangs, München.

SCHEFCZYK, MICHAEL/PANKOTSCH, MICHAEL (2003): Betriebswirtschaftslehre junger Unternehmen, Stuttgart.

SCHMIDT, REINHARDT H. (1986): Grundzüge der Investitions- und Finanzierungstheorie, 2. Auflage, Wiesbaden.

SMITH, JANET K./SMITH, RICHARD L. (2000): Entrepreneurial Finance, New York et al.

TIMMONS, JEFFRY A./SPINELLI, STEPHEN (2004): New Venture Creation: Entrepreneurship for the 21st Century, 6. Auflage, Boston et al.

VON EINEM, CHRISTOPH/TRÄNKLE, CLAUDIA (2003): Controllingsysteme für Investoren im Rahmen von Venture-Capital-Verträgen, in: Achleitner, Ann-Kristin/Bassen, Alexander (Hrsg.): Controlling von jungen Unternehmen, Stuttgart, S. 453-467.

WITT, PETER (2003): Corporate Governance-Systeme im Wettbewerb, Wiesbaden.

WITT, PETER/SCHMIDT, TOBIAS (2002): Venture Capital, Börsengänge und Beteiligungsexits, in: Finanz Betrieb 4, S. 752-756.

3 Eigenfinanzierung durch Gründer, Verwandte und Freunde

3.1 Einleitung

Finanzierung durch die Gründer als Ausgangspunkt

Eines der größten Softwareunternehmen der Welt, die SAP AG, wurde 1972 von ehemaligen IBM-Mitarbeitern gegründet. Ihre Idee war damals sehr innovativ, integrierte Softwarelösungen an Unternehmen zu verkaufen, ihre Finanzmittel zur Umsetzung dieser Idee hingegen begrenzt. So finanzierten sie sich im Prinzip mit ihren eigenen Ersparnissen, kauften sich keinen eigenen Computer und arbeiteten aus einem Büroraum heraus. Selbst vier Jahre nach Gründung, inzwischen 25 Mitarbeiter groß, verfügte SAP noch nicht über weitere eigene Büroräume, ein erster Computer wurde erst sieben Jahre nach Gründung angeschafft (vgl. Meissner 2001). Dies ist nicht nur ein Beispiel für so genanntes „Bootstrap-Financing", also der sparsamen, kostenbewussten und am Markt orientierten Finanzierung, sondern auch eines dafür, wie ein heutiger Weltkonzern allein mit Hilfe der Finanzierung durch die Gründer selber entstehen konnte (vgl. Nathusius 2003, S. 55f.).

Die vier Fs

So stellt die Finanzierung durch die Gründer oftmals die erste und mitunter auch die einzige Finanzierungsquelle dar, sogar bei heutigen Weltkonzernen. Selbstverständlich ist eine Entwicklung der Finanzierung wie die beschriebene von SAP auch ein Spiegel der damaligen weniger gut ausgeprägten Möglichkeiten zur Finanzierung. Trotzdem bildet sie ein Beispiel für die Nutzung der Finanzierung durch die eigenen Gründer. Es handelt sich dabei in der Regel um die erste Finanzierung, die ein Unternehmen erhält, und neben den Gründern selber werden auch Freunde und Verwandte im gleichen Atemzug genannt. In der angloamerikanischen Literatur wird diese Gruppe mit 4 Fs umschrieben, Founder, Family, Friends und Fools. In der nachfolgenden Abbildung 3-1 ist ihre Rolle im Rahmen der Finanzierung abgebildet.

Abbildung 3-1 *Finanzierungsquellen während der Entwicklung von Unternehmen (vgl. Osnabrugge/Robinson 2000, S. 37)*

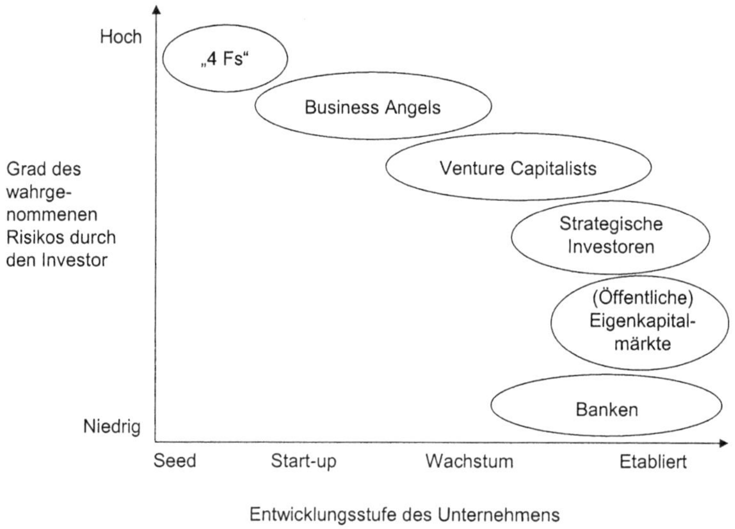

Eigenfinanzierung in der Frühphase

Gemäß der Abbildung ist erkennbar, dass die Finanzierung durch die Gründer, Freunde und Verwandte in einer ganz frühen Phase erfolgt, nämlich dann, wenn das Investitionsrisiko noch als sehr hoch angesehen wird. Das Investitionsrisiko gibt einen Hinweis auf die mangelnde Verfügbarkeit der anderen Finanzierungsquellen und damit eine erste Begründung für die Notwendigkeit für diese Form der frühen Finanzierung. Obwohl die Finanzierung auch immer von der Verfügbarkeit der Mittel aus den unterschiedlichen Quellen beeinflusst ist, stehen am Anfang einer Finanzierung junger Unternehmen grundsätzliche Überlegungen: Dabei handelt es sich um die Differenzierung von Eigen- und Fremdfinanzierung sowie das damit zusammenhängende Problem der Auswahl der richtigen und möglichen Finanzierungsquellen. Die Fremdfinanzierung ist als eine für eine bestimmte Zeit festgelegte Finanzierung mit einer fixierten Rückzahlungsverpflichtung und einem fixierten Entgelt, dem Zins definiert. Darüber hinaus ist Fremdkapital in der Regel besichert. Eine Eigenfinanzierung hat dagegen grundsätzlich keine zeitliche Begrenzung, der Zins ist nicht festgelegt und es existiert auch keine Rückzahlungsverpflichtung. Drei Funktionen von Eigenkapital sind zu nennen:

1. Ingangsetzungsfunktion: Juristisch verbirgt sich dahinter, dass es bestimmter Stammeinlagen bedarf, um eine Kapitalgesellschaft zu grün-

den. Ökonomisch kann man darunter verstehen, dass es bestimmter Eigenmittel bedarf, um weitere Finanzmittel, v.a. auch Fremdkapital für den weiteren Geschäftsaufbau zu akquirieren.

2. Übernahme von Risiko im Fortführungsfall: Wird eine Investition durch Eigen- und Fremdkapital finanziert, so sinkt das Risiko der Fremdkapitalgeber, je höher der Anteil der Eigenfinanzierung ist. Das liegt daran, dass Gläubigern gegenüber Eigenkapitalgebern ein bevorrechtigter Anspruch auf Rückzahlungen eingeräumt wird.

3. Übernahme des Risikos im Konkursfall: Im Falle eines Konkurses werden alle Vermögensgegenstände bestmöglich verwertet. Das ergibt dann den Veräußerungserlös, mit dem Eigen- und Fremdkapitalgeber bedient werden. Dabei wird das Fremdkapital grundsätzlich bevorzugt. Ist also der Veräußerungserlös niedriger als das bilanzierte Vermögen, geht die Differenz erst einmal zu Lasten der Eigenkapitalgeber. Je höher das Eigenkapital ist, desto geringer liegt somit das Risiko für Fremdkapitalgeber, dass sie ihr Kapital nicht vollständig zurück erhalten.

Quellen der Eigenfinanzierung

Eigenkapital kann ebenso wie Fremdkapital aus unterschiedlichen Finanzierungsquellen stammen. So kann Eigenkapital sowohl eine Herkunft in eigenen Mitteln der Gründer als auch in fremden Mitteln anderer Kapitalgeber haben. Grundsätzlich gibt darüber Abbildung 3-2 Auskunft.

Abbildung 3-2

Differenzierung verschiedener Finanzierungsströme am Beispiel eines Gründungsunternehmens

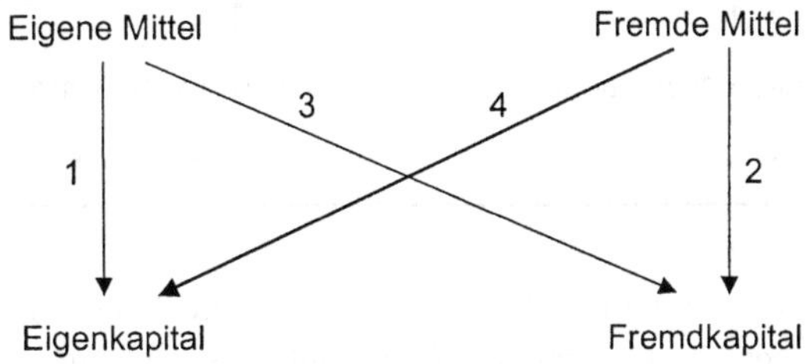

1. Gründer stellen das Eigenkapital bereit.
2. Bank gibt einen Kredit an die Gesellschaft.
3. Gründer geben der Gesellschaft einen Kredit.
4. Dritte „beteiligen" sich an der Gesellschaft im Austausch mit Anteilen (Risikokapital, Venture Capital, Investoren).

Unterschiede zwischen Eigen- und Fremdkapital

Für einen Kapitalgeber, der Mittel zuführt, besteht der Unterschied zwischen Eigen- und Fremdkapital letztlich im Zahlungsstrom, den er dafür potenziell erhält, sowie dem damit verbundenen Risiko, das das Kapital trägt. Mit Fremdkapital ist ein Anspruch auf Zinsen und Tilgung bzw. Rückzahlung verbunden. Grundsätzlich ist dieses Recht unabhängig von der Gewinnsituation des Unternehmens. Dadurch ist das einzige Risiko, das mit Fremdkapital verbunden ist, ein Ausfallrisiko, wobei Fremdkapitalgeber bei einem Konkurs vor den Eigenkapitalgebern ausgezahlt werden. Eigenkapitalgeber partizipieren im Gegensatz dazu sowohl am Gewinn als auch am Verlust des Unternehmens. Das resultiert daraus, dass die aus der Gewinn- und Verlustrechnung resultierenden Gewinne/Verluste letztlich als Veränderung des Eigenkapitals gebucht werden. Das Fremdkapital ändert sich nicht, die Veränderung des Eigenkapitals gibt auch die Spiegelung der Vermögensänderung der Gesellschaft wider. Das ist in Abbildung 3-3 grafisch dargestellt.

Abbildung 3-3

Veränderung des Eigenkapitals als Resultante aus einem Gewinn (oder Verlust) einer Unternehmenstätigkeit

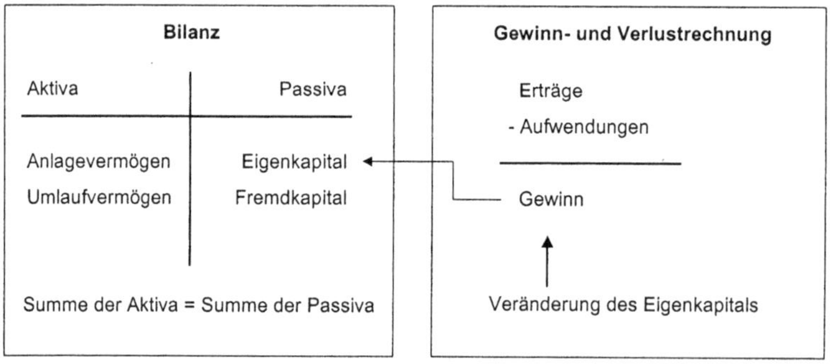

Chancen und Risiken der Eigenfinanzierung

Damit trägt das Eigenkapital letztlich das gesamte Risiko, aber auch die gesamten Chancen der Unternehmenstätigkeit. Das kann im Konkursfall zu (bevorzugtem) Verlust des Kapitals führen, im positiven Fall aber auch dazu, deutlich mehr als den üblichen Zins erwirtschaften zu können. Darüber hinaus ist mit einer Einlage in das Eigenkapital der gesellschaftsrechtliche Vorgang verbunden, dass der Kapitalgeber einen zu bestimmenden Anteil am Unternehmen erhält. Steigt nun der Wert des Unternehmens in der Zukunft, so gilt das proportional auch für den Eigenkapitalanteil, ein so genannter „capital gain" wird erwirtschaftet. Selbstverständlich setzt die Umwandlung des Anteils in Geld voraus, dass die Gesellschaft oder entsprechende Gesellschaftsanteile verkauft werden.

Phasenspezifische Finanzierung

Aufgrund des unterschiedlichen Chancen-Risiko-Verhältnisses ist erklärbar, warum unterschiedliche Investoren in unterschiedlichen Unternehmensphasen investieren. Bei hohem Risiko für das Gesamtunternehmen gelingt es Gründern in der Regel nur, eine Eigenfinanzierung zu erhalten, der Weg der Fremdfinanzierung bleibt verschlossen. Das liegt an dem grundsätzlich hohen Ausfallrisiko (für das Gesamtunternehmen), das im Konkursfall für Fremdkapitalpositionen praktisch genauso hoch ist wie für Eigenkapitalpositionen. Bei hohen Verlusten ist dies jedoch lediglich eine theoretische Unterscheidung. Das Eigenkapital trägt zwar ein ähnliches Ausfallrisiko, aber auch eine ganz andere Chance in sich: So ist es möglich, durch eine gute Investition eine Reihe von Konkursen mitzufinanzieren, fällt jedoch ein Kredit aus, so bedarf es vieler Kredite, diesen zu tragen.

Vier Fs als erste Finanzierungsquellen

Aus diesem Grund sind die ersten Kapitalgeber in der Regel Eigenkapitalgeber. Erst wenn das Risiko geringer geworden ist, gesellen sich Fremdkapitalgeber hinzu. Aus der Abbildung ist aber auch erkennbar, dass es mitunter sogar Entwicklungsphasen gibt, in denen nicht einmal externe Eigenkapitalgeber zu investieren bereit sind. Hier bedarf es einer Finanzierung durch die Gründer, durch Freunde und Verwandte. Deshalb werden diese oftmals zu den ersten Eigenkapitalgebern gezählt, auch wenn das in der Praxis nicht immer der Fall ist. Das soll im nachfolgenden Abschnitt differenziert betrachtet werden. Einer jüngeren U.S.-Studie zufolge fällt eine Reihe von informellen Investoren in die Kategorie der „Family and Friends". Demnach sind fast die Hälfte der Investoren Verwandte und weniger als zehn Prozent Unbekannte (vgl. Bygrave et al. 2002).

Abbildung 3-4

Informelle Investoren in 29 Ländern (vgl. Bygrave et al. 2002, S. 370)

Informelle Investoren in 29 Ländern

■ Nahe Familienangehörige	40,3 %
■ Andere Verwandte	7,6 %
■ Freunde und Nachbarn	28,9 %
■ Arbeitskollegen	10,6 %
■ Fremde	8,4 %
■ Sonstige	4,2 %

Die Vielzahl der informellen Investoren und ihre Verschiedenheit hat in der Forschung und Praxis dazu geführt, diese näher zu differenzieren. Dies geschieht anhand der Frage, ob die Investoren einen Beitrag über das Kapital hinaus leisten bzw. zu leisten in der Lage sind. In dieser Hinsicht aktive Kapitalgeber werden auch als Business Angels bezeichnet (vgl. dazu das nachfolgende Kapitel), alle anderen als passive Privatinvestoren (vgl. Coveney/Moore 1997, S. 70, sowie Coveney/Moore 1998, S. 8 ff.). Verwandte und Freunde werden grundsätzlich auch zu der Gruppe der passiven Privatinvestoren gezählt. Ihre Rolle besteht vor allem darin, die Aufnahme des Geschäftsbetriebs sicherzustellen. Die wichtigste Rolle spielt dabei zweifellos auch der Gründer selber.

3.2 Gründer als erste Kapitalgeber eines Unternehmens

Der Einsatz der Ersparnisse

Im Prinzip fangen alle Unternehmen damit an, zunächst die Mittel des Gründers zu nutzen. „It is no surprise that the vast majority of entrepreneurs have to start their businesses on a shoestring and leverage their savings and labor." (Bygrave 2000, S. 97). Die Finanzierung durch die Unternehmensgründer stellt im Zeitablauf die erste Kapitalquelle dar. Gründer leben meist lange vor der formalen Gründung von ihren ersparten Ressourcen und beteiligen sich typischerweise zum Gründungszeitpunkt mit dem maximalen Anteil ihres Privatvermögens, den sie zu geben bereit und in der Lage sind (vgl. Wetzel 1982, S. 175). Insbesondere bei Gründung einer Kapitalgesellschaft überfordert die Stammeinlage oft schon die finanziellen Möglichkeiten vieler Unternehmensgründer. Selbst wenn das nicht der Fall sein sollte, so versuchen Gründer trotzdem, so lange wie möglich von ihren eigenen Ersparnissen zu leben.

Motive des Einsatzes eigener Mittel

Ein solches Vorgehen der Jungunternehmer ist von den folgenden drei Motiven getragen:

- Erstens erfordert die geringe Verfügbarkeit anderer Kapitalquellen den verstärkten Einsatz eigener finanzieller Mittel. („Most start-up entrepreneurs do not have much flexibility in their choice of financing" (Bygrave 2000, S. 97).
- Zweitens haben die Gründer ein vitales Interesse daran, den größtmöglichen Anteil ihres Unternehmens zu halten, um am vollen Wertsteigerungspotenzial der späteren Entwicklung partizipieren zu können (vgl. beispielsweise Richards 2000, S. 130 ff.).

- Drittens übt eine eigene Beteiligung am Unternehmen in finanzieller Form eine erheblich positive Signalwirkung auf nachfolgende Investoren aus (vgl. hierzu auch Janney/Dess 2000).

„Sweat equity"

Die reinen Finanzmittel betreffend zeigt eine Studie der Deutschen Ausgleichsbank beispielhaft für die Länder Berlin und Brandenburg auf, dass die vorhandenen Eigenmittel je Gründung im Durchschnitt 20.000 DM (10.226 €, Angaben im Original in DM) beziehungsweise 17.000 DM (8.692 €) betragen, was wiederum lediglich 7,7 % respektive 6,8 % des durchschnittlichen Gründungskapitals entspricht (vgl. Albach 1999). Dabei besteht die Finanzierungsfunktion nicht nur darin, dass Gründer eigene Mittel in das Unternehmen investieren, sondern es ist auch als Finanzierungsfunktion zu sehen, dass Gründer oft für einen Bruchteil eines marktüblichen Gehalts ihre Tätigkeit bzw. Funktion ausüben. Letzteres bezeichnet man als so genanntes „sweat equity". Die oben angesprochene Signalwirkung bezieht sich dabei auf beide Teile: So tun sich nachfolgende Kapitalgeber bei ihrer Investition oft leichter, wenn sie erkennen, dass die Gründer so stark an ihre eigene Geschäftsidee glauben, dass sie mehr als die gesetzliche Mindesteinlage zu leisten bereit sind. Sie tun sich auch leichter, wenn die Gründer darüber hinaus zeigen, dass sie einen großen Teil ihres Lohns in der Wertentwicklung des Unternehmens sehen, und deshalb bereit sind, dafür auch auf einen Teil ihres Gehalts zu verzichten.

Das Risiko des Gründers

Für Unternehmensgründer ist das „a scary business: Entrepreneurs often find themselves with all their personal net worth tied up in the same business that provides all their income" (Bygrave 2000, S. 97). Wenn sie scheitern, verlieren sie nicht nur all ihre Ersparnisse, sondern auch ihren Lebensunterhalt – zumindest für den Moment. Das ist nur sinnvoll, wenn diesem Risiko auch entsprechende Gewinnchancen gegenüber stehen, zumindest potenziell.

3.3 Familie und Verwandte als weitere Kapitalgeber in frühen Phasen

Finanzierung durch Familienangehörige

Neben den Gründern selber finanzieren in frühen Phasen oft auch Verwandte das junge Unternehmen. Dabei kann es sich um eine Finanzierung durch Kapital oder Sachleistungen mit oder ohne eine Rückzahlungsverpflichtung handeln. Nicht wenige Unternehmensgründungen beginnen in einem Wohnzimmer oder einer Garage. Diese ist mitunter im Besitz der Gründer, manchmal aber auch im Besitz der Familie oder anderer Verwandter. Zudem nehmen die Gründer dabei unter Umständen weitere Sachleistungen in

Anspruch, die in der Regel in keiner Bilanz erscheinen. Trotzdem ist eine erste Finanzierung durch Sachleistung geschehen.

Geringer Formalisierungsgrad

Kommt es nun zur Unternehmensgründung, so fällt es nicht allen Gründern leicht, das Stammkapital für die Gründung einer Kapitalgesellschaft aufzubringen. Sie bitten ihre Verwandten um Hilfe und haben sich damit auch mit Kapital finanzieren lassen. Grundsätzlich könnte eine solche Finanzierung im Austausch gegen Unternehmensanteile geschehen, dann handelte es sich um echtes Eigenkapital. In der Regel jedoch wird keine formale Vereinbarung geschlossen oder eine Beteiligung vorgenommen, für den Gründer entsteht lediglich eine (moralische) Pflicht zur Rückzahlung unabhängig von den rechtlichen Verhältnissen im Unternehmen. Oft ist die letztendliche rechtliche Handhabung auch im Verhältnis zwischen Verwandten und Gründern nicht geregelt bzw. lediglich mündlich vereinbart.

Wenig Einflussnahme der Kapitalgeber

Eine solche formlose Finanzierung hat den Vorteil, dass der Einfluss, den die Gründer im Unternehmen haben, kaum beeinträchtigt wird, da sich die Transaktionen in der Regel außerhalb des Unternehmens abspielen. Allerdings erhöht sich das Risiko der Gründer im Falle eines Scheiterns weiter: Sie verlieren, wie oben geschildert, nun nicht nur ihre persönlichen Ersparnisse und den momentanen Lebensunterhalt, sie stehen außerdem ihren Verwandten gegenüber in (moralischer) Schuld. Darüber hinaus sind die Grenzen der Verfügbarkeit auch hier schnell erreicht, es bedarf also weiterer Finanzierungsquellen.

3.4 Finanzierung durch Freunde

Freunde als Geschäftspartner

Die Finanzierung durch Freunde ist eine weitere Möglichkeit, passive Privatinvestoren nutzbar zu machen. Das ist insofern von Vorteil, als es einen verhältnismäßig einfachen Zugang zu diesen Kapitalquellen gibt. Allerdings ist ihre Verfügbarkeit in der Regel auch beschränkt. Zudem erhöht sich das Risiko der Gründer noch weiter: Sie riskieren nun auch noch, im Falle eines Scheiterns Freunde zu verlieren. Das gilt insbesondere dann, wenn die rechtliche Struktur der Finanzierung nicht genau geregelt ist und sich entsprechende Auseinandersetzungen anschließen können. Darüber hinaus gilt für Freunde wie auch für Verwandte und Familienmitglieder, dass sie in der Regel zwar Kapital geben können, aber selten weitere Leistungen zu erbringen in der Lage sind.

Neben den genannten Punkten wird bei einer Finanzierung durch Freunde oder Verwandte auch diskutiert, dass diese Kapitalgeber geduldiger sind. Das kann der Fall sein, muss es aber nicht. Die (moralische) Rückzahlungsverpflichtung ist in der Regel von der Geschäftsentwicklung entkoppelt, was in größerer Geduld münden, aber auch zu dem Problem führen kann, dass das Kapital zurück verlangt wird, obwohl es die Geschäftssituation nicht erlaubt. Selbst wenn das nicht mit einer rechtlichen Vereinbarung gekoppelt ist, so fällt es trotzdem schwer, sich der (moralischen) Rückzahlungspflicht zu entziehen. Das hat zur Folge, dass die für eine positive Entwicklung notwendige Aufmerksamkeit der Gründer dem Unternehmen entzogen wird.

„Fools" als Kapitalgeber

Auf die Darstellung der so genannten „Foolish Investors", der letzten Gruppe passiver Investoren, die zu den 4 Fs (Founder, Family, Friends, Foolish Investors) zählen, soll verzichtet werden. Sie unterscheiden sich im Prinzip nicht mehr von den bereits aufgezählten Gruppen bzw. die sich ergebenden weiteren Besonderheiten führen den Geschmack des moralisch Zweifelhaften mit sich.

3.5 Chancen für Wachstumsunternehmen

Vorteile der Eigenfinanzierung durch die vier Fs

Insgesamt wird davon ausgegangen, dass die persönlichen Ersparnisse der Gründer bzw. auch die Zuschüsse der weiteren Privatinvestoren nahezu vollständig mit der Unternehmensgründung aufgebraucht werden (vgl. Baier/Pleschak 1996, S. 104). Demgemäß steht diese Kapitalquelle in späteren Finanzierungsrunden meist nicht mehr zur Verfügung. Da allerdings späteren Finanzierungsrunden in der Regel auch eine höhere Bewertung des Unternehmens zugrunde liegt, können die Gründer kein Interesse daran haben, Anteile ihres eigenen Unternehmens zu ungünstigeren Konditionen als zum Zeitpunkt der Gründung zu erwerben. Insofern kann es gerade sinnvoll sein, eigene Mittel möglichst früh zu investieren und diese evtl. mit Hilfe von Verwandten und Freunden noch zu erweitern, vor allem wenn es hierfür keine formalen Vereinbarungen zur Rückzahlung oder zur Abgabe von Anteilen gibt (vgl. hierzu beispielsweise Bygrave 2000a, S. 105 ff. oder Morris 1988). Allerdings stehen der besseren Verfügbarkeit und dem ungebrochenen Einfluss der Gründer auch Nachteile gegenüber, die vor allem in dem noch höheren Risiko für die Gründer liegen.

Positive Signalwirkung

Legt man für alle Wachstumsunternehmen einen durchschnittlichen Gesamtkapitalbedarf bis zum Abschluss der Wachstumsphase von ungefähr 1 Million € zugrunde (vgl. die Ergebnisse bei Baier/Pleschak 1996, S. 35), so liegt der Anteil der Gründer an der Finanzierung bei 1,0 % beziehungsweise 0,85 %. Die Finanzierung durch die Unternehmensgründer ist somit zwar wegen ihrer Signalwirkung gegenüber anderen Kapitalgebern bedeutend, ihre Rolle bei der direkten Deckung des Finanzierungsbedarfs ist jedoch empirisch vernachlässigbar. Infolgedessen gilt es, weitere Kapitalquellen für den Aufbau des Unternehmens zu erschließen.

3.6 Literatur

ALBACH, HORST (1999): Unternehmensgründungen in Deutschland - Potentiale und Lücken, in: Hahn, Dietger/ Esser, Klaus (Hrsg.): Unternehmensgründungen: Wege in die Selbständigkeit, Chancen für innovative Unternehmen, Stuttgart, S. 1-13.

BAIER, WOLFGANG/PLESCHAK, FRANZ (1996): Marketing und Finanzierung junger Technologieunternehmen: Den Gründungserfolg sichern, Wiesbaden.

BYGRAVE, WILLIAM D. (2000): Calling on Family and Friends for Start-Up Cash, in: Birley, Sue/Muzyka, Daniel F. (Hrsg.): Mastering Entrepreneurship: The Complete MBA Companion in Entrepreneurship, London, S. 97-98.

BYGRAVE, WILLIAM D. (2000a): How the Venture Capitalists Work Out the Financial Odds, in: Birley, Sue/Muzyka, Daniel F. (Hrsg.): Mastering Entrepreneurship: The complete MBA Companion in Entrepreneurship, London, S. 105-109.

BYGRAVE, WILLIAM D./HAY, MICHAEL/NG, EMILY/REYNOLDS, PAUL (2002): A Study of Informal Investing in 29 Nations Composing the Global Entrepreneurship Monitor (GEM), in: Frontiers of Entrepreneurship Research, S. 366-380.

COVENEY, PATRICK/MOORE, KARL (1997): A Typology of Angels: A better Way of examining the Informal Investment Phenomena, in: Donkels, Rick/Meittinen, Asko (Hrsg.): Entrepreneurship and SME Research: On Its Way to the Next Millenium, Aldershot, S. 65-80.

COVENEY, PATRICK/MOORE, KARL (1998): Business Angels: Securing Start Up Finance, Chichester.

JANNEY, JAY J./DESS, GREGORY G. (2000): The Signalling Value of Investor Reputation in Assessing Start-up Firm Market Strategies, in: Frontiers of Entrepreneurship Research, S. 241-255.

MEISSNER, GERD (2001): SAP – die heimliche Software-Macht. Wie ein mittelständisches Unternehmen den Weltmarkt eroberte, München.

MORRIS, JANE K. (1988): The Pricing of a Venture Capital Investment, in: Morris, Jane K./Pratt, Stanley E. (Hrsg.): Pratt's Guide to Venture Capital Sources, 12. Auflage, Needham, S. 55-61.

NATHUSIUS, KLAUS (2003): Gründungsfinanzierung – Wie Sie mit dem geeigneten Finanzierungsmodell Ihren Kapitalbedarf decken, Frankfurt.

OSNABRUGGE, MARK VAN/ROBINSON, ROBERT J. (2000): Angel Investing, San Francisco.

RICHARDS, HUGH (2000): Recipe for a Capital Take, in: Birley, S./Muzyka, D. F. (Hrsg.): Mastering Entrepreneurship: The Complete MBA Companion in Entrepreneurship, London, S. 130-134.

WETZEL, WILLIAM E. (1982): Risk Capital Research, in: Kent, Calvin A./Sexton, Donald L./Vesper, Karl H. (Hrsg.): Encyclopedia of Entrepreneurship, Englewood Cliffs.

4 Business Angels

4.1 Einleitung

Privatpersonen, die Kapital und weitere Unterstützung bereitstellen

Business Angels sind Privatpersonen, die sich im Austausch mit Anteilen an Unternehmen direkt und ohne formellen Mittler beteiligen. Ihre Leistung besteht dabei in zwei Bereichen: Bereitstellung von Kapital und informeller Unterstützung. Beschäftigt man sich mit dem Phänomen Business Angels genauer, so gilt inhaltlich bzw. definitorisch zu klären,

- um welche Privatpersonen es sich handelt,
- was ein Austausch mit Anteilen bedeutet,
- wie die Beteiligung ohne formellen Mittler zu verstehen ist und
- was die Leistung auszeichnet.

Business Angels als historisches Phänomen

Obwohl das Phänomen erst in den letzten Jahren in Deutschland diskutiert wird, kann die Institution „Business Angels" auf eine durchaus lange Tradition zurückblicken: Bereits 1903 begann Henry Ford mit Hilfe des Kapitals von fünf informellen Beteiligungskapitalgebern in den USA die Herstellung von Automobilen (vgl. Gaston 1989, S. 2). Auch in Deutschland waren bereits in der ersten Gründerzeit Business Angels die treibende Kraft bei vielen Unternehmensgründungen. So gehörten beispielsweise Werner von Siemens und der Kölner Industrielle Eugen Langen zu den ersten Finanziers der Brüder Mannesmann (vgl. Tschammer-Osten 1996, S. 718 f.). Doch nicht jede Privatperson, die sich an einem Unternehmen beteiligt, wird auch als Business Angel bezeichnet. Das bedeutet, die Gesamtheit der Privatinvestoren ist genauer zu differenzieren.

Abgrenzung der Business Angels von anderen Privatinvestoren

In der Literatur werden die Begriffe Privatinvestor, informeller Investor und Business Angel zwar oftmals synonym verwendet, es ist jedoch sinnvoll, eine genauere Unterscheidung zwischen den reinen Finanzinvestoren, d.h. den passiven Privatinvestoren, und den aktiven Privatinvestoren, den Business Angels, zu treffen. Business Angels unterscheiden sich von passiven Privatinvestoren erstens in der Art der Beziehung zwischen Kapitalgebern und Kapitalnehmern und zweitens in den erbrachten Leistungen. Die Beziehung eines Business Angels zu den Kapitalnehmern ist durch einen über die rein finanzielle Transaktion hinausgehenden Beitrag gekennzeichnet. Business Angels erbringen für ihre Beteiligungen einen zusätzlichen Mehrwert, indem sie ihnen mit aktiver Mithilfe und in beratender Funktion zur Seite stehen. Gemeinhin erwächst dieser Mehrwert aus dem beruflichen Erfahrungshintergrund der Business Angels, den sie zur Unterstützung der Unternehmen einsetzen:

- Business Angels haben oftmals selbst ein oder mehrere Unternehmen gegründet, aufgebaut und möglicherweise im Anschluss verkauft und dabei umfangreiche unternehmerische Erfahrungen gesammelt (vgl. Mason/Harrison 1994, S. 23).

- Business Angels verfügen in der Regel über kaufmännisches Know-how, welches aufgrund des häufig technischen Ausbildungs- beziehungsweise Erfahrungshintergrundes des Gründerteams junger technologieorientierter Unternehmen oft eine erhebliche Schwachstelle darstellt (vgl. Baier/Pleschak 1996, S. 18 f.).

- Im Laufe ihrer eigenen Karriere haben sich die meisten Business Angels ein professionelles Netzwerk von Kontakten zu relevanten Entscheidungsträgern innerhalb einzelner Branchen aufgebaut. Sie verfügen insbesondere über Kontakte zu geeigneten Anwälten, Steuerberatern, Wirtschaftsprüfern und Banken (vgl. Fiet 1991).

- Viele Business Angels haben ein spezifisches Wissen in ihrem jeweiligen Fachbereich, das sie in ihre Beteiligung einzubringen wissen.

Nicht finanzielle Leistungen von Business Angels

Mit Hilfe ihrer unternehmerischen Erfahrungen, ihres Know-hows, ihres Netzwerkes und dem oftmals vorhandenen spezifischen Wissen leisten Business Angels unterschiedliche, für das kapitalnehmende Unternehmen relevante Beiträge. Business Angels motivieren und unterstützen den Unternehmer durch informelle Betreuung und Beratung, „Coaching" genannt. Kirchner verwendet den Begriff „Pate" und unterstreicht damit diese Rolle des Business Angels (vgl. Kirchner 1998, S. 10). Dabei kann ein Business Angel beispielsweise auch als Katalysator für die Entstehung des Unternehmens und die Komplettierung des Gründerteams fungieren. Unter Ausnutzung des oben genannten Netzwerks kann diese Betreuung bis hin zur „Vermarktung" der Gesellschaft über Börsengang oder Fusion gehen. Durch das Herstellen von Kontakten beziehungsweise „Türöffnen" können Business Angels beispielsweise Kooperationen mit anderen Unternehmen initiieren oder auch über die eigenen Mittel hinaus zur Sicherung der Gesamtfinanzierung beitragen. Dies gilt insbesondere für zusätzliches Kapital weiterer Business Angels sowie für Fördermittel, die oft an das Engagement eines fachkundigen Investors gebunden sind. Teilweise leisten Business Angels auch operative Unterstützung bis zu phasenweiser Voll- oder Teilzeittätigkeit in dem finanzierten Unternehmen (vgl. insbesondere Coveney/Moore 1998, S. 54 f.).

Große individuelle Unterschiede zwischen Angels

Sowohl die einzelnen Beiträge als auch ihre Intensität können von Business Angel zu Business Angel und sogar zwischen einzelnen Beteiligungen eines individuellen Kapitalgebers sehr unterschiedlich sein. In der Abgrenzung dazu sind alle Privatinvestoren, die keinen solchen zusätzlichen Beitrag leisten, passive Privatinvestoren. Dabei gilt es als irrelevant, ob die Ursache hierfür in mangelndem Können oder Wollen, auch aufgrund von Zeitrestriktionen, begründet ist. Erstens kann ein Privatinvestor, der aufgrund einer anderen beruflichen Tätigkeit nicht die Gelegenheit hatte, unternehmerisches, kaufmännisches oder für das finanzierte Unternehmen relevantes technisches Know-how zu erwerben und ein entsprechendes Kontaktnetz zu knüpfen, einem jungen Unternehmen über das Kapital hinaus keinen oder nur sehr begrenzten Mehrwert stiften (v gl. Mason/Harrison 1996, S. 116 f.).

Passive Angels

Zweitens ist der Fall denkbar, dass ein Business Angel aufgrund seines individuellen Hintergrundes relevante Beiträge leisten kann, doch aufgrund von Zeitmangel oder mangelndem persönlichen Interesse dem Unternehmen mit seinen Erfahrungen und aktivem Engagement nicht zur Verfügung steht. Auch hier handelt es sich im eigentlichen Sinne nicht um einen Business Angel: Bei Business Angels ist mit dem Kapitalfluss eine weitere informelle Hilfeleistung verbunden. Als rein renditeorientierte Anleger stellen auch sie eine bedeutende Quelle privaten Kapitals für junge Technologieunternehmen dar. In diesem Zusammenhang gilt es zu beachten, dass im Falle eines Zusammenschlusses mehrerer Business Angels zu einem Investorenteam nicht immer alle Investoren eine aktive Rolle in der Beteiligung einnehmen (können). Es handelt sich dennoch um Business Angels im zuvor erläuterten Sinne, sofern der in diesem Falle passive Investor bei mindestens einer weiteren Beteiligung eine aktive Investorenrolle innehat. Der Business Angel grenzt sich vom passiven Investor also dadurch ab, dass er in mindestens einer Beteiligung eine aktive Investorenrolle übernimmt. Auf dieser Unterscheidung zwischen Business Angels und anderen privaten Investoren aufbauend wurde in den vergangenen Jahren der Versuch unternommen, innerhalb der so definierten Business Angels weiter zu differenzieren (vgl. Coveney/Moore 1997, S. 70 sowie Coveney/Moore 1998, S. 8 ff.).

Gegenwärtig nicht aktive Angels

Zunächst lassen sich Business Angels, die aktuell aktiv sind, abgrenzen von solchen, die zwar grundsätzlich als Business Angel fungieren, doch zum momentanen Zeitpunkt nicht an einem Unternehmen beteiligt sind. Letztere werden auch als potenzielle Business Angels bezeichnet. In der angelsächsischen Literatur werden diese potenziellen Angels noch weiter nach dem Hintergrund ihrer gegenwärtigen Inaktivität unterschieden. „Virgin Angels" sind solche, die bislang noch keine Business Angel-Investition getätigt haben, dies jedoch in der Zukunft beabsichtigen. „Latent Angels" sind Business Angels, die in der Vergangenheit bereits aktiv waren und eine oder mehrere Beteiligungen eingegangen sind, gegenwärtig jedoch keine Beteiligung halten. Die Differenzierung zwischen passiven und aktiven Investoren zugrunde legend und die Unterscheidung zwischen den beiden Gruppen von potenziellen und den aktiven Angels berücksichtigend, ergibt sich das folgende Bild:

Abbildung 4-1

Übersicht über die Formen von Privatinvestoren nach Brettel/Jaugey/Rost 2000, S. 112.

Privatinvestoren		
Aktive Business Angels	**Potenzielle Business Angels**	**Passive Privatinvestoren**
• Können Mehrwert im Unternehmen erbringen	• Können Mehrwert im Unternehmen erbringen	• Können oder wollen keinen Mehrwert im Unternehmen erbringen
• Sind gegenwärtig beteiligt	• Sind gegenwärtig nicht beteiligt	• Sind gegenwärtig beteiligt, jedoch rein renditeorientiert
• Engagieren sich über das Kapital hinaus	• Engagieren sich über das Kapital hinaus	• Engagieren sich nicht über das Kapital hinaus
	Virgin Angels: Möchten investieren, hatten aber noch keine Möglichkeit dazu	
	Latent Angels: Waren in der Vergangenheit schon aktiv	

Kapitalzufuhr durch Beteiligung

Die Kapitalzufuhr von Business Angels und ihre weitere Betätigung erfolgt im Austausch mit Anteilen an dem Beteiligungsunternehmen. Das bedeutet, Business Angels investieren einen Teil ihres privaten Vermögens unmittelbar risikotragend (vgl. Hemer 1999, S. 1). Dies schließt jedoch nicht eine teilweise Übernahme des Risikos durch Garantien Dritter (beispielsweise durch Förderbanken) aus. Es besteht keine Rückzahlungsverpflichtung, sondern die Rückzahlung kann nur erfolgen, wenn die Anteile wieder verkauft werden. Business Angels investieren dabei in junge, nicht-börsennotierte Unternehmen (vgl. hierzu Landstrom 1992, S. 200) in einem frühen Entwicklungsstadium. Als Beteiligungsfokus wählen Privatinvestoren oft Unternehmen in technologieintensiven Wirtschaftszweigen, die sich durchweg in einer Phase starken Wachstums befinden oder ein solches zumindest erhoffen lassen (vgl. Wetzel 1983, S. 27 sowie Osnabrugge 1998, S. 5). Dieses Beteiligungsverhalten wird vor allem auf die notwendigen Kapitalbedarfe dieser Unternehmen und daraus resultierende häufigere und gravierendere Finanzierungsengpässe bei jungen technologieintensiven Unternehmen zurückgeführt. Zudem sind mit einer solchen Beteiligung nicht nur erhebliche Risiken, sondern dementsprechend auch ein überdurchschnittliches Renditepotenzial für die Investoren verbunden (vgl. Freear/Sohl/Wetzel 1994, S. 109 oder Mason/Harrison 1994, S. 92).

Informeller Charakter des Beteiligungsmarkts

Bei der Beteiligung ist anzumerken, dass diese ohne Zwischenschaltung von Intermediären, wie beispielsweise professionelle Venture Capital-Gesellschaften, geschieht; Unternehmen wird auf direktem Wege Beteiligungskapital bereitgestellt. Die Grenze zum formellen Beteiligungskapital ist überschritten, wenn die Aktivitäten des Privatinvestors in Form eines Fonds auf eine formale Basis gestellt werden. So könnten ehemalige Business Angels, die regelmäßig syndizierte Investments vorgenommen haben, einen Fonds für ihre Investments gründen und diesen durch einen Fondsmanager verwalten lassen. Die Existenz eines Fonds ist wesentliches Kriterium für die Zugehörigkeit zum formellen Beteiligungskapitalmarkt (vgl. hierzu beispielsweise Hemer 1999, S. 109). Wichtig dabei ist, dass sich die informelle Eigenschaft also lediglich auf den geringen Organisationsgrad des Marktes sowie die nicht-institutionellen Investoren bezieht; das impliziert damit jedoch nicht eine informelle, jeder vertraglichen Absicherung entbehrende Beziehung zwischen diesen Investoren und Unternehmen. Eine Ausnahme hiervon sind nicht-börsennotierte Unternehmen, welche nur die Funktion eines Mantels für die informellen Beteiligungsaktivitäten einer natürlichen Person übernehmen und dabei ausschließlich das persönliche Vermögen des Eigentümers investieren. Eine solche Konstruktion legt die momentane Steuergesetzgebung nahe, denn sie behandelt die Veräußerung von Unternehmensanteilen durch natürliche Personen und Kapitalgesellschaften unterschiedlich und zu Ungunsten der natürlichen Personen.

Unterschiedliche Leistungen von Business Angels

Ist eine Beteiligung und damit die Kapitalzufuhr erfolgt, so beginnt die Phase der Unterstützung durch den Business Angel. Dieser Teil der Leistung wird als konstituierend für Business Angels betrachtet und wurde in den vorangegangenen Absätzen bereits angesprochen. Darauf aufbauend haben verschiedene Autoren versucht, Business Angels weiter zu differenzieren (vgl. Coveney/Moore 1997, S. 65 ff.; Mason/Harrison 1994, S. 99 ff.; Sullivan 1990, S. 72 ff.; Tschammer-Osten 1996, S. 717 und Sohl/Osnabrugge/Robinson 2000):

- Tschammer-Osten unterscheidet die aktiven Business Angels nach zunehmendem Grad unternehmerischer Einbindung in ihre Beteiligungen und nennt fünf Typen von Business Angels. Dabei resultiert der Grad der Einbindung primär aus dem professionellen Hintergrund der jeweiligen Business Angels und ihrer für die Angel-Tätigkeit disponiblen Zeit (vgl. Tschammer-Osten 1996, S. 717).

- Sullivan segmentiert nach der Art der Bedürfnisse, die Business Angels zu befriedigen suchen (vgl. Sullivan 1990, S. 34 sowie S. 72 ff.). Dabei werden sowohl die Bedeutung von Bedürfnissen primär ökonomischer Art als auch die Bedeutung von primär außerökonomischen Bedürfnissen berücksichtigt. Im Ergebnis ihrer empirischen Untersuchung wies Sullivan drei Typen von Investoren nach: erstens den „Rational Economic Investor", der ausschließlich finanzielle Ziele verfolgt, sowie zweitens den „Responsive Investor", für den gesellschaftliche Verpflichtung vor finanziellen Motivationen steht. Der dritte Typus ist der „Risk-Managing Investor", der sowohl aus ökonomischen als auch aus außerökonomischen Motiven investiert.

- Mason/Harrison stellen im Ergebnis ihrer empirischen Erhebung fest, dass aufgrund der Relevanz von außerökonomischen Motivationen Business Angels im Durchschnitt möglicherweise auch bei niedrigeren Renditeerwartungen als institutionelle Anleger zu investieren bereit sind (vgl. Mason/Harrison 1994, S. 99 ff.).

- Coveney/Moore segmentieren auf Basis einer empirischen Studie nach persönlichem Hintergrund und Motiven der Business Angels. So werden vier Typen von Angels identifiziert, die sich hinsichtlich des Umfanges ihrer unternehmerischen Erfahrung, der Höhe des Privatvermögens und den ihrer Business Angel-Aktivität zugrunde liegenden Motivationen unterscheiden (vgl. Coveney/Moore 1997, S. 65-80).

- Basierend auf der angelsächsischen Literatur unternimmt Hemer eine ähnliche Segmentierung (vgl. Hemer 1999, S. 104 f.). Insbesondere stechen hierbei die sogenannten „Corporate Angels" hervor. Dies sind Unternehmerpersönlichkeiten, die ihr Privatvermögen in andere Unternehmen zum Nutzen ihres eigenen Unternehmens investieren. Solche Beteiligungen dienen unternehmensstrategischen Zwecken und sind infolgedessen verwandt mit dem Corporate Venture Capital.

Die Betrachtung dieser Vielzahl von Typologien deutet darauf hin, dass sich bisher keine wirklich trennscharfen Gruppen erkennen lassen. Darüber hinaus ist zu bedenken, dass sich sämtliche empirisch fundierten Typologisierungen auf den angelsächsischen Sprachraum beschränken. Für Deutschland existiert noch kein Versuch einer empirisch fundierten Typologie; es stellt sich also zudem die Frage, ob sich die bestehenden angelsächsischen Typologien auf Deutschland übertragen lassen. Als Ergebnis der Betrachtung der Typologien bleibt festzuhalten, dass sich Business Angels aufgrund ihres Hintergrunds, ihrer Motivation und Bedürfnisse, des Anlageverhaltens sowie des Grads der Einbindung in den unternehmerischen Prozess voneinander unterscheiden. Das soll in den nachfolgenden Abschnitten vertieft werden, um Hinweise abzuleiten, wie ein Wachstumsunternehmen eine Finanzierung durch einen Business Angel gestalten kann.

4.2 Typen und Funktionen von Business Angels

Wichtige Merkmale von Angels

Die nachfolgende Betrachtung soll weiteren Aufschluss über Business Angels in ihrer Rolle zur Finanzierung von Wachstumsunternehmen geben. Die eingenommene Perspektive ist dabei die eines Wachstumsunternehmens, das eine Finanzierung zu erhalten versucht. Dabei soll abschnittsweise behandelt werden,

- wer diese Business Angels konkret sind, um die Frage beantworten zu können, wie man solche findet,
- wie diese Business Angels ihre Beteiligungen prüfen, um die Frage zu beantworten, was man als Wachstumsunternehmer dazu mitbringen muss,
- wie Business Angels mit ihren potenziellen Beteiligungen in Verhandlung treten, um zu beantworten, auf was man als Gründer vorbereitet sein sollte, und
- wie sich Business Angels bei der Beteiligungsbegleitung und Desinvestition verhalten, um für Wachstumsunternehmer dazu beizutragen, dieses Verhalten vorhersehbar zu gestalten.

Um diese Fragen zu beantworten, werden nachfolgend Erkenntnisse geschildert, die im Wesentlichen aus den empirischen Studien von Brettel/Jaugey/Rost (2000) und Brettel (2004) stammen. Angereichert sind sie durch Ergebnisse weiterer Studien, vornehmlich aus dem deutschen Raum, aber auch aus anderen europäischen Ländern und den USA.

Alle Altersstufen vertreten

Business Angels gibt es beinahe jeden Alters: Es existieren Business Angels, die unter dreißig sind, genauso wie solche über siebzig. Über die Altersverteilung gibt die nachfolgende Abbildung Auskunft. Bei dem Vergleich zeigt sich, dass in Bezug auf das Alter deutsche Business Angels ungefähr denen in den USA ähneln, lediglich die Angels in Großbritannien sind im Schnitt älter.

Abbildung 4-2 *Altersverteilung von Business Angels in Deutschland, Großbritannien und den USA im Vergleich (Vgl. Mason/Harrison 1994, S. 23, Gaston 1989, S. 18, Brettel/Jaugey/Rost 2000, S. 131 und Brettel, 2004, S. 208)*

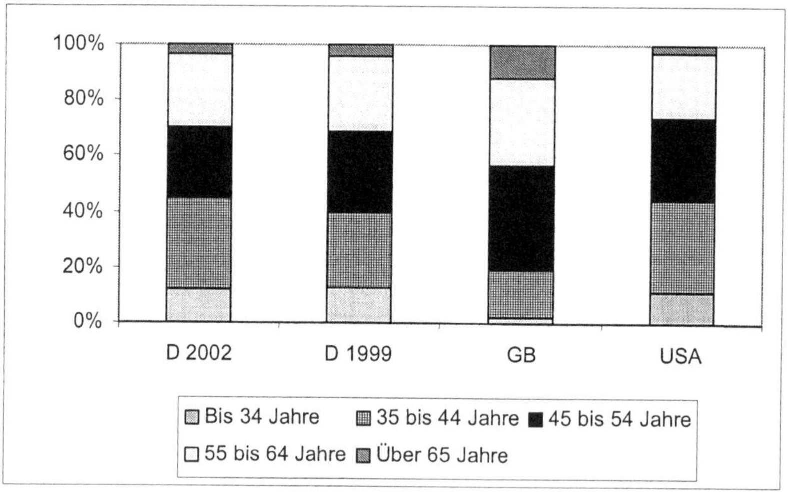

Erfahrene Unternehmer als Angels

Business Angels sind oft selbst erfahrene Unternehmer. In der Regel haben sie mindestens ein oder mehrere Unternehmen gegründet und sind mit diesen auch noch verbunden. Bei dieser Verbindung kann es sich um eine reine Beteiligung, aber auch um eine operative Mitarbeit, meist in der obersten Führungsebene, handeln. Von den Business Angels, die noch kein Unternehmen gegründet haben, konnte ein weiterer Teil Erfahrungen in kleinen und mittleren Unternehmen sammeln. Im Ergebnis verfügen deshalb lediglich ganz wenige Business Angels weder über Gründungs- noch über Arbeitserfahrung in kleinen und mittleren Unternehmen. Damit ist eine wesentliche Voraussetzung für die Aufnahme der Business Angel-Tätigkeit und der damit verbundenen informellen Hilfeleistung erfüllt (vgl. auch Ehrlich et al. 1994).

Branchen- und Funktionserfahrung

Betrachtet man die Erfahrung, über die Business Angels verfügen, näher, so ist diese zu differenzieren in Branchen- und funktionale Erfahrung. Bei der Branchenerfahrung zeigt sich in unterschiedlichen Studien (vgl. z.B. Brettel, 2004), dass ein großer Teil der Business Angels Erfahrung in wissensintensiven Branchen hat. Das ist auch darauf zurückzuführen, dass es dort in den letzten Jahren noch am besten gelingen konnte, neben dem Aufbau an unternehmerischer Erfahrung auch eigenes Vermögen, insbesondere durch Exits eigener Unternehmen und Beteiligungen, zu bilden. Funktional hat ein großer Teil aktiver Business Angels Erfahrung im Bereich der Unternehmensführung vorzuweisen. Oft ist die Unternehmensführungsaufgabe gepaart mit einer weiteren funktionalen Aufgabe, beispielsweise im Bereich Finanzen als CFO oder im Bereich Marketing und Vertrieb. Die nachfolgende Abbildung 4-3 zeigt die funktionale Erfahrung deutscher Business Angels auf.

Funktionale Erfahrung von Business Angels (vgl. Brettel 2004, S. 212) — ***Abbildung 4-3***

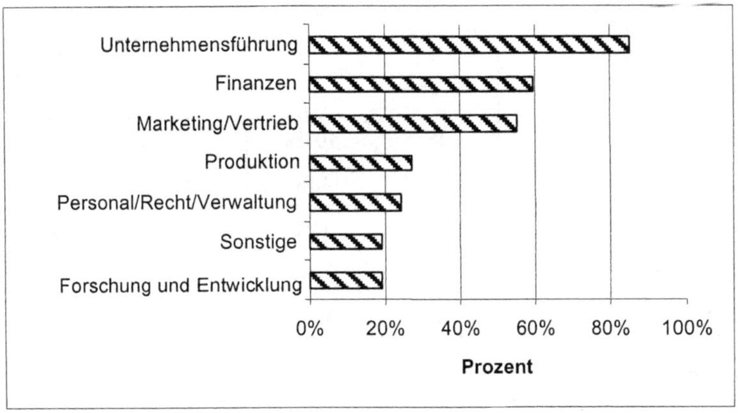

Hilfe bei der Unternehmensführung

Bei der genaueren Analyse der funktionalen Erfahrung von Business Angels ist darüber hinaus festzustellen, dass die Hilfeleistung im Bereich der allgemeinen Unternehmensführung einen positiven Einfluss auf den Erfolg des Beteiligungsunternehmens, also des Wachstumsunternehmens, hat (vgl. Brettel 2004, S. 212 ff.). Dieser Befund zeigt auf, dass die Erfolg versprechende Hilfeleistung durch die Business Angels vor allem allgemeiner Natur ist. Das ergibt sich auch aus den Aussagen zu der Frage, welche Hilfeleistung durch Business Angels erbracht wird. Es fällt auf, dass allgemeine Dinge, wie Coaching oder Netzwerk, weit häufiger genannt werden als funktionale Hilfestellung oder die Unterstützung durch spezielles Branchenwissen. Darüber gibt die Abbildung 4-4 Auskunft.

Abbildung 4-4 *Beiträge der Business Angels in ihren Beteiligungen und ihre Relevanz (vgl. Brettel/Jaugey/Rost 2000, S. 179)*

Beiträge der Business Angels in ihren Beteiligungen	**Beiträge allgemein**		**Wichtigster Beitrag**	
	Anzahl Nennungen	**% der Investoren**	**Anzahl der Investoren**	**% der Investoren**
Coaching	28	58%	14	29%
Netzwerk/Kontakte	42	85%	14	29%
Finanz-Know-how	25	52%	5	11%
Marketing-Know-how	15	31%	3	6%
Strategie	5	11%	2	4%
Kapital	48	100%	2	4%
Management-Know-how	22	46%	1	2%
Personalentwicklung	5	11%	1	2%
Branchen-Know-how	14	29%	1	2%
Sonstiges	6	13%	5	11%
Summe			48	100%

Aktiv Berufstätige als Angels

In Bezug auf den beruflichen Status ist zu erkennen, dass die meisten der Business Angels noch im Berufsleben aktiv sind, insbesondere in der Geschäftsleitung eigener und fremder Unternehmen. Allerdings bezeichnet sich auch immer ein Teil der Business Angels als Rentner bzw. Frührentner. Im Vergleich mit anderen Ländern zeigt sich für deutsche Business Angels ein hohes Maß an Selbstständigkeit (vgl. Brettel 2002).

Beruflicher Status von Business Angels (vgl. Brettel 2004, S. 216)

Abbildung 4-5

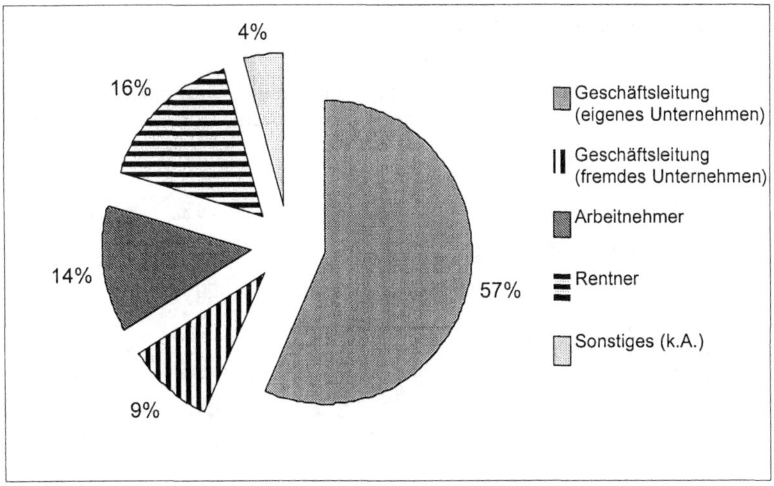

Erfahrung als Angel

Business Angels verfügen grundsätzlich nicht nur über umfangreiche eigene Erfahrung als Unternehmer oder als Führungskraft, sondern sind in der Regel inzwischen auch in ihrer Funktion als Business Angel erfahren. So begegnet man häufig Angels, die bereits einige Jahre als solche tätig sind und dabei eine Reihe von Beteiligungen betreut haben.

Gute Beteiligungsangebote

Business Angels haben in der Regel gute Möglichkeiten auf Beteiligungen. So liegt die Anzahl der Beteiligungsgelegenheiten, die Business Angels insgesamt erhalten, zwischen einer und 200 pro Jahr. Im Durchschnitt nehmen Angels davon zwischen sechs und 16 Prozent der Gelegenheiten an (vgl. Brettel 2004 S. 218 und Stedler/Peters 2002). Interessant ist für Wachstumsunternehmer dabei, wie die Gelegenheiten zu den Angels gelangen. Darüber gibt die nachfolgende Abbildung Auskunft. Interessant ist dabei, dass die Quelle für Gelegenheiten „Geschäftsfreunde" nicht nur die wichtigste ist, sondern die Beteiligungen, die über Geschäftsfreunde vermittelt wurden, sich erfolgreicher entwickeln – so jedenfalls das Ergebnis aus der Untersuchung von 123 Beteiligungsunternehmen (vgl. Brettel 2004 S. 219 ff.).

Abbildung 4-6 *Quellen für Beteiligungsgelegenheiten (vgl. Brettel/Jaugey/Rost 2000, S. 153)*

Informationsquelle	Gelegen-heiten	Eingegangene Beteiligungen		
	Anzahl der Investoren	Anzahl der Investoren	% der Invest.	% aller Beteilig.
Informelle Quellen				
Geschäftsfreunde	44	38	79%	63%
Aktive persönliche Suche	5	1	2%	2%
Gründer	21	14	29%	12%
Formelle Quellen				
VC-Gesellschaften	9	7	15%	7%
Banken	11	3	6%	2%
Anlageberater	3	1	2%	0%
Steuerberater/ Wirtschaftsprüfer	10	1	2%	1%
Rechtsanwälte	9	2	4%	1%
Universitäten/ Forschungsinstitute	4	3	6%	2%
Organisierte Quellen				
Investment Clubs/ Matching-Services	17	8	17%	4%
Business Broker	2	0	0%	0%
Zeitungen	3	1	2%	1%
Sonstige Quellen	9	4	8%	5%

Vielfalt der Motive

Die Motive für Business Angels, sich an Wachstumsunternehmen zu beteiligen, sind vielfältig. Wichtig sind hohe Kapitalzuwächse, aber auch nicht ökonomische Motive, wie der Spaß mit der Beteiligung, spielen eine große Rolle. Darüber gibt Abbildung 4-7 Auskunft.

Motive für die Business Angel-Tätigkeit (vgl. Brettel 2004 S. 221)

Abbildung 4-7

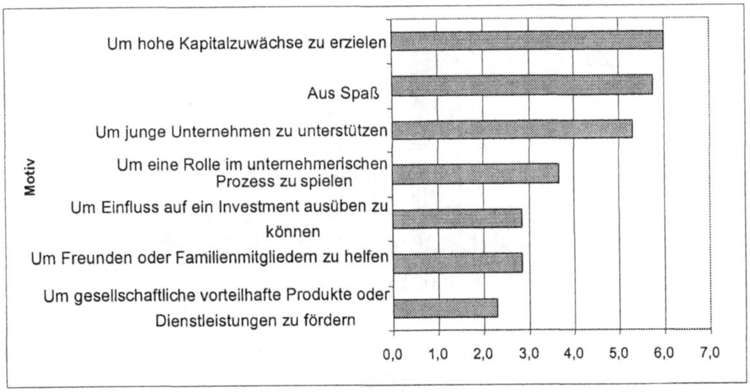

Große Varianz der Beteiligungshöhen

Die Beteiligungshöhe durch Business Angels reicht von etwa zehntausend Euro bis über eine Million Euro. Im Durchschnitt liegt die Beteiligung eines Angels bei gut 200.000 € (vgl. z.B. Brettel/Jaugey/Rost 2000, S. 170). Für ihre Beteiligung haben Business Angels überdurchschnittliche Renditeerwartungen, wobei die geplanten Haltedauern unterschiedlich eingeschätzt werden. So gehen Angels durchaus davon aus, eine Beteiligung nur drei Jahre zu halten, andere erwarten, dass sich die Beteiligungsdauer bis über zehn Jahre ausdehnen kann. Die Beteiligungen, die Business Angels halten, finden sich durchschnittlich in zwei bis drei unterschiedlichen Branchen, wobei Business Angels im Durchschnitt vier bis fünf unterschiedliche Beteiligungen im Portfolio haben.

Verfügbarkeit des Kapitals

Voraussetzung für eine Beteiligung bildet das Vorhandensein des dazu notwendigen Kapitals. Die Frage, welches Kapital für informelle Beteiligungen bereit steht, haben in der Studie von Brettel 57 Angels beantwortet (vgl. Brettel 2004 S. 225 f.). Das insgesamt von den Business Angels zur Verfügung stehende Kapital ist durchschnittlich zu 60 % in Beteiligungen eingesetzt, wodurch sich die Business Angels theoretisch die Möglichkeit erhalten, in nachfolgenden Finanzierungsrunden weiter zu investieren.

Abbildung 4-8 *Kapital von Business Angels für informelle Beteiligungen (vgl. Brettel 2004, S. 226)*

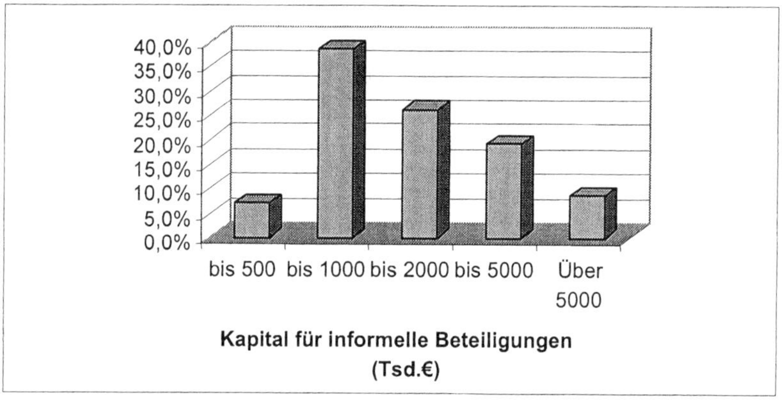

Angel verfügen über erhebliche Privatvermögen

Der Anteil des für informelle Beteiligungen bereitgestellten Kapitals am Gesamtvermögen einzelner Angels beträgt zwischen fünf und 60 %. Das bedeutet, dass die Business Angels aus den dargestellten Studien über ein erhebliches Privatvermögen verfügen. Diese Erkenntnisse sagen etwas über den Stand des informellen Beteiligungskapitalmarkts in Deutschland aus: Business Angels verfügen über ein erhebliches Privatvermögen, das sie nur zu einem Teil in junge Unternehmen investieren. Neben den geschäftlichen Aspekten spielt dabei vor allem der Spaß an der Business Angel-Tätigkeit eine Rolle. Das lässt darauf schließen, dass eine solche Tätigkeit durchaus vergleichbar einem Hobby ist: Auch dafür wird ein Teil des eigenen Vermögens bereitgestellt, aber nur, wenn das auch Spaß verspricht. Für Wachstumsunternehmer auf der Suche nach Kapital haben diese Erkenntnisse über Business Angels in der Praxis einige erhebliche Implikationen.

- Erstens gilt es, vor der Ansprache von Business Angels ein Profil zu formulieren, was der Kapitalbedarf ist und welche Art von Hilfeleistung benötigt wird. Übersteigt der Kapitalbedarf 500.000 € deutlich, so sind Business Angels wahrscheinlich die falschen Ansprechpartner. Darüber hinaus verfügen die Angels über umfangreiche Erfahrung. Junge Unternehmen müssen jedoch einschätzen, welche Erfahrung für sie wichtig ist.

- Zweitens gilt es, die geeigneten Kanäle zur Ansprache von Angels zu finden. Business Angels verfügen über unternehmerische Erfahrung, nicht selten haben sie ihr Vermögen auch aus dieser Erfahrung erlangt, z.B. durch Verkauf oder Börsengang eines von ihnen selbst gegründeten

Unternehmens. In der Regel ist eine solche Transaktion dokumentiert, sei es durch diverse Hochglanzjournale oder in den einzelnen Firmenhistorien. Diese lohnt es zu durchforsten, und schnell wird ein Wachstumsunternehmen dann fündig werden. Darauf aufbauend kann es zwar versuchen, den Angel selber anzusprechen. Erfolg versprechender ist jedoch die Suche nach „Geschäftsfreunden", die diese Person kennen und die Ansprache übernehmen können.

- Drittens sollten sich Wachstumsunternehmer, ist der Kontakt hergestellt, immer über die Motive der Business Angel-Tätigkeit im Klaren sein. Sie müssen also nicht nur vermitteln, dass es sich um ein ökonomisch interessantes Investment handelt, sondern auch, dass es Spaß bereiten kann, zu investieren und mit ihnen zusammen zu arbeiten.

- Viertens sollten Wachstumsunternehmer nicht frustriert sein, wenn sie eine Absage erhalten: Nur etwa eine von zehn Beteiligungsgelegenheiten wird durch Business Angels realisiert. Also müssten die Wachstumsunternehmer im - nicht ganz zulässigen Umkehrschluss – zehn Angels ansprechen, um einen von einer Beteiligung zu überzeugen. Damit erhielten sie theoretisch aber auch neun Absagen.

- Fünftens sollten junge Unternehmer auch ihrerseits Business Angels prüfen. Angels verfügen, wie gesehen, in der Regel über weitere Beteiligungen; die kann man anrufen und sich über den informellen Beitrag der Business Angels erkundigen. Das sollte kein ungewöhnlicher Vorgang sein, denn Business Angels prüfen ihrerseits ihre Beteiligungsgelegenheiten auch.

4.3 Beteiligungswürdigkeitsprüfung durch Business Angels

Prüfung potenzieller Beteiligungsunternehmen

Im Rahmen der Prüfung des Wachstumsunternehmens durch den Business Angel versucht dieser zu erfassen, ob es sich um eine Beteiligungsmöglichkeit handelt, in die es zu investieren lohnt. Dabei gilt es, zwei Bereichen Beachtung zu schenken, den relevanten Merkmalen, durch die sich ein Wachstumsunternehmen auszeichnen sollte, und den Maßnahmen, die ein Business Angel bei der Prüfung ergreift. Gemäß einer Studie aus dem Jahr 2000 spielt für eine positive Beteiligungsentscheidung eines Business Angels das Management-Team die wichtigste Rolle. Dieses Ergebnis zeigt sich in der nachfolgenden Abbildung 4-9 und wird dadurch unterstützt, dass sich Unternehmen, in denen die Unternehmer Erfahrung im Bereich Unternehmensführung haben, besser entwickeln als solche, in denen das nicht der Fall ist (vgl. Brettel 2004).

Abbildung 4-9 *Faktoren bei der Entscheidung über Beteiligungen (vgl. Brettel/Jaugey/Rost 2000, S. 157)*

Bei der Entscheidungsfindung über informelle Beteiligungen berücksichtigte Faktoren	**Bedeutung**		
	sehr wichtig	**wichtig**	**unwichtig**
Management-Team	96%	4%	0%
Wachstumspotenzial des Marktes	58%	31%	11%
Einzigartigkeit des Produktes oder der Dienstleistung	58%	31%	11%
Erwartete Rendite	46%	42%	12%
Branche	38%	31%	31%
Wettbewerb	29%	44%	27%
Exit-Mechanismus	14%	40%	46%

Große Bedeutung des Management-Teams

Die Relevanz des Managements für die Beteiligungsentscheidung von Business Angels lässt sich insbesondere für die Beteiligungskapitalgeber aus zwei Aspekten heraus erklären. Business Angels suchen Spaß bei ihren Beteiligungen. Diesen kann vor allem das Management Team bringen oder verwehren, es spielt dafür also eine entscheidende Rolle. Viele Unternehmen machen in ihrer ersten Lebenszeit radikale Veränderungen durch, die nur dann positiv verlaufen, wenn das Management sie entsprechend gestaltet. Wiederum erweist sich das Management als entscheidend. Neben dem Management-Team sind das Wachstum des Marktes und die Einzigartigkeit des Produkts für die Beteiligungsentscheidung eines Business Angels wichtig.

Für Wachstumsunternehmer bedeuten diese Erkenntnisse, dass sie sich bei der Präsentation ihres Unternehmens vor allem auf eine gute Präsentation der Unternehmer, also ihrer selbst, vorbereiten sollten. Der Auftritt des Teams und die Aussicht auf eine gute Zusammenarbeit erweisen sich für die Beteiligungsentscheidung als ein wesentlicher Umstand.

Zweistufiger Prozess der Prüfung

Allerdings wird das Management in der ersten Stufe der Beteiligungswürdigkeitsprüfung kaum Gelegenheit bekommen sich zu präsentieren: Zuerst werden Business Angels rein von der Papierform in ihrer Entscheidung geleitet. In der Regel läuft nämlich die Beteiligungsprüfung und – entscheidung in einem zweistufigen Prozess ab, wie er in Abbildung 4-10 aufgezeigt ist. Die Prozentsätze für die Annahmequoten können dabei unterschiedlich sein, genauso wie die Prüfzeiten, gemessen in Manntagen (MT) höher und niedriger sein können, angegeben sind jeweils die Durchschnittswerte aus der Studie von 2000 (Brettel/Jaugey/Rost 2000, S. 155 ff.)

Abbildung 4-10

Zweistufiger Ablauf einer Beteiligungsentscheidung von Business Angels (vgl. Brettel/Jaugey/Rost 2000, S. 155ff.)

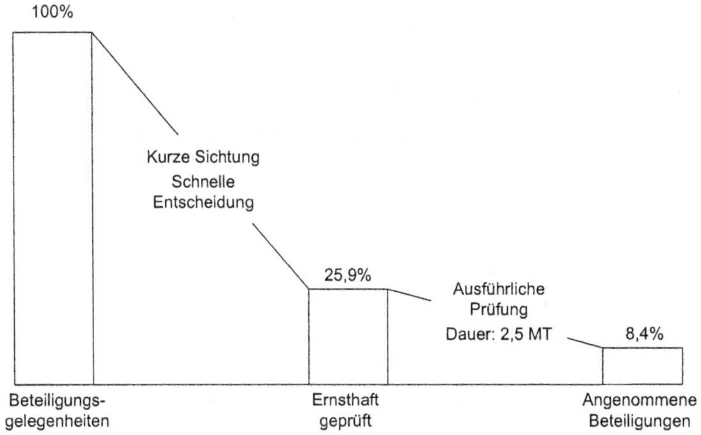

Tätigkeiten der Prüfung

Innerhalb der Prüfung führt ein Business Angel unterschiedliche Tätigkeiten durch. Diese wurden im Hinblick auf ihre Relevanz bei der Beteiligungswürdigkeitsprüfung abgefragt und in der nachfolgenden Abbildung 4-11 aufgezeigt. Gefragt wurde für die Relevanz mit einer Skala von eins bis sieben, wobei eins für sehr unwichtig und sieben für sehr wichtig steht.

Abbildung 4-11

Maßnahmen zur Beteiligungswürdigkeitsprüfung und ihre Relevanz (vgl. Brettel/Jaugey/Rost 2000, S. 155ff.)

Maßnahmen zur Beteiligungswürdigkeitsprüfung	Mittel*
Ich führe Gespräche mit allen Mitgliedern des Gründerteams.	6,8
Ich analysiere die vom Unternehmen erstellten finanziellen Plandaten	6,4
Ich diskutiere das Investment mit anderen Business Angels.	5,7

Ich besichtige die Geschäftsräume/Produktionsstätten des Unternemens.	5,5
Ich führe Diskussionen über das Produkt mit Experten.	5,2
Ich informiere mich über den Marktwert vergleichbarer Unternehmen.	5,1
Ich kontaktiere Lieferanten.	5,0
Ich kontaktiere aktuelle Kunden des Unternehmens.	5,0
Ich kontaktiere potenzielle Kunden.	4,7
Ich kontaktiere Rechtsanwälte.	4,4
Ich kontaktiere Wirtschaftsprüfer/Steuerberater.	3,7
Ich führe Gespräche mit dem Management (inkl. 2. Führungsebene) des Unternehmens.	3,9
Ich kontaktiere die Hausbank des Unternehmens.	3,2
Ich gebe eine unabhängige Marktstudie über das Produkt in Auftrag.	2,2
Ich gebe Studien bei Beratern oder Investmentbankern in Auftrag.	2,2
Ich kontaktiere aktuelle Wettbewerber.	1,9
Ich kontaktiere eventuell bereits vorhandene Investoren.	1,7
Ich gebe eine unabhängige technische Studie für das Produkt in Auftrag.	1,3

Gespräch als wichtigste Entscheidungsgrundlage

Die nach Einschätzung der Business Angels wichtigste Maßnahme zur Beteiligungswürdigkeitsprüfung ist das Gespräch mit den Gründern bzw. dem Management-Team. Das kann einerseits darin begründet sein, dass Business Angels die Relevanz des Teams für den Erfolg einer Beteiligung ebenso wahrgenommen haben, andererseits ist das auch durch die Motive der Business Angel-Tätigkeit zu deuten, Spaß bei der Beteiligung haben zu wollen. Neben dem Management-Team sind die Plandaten am wichtigsten. Sie geben beispielsweise einen Anhaltspunkt über die Entwicklung des Marktes.

Kaum externe Due Diligence

Deutlich wird auch, dass Business Angels sich bei der Beteiligungswürdigkeitsprüfung scheuen, teure Studien in Auftrag zu geben, beispielsweise bei Beratern oder Investmentbankern. Auf den ersten Blick ist überraschend, dass die Maßnahme, bereits vorhandene Investoren zu kontaktieren, einen so geringen Punktwert zugesprochen bekommt. Das ist wahrscheinlich dadurch zu begründen, dass Business Angels in der Regel die ersten Investoren sind und eventuell bereits beteiligte Freunde oder Familienmitglieder für die Prüfung keinen Mehrwert zu bringen vermögen. Allerdings ist auch denkbar, dass bereits andere Business Angels beteiligt sind; in einem solchen Fall hätte das Gespräch mit vorherigen Investoren einen anderen Stellenwert.

Vorbereitung durch das Unternehmen

Für Wachstumsunternehmer, die eine Finanzierung durch Business Angels zu erlangen versuchen, können wertvolle Hinweise aus der vorangegangenen Schilderung der Prozessmerkmale abgeleitet werden. Zuallererst gilt es, die Executive Summary des Business Plans, auf deren Basis die schnelle Sichtung erfolgt, sehr gut vorzubereiten. Wenn in dieser Phase die meisten Gelegenheiten ausgesondert werden, so gilt es, diese Prüfung auch entsprechend vorzubereiten. Gelingt es, diese erste Phase zu überstehen, so sollte sich vor allem das Management-Team ausreichend vorbereiten, denn dieses spielt bei der Beurteilung der Beteiligung in der zweiten Phase sicher die größte Rolle. Darüber hinaus sollte das Team professionell genug die einzelnen Aspekte einer möglichen Prüfung vorbereitet haben. Wenn ein Business Angel beispielsweise Kunden oder Lieferanten kontaktieren möchte, so sollte das Management ohne lange nachdenken zu müssen, entsprechende Ansprechpartner bereit halten (und evtl. auch darauf vorbereitet haben). Idealerweise gelingt es dem Management des Wachstumsunternehmens, einen Business Angel zu überzeugen, sich an dem Unternehmen zu beteiligen. Dann gilt es, auch die Phase der Beteiligungsverhandlung entsprechend zu gestalten.

4.4 Beteiligungsverhandlung durch Business Angels

Unternehmensbewertung

Business Angels beteiligen sich an Wachstumsunternehmen in der Regel im Austausch mit Anteilen, also in Form einer Eigenfinanzierung. Wie bereits festgestellt, beträgt das durchschnittliche Beteiligungsvolumen gut 200.000 €, in der Studie von 2004 bei 123 Portfoliounternehmen konnte ein Durchschnitt von 270.000 € mit einer Spanne zwischen 5.000 € und einer Million € festgestellt werden (vgl. Brettel 2004, S. 248). Im Gegenzug erhalten Business Angels dafür eine Beteiligung am Unternehmen, in der Regel handelt es sich dabei um eine Minderheitsbeteiligung. Die genaue Höhe der Beteiligung ist abhängig vom ermittelten Wert des Unternehmens, wobei Business Angels eher einfache Methoden nutzen, um diesen zu ermitteln. Das beginnt damit, dass es Business Angels gibt, die grundsätzlich nicht in ein Unternehmen investieren, das einen bestimmten Wert, z.B. 5 Millionen €, übersteigt. Andere bestimmen die Anteile, die die verschiedenen Parteien am Unternehmen erhalten sollen, nach Dritteln: ein Drittel für die Gründer, ein Drittel für das Management (das kann mit den Gründern übereinstimmen) und ein Drittel für die Kapitalgeber, also die Business Angels. Dabei schätzen die Angels ihren Zeitbedarf zur Bestimmung ihrer Anteile auf zehn bis 30 Minuten (vgl. Amis/Stevenson 2003, S. 149 ff.).

Methoden der Bewertung

Neben den nach einfachen Methoden vorgehenden Angels gibt es allerdings auch solche, die eine Bewertung objektiv nachvollziehbar zu erstellen versuchen. Diese Angels greifen dann zu bekannten Methoden, z.B. diskontieren sie Cash Flows oder suchen nach vergleichbaren Unternehmen. Neben der Frage der Bewertung des Wachstumsunternehmens zur Ermittlung der Beteiligungshöhe werden im Zuge der Beteiligungsverhandlung weitere Vereinbarungen getroffen, die letztlich in einem Beteiligungsvertrag Fixierung finden. Dabei handelt es sich insbesondere um die in der nachfolgenden Abbildung 4-12 aufgeführten.

Abbildung 4-12 *Einsatzhäufigkeit vertraglicher Bestandteile zwischen Business Angels und Portfoliounternehmen (vgl. Brettel 2004, S. 249 f.)*

Vertragsvereinbarung	Häufigkeit des Vorkommens
Wettbewerbsverbote für das Management während der Beteiligung	96,7%
Mindestzeiten für aktive Beschäftigungsdauer des Managements des Portfoliounternehmens	86,0%
Mitbestimmungsrecht für den Verkauf von Anteilen	72,7%
Gründer verpflichtet, ihre gesamte Arbeitszeit für das Portfoliounternehmen einzusetzen	65,3%

Voller Einsatz der Gründer

Es wird deutlich, dass es für Business Angels vor allem wichtig ist, dass die Unternehmer möglichst ihre gesamte Zeit und Kraft in das Wachstumsunternehmen einsetzen. Dazu dient die Verpflichtung, möglichst die gesamte Arbeitszeit dem Unternehmen zu widmen, verbunden mit der Auflage, das für eine bestimmte Mindestzeit, z.B. zwei Jahre, zu tun. Diese Vereinbarungen sind möglichst begleitet von einem Wettbewerbsverbot, das sich in der Regel auf die Vertragsdauer, aber auch auf die Zeit danach beziehen kann. Mit dem Mitbestimmungsrecht für den Verkauf von Anteilen möchten Business Angels sicherstellen, dass die Unternehmer nicht ohne ihre Zustimmung Teile des Unternehmens verkaufen können und sich in dieser Form ihrer Verantwortung beim Aufbau des Unternehmens entziehen.

Parallelität zu VC-Verträgen

Neben den genannten Vertragsdetails gibt es eine Reihe weiterer, die allerdings von Business Angels nicht so häufig genutzt werden wie von Venture Capitalists. Insgesamt zeigen Business Angels und Venture Capitalists signifikant unterschiedliche Herangehensweisen in der Vertragsgestaltung, obwohl die Faktoren für eine Erfolg versprechende Gestaltung der Beteiligungsverträge weitgehend die gleichen sind. Es erscheint deshalb für Business Angels sinnvoll, sich in einigen Punkten der Vertragsgestaltung an das Verhalten von Venture Capitalists anzunähern (vgl. Brettel/Meier/Reißig-Thust 2004, S. 442 ff.)

Häufig geringe Bedeutung des Beteiligungsvertrags

Zusammengefasst können die Aspekte der Vereinbarung in einem Beteiligungsvertrag ihren Niederschlag finden. Häufig spielt der Beteiligungsvertrag aber kaum eine Rolle. In der Regel werden die einzelnen Vereinbarungen in Gesellschafts- und Geschäftsführungsverträgen (im Falle einer GmbH) realisiert. Das geschieht insbesondere in Fällen, in denen der Business Angel sich in einem sehr frühen Stadium an dem Unternehmen beteiligt und dadurch direkt bei der Gründung dabei ist. Dann können Mitbestimmungsrechte im Gesellschaftsvertrag geregelt werden, Arbeitszeitregelungen, Mindestzeiten für die Beschäftigung und Wettbewerbsverbote in den Verträgen für die Anstellung als Geschäftsführer oder Vorstände des Wachstumsunternehmens.

Gute Vorbereitung der Verhandlungen erforderlich

Für Wachstumsunternehmer gilt es, auf die Beteiligungsverhandlung ebenso vorbereitet zu sein wie in den anderen Phasen. Das betrifft einerseits die Frage der Bewertung des Unternehmens und damit der abzugebenden Unternehmensanteile und andererseits die Frage der weiteren Punkte einer Vereinbarung. Die wesentlichen Punkte, die Business Angels wichtig sind, stellen allerdings Aspekte dar, an denen ein junger Unternehmer gleichermaßen Interesse haben sollte: Es ist sinnvoll, seine gesamte Zeit zum Aufbau des Unternehmens zu investieren und das für eine bestimmte Mindestzeit. Dass man dabei nicht für einen Wettbewerber arbeiten oder direkt nach Auslaufen der zeitlichen Bindung zu einem überlaufen darf, sollte selbstverständlich sein. Einzig bei der Frage der Mitbestimmung über den Anteilsverkauf könnten Diskussionen entstehen, weil Unternehmer in ihrer Entscheidung möglichst frei bleiben wollen. Bedenkt man jedoch, dass auch die Unternehmer nicht wollen, dass der Business Angel seine Beteiligung einfach weiterverkauft (z.B. an einen Wettbewerber, der sicherlich daran Interesse haben sollte und deshalb einen hohen Preis dafür zu zahlen bereit sein wird), erscheint die Regelung in beiderseitigem Interesse angemessen.

4.5 Beteiligungsbegleitung

Kontrolle und Unterstützung

Bei der Beteiligungsbegleitung kommt idealerweise der „zweite Flügel des Engels", nämlich seine Unterstützung des Wachstumsunternehmens, zum Tragen. Es sollte die Zeit sein, in der ein Business Angel durch aktives Eingreifen zum Erfolg des Unternehmens beiträgt. Da Business Angels dies in der Regel nicht in Vollzeit tun, werden sie diese Phase gleichzeitig dazu nutzen, die Beteiligung zu beobachten und zu überwachen. Diese Beobachtung (Monitoring) stellt natürlich auch die Voraussetzung dafür dar, um die Hilfeleistungen gezielt wirksam werden zu lassen. Deshalb sollen die beiden Aspekte Monitoring und Hilfeleistung schrittweise betrachtet werden. Im Rahmen des Monitoring spielen zwei Aspekte eine Rolle, die Frage, welche Informationen Business Angels in welchem Turnus zu erhalten wünschen, und die Frage, wie viel Zeit Business Angels darauf verwenden, sich mit ihren Beteiligungen zu befassen.

Berichterstattung

Um den Informationsbedarf zu sichern, lassen sich Business Angels diesen entweder in einer entsprechenden Vereinbarung garantieren oder sie verlassen sich auf die freiwillige Berichterstattung durch die Wachstumsunternehmer. Bei den Informationen, die dabei ausgetauscht werden, handelt es sich um Berichte des externen Rechnungswesens einerseits und um sonstige Informationen über die Geschäftsentwicklung, z.B. Investitionen, Budgeteinhaltung etc., andererseits.

Abbildung 4-13 *Informationen, die sich Business Angels geben lassen und ihre Vorlagehäufigkeit (vgl. Brettel, 2004, S. 257)*

Nennung der Vorlage bestimmter Informationen	*Nie*	*Bei Bedarf*	*Jähr -lich*	*Halb-jährlich*	*Quartalsweise*	*Monatlich*	*Wöchentlich*
Umsatz (aktuell u./o. zu erwarten)	0	1	3	29	29	48	13
Bilanz und GuV	0	1	25	25	31	37	4
Cash Flow/ Liquiditätsbericht	0	1	21	22	19	47	13
Zwischenberichte zur Geschäftslage	0	0	24	19	25	52	3
Budgeteinhaltung	0	0	26	30	19	37	11
Bericht über Investitionsvorhaben	0	26	30	23	22	22	0
Bericht über Entwicklungsstadium des Produkts/Projekts	33	31	30	19	5	5	0
Zusätzliche unternehmensspezifische Erfolgskennzahlen	0	26	32	23	19	21	0

Bedeutung von Umsatz, Cash Flow und Budgeteinhaltung

Aus der Tabelle ist erkennbar, dass die wichtigsten Informationen die Umsätze, Cash Flows und das Budget des Beteiligungsunternehmens betreffen. Sie müssen am häufigsten von den Unternehmen vorgelegt werden. Auch die Bilanz und GuV nimmt einen relativ hohen Stellenwert ein, wobei hinzuzufügen ist, dass es sich bei der Bilanz und der GuV nicht um die formelle Bilanz am Ende des Geschäftsjahrs handelt, sondern um vorläufige Fortschreibungen, insbesondere die Gewinn- und Verlustpositionen betreffend. Diese Informationen lassen sich fast alle Business Angels regelmäßig zukommen. Eine wöchentliche Berichterstattung ist allerdings selten; dieser Turnus erscheint zu kurz. Immerhin kommt er in etwa 10 % der Fälle vor. Zudem spielen qualitative Berichte, wie beispielsweise über Entwicklungsstadien von bestimmten Produkten oder Projekten gemäß der vorliegenden Stichprobe, eher eine geringere Rolle. Stellt man einen Zusammenhang zwischen der Informationsintensität (im Sinne der Menge und Häufigkeit des Übersendens von Informationen vom Portfoliounternehmen zum Business Angel) her, so ist zu erkennen, dass Unternehmen, die regelmäßig und in nicht zu langen Abständen ihren Business Angels relevante Informationen zukommen lassen, erfolgreicher sind (vgl. Brettel 2004, S. 256 ff.).

Regelberichterstattung

In der Regel lassen sich die Business Angels die Informationen unaufgefordert per (elektronischer) Post zukommen. Darüber hinaus nehmen sie regelmäßigen schriftlichen oder telefonischen Kontakt auf und versuchen, persönliche Treffen mit dem Beteiligungsunternehmen zu realisieren. Die Häufigkeit dieser Kontakte ist in Abbildung 4-14 aufgeführt.

Abbildung 4-14

Häufigkeit der Kontaktaufnahme von Business Angels mit ihren Beteiligungsunternehmen (vgl. Brettel 2004, S.259)

Häufigkeit der Kontaktaufnahme	Nie	Jährlich	Halbjährlich	Quartalsweise	Monatlich	Wöchentlich	Täglich
Schriftliche oder telefonische Kontakte	0	0	7	11	52	49	3
Persönliche Treffen mit dem Management	0	0	21	39	37	18	8

Regelmäßiger Kontakt

Es ist ersichtlich, dass die Mehrzahl der schriftlichen bzw. telefonischen Kontakte in einem relativ kleinen Turnus erfolgt. Die Kontakte finden bei den meisten Beteiligungen entweder wöchentlich oder monatlich statt. Demgegenüber sind persönliche Treffen seltener, sie können in der Mehrzahl monatlich oder einmal im Quartal beobachtet werden. Das bedeutet, es kommt zu einer regelmäßigen informellen Hilfe bzw. einem regelmäßigen Eingreifen durch Business Angels. Stellt man die Häufigkeit der Kontaktaufnahme in einen Zusammenhang mit dem Erfolg der Unternehmen, so ist erkennbar, dass die telefonischen Kontaktaufnahmen keinen Zusammenhang erkennen lassen, die persönlichen jedoch sehr wohl: Die persönliche

Kontaktaufnahme scheint eine positive Wirkung auf die Beteiligungsentwicklung zu haben (vgl. Brettel 2004 S. 259 ff.). Es empfiehlt sich für die Unternehmer, einmal im Monat mit dem bzw. den Business Angels persönlich zu interagieren. Eine häufigere Kontaktaufnahme, insbesondere schriftlich oder telefonisch, ist dagegen nicht von Nutzen.

Formen der Hilfeleistung

Aufbauend auf den Informationen, die Business Angels erhalten, stellt sich die Frage, in welcher Form sie ihre Hilfeleistung erbringen sollten. Das kann man in zwei Bereiche trennen, die Form der Interaktion und den funktionalen Bereich, in den Business Angels eingebunden sein sollten. Bei der Form der Interaktion reicht das Spektrum von einer beratenden Tätigkeit über die institutionalisierte Gremientätigkeit bis hin zu einer Übernahme von operativen Managementaufgaben im Unternehmen. Dabei verbringen Business Angels im Durchschnitt mehr als zwei Tage pro Monat für ihre Tätigkeiten im Beteiligungsunternehmen, wobei diese Angaben jedoch erheblichen Schwankungen unterworfen sind: Manche Business Angels beschränken sich darauf, ein kurzes Telefonat zu führen, andere sind quasi Vollzeit für ihre Beteiligung engagiert. Die Tätigkeiten, die sie dabei ausführen, sind in Abbildung 4-15 aufgezeigt.

Abbildung 4-15 *Form der Interaktion zwischen Business Angels und Beteiligungsunternehmen (vgl. Brettel 2004 S. 261; Mehrfachnennungen möglich)*

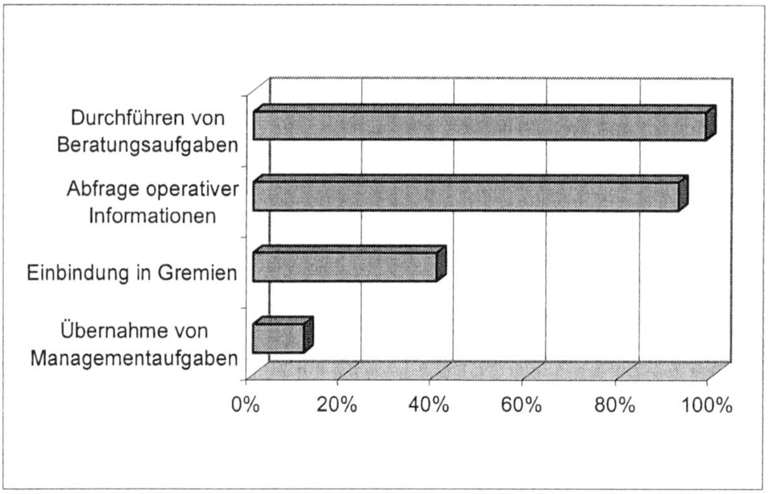

Beratung und operative Hilfe

Im Ergebnis ist erkennbar, dass die meisten Business Angels beratende Tätigkeiten ausüben und sich dazu operative Informationen zur Verfügung stellen lassen bzw. diese aktiv abfordern. Allerdings gibt es auch eine Reihe von Business Angels, die selbst operative Managementaufgaben in den Beteiligungsunternehmen übernehmen. Betrachtet man die Motivlage von Unternehmern, u.a. Unabhängigkeit erlangen zu wollen, so kann man die operative Einbindung von Business Angels durchaus auch kritisch werten. In der Zeit, die ein Business Angel für ein Portfoliounternehmen tätig ist, kann er in unterschiedlichen funktionalen Bereichen arbeiten. In der nachfolgenden Abbildung 4-16 sind solche funktionalen Bereiche abgetragen und eine Einschätzung von Business Angels erbeten, ob sie in die Bereiche intensiv eingebunden sind (Punktwert sieben, ganz rechts) oder gar nicht (Punktwert von eins).

Abbildung 4-16

Funktionale Einbindung von Business Angels in Beteiligungsunternehmen (vgl. Brettel 2004 S. 263; Mehrfachnennungen möglich)

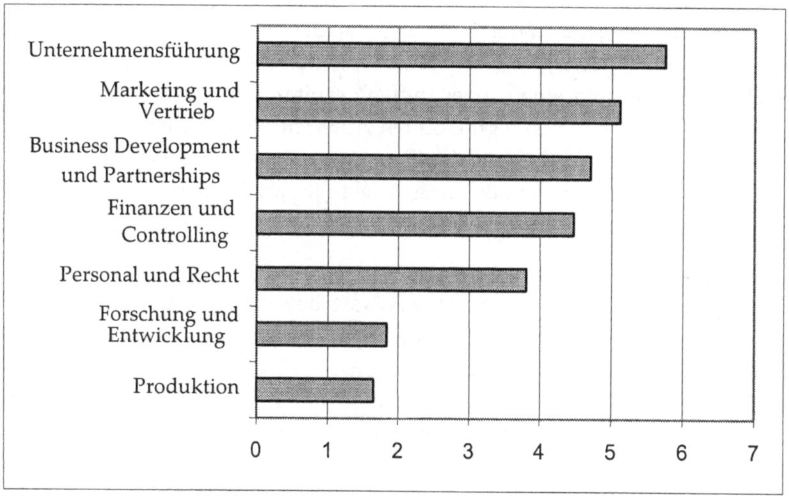

Hilfe bei der Unternehmensführung

Es ist erkennbar, dass die häufigste Einbindung im Bereich Unternehmensführung geschieht. Es folgen Tätigkeiten im Marketing und im Rahmen des Business Development. Das bedeutet, Unternehmer machen sich die Erfahrung zu Nutze, die Business Angels während ihrer eigenen unternehmerischen Tätigkeit gesammelt haben. Es erfolgt quasi eine Art Mentoring, wie es auch in etablierten Unternehmen von Vorgesetzten zu Mitarbeitern stattfinden kann. Business Angels ersetzen damit in gewisser Weise die Erfahrung, die junge Unternehmer noch nicht haben, die aber zum Aufbau eines Wachstumsunternehmens notwendig ist. Zusammengefasst bedeutet dies für Wachstumsunternehmer Folgendes: Für eine erfolgreiche Entwicklung ihres Unternehmens sollten Unternehmer die Erfahrung von Business Angels möglichst in monatlichen persönlichen Treffen in denjenigen Bereichen in Anspruch nehmen, in denen die Business Angels eigene Erfahrung gesammelt haben. Das gilt insbesondere für die Unternehmensführung.

4.6 Der Ausstieg von Business Angels aus Beteiligungen

Befristung der Investition

Business Angels halten Kapitalbeteiligungen an Wachstumsunternehmen. Diese Beteiligungen zeichnen sich dadurch aus, dass sie nicht mit einer Rückzahlungsverpflichtung verbunden sind, es sei denn, in dem Beteiligungsvertrag ist etwas anderes notiert. Trotzdem geben Business Angels an, sich nach einer gewissen Zeit wieder von den Beteiligungen trennen zu wollen und dadurch einen sogenannten „capital gain" zu realisieren. Hält ein Business Angel einen signifikanten Anteil an einem Unternehmen und ist dieser auch in seinem Wert deutlich gewachsen, so wird es kaum einem Gründer möglich sein, dem Business Angel die Anteile abzukaufen oder das Unternehmen diese Anteile zurück kaufen zu lassen. Es muss ein sogenannter Exit erfolgen.

Zeithorizont für den Exit

Gemäß der Studie von Brettel/Jaugey/Rost bewegt sich die von Business Angels für ihre informellen Beteiligungen antizipierte Beteiligungsdauer größtenteils in einem überschaubaren Zeitraum: 54 % der Investoren erwarten bei ihren Investments eine Beteiligungsdauer von drei bis zehn Jahren. Weitere 38 % sind entweder außerstande, zum Zeitpunkt der Befragung bereits eine bestimmte Beteiligungsdauer zu antizipieren oder befinden die Frage nach der Dauer der Beteiligungen als grundsätzlich unwichtig. Nur jeweils 4 % geben an, eine Beteiligungsdauer von unter zwei oder über zehn Jahren zu erwarten. Die Mehrzahl der Beteiligungen ist damit bereits im Vorhinein auf einen beschränkten Zeitraum ausgelegt (vgl. Brettel/Jaugey/Rost 2000, S. 166 ff.)

Kanäle des Exit

Als Exitmöglichkeit bieten sich unterschiedliche Wege an, der Verkauf des Unternehmens, der Börsengang oder Buyouts. Allerdings erwarten Business Angels auch nicht, mit jedem Unternehmen unbedingt erfolgreich sein zu müssen: Gefragt nach der Anzahl von Flops (Beteiligung, die keine Rendite erwirtschaftet und notfalls auch komplett abgeschrieben werden muss), die sie bei einem theoretischen Portfolio von zehn Beteiligungen erwarten würden, antworten Business Angels fast jede Anzahl zwischen gar keinem und acht. Das bedeutet, es gibt Business Angels, die in zehn Unternehmen investieren und erwarten, ihre Gesamtrendite über alle Investitionen aus nur zwei Beteiligungen realisieren zu können.

4.7 Literatur

AMIS, DAVID/STEVENSON, HOWARD (2003): Winning Angels: The Seven Fundamentals of Early-Stage Investing, London et al.

BAIER, WOLFGANG/PLESCHAK, FRANZ (1996): Marketing und Finanzierung junger Technologieunternehmen: Den Gründungserfolg sichern, Wiesbaden.

BRETTEL, MALTE (2002): Business Angels in International Comparison, in: Journal of Private Equity 5, S. 53-67.

BRETTEL, MALTE (2004): Der informelle Beteiligungskapitalmarkt: Eine empirische Analyse, Wiesbaden.

BRETTEL, MALTE/JAUGEY, CYRIL/ROST, CORNELIUS (2000): Business Angels: Der informelle Beteiligungskapitalmarkt in Deutschland, Wiesbaden.

BRETTEL, MALTE/MEIER, DEGENHARD/REIßIG-THUST, SOLVEIG (2004): Vertragsgestaltung von Venture Capitalists und Business Angels im Vergleich, in: Die Betriebswirtschaft 64, S. 431-447.

COVENEY, PATRICK/MOORE, KARL (1997): A Typology of Angels: A better Way of Examining the Informal Investment Phenomena, in: Donkels, Rick/Meittinen, Asko (Hrsg.): Entrepreneurship and SME Research: On Its Way to the Next Millenium, S. 65-80.

COVENEY, PATRICK/MOORE, KARL (1998): Business Angels: Securing Start-up Finance, Chichester.

EHRLICH, SANFORD D./DE NOBLE, ALEX F./MOORE, TRACY/WEAVER, RICHARD R. (1994): After the Cash Arrives: A Comparative Study of Venture Capital and Private Investor Involvement in Entrepreneurial Firms, in: Journal of Business Venturing 9, S. 67-82.

FIET, JAMES O. (1991): Network Reliance by Venture Capital Firms and Business Angels: An Empirical and Theoretical Test in: Churchill, Neil C./Bygrave, William H./Covin, Jeffrey G./Sexton, Donald P./Slevin, Denis

P./Vesper, Karl H./Wetzel, William E. (Hrsg.): Frontiers of Entrepreneurship Research, S. 445-455.

FREEAR, JOHN/SOHL, JEFFREY E./WETZEL, WILLIAM E., JR. (1994): Angels and Non-Angels: Are there Differences?, in: Journal of Business Venturing 9, S. 109-123.

GASTON, ROBERT J. (1989): Finding Private Venture Capital for Your Firm: A Complete Guide, New York.

HEMER, JOACHIM (1999): Business Angels und junge Technologieunternehmen, in: Koschatzky, Knut/Kulicke, Marianne, Nellen, oliver/Pleschak, Franz (Hrsg.): Finanzierung von KMU im Innovationsprozeß - Akteure, Strategien, Probleme, Stuttgart, S. 103-112.

KIRCHNER, H. (1998): Privatinvestoren, in: ACHLEITNER, ANN-KRISTIN/THOMA, GEORG F. (Hrsg.): Handbuch Corporate Finance: Konzepte, Strategien und Praxiswissen für das moderne Finanzmanagement, Köln.

LANDSTROM, HANS (1992): The Relationship Between Private Investors and Small Firms: An Agency Theory Approach, in: Entrepreneurship & Regional Development 4, S. 199-223.

MASON, COLIN M./HARRISON, RICHARD T. (1994): Informal Venture Capital in the UK, in: Hughes, Alan/Storey, David J. (Hrsg.): Finance and the Small Firm, London, S. 64 - 111

MASON, COLIN M./HARRISON, RICHARD T. (1996): Informal Venture Capital: A Study of the Investment Process, the Post-Investment Experience and Investment Performance, in: Entrepreneurship & Regional Development 8, S. 105-125.

OSNABRUGGE, MARK VAN (1998): Comparison of Business Angels and Venture Capitalists: Financiers of Entrepreneurial Firms, Oxford.

RUDOLF, MARKUS/WITT, PETER (2002): Bewertung von Wachstumsunternehmen – Traditionelle und innovative Methoden im Vergleich, Wiesbaden.

RUDOLF, MARKUS/WITT, PETER (2003): Die Bewertung von KMUs - Möglichkeiten und Grenzen des Realoptionenansatzes, in: Meyer, Axel-Jörn (Hrsg.): Unternehmensbewertung und Basel II in kleinen und mittleren Unternehmen, Lohmar, S. 141-155.

SOHL, JEFFREY E./OSNABRUGGE, MARK VAN/ROBINSON, ROBERT (2000): Models of Angel Investing, Portals to the Early Stage Market, Annual Babson College Research Conference, Babson, S. 1-12.

STEDLER, HEINRICH/PETERS, HANS-HEINRICH (2002): Business Angels in Deutschland: Empirische Studie der FH Hannover im Auftrag der tbg Technologie-Beteiligungs-Gesellschaft mbH der Deutschen Ausgleichsbank, Bonn.

SULLIVAN, MARY. K. (1990): Segmenting the Informal Investment Market: A Benefit-based Typology of Informal Investors, Dissertation, The University of Tennessee, Knoxville.

TSCHAMMER-OSTEN, GEORG (1996): Business Angel, in: Die Betriebswirtschaft 56, S. 716-719.

WETZEL, WILLIAM E., JR. (1983): Angels and Informal Risk Capital, in: Sloan Management Review 24, S. 23-34.

5 Venture Capital

5.1 Einleitung

Begriff Venture Capital sehr unterschiedlich definiert

Der Begriff Venture Capital (VC) wird in Europa und den USA teilweise sehr unterschiedlich verwendet (vgl. Rudolph/Fischer 2000, S. 49, sowie Gompers/Lerner 2000, S. 3). In den nachfolgenden Abschnitten der Einleitung soll deshalb zuerst eine Begriffsbestimmung vorgenommen werden, bevor auf die konstituierenden Merkmale von Venture Capital und die Funktionsweise bzw. Besonderheiten in diesem Markt eingegangen wird. Das grundsätzliche Prinzip des Venture Capital gibt es bereits seit langer Zeit: So stellte beispielsweise Königin Isabella von Kastilien Mittel für die Schiffe bereit, mit denen Christoph Kolumbus Amerika entdeckte. In den 40er Jahren des letzten Jahrhunderts versorgten Privatinvestoren Neugründungen von Unternehmen mit Kapital, organisiert durch so genannte „Small Business Investment Corporations". In der Folgezeit wurden Erfolgsgeschichten von Beteiligungen mit Renditen bis zu 10.000 % geschrieben, auch die Gründung von Apple Computers fiel in diese Zeit.

Hohe Renditen und hohes Risiko

Die erzielbaren Renditen geben einen Hinweis auf die Form der Kapitalzufuhr an die Unternehmen, es handelt sich dabei um eine Eigenfinanzierung. Der Begriff Venture Capital allgemein bezeichnet also eine Form der Eigenfinanzierung durch so genanntes Beteiligungskapital. Lessat et al. definieren dieses Beteiligungskapital folgendermaßen: „Unter Beteiligungskapital sind Eigenkapital oder eigenkapitalähnliche Mittel zu verstehen, die als direkte oder stille Beteiligungen bzw. eigenkapitalähnliche Darlehen (z.B. patriarchische Darlehen oder Darlehen mit Wandlungsrecht) außerhalb des organisierten Kapitalmarktes in Unternehmen eingebracht werden. Die Kapitaleinlage ist mit Kontroll-, Informations- und Mitentscheidungsrechten sowie zum Teil mit einer Managementunterstützung durch den Investor verbunden." (Lessat et al. 1999, S. 94). Venture Capital als eine Form von Beteiligungskapital wird für den deutschen Sprachgebrauch unterschiedlich übersetzt, als Wagniskapital oder als Risikokapital (vgl. Boersch 1998, S. 114 ff.). Albach definiert Risikokapital als Kapital, „für das keine Rückzahlungsverpflichtung besteht, kein Kündigungsrecht des Gläubigers besteht, kein fester Zinsanspruch vereinbart wird und das im Konkursfall verloren ist" (Albach 1983, S. 6). Andere Autoren stellen das Risiko als ausschließliches Kriterium in den Vordergrund und definieren deshalb als Risikokapital dasjenige Kapital, das in irgendeiner Weise risikotragend ist. Ein solches Verständnis ginge über das reine Beteiligungskapital nach der obigen Begriffsbestimmung jedoch hinaus, weshalb auch eine eigenständige Begriffsbestimmung für Venture Capital gesucht wird. Nach Albach, Hunsdiek und Kokalj zeichnet sich Venture Capital durch drei Merkmale aus (vgl. Albach/Hunsdiek/Kokalj 1986, S. 166 f.):

- Venture Capital-Firmen stellen Beteiligungskapital oder beteiligungswürdiges Kapital für wachstumsträchtige, junge sowie kleinere und mittlere Unternehmen zur Verfügung.
- Venture Capital-Finanzierungen bestehen nicht nur in der Bereitstellung von Finanzmitteln; mit ihnen untrennbar verbunden ist die Bereitstellung von Managementleistungen für die Beteiligungsunternehmen.
- Venture Capital-Unternehmen sind Investoren mit langfristiger Perspektive, die ihre Rendite durch Kapitalgewinne erzielen.

Investition in Wachstumsunternehmen

Ein Versuch einer sehr breiten Definition wurde von Schmidtke unternommen: „Venture Capital ist Wagnis- oder Zukunftskapital, das in wachstumsträchtigen Unternehmen und Branchen angelegt wird, deren Marktchancen der Kapitalgeber beurteilen kann, bei denen es sich aber nicht ausschließlich – wie dies häufig zu hören ist – um Neugründungen oder solche im Bereich der Spitzentechnologien handeln muss. Ebenso kann es sich um die Übernahme strategischer Einheiten eines alteingesessenen, aber wachstumsträchtigen Unternehmens handeln, um die Zwischenfinanzierung einer Kapitalerhöhung vor der eigentlichen Börseneinführung oder um die Finanzierung eines neuen Dienstleistungskonzepts. So gesehen bedeutet Venture nicht allein die Bereitschaft, ein Wagnis einzugehen oder zu finanzieren, sondern die Zukunft zu planen und die Chancen des Erfolgs wahrzunehmen. Es bedeutet unternehmerisches Beteiligungskapital. Der Venture Capitalist beteiligt sich mit Eigenkapital am unternehmerischen Risiko solcher Unternehmen, die mit einem überdurchschnittlichen Wachstumspotenzial ausgestattet sind" (Schmidtke 1985, S. 32). Die Begriffe und Versuche der Begriffsbestimmung betrachtend, führt Eberhart aus, dass „der Begriff Venture Capital in der Vergangenheit mehrfach umgedeutet und auch immer wieder neu übersetzt worden ist. Da keine dieser Übersetzungen der Bedeutung des Begriffs treffend entspricht und immer entweder der Risiko- oder Chancencharakter von VC überbetont wird, soll (...) der Begriff des VC unübersetzt beibehalten werden." Dementsprechend wird auch im vorliegenden Buch der Begriff des Venture Capital genutzt.

Kapital und Unterstützungsleistungen

Einigkeit besteht darin, dass die Finanzierung durch Venture Capital nicht nur einen Kapitalfluss, sondern auch weitere Leistungen beinhaltet (vgl. Albach/Hunsdiek/Kokalj 1986, S. 166 ff.). Die wesentlichen angebotenen Leistungen sind Geld, unterstützende Dienste, Netzwerk, Image, moralische Unterstützung und allgemeines Wissen über Geschäfte und Disziplin (vgl.

Fried/Hisrich 1995). Grundsätzlich kann Venture Capital informell durch Privatpersonen (Business Angels) oder durch eine formelle Organisation bereitgestellt werden (vgl. Geigenberger 2000, S. 27). Im zweiten Fall spricht man vom formellen Beteiligungskapitalmarkt. Die beiden Segmente des Beteiligungskapitalmarktes werden nach verschiedenen Kriterien voneinander abgegrenzt. Eines der wichtigsten Differenzierungskriterien betrifft dabei das Finanzierungsvolumen: Dieses ist bei Business Angels begrenzt, es ist davon auszugehen, nicht mehr als eine halbe Million € durch Business Angels zu erhalten. Im formellen Beteiligungskapitalmarkt werden Finanzierungsvolumina unter einer halben Million € hingegen fast als zu gering betrachtet.

Abbildung 5-1

Abgrenzung des informellen und formellen Beteiligungskapitalmarkts (in Anlehnung an Engelmann et al. 2000, S. 143)

Merkmale	**Informeller Beteiligungskapitalmarkt**	**Formeller Beteiligungskapitalmarkt**
Unternehmensphasen	frühe Phasen	alle Phasen
Finanzierungsvolumen	bis zu 0,5 Millionen Euro	mehr als 0,5 Millionen Euro
Regionale Begrenzung	regional begrenzt	i.d.R. keine Begrenzung
Motive	monetäre und nicht monetäre Motive	ausschließlich monetäre Motive
Kontrollrechte	weniger wichtig	sehr wichtig
Informationsrechte	weniger formalisiert	formalisiert und regelmäßig
Feedback/Unterstützung	unregelmäßig	regelmäßig, systematisch
Personelle Ressourcen	Angel	Partner und Investment Analysts

Public und Private Equity

Die Beteiligungsfinanzierung wird auch differenziert in „public equity" und „private equity". Dabei stellt Venture Capital nur einen Teil dieses private equity dar, nämlich den, der mit der oben definierten weiteren Leistung verbunden ist. So unterscheidet Boersch Venture Capital und Beteiligungskapital anhand der nachfolgenden Abbildung (vgl. Boersch 1998, S. 122).

Abbildung 5-2 *Differenzierung von Wagniskapital (Venture Capital) und Beteiligungskapital (vgl. Boersch 1988, S. 122)*

Merkmale	Wagniskapital/ Risikokapital	Beteiligungskapital
Beteiligungsfinanzierung	Ja	Ja
Beteiligungsanteil am gesamten Unternehmen	Minderheitsanteil	Unterschiedlich
Kapitaleinsatz-Entschädigung	capital gain	Dividende
Managementberatung	Ja	Nein
Beteiligungsdauer	3 – 7 Jahre	unbestimmt
Gesamtheitliches Finanzierungspaket	Ja	Nein
Finanzierungsgrund	Erwartung eines erheblichen Wertzuwachses	andere Gründe, z.B. MBO
Unternehmensinteresse an Beteiligungskapital	- fehlende Eigenmittel - keine Sicherheiten - kein Zugang zum Kapitalmarkt	- Übernahme- und Nachfolgeprobleme - Liquiditätsprobleme
Hauptadresse des Beteiligungskapitals	zu gründende Unternehmen, junge oder bestehende kleine bis mittlere Unternehmen	bestehende Mittel- oder Großbetriebe
Identifikation des Beteiligungspartners mit den Unternehmenszielen	hoch	sekundär (primär Rendite)

Motive von VC-Gesellschaften

Venture Capital wird auch durch Kapitalbeteiligungsgesellschaften zur Verfügung gestellt, wobei Schefczyk die Universalbeteiligungsgesellschaften als den Grundtyp solcher Gesellschaften in Deutschland betrachtet (vgl. Schefczyk 1999, S. 1123). Als Abgrenzung dazu sehen öffentlich geförderte Kapitalbeteiligungsgesellschaften die Bereitstellung von Kapital zur Förderung bestimmter, nicht ausschließlich bzw. primär renditeorientierter Ziele wie der Schaffung von Arbeitsplätzen, als ihre Kernaufgabe. Betrachtet man die verschiedenen Formen der Beteiligungsgesellschaften, so sind die wesentlichen Unterscheidungen in zwei Ebenen zu finden:

- Zielsetzung: Verfolgen die Gesellschaften ausschließlich Renditeziele oder auch noch weitere? (vgl. auch Gupta/Sapienza 1988)

- Betätigungsfeld: Haben die Gesellschaften ihr Betätigungsfeld bestimmten Auflagen unterworfen?

Diese beiden Dimensionen zugrunde legend, ergibt sich zur Einteilung der genannten Gesellschaften die nachfolgende Tabelle (vgl. zur Differenzierung auch Schefczyk 2000, S. 15 ff.).

Differenzierung von Beteiligungskapitalgesellschaften (vgl. Hedrich/Setzer 2000, S. 10)

Abbildung 5-3

	Primärziel Renditemaximierung	**Renditemaximierung und öffentlicher Auftrag vereint**	**Öffentlicher Auftrag dominant**
Betätigungsfeld uneingeschränkt	Universalbeteiligungsgesellschaft	Sparkassen-/ Landesbankgesellschaften	Co-Beteiligungsgesellschaften/ öffentliche Programme
Betätigungsfeld bestimmten Auflagen unterworfen	Unternehmensbeteiligungsgesellschaft	Mittelständische Beteiligungsgesellschaften	

Universalbeteiligungsgesellschaften

Die größte Bedeutung haben in Deutschland die Universalbeteiligungsgesellschaften. Sie werden auch als Venture Capital-Gesellschaften (VCG) oder Venture Capitalists (VC) im engeren Sinne bezeichnet. Auf sie soll im Folgenden eine Fokussierung erfolgen. Diese Unternehmen stellen Venture Capital zur Verfügung, das zusammenfassend folgendermaßen definiert werden soll:

- Es handelt sich um eine Kapitalbeteiligung als Beteiligungskapital oder beteiligungsähnliches Kapital, also z.B. Darlehen mit Wandlungsrecht, das voll risikotragend ist und durch Kapitalgewinne (capital gain) entschädigt wird.
- Die Beteiligung erfolgt an jungen Unternehmen, in denen das Wachstumspotenzial genügend hoch ist, um eine ausreichende Rendite durch Kapitalzuwächse erzielen zu können.
- Mit der Kapitalbeteiligung sind weitere Leistungen verbunden, bei denen es sich um Managementleistungen, unterstützende Dienste, Netzwerk, Image, ideelle Unterstützung oder allgemeines Wissen über Geschäfte und Disziplin handelt.

- Die Kapitalbeteiligung erfolgt mit einer langfristigen Perspektive. Es wird zwar eine Präferenz für die Dauer einer Beteiligung angegeben, diese kann jedoch nicht fixiert werden.

Diese Begriffsdefinition zugrunde legend, soll im Folgenden die Funktionsweise der Venture Capital zur Verfügung stellenden VCs betrachtet werden, um darauf aufbauend den Prozess der Beteiligung darstellen zu können.

5.2 Die Funktionsweise von Venture Capital-Gesellschaften

VC-Gesellschaften als Intermediäre

Eine Venture Capital bereit stellende Kapitalbeteiligungsgesellschaft (VCG) ist eine als Intermediär in Erscheinung tretende Managementgesellschaft, die mit dem in einem Fonds gebündelten Kapital institutioneller Anleger Beteiligungen vornehmen kann. Der grundlegende Aufbau ist in Abbildung 5-4 gezeigt. In der Regel startet eine VCG als Managementgesellschaft, die als erste Aufgabe das Fund Raising hat. In dieser Phase wird Kapital anhand eines verbindlichen Verkaufsprospektes von den Investoren eingeworben. Kapitalzusagen („Capital Commitments") werden so lange entgegengenommen, bis der Fonds die geplante Größe erreicht hat und geschlossen wird.

Abbildung 5-4 *Grundsätzlicher Aufbau einer Venture Capital-Gesellschaft (vgl. Geigenberger 2000, S. 27)*

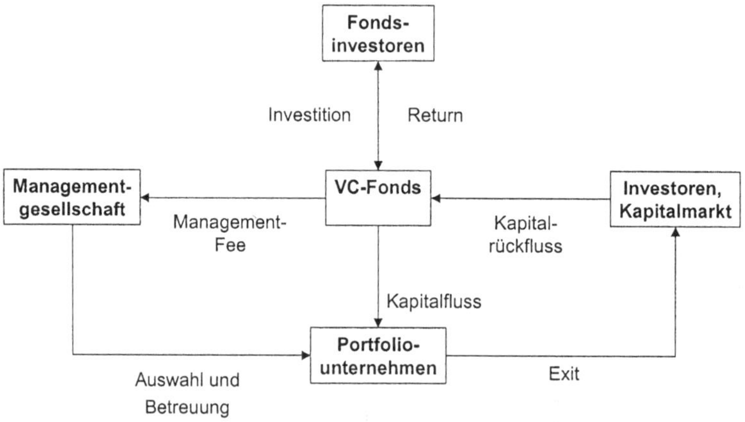

Die Investitionsphase

Damit beginnt die Investitionsphase, in der Abbildung als Auswahl von Portfoliounternehmen dargestellt, die einen Kapitalzufluss erhalten. Ist eine solche potenzielle Beteiligung ausgewählt, so werden von den Fondsinvestoren Capital Commitments in Höhe der zu tätigenden Investments abgerufen. Dieser Vorgang wird als Capital Call bezeichnet. Die abgerufenen Mittel werden auch Take-downs oder Paid-in Capital genannt. Mit den von den Investoren abgerufenen Geldern werden nun Investments, auch VC-Disbursements genannt, in Form eines Kapitalflusses an die Portfoliounternehmen vorgenommen.

Die Investitionsziele

Das Investitionsziel sind nicht laufende Kapitalerträge in Form von Dividenden. Es ist der durch eine erfolgreiche Veräußerung der Beteiligung an der Börse oder in Form eines Verkaufs an ein anderes Unternehmen (Trade Sale) erzielte Gewinn. In der Abbildung ist das durch den als Exit bezeichneten Pfeil zu den verschiedenen Investorgruppen verdeutlicht. Erfolgt ein solcher Exit, so kann auch der Rückfluss des investierten Kapitals erfolgen. Dieses wird dann an die Investoren als Return wieder ausgeschüttet. Die Managementgesellschaft wird in zweierlei Weise entlohnt: Erstens erhält sie eine so genannte Management fee als Prozentsatz am gesamten Fondsvolumen. Diese Fee beträgt zwischen 1 und 2,5 %pro Jahr. Zudem erhält sie einen Teil der vom Fonds erwirtschafteten Rendite. Für diese Entlohnung ist die Aufgabe der Managementgesellschaft, nicht nur den Fonds zu verwalten und zu investieren, sondern auch weitere Unterstützungsleistung zu erbringen. Fried/Hisrich bezeichnen Venture Capitalists in ihrer Studie dementsprechend auch als Beziehungsinvestor bzw. "Relationship investor", wie es im englischen Originaltitel lautet, und unterscheiden folgende Leistungen, die VCGs für ihre Beteiligungen erbringen (Vgl. Fried/Hisrich 1995, S. 102 ff.):

- Kapital: Dies ist das wesentliche Element der Beziehung und formt diese nachhaltig. Selbst eine nicht zufrieden stellende Beziehung zwischen Kapitalgeber und Kapitalnehmer wird durch das Beteiligungskapital als ggf. einzige Möglichkeit zur Finanzierung überdeckt.
- Operative Dienste: Die Einbeziehung von Venture Capital-Gesellschaften in das operative Geschäft ihrer finanzierten Unternehmen geht teilweise soweit, dass sich manche dieser Gesellschaften selbst als Berater mit finanziellem Interesse bezeichnen. Allerdings scheint aufgrund sehr unterschiedlicher Auffassungen von operativen Diensten deren Angebot nicht immer sehr vorteilhaft zu sein. So wird auch grundsätzlich in Frage gestellt, ob Venture Capitalists überhaupt in der Lage seien, kompetent ein Unternehmen zu führen (vgl. auch Hellmann/Puri 2002). Allerdings erscheint diese Fähigkeit zur operativen Führung der Portfoliounternehmen auch nicht unbedingt relevant, ist es doch nicht ihre eigentliche Aufgabe (vgl. auch Ehrlich et al. 1994).

- Persönliche Beziehung: Diese oft wichtige Leistung entsteht durch die Expertise der Person des Venture Capitalists und seinen Einsatz für das Unternehmen. Es wird angegeben, dass es sich um die bevorzugte Basis für Einflussnahmen handelt. Der stärkste Einfluss entsteht, so wird argumentiert, wenn sich zwischen den beteiligten Parteien eine echte Partnerschaft entwickelt, die allerdings sehr viel gegenseitigen Respekt und Vertrauen verlangt. Das Zitat eines Venture Capitalists zeigt aber auch, dass es zahlreiche Fälle gibt, in denen „wir (= die VCs) genauso betrachtet werden wie die Hausbank, nämlich als notwendiges Übel" (Fried/Hisrich 1995, S. 107).

- Formelle Macht: In der Regel existiert zwischen der Venture Capital-Gesellschaft und dem Beteiligungsnehmer eine vergleichsweise detailliert ausformulierte vertragliche Beziehung, die dem Investor z.T. weit reichende Rechte einräumt. Allerdings versuchen Venture Capitalists im Hinblick auf die persönliche Beziehung zum Management, diese sehr stark in die Autonomie des Managements eingreifenden Rechte möglichst nicht auszunutzen.

Zyklizität der VC-Branche

Die beschriebene gestufte Funktionsweise von Venture Capital-Gesellschaften hat zur Folge, dass der VC-Branche eine Zyklizität zugesprochen wird: „Throughout the history of venture capital, various cycles have occurred, where key elements of the industry got out of balance" (NVCA 2002, S. 9). Geprägt wird diese Zyklizität durch die Eigenschaft des Kapitals, stets zum Ort mit dem besten Rendite/Risiko-Verhältnis zu fließen (vgl. Black/Gilson 1998, S. 256 f.). Verzeichnen Venture Capitalists eine abnormal hohe Rendite, so steigt die Kapitalallokation zu VC. Dies zieht vermehrt Neugründungen von VCGs und die Neuauflage von VC-Fonds nach sich. Um die Renditeforderungen der Investoren zu befriedigen, muss das Kapital in lukrative Beteiligungen investiert werden. Daher beginnt ein Wettbewerb unter den VCGs um diese lukrativen Unternehmensbeteiligungen. Aussichtsreiche Beteiligungen werden rar und teuer - steigende Kapitalzuflüsse verursachen steigende Bewertungen. Die hohe Kapitalallokation zwingt, auch unterdurchschnittliche Beteiligungen einzugehen, begünstigt durch schneller und oberflächlicher durchgeführte Due Diligence Prüfungen. Dies führt zu steigenden Ausfallraten und hohen Abschreibungen und lässt die Renditen der Venture Capitalists sinken. Dadurch erscheint das Rendite/Risiko-Verhältnis nicht mehr optimal und die Investoren verändern die Kapitalallokation. Die VCGs haben eine deutlich restriktivere Haltung und gehen weniger Beteiligungen ein. Es werden nur noch überdurchschnittlich Erfolg versprechende Ideen finanziert, was langfristig zu einer Steigerung der Renditen führt (vgl. Geigenberger 2000, S. 26 ff.).

Verstärker der Zyklizität

Dieser Kreislauf wird durch die Allokation von Managementunterstützung noch verstärkt. „Because VC managing depends on experience, in the short run, VC management expertise is inelastic" (Cumming/MacIntosh 2001, S. 453). Daher können Fondsmanager aufgrund der nach einer Erhöhung der Kapitalallokation steigenden Anzahl der zu betreuenden Beteiligungen jedem Unternehmen nur noch einen geringeren Anteil ihrer Zeit widmen. Zudem führt die vermehrte Einstellung von Managern ohne Branchenerfahrung zu einer qualitativen Verschlechterung der Managementunterstützung. Dadurch sinkt die Erfolgswahrscheinlichkeit der Portfoliounternehmen. Generell verändern sich während des aufgezeigten Kreislaufes (1) die Preisgestaltung und (2) die relative Verhandlungsmacht der VCG, (3) die Geschwindigkeit, mit der Investments getätigt werden, sowie (4) die Disziplin der VCG (vgl. Gompers 1998, S. 1102). Dieser Zyklus ist in der nachfolgenden Abbildung 5-5 verdeutlicht.

Abbildung 5-5

Die Zyklizität des Venture Capital Marktes (vgl. Gompers 1998, S. 1102)

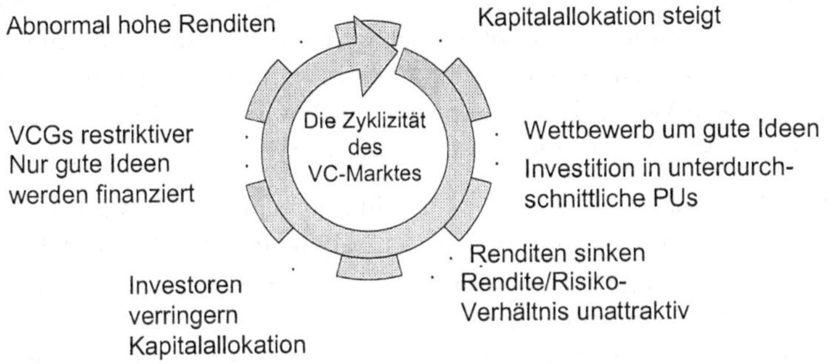

Der Einfluss des Kapitalmarkts

Zu den beschriebenen Phänomenen kommt hinzu, dass Kapitalmarktschwankungen auf die VC-Branche direkt einen starken Einfluss ausüben und Börsengänge als lukrativste Exitmöglichkeit die Höhe der erzielten Rendite bestimmen (vgl. Sahlman et al. 1985, S. 20: "The existence of an IPO market with high valuations was a very important factor in attracting venture capital investment"). Auch im Falle einer anderweitigen Desinvestition als auf dem öffentlichen Kapitalmarkt wird die Höhe des Verkaufserlöses indirekt beeinflusst, nämlich durch die Funktion als Vergleichsmaßstab für die Preisbestimmung (z. B. bei Trade Sales).

Der Einfluss der Gründungsaktivität

Nicht nur der Kapitalmarkt, auch die Gründungsideen sind einem Zyklus unterworfen und beeinflussen so den Markt für Venture Capital. Kondratieff beschrieb erstmals umfassend die zyklische Entwicklung der Wirtschaft und wies auf einen Zusammenhang zwischen Innovationen und Konjunktur hin (vgl. Scherrer 1996, S. 135). Ein Zyklus dauert durchschnittlich ca. 40-60 Jahre. Schumpeter formulierte die Theorie mit der Beschreibung der Konjunkturzyklen (Business Cycles), also kürzeren Zyklen, weiter. Dabei griff Schumpeter einen Gedanken Kondratieffs auf: Nicht die Erfindungen selbst bewirken einen langfristigen Aufschwung, sondern ihre Verwendung und Entwicklung im Wirtschaftsprozess. Schumpeter sieht den dynamischen Unternehmer als Auslöser eines die gesamte Volkswirtschaft durchdringenden Prozesses der industriellen Wandlung. Er beschrieb mit seinem Begriff der Schumpeterschen Zerstörung die tiefgreifenden ökonomischen Transformationen durch Innovationsprozesse (vgl. Schumpeter 1972). Wichtig für die Erklärung der Zyklizität von Venture Capital sind dabei die in der Vergangenheit beobachtbaren Wellen oder Schübe starker Innovationstätigkeit, ausgehend von der Entdeckung einer Basisinnovation. Diese starke Innovationstätigkeit führt zu einer Gründungswelle innovativer Unternehmen, die auf die Zuführung von Eigenkapital angewiesen sind und von denen sich VCGs hohe Renditen versprechen. Die schlechte Schützbarkeit der Innovation und niedrige Markteintrittsbarrieren ziehen jedoch eine Vielzahl von Gründungen nach sich (vgl. Schumpeter 1934, S. 430: "Hat einmal *ein* Unternehmer Erfolg, so werden sich sofort andere finden. ... man braucht nur den eingefahrenen Weg zu betreten"). Eine Häufung durch Imitationsprozesse setzt ein, bis alle Möglichkeiten erschöpft wurden und der durch die Basisinnovation hervorgerufene dynamische Prozess stagniert.

Herdenverhalten und Kurzsichtigkeit

In dieser Phase der Stagnation setzt nun ein Phänomen ein, das als „Capital Market Myopia" bezeichnet wird. Viele einzelwirtschaftlich betrachtet sinnvolle Investitionen ergeben gesamtwirtschaftlich keinen Sinn. „Capital market myopia leads to overfunding of industries ... " (Sahlman/Stevenson 1985, S. 13). Folglich wird die durch die Kapitalallokation hervorgerufene, für den Markt zu hohe Anzahl an Gründungen durch Insolvenzen reduziert bis nur noch die wettbewerbsstärksten Unternehmen bestehen bleiben. Dieser Prozess kann zusätzlich durch das sog. „Rational Herding" verstärkt werden: Fondsmanager tendieren dazu, in einem kompetitiven Umfeld ähnliche Investments zu tätigen, wenn ihre Performance anhand der Leistung anderer Manager bewertet wird (Devenowa/Welcha 1996). Für Wachstumsunternehmen bedeutet dies, dass sie zu unterschiedlichen Zeiten unterschiedlich gute Möglichkeiten haben werden, Venture Capital zu erhalten. Abgesehen davon ist es für ein solches Unternehmen in jeder Phase entscheidend, wie es sich in dem Arbeitsprozess eines Venture Capitalists im Einzelnen verhalten muss, um zu einer erfolgreichen Finanzierung zu kommen.

Das Geschäftsmodell einer VC-Gesellschaft

Aufbauend auf der grundsätzlichen Funktionsweise von Venture Capitalists wurde das Geschäftsmodell für die Vergabe von Kapital und die nachfolgenden Schritte theoretisch noch weiter präzisiert. Einen solchen Prozess haben Tyebjee und Bruno auch empirisch validiert (Tyebjee/Bruno 1984, S. 1052 ff.), Wright und Robbie haben ihn um Feedbackschleifen ergänzt (vgl. Wright/Robbie 1998, S. 534 ff.) und Schröder hat untersucht, welche Unterschiede es zu deutschen Venture Capitalists gibt (vgl. Schröder 1992, S. 39 f.). Im Anschluss an das Auflegen des Fonds durchlaufen Venture Capitalists demnach folgende Phasen:

- Beteiligungsakquisition (Deal Generation): In dieser Phase bemüht sich eine VCG um potenzielle Portfoliounternehmen, um einen qualitativ wie quantitativ ausreichenden Pool an Beteiligungen sicherzustellen (vgl. Bygrave/Timmons 1992, S. 5 ff.).
- Beteiligungsauswahl (Screening): In dieser Phase werden die einzelnen potenziellen Beteiligungen einer mehrstufigen Prüfung unterworfen. Diese Prüfung umfasst jeweils eine grobe Analyse gefolgt von einer detaillierten Analyse (vgl. Pichotta 1990, S. 35 ff.).
- Beteiligungsverhandlung (Approval and Structuring): Hat eine potenzielle Beteiligung das Screening erfolgreich durchlaufen, so werden die Konditionen der Beteiligung vorgeschlagen, verhandelt und fixiert (vgl. Gompers/Lerner 2000, S. 29 ff.).
- Phase nach der Investition (Post Investment Activities): Nach der eigentlichen Kapitalzufuhr erbringen Venture Capitalists ihre Leistungen neben dem Kapital (vgl. Macmillan et al. 1988, S.28 ff.)
- Desinvestition (Exit): In dieser Phase versucht der VC, seine Anteile am Beteiligungsunternehmen wieder zu verkaufen, um den capital gain zu realisieren.

Wachstumsunternehmen müssen VCs verstehen lernen

Aus der Sicht eines Wachstumsunternehmens ist es entscheidend, die Arbeitsweise von Venture Capitalists in den einzelnen Phasen ausreichend zu verstehen, um ihnen richtig zu begegnen. Das beginnt mit der Beteiligungsakquisition, die aus Sicht eines Wachstumsunternehmens die Kontaktphase darstellt, bis hin zur gemeinsamen Desinvestition. Diese Phasen sollen im Folgenden aus der Sicht eines (potenziellen) Beteiligungsunternehmens dargestellt werden. Das beginnt mit der Kontaktaufnahme und leitet über in die Phase der Beteiligungsbegleitung. Die Desinvestition stellt das Ende des VC-Prozesses dar.

5.3 Kontaktaufnahme zu Venture Capitalists

Spezialisierung und Branchenerfahrung

Im Rahmen der Kontaktaufnahme zu Venture Capitalists gilt es, den richtigen Venture Capitalist zu identifizieren und dann Kontakt zu ihm aufzunehmen. Norton/Tenenbaum haben Anfang der 90er Jahre 98 Venture Capitalists untersucht und dabei als wesentliches Ergebnis erhalten, dass die Spezialisierung die bevorzugte Strategie zur Risikominimierung ist (vgl. Norton/Tenenbaum 1993). Zemke bestätigt, dass auch in Deutschland Spezialisierungsstrategien bestehen (Zemke 1995, S. 157 f.). Pfirrmann et al. stellen allerdings fest, dass dies nicht in dem Maße geschieht wie in den USA (vgl. Pfirrmann et al. 1997, S. 137). Aus diesen Ergebnissen heraus, unterstützt durch Beobachtungen in der Praxis, ist bei der Auswahl des richtigen Venture Capitalists die Spezialisierung des VC zu prüfen. Eine solche Spezialisierung ist denkbar als Spezialisierung auf eine Branche, als Spezialisierung auf eine Finanzierungsphase oder als weitere Spezialisierung, z.B. regional, eingeschränktes Beteiligungsfeld oder eingeschränktes Finanzierungsvolumen.

Die Spezialisierungen auf eine Branche oder auf bestimmte Finanzierungsphasen sind in der Regel bereits im Internetauftritt der Gesellschaften erkennbar. Bei den weiteren Spezialisierungen ist zu prüfen, ob es sich bei dem Venture Capitalist um eine Gesellschaft handelt, die nicht als Universalbeteiligungsgesellschaft auftritt und somit einen bestimmten weiteren Fokus besitzt.

Die Reputation einer VC-Gesellschaft

Neben dem Fokus der Venture Capital Gesellschaft spielt ihr Ansehen eine wichtige Rolle. „Die Tatsache, durch eine besonders erfolgreiche Venture-Capital-Firma finanziert zu werden, bedeutet eine nicht zu vernachlässigende Erhöhung der eigenen Erfolgschancen" (Hochgesand 2002, S. 389). Eine Finanzierung durch einen Venture Capitalist, der im Ruf steht, gute Investitionen zu tätigen, zeichnet ein Unternehmen im Prinzip auch als gut aus. Das kann ihm den Einstieg bei Kunden, Lieferanten oder weiteren Kapitalgebern deutlich erleichtern. Mit Hilfe der beiden wesentlichen Kriterien Spezialisierung und Ansehen der Venture Capitalists lässt sich eine Liste möglicher Venture Capital-Geber für ein Wachstumsunternehmen aufstellen. Die darauf befindlichen VCs gilt es nun zu kontaktieren. Dabei gibt es verschiedene Wege der Kontaktaufnahme, die empirisch unterschiedlich häufig zu eingegangenen Beteiligungen geführt haben (vgl. Reißig-Thust 2003, S. 179 f.):

- Die Kontaktaufnahme durch das zukünftige Portfoliounternehmen hat in gut 20 % der Fälle zu einer Beteiligung geführt.

- Die Kontaktaufnahme durch eine dritte Person, das kann ein Business Angel sein, der bereits in das Unternehmen investiert hat, das kann aber auch ein Mittler sein, hat in den Fällen, in denen die Person dem VC bereits bekannt war, in fast 40 % der Fälle zu einer Beteiligung geführt.
- In fast 15 % der Fälle ist es bei späteren Beteiligungen deshalb zum Kontakt gekommen, weil der VC selber den Markt nach geeigneten Unternehmen abgesucht hat.
- In 13,5 Prozent der Fälle ist der Kontakt zwischen dem Venture Capitalist und einer späteren Beteiligung durch einen anderen Venture Capitalist zustande gekommen.

Vermittler sind wichtig

Insgesamt ist erkennbar, dass die so genannten „cold calls“, also die Kontaktaufnahme ohne vorheriges Kennen oder eine vorherige Verbindung, nur in einem kleineren Teil der Fälle erfolgreich sind, wohingegen die Ansprache über ein Netzwerk einen größeren Erfolg im Hinblick auf das Zustandekommen einer Beteiligung verspricht. Darüber hinaus zeigt sich, dass die Unternehmen, bei denen der Kontakt über Mittler bzw. Insider zustande kam, erfolgreicher sind als solche, die einen „cold call“ genutzt haben (vgl. Reißig-Thust 2003, S.180 f.). Das zeigt auf, wie wichtig es sein kann, beispielsweise in einer früheren Phase von einem Business Angel finanziert zu sein, der über entsprechende Kontakte verfügt.

Die Executive Summary

Die erste Kontaktaufnahme erfolgt in der Regel mit Hilfe der Executive Summary des zuvor erstellten Business Plans. Diese dient dazu, einen ersten Einblick in das Unternehmen zu geben. Bei weitergehendem Interesse des Kapitalgebers wird dieser nun auch nach dem gesamten Business Plan verlangen. Bei Versenden der Executive Summary wird in der Regel noch keinerlei Vertraulichkeitserklärung unterschrieben bzw. zu unterschreiben verlangt. Geht es jedoch an die Versendung des kompletten Business Plans, so ist es üblich, dass eine Vertraulichkeitserklärung unterschrieben wird.

Die Wahrung der Vertraulichkeit

Die Vertraulichkeitserklärung kann neben einer allgemeinen Formulierung, dass die zur Verfügung gestellten Informationen nur zur Prüfung einer eventuellen Beteiligung genutzt werden dürfen, eine konkrete Summe als Vertragsstrafe enthalten. Dies enthebt die jungen Unternehmer dann zwar nicht vom Nachweis der Verletzung der Vertraulichkeit, spart ihnen jedoch den Nachweis einer eventuellen Schadenshöhe. Allerdings ist die Gefahr der Verletzung der Vertraulichkeit bei Venture Capitalists auch nicht besonders hoch: Es ist Teil des Geschäftsmodells von Venture Capitalists, an interessante Beteiligungsgelegenheiten zu gelangen. Spricht sich jedoch herum, dass eine VCG die Vertraulichkeit nicht einzuhalten vermag, so wird sie langfristig keine Beteiligungsgelegenheiten mehr erhalten, ihr wird quasi die Geschäftsgrundlage entzogen. Das wird ein Venture Capitalist nicht riskieren wollen. War die Kontaktaufnahme für das Unternehmen erfolgreich und der

Venture Capitalist hat den Business Plan angefordert, so erfolgt die Prüfung der Beteiligung mit dem Ziel der Beteiligungsauswahl.

5.4 Beteiligungsauswahl durch Venture Capitalists

Die Grobanalyse des Unternehmens

Die Beteiligungsauswahl durch Venture Capitalists erfolgt in der Regel in zwei Stufen: In einer Grobanalyse wird eine erste, schnelle Bewertung der Beteiligung vorgenommen, bevor in einer detaillierten Analyse das Unternehmen genau geprüft wird. Im Rahmen der Grobanalyse werden eher allgemeine Kriterien zu dem Beteiligungsangebot geprüft. Dabei handelt es sich um die Frage, ob die Branche passend ist, das Beteiligungsvolumen dem von der Gesellschaft gesetzten Rahmen entspricht und die erwartete Mindestrendite erfüllt werden kann. Die Grobanalyse sollte von den Unternehmern nicht unterschätzt werden. Sie stellt nicht nur die Grundlage für weitere Analysen dar, sondern es wird bereits ein Großteil aller Beteiligungsanfragen in der Grobanalyse abgelehnt (vgl. Boersch 1998, S. 172 ff.). Die Detailanalyse der Beteiligungsgelegenheit stellt die eigentliche Prüfung dar. Dementsprechend zeitaufwändig ist sie. In Abbildung 5-6 ist zu erkennen, dass sich mehr als zwei Drittel der befragten Venture Capitalists mehr als drei Manntage Zeit dafür nimmt.

Abbildung 5-6 *Zeitbdarf von Venture Capitalists für die Feinprüfung von Beteiligungsgelegenheiten (vgl. Reißig-Thust 2003, S.182)*

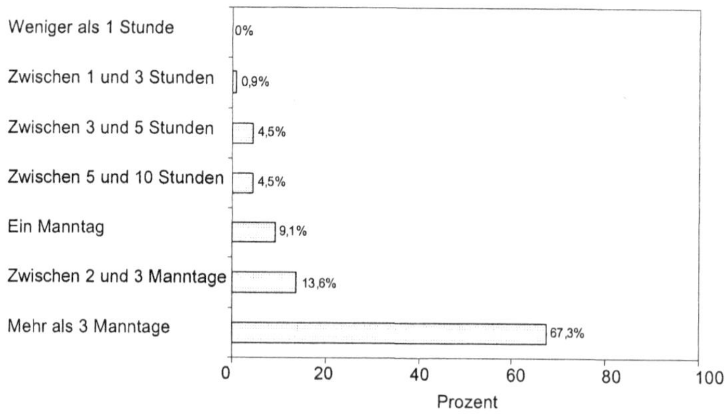

Kriterien der Beteiligungsentscheidung

Welche Kriterien Venture Capitalists anwenden, um eine Beteiligungsentscheidung zu treffen, wurde inzwischen umfangreich erforscht (ein Überblick ist bei Reißig-Thust 2003, S. 45 ff. zu finden). Kriterien, die als relevant bezeichnet werden, sind unter anderem die Fähigkeiten des Managements, die Produktdifferenzierung, die Marktattraktivität, die Unabhängigkeit von externen Bedrohungen, der Grad der Marktakzeptanz des Produkts, die Persönlichkeiten des (Gründer-)Teams und die Erwartungen an eine mögliche Rendite. In einer Studie aus dem deutschsprachigen Raum wurde über alle Kriterien hinweg drei übergeordnete Faktoren identifiziert, die wesentlich bei der Beteiligungsentscheidung sind. Es handelt sich dabei um den Unternehmer bzw. das Unternehmerteam, den Markt, in dem sich das Beteiligungsunternehmen befindet, und das Risiko, wobei hier insbesondere die Fähigkeit der Unternehmer angesprochen ist, Risiken zu erkennen und damit in geeigneter Weise umzugehen (vgl. Brettel 2002).

Abbildung 5-7

Übergeordnete Kriterien für die Beteiligungsentscheidung von Venture Capitalists (vgl. Brettel 2002, S. 305ff.)

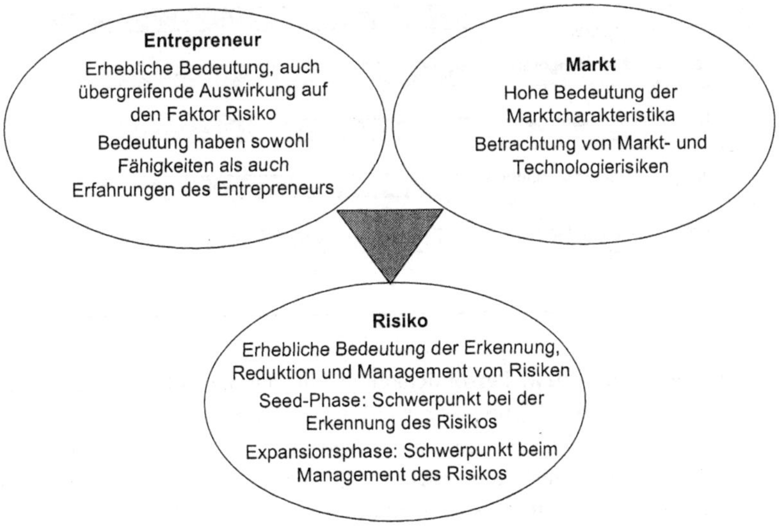

Überragende Bedeutung des Managementteams

Bei der genaueren Analyse der Ergebnisse zeigt sich, dass in Deutschland insbesondere den Unternehmern bzw. dem Unternehmerteam die meiste Bedeutung zugemessen wird. Das entspricht auch den Ergebnissen von Knight, der eine internationale Untersuchung durchgeführt hat (vgl. Knight 1994), oder Sheperd et al. für den australischen Raum (vgl. Sheperd et al.

2000). Ein interessantes Ergebnis in diesem Zusammenhang stammt von Rah et al., die 74 Venture Capitalists befragt haben. Sie konnten herausbekommen, dass die Qualität des Gründerteams zwar ausschlaggebend für den Erfolg der Portfoliounternehmen war, aber nicht bei der vorangegangenen Investitionsentscheidung des Venture Capitalists (vgl. Rah et al. 1994). Bei der festgestellten Relevanz des Gründer- bzw. Managementteams für die Beteiligung konnte ermittelt werden, dass es hier insbesondere auch darauf ankommt, diese Fähigkeiten dem Venture Capitalist gegenüber geeignet darzustellen. Das betrifft insbesondere das Erkennen von Risiken und die geeignete Reaktion darauf. Die für Venture Capitalists wichtigen Fähigkeiten der Gründer bzw. des Managements sind in der nachfolgenden Abbildung 5-8 aufgetragen.

Abbildung 5-8 *Fähigkeiten, auf die Venture Capitalists bei der Beteiligungsentscheidung besonderen Wert legen (Skala von 1 – unwichtig - bis 4 - sehr wichtig) (vgl. Brettel 2002, S. 305ff.)*

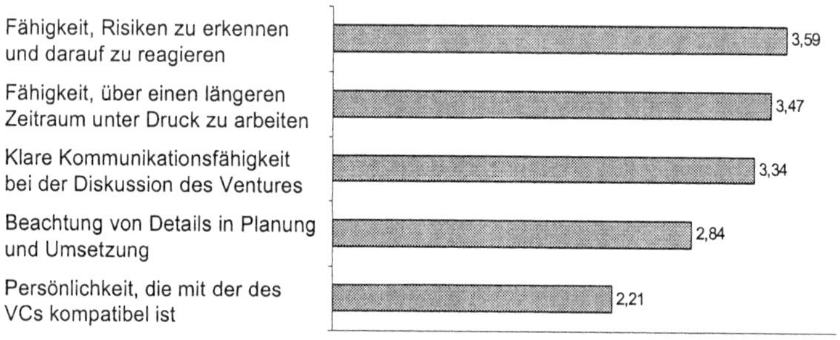

Persönliche Kompatibilität ist nicht wichtig

Bei den Fähigkeiten bzw. Persönlichkeiten, die das Gründerteam für eine möglichst positive Beteiligungsentscheidung mitbringen muss, findet sich ein interessanter Punkt, der den Unterschied zwischen dem formellen und informellen Beteiligungskapitalmarkt zeigt: Wohingegen einem Business Angel das Managementteam auch deshalb wichtig ist, weil er sich dadurch den notwendigen Spaß bei der Beteiligungsbegleitung verspricht, scheint dieses Kriterium für Venture Capitalists nicht so wichtig: Das Kriterium „Persönlichkeit, die mit der des VCs kompatibel ist", erhält nur einen Punktwert von 2,21, ist also nahezu unwichtig.

Die Bedeutung eines wachsenden Markts

Neben dem Gründerteam sind den Markt betreffend vor allem die Wachstumsraten und der erreichbare Marktanteil von Interesse. Mit dem Marktwachstum wird impliziert, dass auch das Beteiligungsunternehmen die

Chance auf Wachstum hat, um letztendlich den notwendigen Return einer Investition mit einem capital gain zu erzielen. Interessanterweise spielen die Produktkriterien in den frühen Phasen eines Unternehmens für die Investitionsentscheidung von Venture Capitalists nur eine untergeordnete Rolle. Erst im Laufe der Entwicklung des Unternehmens treten diese Kriterien immer mehr in den Vordergrund. Um die Informationen über Gründerteam, Markt, Risiken, Produkt und zu erwartender Rendite zu erlangen, führen Venture Capitalists verschiedene Tätigkeiten durch. Diese starten mit einer Präsentation durch das Management des Unternehmens, beinhalten die genaue Analyse des Business Plans und beinhalten viele weitere Aspekte. Sie sind in der nachfolgenden Abbildung aufgezeigt, für deutsche Venture Capitalists und im Vergleich dazu für VCGs aus den USA.

Abbildung 5-9

Aktivitäten von Venture Capitalists und die Häufigkeit ihrer Durchführung im Rahmen der Feinanalyse von Beteiligungsgelegenheiten (vgl. Fried/Hisrich 1994, S. 101ff. sowie Brettel 2002, S. 305ff.)

Aktivitäten	**USA**	**D**
Ich kontaktiere aktuelle Kunden des PU	93%	20%
Ich kontaktiere potentielle Kunden	90%	18%
Ich kontaktiere aktuelle Wettbewerber	71%	9%
Ich kontaktiere bereits vorhandene unternehmensexterne Investoren	96%	42%
Ich hole die Meinung von Managern anderer Unternehmen in unserem Portfolio ein	56%	11%
Ich kontaktiere die Hausbank des PU	62%	20%
Ich führe informelle Diskussionen über das Produkt mit Experten	84%	55%
Ich informiere mich über den Marktwert vergleichbarer Unternehmen	86%	58%
Ich führe gründliche Literaturrecherche durch	40%	29%
Ich kontaktiere Wirtschaftsprüfer / Steuerberater	100%	91%
Ich besichtige die Geschäftsräume und/oder die Produktionsstätten des Unternehmens	47%	38%
Ich führe Gespräche mit allen Mitgliedern des Gründerteams	100%	95%
Ich analysiere die vom Unternehmen erstellten finanziellen Plandaten sehr gründlich	84%	86%

Kontakt zwischen VC-Gesellschaft und Management

Aus der Abbildung ist ersichtlich, dass fast alle Venture Capitalists in Deutschland und alle in den USA mit sämtlichen Mitgliedern des Gründerteams in Kontakt treten. Zudem stehen sie etwa gleichermaßen mit Wirtschaftsprüfern bzw. Steuerberatern in Verbindung. Interessant ist hingegen, dass US-VCGs zu einem großen Teil auch Kunden und Wettbewerber kontaktieren, während das deutsche VCGs kaum tun. Im Hinblick auf die Kunden hat sich dieses Bild in Deutschland in den letzten Jahren zwar ein wenig verändert, was Wettbewerber betrifft, gibt es immer noch Unterschiede (vgl. Reißig-Thust 2003, S. 183). Dies kann aber auch seinen Grund in der rechtlichen Problematik haben, wonach die Wettbewerber im Rahmen der Beteiligungsprüfung nicht an Informationen über eine potenzielle Beteiligung kommen sollten.

Der LoI

Für ein Wachstumsunternehmen endet die Phase der detaillierten Analyse idealerweise damit, dass die Venture Capital-Gesellschaft ihr weiteres Interesse mit einem Letter of Intent (LoI) zur Beteiligung zum Ausdruck bringt und Eckpunkte für eine Beteiligung in einem ersten Term Sheet festlegt. In dem Term Sheet sind die grundsätzlichen Bedingungen für eine Beteiligung an dem Unternehmen genannt. Mit dem Aussenden dieses Papiers startet die Phase der Beteiligungsverhandlung.

5.5 Beteiligungsverhandlung zwischen VC und Wachstumsunternehmen

Das Term Sheet

Im Rahmen der Beteiligungsverhandlung wird das Term Sheet näher konkretisiert, damit es letztlich in einen Beteiligungsvertrag münden kann. Dazwischen können umfangreiche Verhandlungen liegen. Inhalt der Verhandlungen sind die verschiedenen Bedingungen, unter denen es zu einer Beteiligung kommen soll. Dazu zählen konkret folgende Punkte:

- Umfang der Investition,
- Bewertung des Unternehmens und damit der Kapitalanteil des Venture Capitalists,
- Form(en) und Zeitpunkt(e) der Kapitalzufuhr sowie Meilensteinregelungen,
- Verfahren in weiteren Finanzierungsrunden und beim Unternehmensverkauf,
- potenzielle Ausstiegsregeln (Mitverkaufsrechte sowie –pflichten) und evtl. Dauer der Beteiligung,
- Berichterstattungspflichten des Managements und Mitbestimmungsrechte des Venture Capitalists,
- Arbeitsverträge für das Management (Bindungsdauer, Wettbewerbsverbote),

- Art und Umfang der Unterstützungsleistungen für das Wachstumsunternehmen,
- Regelungen für evtl. Gewinnverteilungen und weitere Kapitalerhöhungen,
- Optionsprogramme,
- Haftungsbeschränkungen und Garantien,
- weitere Vertraulichkeitsregeln sowie
- Gebühren der Finanzierungsrunde.

Liquidationspräferenzen

In der Regel führen bereits die ersten beiden Punkte, nämlich der Umfang der Investition und die dafür erhaltenen Unternehmensanteile, zu einer ausführlichen Diskussion. Der Umfang der Investition sollte sich idealerweise aus dem Kapitalbedarf, die Bewertung aus einer Anwendung geeigneter Verfahren ergeben (vgl. Rudolf/Witt 2002). In der Praxis fällt die Bewertung jedoch häufig nicht so leicht, so dass es letztlich einer Diskussion überlassen bleibt, welcher Betrag für welchen Anteil zu tauschen ist. Über die Diskussion um den Unternehmenswert wird oft vergessen, dass auch die weiteren Vertragsdetails eine erhebliche finanzielle Wirkung entfalten können. Eine dieser Klauseln ist die so genannte Liquidationspräferenz. Sie bedeutet, dass im Falle eines Verkaufs des Unternehmens zuerst das Investment zurückgezahlt und dann der übrige Erlös nach Anteilen verteilt wird. Die Wirkung ist in der nachfolgenden Abbildung 5-10 aufgezeigt.

Abbildung 5-10

Wirkungsweise einer Liquidationspräferenz

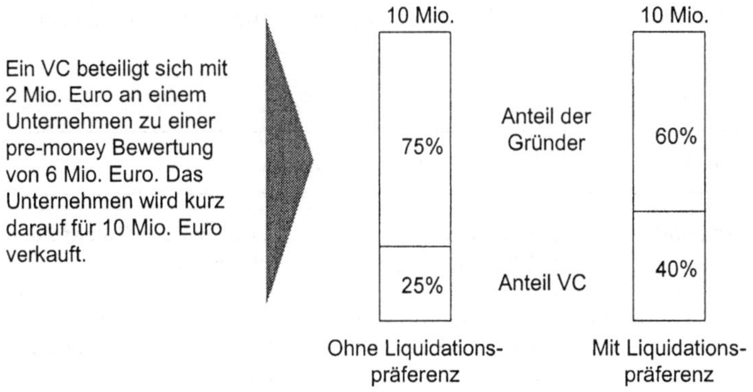

Die Wirkung von Liquidationspräferenzen

Ein Venture Capitalist, der zum Zeitpunkt der Beteiligung an einem Unternehmen, das einen Wert von 6 Millionen € hat, 2 Millionen € hinzusteuert, erhält einen Anteil von 25 %. Wird dieses Unternehmen nach dieser Beteiligungsrunde verkauft, so erhält er ohne Liquidationspräferenz 25 % am Verkaufserlös, also 2,5 Millionen €. Hat er sich hingegen eine Liquidationspräferenz in Höhe seiner Beteiligung zusichern lassen, so erhält er aus dem Verkaufserlös vorab 2 Millionen €. Danach werden die übrigen 8 Millionen € gemäß der Unternehmensanteile verteilt, das bedeutet, der VC erhält 25 % der 8 Millionen €, was weitere 2 Millionen € bedeutet. Insgesamt hat er beim gleichen Unternehmensverkauf jetzt also 4 Millionen € erlöst oder 40 % des Verkaufserlöses statt nur 25 % – alles zu Lasten der sonstigen Beteiligten, also in der Regel vor allem der Unternehmensgründer. Dabei lassen sich Venture Capitalists bisweilen nicht nur eine Liquidationspräferenz in Höhe ihrer einfachen Beteiligung einräumen, sondern sogar eine über ein Mehrfaches ihres Beteiligungsvolumens. Das könnte bei einer fünffachen Liquidationspräferenz, also einer in Höhe von 10 Millionen € im obigen Beispiel, theoretisch dazu führen, dass der Verkaufserlös vollkommen der VCG zufließt und die anderen Anteilseigner leer ausgehen.

Meilensteine und gestaffelte Finanzierung

Neben der Liquidationspräferenz können Meilensteinregelungen zu erheblichen Anteilsverschiebungen führen, indem sie so ausgestaltet sind, dass die VCG bei Nicht-Erreichen bestimmter Meilensteine weitere Eigenkapitalanteile erhält, z.B. indem Darlehen gewandelt werden. Im Falle weiterer Finanzierungsrunden werden Venture Capitalists darüber hinaus auch darauf achten, dass sie die Möglichkeit haben, ihre Anteile konstant zu halten und nicht zu verwässern. Dazu können sie darauf drängen, bei weiteren Kapitalrunden weitere Aktien zu gleichen oder zu Vorzugsbedingungen zu erhalten. Die Ausgestaltung dieser Bedingungen ist dabei ein wichtiger Diskussionspunkt. In Abbildung 5-11 sind weitere mögliche Vertragsdetails, ihre konkreten Inhalte und die damit verbundenen Chancen und Gefahren aufgezeigt.

Abbildung 5-11 *Mögliche Vertragsdetails, Inhalt, Chancen und Gefahren*

Vertragsdetail	**Inhalt bzw. Ausgestaltung**	**Chance oder Gefahr bei der Ausgestaltung**
Drag-along-Rechte	Mitverkaufsverpflichtung anderer Investoren, wenn ein Investor verkauft	Gibt dem Investor die Möglichkeit zu einem Trade Sale, auch wenn das Management das nicht möchte; Gefahr droht hier im Zusammenhang mit Liquidationspräferenzen

Take-along-Rechte	Recht zum Mitverkauf, wenn Unternehmer verkaufen	Üblich, dass ein Investor verkaufen darf, wenn ein anderer dies tut
Mitarbeiteroptionen	Beteiligung von Mitarbeitern an dem Unternehmen	Wesentliche Frage ist, ob die Anteile für die Mitarbeiterbeteiligung zu einer Verwässerung aller Anteile führt oder nur die Unternehmer verwässert
Redemption Rights	Rückzahlungsverpflichtung von Eigenkapital plus Dividenden nach einer bestimmten Zeit	Unübliche Möglichkeit, das Risiko einer zu langsamen Geschäftsentwicklung abzusichern
Mitbestimmungsrechte	Katalog der zustimmungspflichtigen Geschäfte des Managements	Der Investor lässt sich das Recht einräumen, bei bestimmten Geschäften zustimmen zu müssen; kann Handlungsfreiheit einschränken
Kontrollrechte	Kontrollrechte durch den Investor (Gremienbesetzung)	Meist eine Frage der Besetzung von Gremien; es ist darauf zu achten, dass man mit dem Gremienmitglied persönlich zusammenarbeiten kann
Informationsrechte	Festlegung, wie vom Unternehmen informiert wird	In der Regel müssen Unternehmen neben den gesetzlichen auch sonstige regelmäßige Berichte erstellen; Gefahr von zu großer „Bürokratie“

Vertragliche Regelungsdichte nimmt zu

Die eingangs geschilderte Liste und die nachfolgend detaillierter aufgezeigten Vertragsdetails sind immer nur eine Momentaufnahme der möglichen Bestandteile von Verträgen. Es war in den letzten Jahren erkennbar und setzt sich auch heute weiter fort, dass die Anzahl der Regelungen für Beteiligungen von VCGs zunimmt und an weiterer Detailtiefe gewinnt. Trotzdem gibt es auch im deutschen Beteiligungskapitalmarkt erhebliche Unterschiede beim Einsatz der einzelnen vertraglichen Regelungen. Interessant ist vor allem, dass die Erfolgswirkung ausführlicher vertraglicher Regelungen nicht besonders hoch ist. So zeigt sich bei nur wenigen Regelungen ein Zusammenhang zwischen der Nutzung im Beteiligungsvertrag und dem Erfolg des Portfoliounternehmens. Darüber hinaus ist bisher nicht nachgewiesen, dass der Erfolg auch auf die vertragliche Regelung zurückzuführen ist (vgl. Reißig-Thust/Brettel/Witt 2004).

Abbildung 5-12 *Einsatzhäufigkeit und Erfolgswirkung von Vertragsklauseln in Deutschland (vgl. für die Daten Brettel 2002)*

Vertragsklausel	**Einsatz-häufigkeit**	**Erfolgs-wirkung**
Vetorecht für besonders bedeutsame Management-entscheidungen	88,6 %	nein
Garantie für vollständige Informationen vom Portfoliounternehmen	87,7 %	nein
Mitbestimmungsrecht für den Verkauf von Anteilen	84,2 %	nein
Verpflichtung der Gründer, ihre gesamte Arbeitszeit für das Portfoliounternehmen einzusetzen	83,3 %	ja
Wettbewerbsverbote für das Management während der Beteiligung	82,5 %	nein
Recht auf den Mitverkauf der Anteile, wenn das Portfoliounternehmen Anteile an Dritte verkaufen will *(Tag-along-right)*	66,7 %	nein
Verpflichtung zum Mitverkauf der Anteile durch die Gründer, wenn die VC-Gesellschaft Anteile an Dritte verkaufen will *(Drag-along-right)*	54,4 %	ja
Mindestzeiten für die aktive Beschäftigungsdauer des Managements	64,9 %	ja
Ausschließlichkeitsrecht der VC-Gesellschaft für die Phase vor der Finanzierungszusage	51,8 %	nein
Gestaffelte und meilensteinabhängige Bereitstellung des Kapitals	42,1 %	nein
Liquidationspräferenz eingeräumt	42,1 %	nein
Wahl zwischen verschiedenen Finanzierungs-alternativen für das Portfoliounternehmen	40,4 %	nein
Verwässerungsschutz für die nächste Finanzierungsrunde bei sinkendem Unternehmenswert	31,6 %	nein
Verwässerungsschutz für die nächste Finanzierungsrunde bei steigendem Unternehmenswert	28,9 %	nein
Rückerwerbsmöglichkeit der Anteile (Redemption right) für die VC-Gesellschaft, über deren Ausübung die VC-Gesellschaft entscheidet	21,9 %	nein
Für das Erreichen von Meilensteinen zusätzlich Eigenkapital-Anteile in Aussicht gestellt (Ratchets, Bonusvereinbarung)	25,4 %	nein
Beim Nichterreichen von Meilensteinen Abgabe von Eigenkapital-Anteilen (Ratchets, Malusvereinbarung)	16,2 %	nein

Unterschiedliche Verhandlungs-erfahrung

Insgesamt ist die Beteiligungsverhandlung die Phase, in der der Erfahrungsunterschied zwischen Venture Capitalists und Unternehmern deutlich zum Ausdruck kommt. Venture Capitalists versuchen durch die Verhandlung, ihre Interessen und die der Unternehmer möglichst überein zu bringen. Das geschieht trotz ausführlicher Beteiligungsauswahl und –prüfung immer noch auf Basis geringerer Information der Venture Capitalists verglichen mit den Unternehmern. Diesen Nachteil können sie mit ihrer Erfahrung und immer neuen vertraglichen Bestandteilen wettzumachen versuchen. Das stellt junge Unternehmer vor die Herausforderung, die vertraglichen Bestandteile und ihre Intention möglichst so genau zu kennen, dass sie innerhalb der Beteiligungsverhandlung richtig damit umgehen. Dabei muss es darum gehen, Vertragsbestandteile, die letztlich unproblematisch sind, von solchen zu differenzieren, die einen negativen Einfluss auf die gewünschte zukünftige Entwicklung des Unternehmens haben können.

Juristische Hilfe bei der Verhand-lungsführung

Beispielsweise ist es wenig sinnvoll, Mitverkaufsrechte, die üblich sind und für alle Anteilseigner von Vorteil sein können, zu ausführlich zu diskutieren und dafür Liquidationspräferenzen oder nachteilig ausgestaltete Regelungen für den Verwässerungsschutz zu vernachlässigen. Deshalb kann es für junge Unternehmer wichtig sein, sich entweder ausführlich mit den möglichen Vertragsdetails zu beschäftigen, oder Hilfe in dieser Phase in Anspruch zu nehmen. Diese kann von vorherigen Investoren, beispielsweise von Business Angels, die ihrerseits Erfahrung bei der Finanzierung mit Venture Capital gesammelt haben, kommen. Hierin kann ein wichtiger Teil der Hilfeleistung von Business Angels liegen, allerdings kann es innerhalb einer solchen Verhandlung passieren, dass sich die Business Angels ihrerseits an den Vertragsdetails der Venture Capitalists orientieren und diese für sich selber zu realisieren versuchen. Das können sie relativ einfach, wenn sie sich ihrerseits einen Verwässerungsschutz, also die Möglichkeit zur weiteren Beteiligung in weiteren Finanzierungsrunden haben zusichern lassen. Insofern kann die Beteiligungsverhandlung mit Venture Capitalists bereits sehr früh beginnen.

Merkmale eines erfolgreichen Deals

Allen vertraglichen Besonderheiten zum Trotz hat Sahlman die wichtigsten allgemeinen Merkmale eines erfolgreichen „Deals" zwischen Venture Capitalist und Portfoliounternehmen zusammen getragen. Seine Aussage lautet: Es sind nicht die komplexen Verträge und Verhandlungen, die eine potenzielle Zusammenarbeit zum Erfolg bringen, sondern Vertrauen und Einfachheit. Deshalb kann es für Unternehmer nicht nur sinnvoll sein, die Fallstricke bei einer Verhandlung zu kennen, sondern auch vor allem die geeignete Basis zum Kapitalgeber herzustellen. Die einzelnen Aspekte von Sahlman sind in der nachfolgenden Abbildung dargestellt.

Abbildung 5-13 *Charakteristika erfolgreicher Verträge zwischen VC und Portfoliounternehmen nach Sahlman (vgl. Sahlman 1988)*

Charakteristika erfolgreicher Deals:

- Der Deal ist einfach.
- Der Deal ist robust genug, auch kleine Abweichungen von den Vorhersagen zu vertragen.
- Der Deal lebt, ist nicht starr und unflexibel.
- Der Deal berücksichtigt die Anreize für beide Parteien.
- Der Deal basiert auf Vertrauen, nicht auf rechtlicher Durchsetzbarkeit von Ansprüchen.
- Der Deal ist nicht potenziell unfair.
- Der Deal macht es nicht zu schwierig, weiteres Kapital zu beschaffen.
- Der Deal verbessert die Möglichkeiten für das Unternehmen, erfolgreich zu sein.

5.6 Beteiligungsbegleitung

Kontrolle und Unterstützung

Die Beteiligungsbegleitung von Venture Capitalists zeichnet sich durch zwei Aufgabenbereiche aus, Monitoring des Beteiligungsunternehmens und aktive Hilfeleistung, z.B. durch Beratungsunterstützung. Dabei setzt die zweite Aufgabe die erste in der Regel voraus, d.h. es müssen Informationen vorliegen, auf deren Basis die Aktivitäten der weiteren Unterstützung ablaufen. Landström weist in einer Studie nach, dass es einen positiven Zusammenhang zwischen einem kontinuierlichen Monitoring durch den Venture Capitalist und dem Erfolg gibt (vgl. Landström 1990 S. 345 ff.) Der Grund dafür ist vor allem darin zu sehen, dass durch ein regelmäßiges Monitoring Probleme schnell erkannt und gelöst werden können. Zudem entwickelt diese Form der Kontrolle potenziell eine Verhaltenswirkung, weil Gründer die Dinge, über die sie berichten müssen, selber beachten und möglichst problemfrei zu halten versuchen. Demgegenüber weisen Sweeting und Wong darauf hin, dass es besser sein kann, ein Vertrauensverhältnis zwischen der VCG und der Beteiligung zu etablieren, insbesondere weil VCGs wegen ihrer Zeitknappheit den Anforderungen an ein kontinuierliches Monitoring sowieso nicht nachkommen könnten (vgl. Sweeting/Wong 1997, S. 133).

Formen der Kontrolle

Grundsätzlich kann ein Monitoring einen formellen Anteil beinhalten – dadurch zeichnet sich vor allem ein kontinuierliches Monitoring aus – und einen informellen. Letzteres besteht vor allem aus Telefonaten und der Mitarbeit der VCG-Manager in Gremien, in der Regel auch aufbauend auf dem formellen Teil. Im Rahmen des formellen Monitoring ist für ein Wachstumsunternehmen von Interesse, welche Informationen in welchem Turnus von den Venture Capitalists gefordert werden. Dabei kann es sich um Informationen aus der Bilanz oder GuV, aber auch um solche über die Produktentwicklung oder über besondere Projekte handeln. In der nachfolgenden Abbildung 5-14 sind wichtige Informationen und der Turnus ihrer Erstellung für einen Venture Capitalist zusammengestellt.

Abbildung 5-14

Informationen und die Häufigkeit ihres Abrufs durch Venture Capitalists (vgl. Reißig-Thust 2003, S. 188)

Angeforderte Informationen	Nie	Bei Bedarf	Jährlich	Halbjährlich	Quartalsweise	Monatlich	Wöchentlich
Umsatz (aktuell/erwartet)	0	1	2	4	16	85	5
Bilanz und GuV	0	4	24	9	25	46	5
Cash flow/Liquidität	3	3	4	8	16	73	5
Geschäftslage	6	9	1	6	38	47	6
Budgeteinhaltung	12	11	1	8	18	58	5
Investitionsvorhaben	7	27	5	9	28	31	6
Entwicklungsstand Projekte	10	21	0	3	26	47	6
Spezifische Erfolgskennzahlen	27	18	0	5	12	46	5
Andere	89	2	0	0	5	8	3

Große Bedeutung finanzieller Informationen

In der Abbildung ist zu erkennen, dass sich Venture Capitalists vor allem für finanzielle Informationen, die Bilanz, die GuV und das Budget interessieren. Dabei handelt es sich natürlich nicht immer um beispielsweise eine vollständige Bilanz, sondern um vereinfacht erstellte Zwischenbilanzen. Auf Basis der erhaltenen Informationen entwickelt sich die weitere Unterstützung zwischen einer informellen Funktion als Sparringspartner bis hin zu einer aktiven Beteiligung im Management. Die Abbildung 5-15 zeigt für eine Stichprobe von deutschen Venture Capitalists auf, wie diese ihre Aktivitäten gestalten.

Abbildung 5-15 *Form der Unterstützung von Portfoliounternehmen durch Venture Capitalists (vgl. Reißig-Thust 2003, S. 204 f.)*

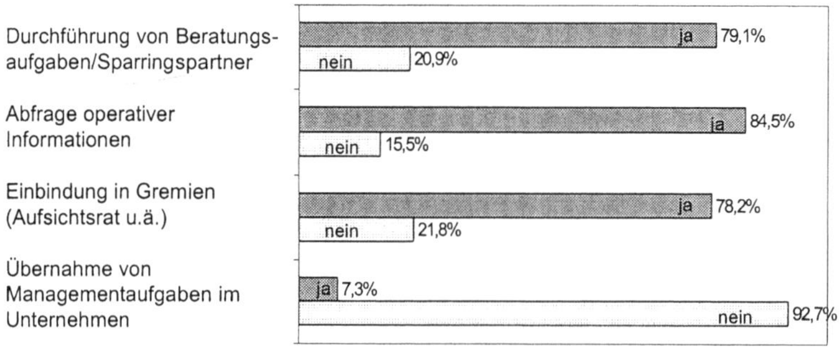

Intensiver und regelmäßiger Kontakt

In der Abbildung ist zu erkennen, dass VCGs nur in Ausnahmefällen operativ im Management tätig sind, eher üblich sind die Gremienarbeit und die damit in der Regel verbundenen Beratungsaufgaben. Insbesondere der Anteil der VCGs, die Beratungsaufgaben durchführen, ist in den letzten Jahren deutlich gestiegen. So weisen Schefczyk/Gerpott noch für das Jahr 1998 nach, dass nur 42 % der VCGs solche Aufgaben wahrnehmen (vgl. Schefczyk/Gerpott 1998, S. 154). Dementsprechend häufig ist auch die Kontaktaufnahme der Venture Capitalists mit den Beteiligungsunternehmen. Hier wird in der Regel zwischen einem persönlichen und einem nicht-persönlichen, d.h. schriftlichen oder telefonischen Kontakt unterschieden. In Abbildung 5-16 ist zu erkennen, dass es durchaus VCGs gibt, die täglich mit ihren Beteiligungen in Verbindung stehen. Üblich ist jedoch eher ein wöchentlicher Kontakt auf unpersönlicher Basis und ein monatliches persönliches Treffen. Dabei ist sicher auch zu bedenken, dass diese Angaben nur Mittelwerte sind, denn bei Investitionen, die gerade getätigt sind oder in problematischen Situationen erfolgen, wird die Kontaktaufnahme sicher häufiger sein als bei solchen, die sich bereits über eine ganze Weile planmäßig entwickelt haben. Grundsätzlich konnte in der zu Grunde liegenden Studie aber auch nachgewiesen werden, dass die Häufigkeit der Kontaktaufnahmen keinen signifikanten Zusammenhang mit dem Erfolg der Beteiligung aufweist (vgl. Reißig-Thust 2003, S. 207f.).

Form der Unterstützung von Portfoliounternehmen durch Venture Capitalists (vgl. Reißig-Thust 2003, S.204 f.)

Abbildung 5-16

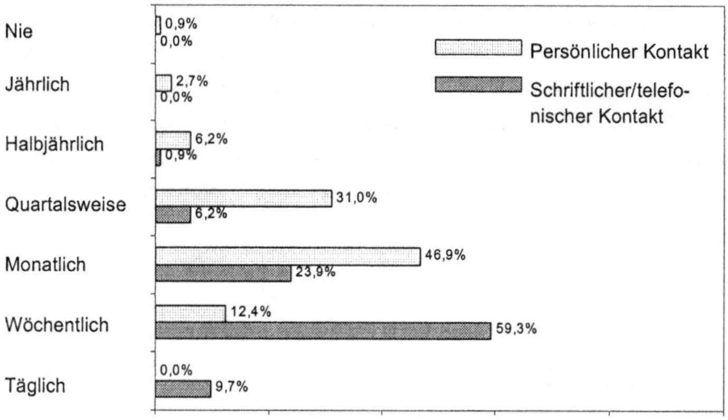

Insgesamt ist für die Phase der Begleitung der Beteiligungen durch die Venture Capitalists festzustellen, dass diese sowohl aktiv als auch mit turnusgemäßer Aufgabenerfüllung geschieht. Die Aufgaben liegen dabei vor allem in Beratung und Gremienarbeit im Bereich Finanzen und Business Development, die Interaktion erfolgt in der Regel mindestens monatlich. Durch diese Form der Beteiligungsbegleitung versuchen Venture Capitalists eine solche Entwicklung ihrer Beteiligungen zu erreichen, dass beim Ausstieg aus den Beteiligungen ein ausreichender „capital gain" erzielt werden kann.

5.7 Ausstieg von Venture Capitalists aus Beteiligungen

Exit als zentraler Bestandteil des VC-Geschäftsmodells

Der Ausstieg von Venture Capitalists aus ihren Beteiligungen stellt den notwendigen Schritt dar, eine Rendite des Fonds im Hinblick auf seine begrenzte Laufzeit zu realisieren. Dadurch können die Fondsmanager auch gleichzeitig ihr wesentliches Ziel erreichen, nämlich ihre Gewinnbeteiligung. Grundsätzlich gibt es für Venture Capitalists unterschiedliche Möglichkeiten des potenziell gewinnbringenden Ausstiegs aus Beteiligungen, eine Börseneinführung der Beteiligung mit schrittweisem Verkauf der Anteile nach der Lock up-Periode, ein Verkauf der eigenen oder der gesamten Anteile des Unternehmens an einen Finanz- oder strategischen Investor oder ein Rückkauf der Anteile durch das Beteiligungsunternehmen.

Wege des Exit

Neben den potenziell gewinnbringenden Möglichkeiten sind natürlich auch weitere, weniger lukrative Wege denkbar, die letztlich alle eine Art von Desinvestition darstellen. Der Weg des Rückkaufs von Anteilen durch das Beteiligungsunternehmen ist bei Wachstumsunternehmen aufgrund der damit verbundenen Probleme der Mittelbeschaffung selten. Weitere Wege wie beispielsweise Buy-outs sind grundsätzlich auch möglich, werden aber erst in Betracht gezogen, wenn die Wertschaffung für Investoren eher durch operative Restrukturierung realisiert wird. Wachstum spielt bei diesen Exitkanälen nur eine untergeordnete Rolle, insofern ist der Weg auch für Wachstumsunternehmen weniger wahrscheinlich (vgl. insgesamt auch Hochgesand 2002, S. 386 f.).

5.8 Literatur

ALBACH, HORST (1983): Zur Versorgung der deutschen Wirtschaft mit Risikokapital, ifm-Materialien Nr. 9, Bonn.

ALBACH, HORST/HUNSDIEK, DETLEF/KOKALJ, LJUBA (1986): Finanzierung mit Risikokapital, Schriften zur Mittelstandsforschung Nr. 15NF, Stuttgart.

BLACK, BERNARD S./GILSON, RONALD J. (1998): Venture Capital and the Structure of Capital Markets, in: Journal of Financial Economics 47, S. 243-277.

BOERSCH, CORNELIUS (1998): Kreditgenossenschaften und Risikokapital: Unter besonderer Berücksichtigung des genossenschaftlichen Förderauftrages, Essen.

BRETTEL, MALTE (2002): Entscheidungskriterien von Venture Capitalists, eine empirische Analyse im internationalen Vergleich, in: Die Betriebswirtschaft 62, S. 305-325.

BUNDESVERBAND DEUTSCHER KAPITALBETEILIGUNGSGESELLSCHAFTEN E.V. – BVK (2004): BVK Statistik 2003, Berlin.

BYGRAVE, WILLIAN D./TIMMONS, JEFFREY (1992): Venture Capital at the Crossroads, Boston.

CUMMING, DOUGLAS/MACINTOSH, JEFFREY G. (2001): Venture Capital Investment Duration in Canada and the United States, in: Journal of Multinational Financial Management 11, S. 445-463.

DEVENOWA, ANDREA/WELCHA, IVO (1996): Rational Herding in Financial Economics, in: European Economic Review 40, S. 603-615.

EHRLICH, SANFORD D./DE NOBLE, ALEX F./MOORE, TRACY/WEAVER, RICHARD R. (1994): After the Cash Arrives: A Comparative Study of Venture Capital and Private Investor Involvement in Entrepreneurial Firms, in: Journal of Business Venturing 9, S. 67-82.

ENGELMANN, ANDREE/JUNCKER, KLAUS/NATUSCH, INGO/TEBROKE, HERMANN-JOSEF (2000): Moderne Unternehmensfinanzierung: Risikokapital für Unternehmensgründung und -wachstum, Frankfurt.

FRIED, VANCE H./HISRICH, ROBERT D. (1994): Toward a Model of Venture Capital Investment Decision Making, in: Financial Management 23, S. 28-37.

FRIED, VANCE H./HISRICH, ROBERT D. (1995): The Venture Capitalist: A Relationship Investor, in: California Management Review 37, S. 101-113.

GEIGENBERGER, ISABEL (2000): Risikokapital für Unternehmensgründer: Der Weg zum Venture-Capital, München.

GOMPERS, PAUL A. (1998): Venture Capital Growing Pains: Should the Market Diet?, in: Journal of Banking & Finance 22, S. 1089-1104.

GOMPERS, PAUL A./LERNER, JOSH (2000): The Venture Capital Cycle, Cambridge.

GUPTA, ANIL K./SAPIENZA, HARRY J. (1988): The Pursuit of Diversity by Venture Capital Firms: Antecedents and Implications, in: Frontiers of Entrepreneurship Research, S. 290-303.

HEDRICH, WOLFRAM/SETZER, MATTHIAS (2000): Entscheidungskriterien von deutschen Venture Capitalisten: Eine vergleichende empirische Analyse, Diplomarbeit, WHU, Vallendar.

HELLMANN, THOMAS/PURI, MANJU (2002): Venture Capital and the Professionalization of Start-Up Firms: Empirical Evidence, in: Journal of Finance 57, S. 169-197.

HOCHGESAND, AXEL (2002): Venture Capital, in: Hommel, Ulrich/Knecht, Thomas (Hrsg.): Wertorientiertes Start-up Management, München, S. 370-395.

KNIGHT, RUSSELL M. (1994): Criteria Used by Venture Capitalists: A Cross Cultural Analysis, in: International Small Business Journal 13, S. 26-37.

LANDSTROM, HANS (1990): Cooperation between Venture Capital Companies and Small Firms, in: Entrepreneurship and Regional Development 2, S. 345-362.

LESSAT, VERA/HEMER, JOACHIM/ECKERLE, TOBIAS H. (1999): Beteiligungskapital und Technologieorientierte Unternehmensgründungen, Gutachten für das BMWi, erstellt vom Fraunhofer-Institut für Systemtechnik und Innovationsforschung (FhG-ISI), Karlsruhe und dem Zentrum für Europäische Wirtschaftsforschung (ZEW), Mannheim.

MACMILLAN, IAN C./KULOW, DAVID M./KHOYLIAN, ROUBINA (1988): Venture Capitalists' Involvement in Their Investments: Extent and Performance, in: Journal of Business Venturing 3, S. 27-47.

NORTON, EDGAR/TENENBAUM, BERNHARD H. (1993): Specialization versus Diversification as a Venture Capital Investment Strategy, in: Journal of Business Venturing 8, S. 431-442.

NVCA (Hrsg.) (2002): National Venture Capital Association Yearbook 2002, Newark.

PFIRRMANN, OLIVER/WUPPERFELD, UDO/LERNER, JOSH (1997): Venture Capital and New Technology Based Firms: A US-German Comparison, Fraunhofer Institute for Systems and Innovation Research (ISI) Technology, Innovation and Policy Series, Heidelberg.

PICHOTTA, ANDREAS (1990): Die Prüfung der Beteiligungswürdigkeit von innovativen Unternehmungen durch Venture-Capital-Gesellschaften, Bergisch-Gladbach.

RAH, JOONGDOUG/JUNG, KYUNGJIN/LEE, JINJOO (1994): Validation of Venture Evaluation Model in Korea, in: Journal of Business Venturing 9, S. 509-524.

REIßIG-THUST, SOLVEIG (2003): Venture-Capital-Gesellschaften und Gründungsunternehmen. Empirische Untersuchung zur erfolgreichen Gestaltung der Beziehung, Wiesbaden.

REIßIG-THUST, SOLVEIG/BRETTEL, MALTE/WITT, PETER (2004): Vertragsgestaltung durch Venture Capital-Gesellschaften, in: Finanz Betrieb 6, S. 636-645.

RUDOLF, MARKUS/WITT, PETER (2002): Bewertung von Wachstumsunternehmen: Traditionelle und innovative Methoden im Vergleich, Wiesbaden.

RUDOLPH, BERND/FISCHER, CHRISTOPH (2000): Der Markt für Private Equity, in: Finanz Betrieb 2, S. 49-56.

SAHLMAN, WILLIAM A./STEVENSON, H. H. (1985): Capital Market Myopia, in: Journal of Business Venturing 1, S. 7-30.

SAHLMAN, WILLIAM A. (1988): Note on Financial Contracting Deals, HBS Note 288-014, Harvard Business School.

SATTLER, ANDREAS (1995): Kapitalbeteiligungsgesellschaften, in: Gerke, Wolfgang/Steiner; Manfred (Hrsg.): Handwörterbuch des Bank- und Finanzwesens, 2. Auflage, Stuttgart, S. 1092-1098.

SCHEFCZYK, MICHAEL (1999): Erfolgsdeterminanten von Venture Capital-Investments in Deutschland, in: Zeitschrift für betriebswirtschaftliche Forschung 51, S. 1123-1145.

SCHEFZCYK, MICHAEL (2000): Erfolgsstrategien deutscher Venture Capital-Gesellschaften, 2. Auflage, Stuttgart.

SCHEFCZYK, MICHAEL/GERPOTT, THOMAS J. (1998): Beratungsunterstützung von Portfoliounternehmen durch deutsche Venture Capital Gesellschaften: Eine empirische Untersuchung, in: Zeitschrift für Betriebswirtschaft, Ergänzungsheft Nr. 2 68, S. 143-166.

SCHERRER, WALTER (1996): Lange Wellen, neue Technologien und Beschäftigung: Ein Überblick, in: Wirtschaftspolitische Blätter 43, S. 132-141.

SCHMIDTKE, AXEL (1985): Praxis des Venture Capital-Geschäfts, Landsberg am Lech.

SCHRÖDER, CHRISTOPH (1992): Strategien und Management von Beteiligungsgesellschaften: Ein Einblick in Organisationsstrukturen und Entscheidungsprozesse von institutionellen Eigenkapitalinvestoren, Baden-Baden.

SCHUMPETER, JOSEF A. (1934): Theorie der wirtschaftlichen Entwicklung, 4. Auflage, Leipzig.

SCHUMPETER, JOSEF A. (1972): Kapitalismus, Sozialismus, Demokratie, 3. Auflage, München.

SHEPERD, DEAN A./ETTENSON, RICHARD/CROUCH, ANDREW (2000): New Venture Strategy and Profitability, in: Journal of Business Venturing 15, S.449-467.

SWEETING, ROBERT C./WONG, C. F. (1997): A UK "Hands-Off" Venture Capital Firm and the Handling of Post-Investment Investor-Investee Relationships, in: Journal of Management Studies 34, S. 125-152.

TYEBJEE, TYZOON T./BRUNO, ALBERT V. (1984): A Model of Venture Capitalist Investment Activity, in: Management Science 30, S. 1051-1066.

WRIGHT, MIKE/ROBBIE, KEN (1998): Venture Capital and Private Equity: A Review and Synthesis, in: Journal of Business, Finance & Accounting 25, S. 521-570.

ZEMKE, INGO (1995): Die Unternehmensverfassung von Beteiligungskapitalgesellschaften: Analyse des Institutionellen Designs deutscher Venture Capital-Gesellschaften, Wiesbaden.

6 Corporate Venture Capital

6.1 Formen des Corporate Venture Capital

Investitionen in Gründungsunternehmen

Mit dem Begriff „Corporate Venture Capital" bzw. „Corporate Venturing" bezeichnet man die Finanzierung von Gründungsunternehmen durch große, etablierte Industrieunternehmen. In der Literatur werden unterschiedliche Definitionen für Corporate Venture Capital verwendet (vgl. Maula/Murray 2000, Gompers/Lerner 1998 und Siegel/Siegel/MacMillan 1988). Corporate Venturing in der direktesten Form liegt vor, wenn ein Großunternehmen unmittelbar eigene finanzielle Mittel in Start-ups investiert und dafür Anteile des Eigenkapitals erhält. Fremdfinanzierungen, z.B. über die Gewährung von Darlehen, werden nicht zum Corporate Venture Capital gezählt. Die indirekteste Form des Corporate Venturing sind Investitionen eines Großunternehmens in einen Venture Capital-Fonds, der sich seinerseits an Gründungsunternehmen beteiligt. In diesem Fall erhält das Großunternehmen keine Anteile an den Gründungsunternehmen und auch keine Möglichkeiten der Einflussnahme auf die Tätigkeiten dieser Start-ups. Die Investition ist eher eine Finanzinvestition mit dem Ziel hoher Renditen auf das eingesetzte Kapital. Zwischen diesen beiden Alternativen liegt eine dritte Form des Corporate Venture Capital, bei der das Großunternehmen (die Mutter) für die Corporate Venturing-Aktivitäten eine eigene Corporate Venture Capital-Gesellschaft (CVCG) gründet, die mit einem bestimmten Kapitalstock oder mit einem jährlichen Investitionsbudget ausgestattet ist. Die CVCG beteiligt sich ihrerseits direkt am Eigenkapital von Gründungsunternehmen (Start-ups). Dabei kann es sich um alleinige oder um syndizierte Gründungsfinanzierungen, also gemeinsam mit anderen CVCGs oder Venture Capital-Gesellschaften (VCGs) durchgeführte Finanzierungsrunden handeln. Die Start-ups können Ausgründungen aus dem Mutterunternehmen (interne Start-ups) oder konzernfremde Gründungsunternehmen sein (externe Start-ups). Wir wollen uns im Folgenden auf diese Form des Corporate Venture Capital konzentrieren und die direkten sowie die anderen indirekten Formen des Corporate Venturing nicht näher untersuchen. Abb. 6-1 zeigt die möglichen Formen des Corporate Venture Capital.

Abbildung 6-1 *Mögliche Formen des Corporate Venture Capital*

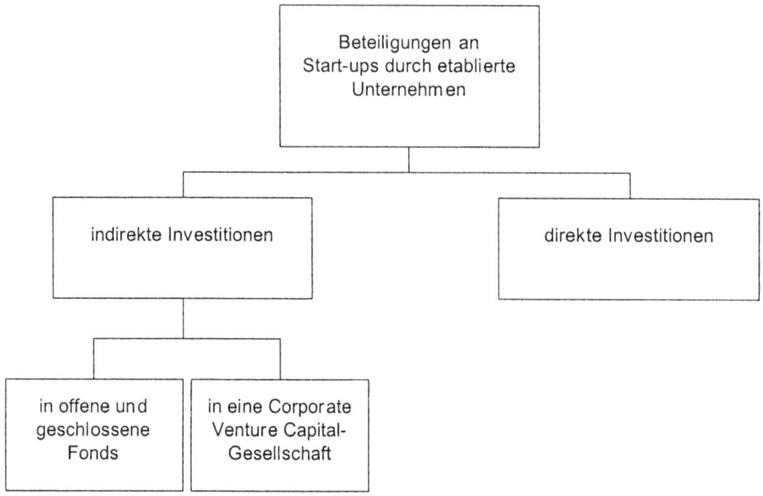

6.2 Die Geschichte des Corporate Venture Capital

Lange Tradition in den USA

In den USA gibt es Corporate Venture Capital-Aktivitäten seit über 40 Jahren. In den 1960ern und den frühen 1970ern hatten 25 % aller Fortune 500-Unternehmen entsprechende Programme. Sie wurden jedoch zwischen 1974 und 1975 weitgehend wieder aufgegeben, vor allem weil der Markt für Börsengänge junger Unternehmen zusammengebrochen war (vgl. Rind 1981, S. 171). Als der Markt für Venture Capital in den frühen 1980ern zu wachsen begann, setzte das Interesse großer US-amerikanischer Unternehmen an Corporate Venture Capital-Programmen wieder ein, allerdings abrupt beendet von der Kapitalmarktkrise des Jahres 1987 (vgl. Gompers/Lerner 1998, S. 7). Zu Beginn der 1990er begann ein erneuter Zyklus zunehmender Corporate Venturing-Aktivitäten in den USA. Er unterschied sich von den früheren Zyklen vornehmlich dadurch, dass deutlich mehr Unternehmen entsprechende Programme aufsetzten bzw. eine CVCG gründeten und dass wesentlich mehr Kapital als in früheren Jahren investiert wurde (vgl. Block/MacMillan 1993). Das Wachstum des Marktes für Corporate Venture Capital in den USA ist erst vor kurzem durch die Krise der sogenannten „New Economy" unterbrochen worden (vgl. Chesbrough 2000, S. 31-32).

Kurze Historie in Deutschland

In Deutschland sind Corporate Venture Capital-Programme im Vergleich zu den USA ein sehr junges Phänomen. Die älteste deutsche CVCG ist die T-Telematik Venture Holding GmbH, eine Tochter der Deutsche Telekom AG, gegründet 1997 und zur Zeit (Stand Ende 2004) das größte deutsche Corporate Venture Capital-Unternehmen, gemessen am Fondsvolumen (über 250 Millionen €) und der Anzahl der Mitarbeiter. Eine andere CVCG, die früh in den deutschen Markt eintrat, war die DaimlerChrysler Venture GmbH, die 1997 gegründet und mit einem Fonds in Höhe von 20 Millionen € ausgestattet wurde. Der Fonds wurde später auf 100 Millionen € aufgestockt. Im Jahr 2003 wurde das Unternehmen jedoch wieder aufgelöst. Bertelsmann stieg 1998 mit der Bertelsmann Ventures GmbH und einem Fondsvolumen von 30 Millionen € in das Corporate Venture Capital-Geschäft ein. Diese Gesellschaft wurde im Jahr 2000 restrukturiert. Die Siemens Venture Capital GmbH nahm 1999 den Geschäftsbetrieb auf, sie ist zur Zeit die zweitgrößte CVCG in Deutschland. Weitere Corporate Venturing-Programme der verschiedenen Geschäftsbereiche von Siemens, die zwischenzeitlich ins Leben gerufen worden waren, sind mittlerweile alle in die Siemens Venture Capital GmbH integriert worden. In den Jahren 2000 und 2001 setzte ein regelrechter „Gründungsboom" im deutschen Markt für Corporate Venture Capital ein. Bekannte Beispiele sind die Deutsche Post Ventures GmbH mit einem 50 Millionen € Fonds, die BASF Venture Capital GmbH, ausgestattet mit 100 Millionen €, und die Metro Online Ventures GmbH, die mit einem Fonds in Höhe von 50 Millionen € ausgestattet worden war.

Eigene Gesellschaften werden bevorzugt

Die Mehrzahl der US-amerikanischen Corporate Venture Capital-Programme (vgl. Albrinck/Hornery/Kletter/Neilson 2000, S. 4) und fast alle Programme in Deutschland (vgl. Witt/Brachtendorf 2002, S. 687) sind in Form rechtlicher selbstständiger CVCGs gegründet worden. Aus theoretischer Sicht hat die organisatorische und gesellschaftsrechtliche Trennung der CVC-Aktivitäten von den anderen Geschäftsbereichen des Großunternehmens mehrere Vorteile. Zunächst werden so typische Motivations- und Organisationsprobleme vermieden, die aus der unternehmensinternen Verteilung von Finanzmitteln auf bestehende Geschäfte und auf hoch riskante Gründungsunternehmen entstehen können. Weiterhin wird eine isolierte Bewertung der Unternehmen im Portfolio der CVCG durch außenstehende Investoren erleichtert. Schließlich gibt die organisatorische und rechtliche Trennung vom Mutterunternehmen dem Management der CVCG die Möglichkeit, schnell und autonom Investitions- und Betreuungsentscheidungen zu treffen. Das ist vor allem deshalb wichtig, weil interessante Gründungsunternehmen auch von anderen Kapitalgebern umworben werden, z.B. von unabhängigen Venture Capital-Gesellschaften.

Aus organisationstheoretischer Sicht besteht die zentrale Herausforderung bei der Gestaltung des Corporate Venturing sowohl im Verhältnis zwischen

Mutterunternehmen und CVCG als auch im Verhältnis zwischen CVCG und Portfoliounternehmen darin, eine ausgewogene Mischung aus Entscheidungsautonomie und Kontrolle herzustellen (vgl. Simon/Houghton/Gurney 1999, S. 157).

Stark zyklisches Investitionsverhalten

Eine interessante Parallele zwischen den Entwicklungen der Märkte für Corporate Venture Capital in den USA und in Deutschland ist das stark schwankende Investitionsniveau. Immer wenn Kapitalmärkte Bewertungsrückgänge oder Baissen verzeichneten, wurden wenig später Corporate Venture Capital-Programme beendet und die entsprechenden Gesellschaften aufgelöst. Umgekehrt wurden bevorzugt dann neue CVCGs gegründet, wenn es einen Aufschwung oder eine Hausse am Kapitalmarkt gab. Dieses zyklische Investitionsverhalten ist insofern überraschend, als die Kapitalmarktverfassung zwar für den späteren Exit eines Investments, also für den Verkauf von Kapitalanteilen von Bedeutung ist, nicht aber für die Nutzung von technologischen Synergien mit den Gründungsunternehmen und die Realisierung von externen Innovationen. Die beobachtbare Zyklizität des Investitionsverhalten ist folglich als ein Zeichen für fehlendes langfristiges Engagement der großen Unternehmen für ihr Corporate Venturing interpretiert worden (vgl. Rind 1981, Hardymon/DeNino/Salter 1983 und Gompers/Lerner 1998). Eine andere Erklärung lautet, dass die finanziellen Ziele einer Investition in Corporate Venture Capital wichtiger sind als die Innovationsziele. Dieser Hypothese zufolge determiniert die kurzfristige Exit-Option, d.h. die Verfügbarkeit einer Möglichkeit zum Anteilsverkauf die Investitionsentscheidung, nicht die langfristigen technologischen Nutzen. Schließlich ist es denkbar, analog zu neueren Erkenntnissen der „Behavioral Finance Theory", dass das zyklische Auftreten und Verschwinden von Corporate Venture Capital-Programmen durch irrationales Herdenverhalten der Großunternehmen zu erklären ist.

6.3 Ziele von Corporate Venture Capital-Programmen

Technologische Zielsetzungen

Großunternehmen, die darüber nachdenken, eine CVCG zu gründen, sind typischerweise innovative Unternehmen. Sie verfügen bereits über eigene F&E-Kapazitäten in der Zentrale oder in den einzelnen Geschäftsbereichen (oder in beiden). Dennoch hat sich in den meisten Branchen gezeigt, dass ein Unternehmen nicht alle Technologien und Produkte, die in Zukunft für die Wettbewerbsfähigkeit relevant werden könnten, selber erforschen und entwickeln kann. Aus diesem Grund ist das wichtigste strategische Ziel eines Engagements in Corporate Venture Capital, einen Zugang zu potenziell wichtigen Technologien zu erhalten, ein sogenanntes „window on potential new business growth areas" (Sykes 1990, S. 38) bzw. ein „window on technology" (Winters/Murfin 1988, S. 208). Zwar ist dieser Zugang nur indirekt, weil die F&E-Leistungen vom Gründungsunternehmen erbracht werden, aber Corporate Venture Capital eröffnet einem Großunternehmen doch erleichterte Möglichkeiten des technologischen Lernens und des Technologietransfers. Während interne Innovationen aus den Erfindungen und Entwicklungsaktivitäten innerhalb des innovierenden Unternehmens entstehen, beruhen externe Innovationen auf Ideen und ersten Entwicklungsschritten eines anderen Unternehmens. Das innovierende Unternehmen übernimmt diese Ideen oder Projekte, führt die Entwicklungsarbeiten dann innerhalb des eigenen Hauses zu Ende und übernimmt auch die Markteinführung (Albach 1993, S. 64).

Vor- und Nachteile externer Innovationen

Die Vorteile externer Innovationen im Vergleich mit internen liegen in der verkürzten Zeitdauer bis zur Markteinführung, den potenziell niedrigeren Entwicklungskosten und den verringerten Risiken. Die wesentliche Herausforderung externer Innovationen besteht in der Schwierigkeit, vielversprechende Technologien und Entwicklungsprojekte bei anderen Unternehmen zu erkennen und sie dann zu übernehmen. Zudem stoßen externe Innovationen mitunter auf erhebliche Akzeptanz- und Implementierungsprobleme, die auch als „not invented here"-Effekt bezeichnet werden. Empirische Untersuchungen der Innovationsprozesse von Unternehmen aus verschiedenen Ländern haben gezeigt, dass erhebliche Unterschiede im Innovationsvermögen bestehen. Sie sind besonders ausgeprägt bei externen Innovationen. Deutsche Unternehmen weisen erstaunlicherweise bei externen Innovationen höhere Kosten und längere Entwicklungsdauern auf als bei internen Innovationen. In japanischen Unternehmen ist es, konform mit der Theorie der externen Innovationen, genau umgekehrt (vgl. Mansfield 1988).

Umsetzung externer Innovationen

Große Unternehmen verfügen über verschiedene Möglichkeiten, externe Innovationen durchzuführen. Sie können Unternehmen oder Privatpersonen Erfindungen abkaufen, sie können Forschungskooperationen mit anderen Unternehmen eingehen oder Auftragsforschung durchführen lassen. Der Erwerb von Eigenkapitalanteilen an innovativen Gründungsunternehmen, also das Corporate Venturing, ist eine ganz spezielle Form der Implementierung von externen Innovationen bzw. eine Form des Outsourcing von Forschung und Entwicklung (vgl. Hardymon/DeNino/Salter 1983, Sykes 1990 und Brody/Ehrlich 1998).

Corporate Venturing als Innovationsstrategie erscheint betriebswirtschaftlich immer dann sinnvoll, wenn die Gründungsunternehmen, an denen sich die CVCG beteiligt, auf ihrem Arbeitsgebiet spezialisierter, flexibler oder innovativer sind als es das Großunternehmen mit eigenen Organisationseinheiten sein könnte. Investitionen in Gründungsunternehmen werden jedoch typischerweise als riskanter angesehen als Investitionen in eigene F&E (obwohl sie das keineswegs zwangsläufig sind). Sie richten sich zudem auf Märkte und Technologien, die etwas entfernt von denen des Großunternehmens sind. Im Idealfall werden Gründungsunternehmen finanziert, die neue und komplementäre Technologien entwickeln (vgl. Hellmann 2001). Aus diesem Grund wird ein Corporate Venturing-Programm auch anders geführt als eine F&E-Abteilung. Daher werden die Start-ups im Portfolio einer CVCG einem weniger strikten F&E-Controlling unterzogen. Sie genießen auch mehr Freiheiten bei der Wahl ihrer Forschungsschwerpunkte (vgl. Albrinck/Hornery/Kletter/Neilson 2000, S. 3).

Schaffung einer unternehmerischen Kultur

Ein zweites Ziel von Investitionen in Corporate Venturing-Aktivitäten ist die Übertragung der innovativen und unternehmerischen Kultur, die für Wachstumsunternehmen typisch ist, in das Großunternehmen. Mit der Investition in Corporate Venture Capital verbindet sich in diesem Fall die Hoffnung, die F&E-Prozesse im eigenen Unternehmen nach dem Vorbild der Gründungsunternehmen effizienter und schneller gestalten zu können. Weiterhin bietet Corporate Venture Capital die Möglichkeit, Spin-offs zu fördern. Mitarbeitern, die sich mit bestimmten, in der Mutter nicht richtig genutzten Technologien selbständig machen oder eine Ausgründung durchführen wollen, wird eine Finanzierungsoption über eine Eigenkapitalbeteiligung der CVCG und eine enge Zusammenarbeit mit passenden Geschäftsbereichen des Großunternehmens angeboten. Schließlich dient Corporate Venturing dazu, allen Mitarbeitern die Dynamik von Technologien und Märkten vor Augen zu führen und auf diese Weise auf die Bedeutung von externen Innovationen hinzuweisen: „Communicating the activities of a corporate venture capital program company-wide so that personnel can see firsthand how and why venture companies are formed, nurtured, and succeed or fail, gives invaluable experience and encouragement to intrapreneurs." (Winters/Murfin 1988, S. 208).

Förderung komplementärer Technologien

Ein drittes Ziel von Corporate Venture Capital ist die Förderung von Produktionsverfahren und Produkten, die schon vom Großunternehmen hergestellt und vertrieben werden, durch komplementäre Dienstleistungen und Technologien, die von Gründungsunternehmen entwickelt werden (vgl. Chesbrough/Scolof 2000). In manchen Märkten wie Mobilkommunikation oder Halbleiter hängt der Umsatz eines Großunternehmens stark von der Verfügbarkeit entsprechender Anwendungen, Dienstleistungen und Komplementärtechnologien ab. Je schneller diese sich entwickeln und je mehr entsprechende Angebote am Markt bestehen, desto besser entwickelt sich das Kerngeschäft der Mutter. Corporate Venturing hat in solchen Fällen das Ziel, Wachstumsunternehmen zu finanzieren und zu unterstützen, die Geschwindigkeits- und Know-how-Vorteile bei entsprechenden Anwendungen, Dienstleistungen und Komplementärtechnologien haben.

Finanzielle Renditen

Ein viertes Ziel des Corporate Venturing ist eine möglichst hohe Verzinsung des eingesetzten Kapitals. Hierbei handelt es sich nicht um eine strategische bzw. technologische Zielsetzung des Großunternehmens, sondern um eine klassisch finanzielle. Während es theoretisch und praktisch unbestritten ist, dass die Rendite das wichtigste (oder sogar einzige) Ziel der Eigenkapitalfinanzierungen von unabhängigen Venture Capital-Gesellschaften darstellt, ist die Berechtigung finanzieller Ziele bei Corporate Venture Capital-Programmen weniger klar. Zunächst könnte es durchaus so sein, dass die strategischen Ziele des Corporate Venturing voll erfüllt werden, ohne dass die CVCG aus einem Verkauf ihres Eigenkapitalanteils an Gründungsunternehmen eine hohe bzw. überhaupt eine Rendite erzielt. Selbst im Falle einer Abschreibung, also einer Insolvenz des Beteiligungsunternehmens, können immer noch einige strategische Ziele des Corporate Venturing erreicht werden, z.B. ein besseres Verständnis für bestimmte Technologien oder eine Förderung unternehmerischer Verhaltensweisen im Großunternehmen (vgl. Maula/Murray 2000, S. 2). Darüber hinaus stellt das Erreichen bestimmter Renditen nicht sicher, dass auch die strategischen Ziele erreicht wurden. Solange mit Corporate Venture Capital-Programmen keine anderen Ziele verbunden sind als das Erwirtschaften finanzieller Renditen, bieten sich aussichtsreichere Investitionsmöglichkeiten, z.B. in Venture Capital-Fonds. Die genannten theoretischen Überlegungen sprechen auf jeden Fall dafür, mit Corporate Venturing primär strategische Ziele zu verfolgen: „The impact of possible capital gains on total corporate results is viewed as minor compared with the potential for development of new business." (Sykes 1990, S. 38).

6.4 Leistungen von Corporate Venture Capital-Programmen für Start-ups

Reputation und Markennamen

Aus der Sicht eines Gründungsunternehmens bietet Corporate Venture Capital einige potenzielle Unterstützungsleistungen an, die in dieser Form von keinem anderen Gründungsfinanzierer erbracht werden können. So überträgt das Großunternehmen, das hinter dem Corporate Venture Capital-Programm steht, seine Reputation und sein Image an das von der CVCG betreute Start-up. Ein wesentlicher Faktor dieses Imagetransfers ist beispielsweise die Verwendung einer Marke oder des Unternehmensnamens des Großunternehmens. Eine weitere wesentliche Stärke von Großunternehmen, vor allem im Vergleich zu Venture Capital-Gesellschaften, sind eigene Vertriebskanäle und Netzwerke in der entsprechenden Branche. Da Start-ups typischerweise nur über wenig Vertriebsexpertise verfügen und häufig auch noch nicht in bestehende Kunden- und Lieferantennetzwerke einbezogen sind, bietet die Einbindung in ein Corporate Venture Capital-Programm unmittelbare Vorteile beim Markteinstieg und bei der Erschließung von Kundengruppen. Weiterhin verfügen Großunternehmen über Branchen- und Marktkenntnisse, die zum Teil noch besser und detaillierter sind als die von Venture Capital-Gesellschaften oder Business Angels. Wenn diese Kenntnisse im Rahmen des Corporate Venturing weiter gegeben werden, kann das Gründungsunternehmen Wettbewerbsvorteile gegenüber Start-ups mit anderen Finanziers erreichen. Schließlich verfügen Großunternehmen über erhebliche administrative Ressourcen, beispielsweise in den Bereichen Personalverwaltung, Buchhaltung, Steuern usw. Erneut handelt es sich um Ressourcen, die eventuell auch einem Start-up aus dem CVCG-Portfolio kostengünstig oder kostenfrei zugänglich gemacht werden können und die in dieser Form kein anderer Gründungs- bzw. Wachstumsfinanzierer anbieten kann.

Ideelle und administrative Unterstützung

Insgesamt liegt aus der Sicht eines Gründungsunternehmens der wesentliche Vorteil eines Corporate Venture Capital-Programms, neben der Bereitstellung von Kapital und der Hilfe bei der Technologieentwicklung, im Angebot von ideellen und administrativen Unterstützungsleistungen, die Business Angels oder Venture Capital-Gesellschaften aufgrund ihrer geringen Größe und aufgrund des Fehlens eines eigenen operativen Geschäfts nicht zur Verfügung stellen (und auch nicht über Partner vermitteln können). Abbildung 6-2 zeigt die potenziellen Leistungen des Großunternehmen für einen Start-up im Rahmen eines Corporate Venture Capital-Programms im Überblick.

Leistungen von Corporate Venture Capital für Start-ups — *Abbildung 6-2*

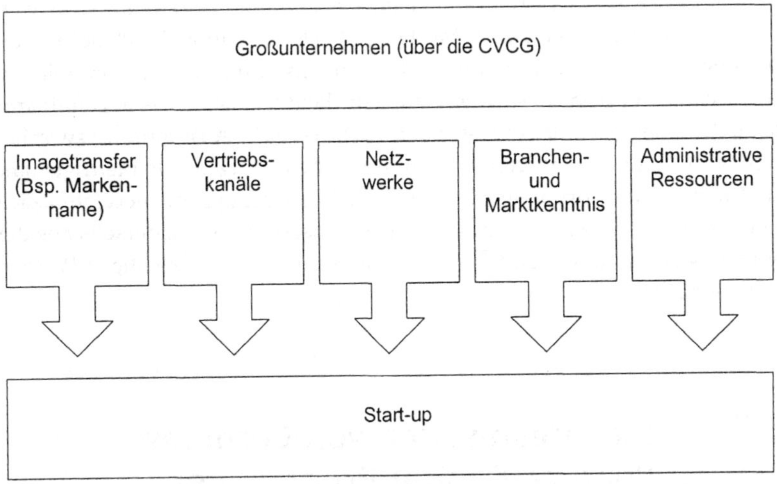

Problem der nur indirekten Kontrolle

Ein zentrales Problem der Unterstützungsleistungen des Großunternehmen an Start-ups im Portfolio der CVCG ist der empfundene Mangel an Kontrolle in den unterstützenden Abteilungen des Großunternehmens. Die Forschung und die Produktentwicklung findet im Start-up statt, erst in späteren Phasen kann ein Technologietransfer in die Gruppe erfolgen. Das Großunternehmen kann den Gründern nicht vorschreiben, was sie tun oder nicht tun sollen. Eine Einfluss- und Kontrollmöglichkeit besteht nur indirekt über die CVCG, die häufig in den betreuten Gründungsunternehmen Aufsichtsratmandate hält oder ein Berichtswesen eingerichtet hat. Direkte Einflussnahmen oder eine zu starke Kontrolle der Start-ups durch die Manager des Großunternehmens wären zudem kontraproduktiv. Sie reduzieren die Kreativität sowie das Innovationsvermögen in den Beteiligungsunternehmen und damit das Potenzial für externe Innovationen: „Most big companies concentrate so much on owning and controlling things, they do not attempt to learn from the ventures they sponsor" (Stringer 2000, S. 81). Auch für das Management der CVCG ist es schwierig, die richtige Balance zwischen Unterstützung, Kontrolle und Freiraum für jedes Beteiligungsunternehmen zu finden (Simon/Houghton/Gurney 1999).

„Strategic fit" zwischen Großunternehmen und Start-up

Ein weiteres zentrales Problem der Unterstützung von Start-ups durch ein Großunternehmen im Rahmen eines Corporate Venture Capital-Programms ist die Bestimmung der optimalen technologischen und strategischen Ergänzung von Großunternehmen und Start-ups, des sogenannten „strategic fit" (Thornhill/Amit 2000, S. 33-35). Ohne eine solche Anpassung kann keiner der Partner richtig von den Ressourcen und Kompetenzen des anderen profitieren. Empirische Untersuchungen von kanadischen Unternehmen haben ergeben, dass es zwei relevante Dimensionen der Anpassung zwischen Gründungsunternehmen und Mutter gibt. Der „relational fit" betrifft die Organisationsstruktur und die Unternehmenskultur. Der „economic fit" umfasst Ressourcen und Zielsetzungen beider Partner (Thornhill/Amit 2000). Je schlechter eine Anpassung bzw. strategische Abstimmung zwischen dem Start-up und dem Gründungsunternehmen erfolgt, desto niedriger sind die Chancen des Corporate Venture Capital-Programms, die gesetzten Ziele zu erreichen, d.h. externe Innovationen umzusetzen und beiderseits aus den technologischen und kaufmännischen Möglichkeiten des jeweiligen Partners Nutzen zu ziehen.

6.5 Die Organisation von Corporate Venture Capital-Programmen

Dreistufiger Aufbau

Corporate Venture Capital-Programme – so wie sie in diesem Beitrag definiert werden – bestehen aus drei gesellschaftsrechtlich separaten Organisationen, dem Großunternehmen, der CVCG und einer gewissen Anzahl an Gründungsunternehmen, an denen sich die CVCG beteiligt hat. Um die Darstellung sprachlich möglichst einfach zu halten, wird im Folgenden immer nur von einem einzigen Gründungsunternehmen im Portfolio der CVCG ausgegangen. Die theoretischen Analysen gelten aber genauso für ein Portfolio mit mehreren Start-ups. Aus organisationstheoretischer Sicht entsteht durch diese Struktur des Corporate Venturing eine zweistufige Principal Agent-Beziehung, aus der sich eine ganze Reihe von interessanten Herausforderungen und Problemen ergeben.

Die Rolle des Großunternehmens

Auf der ersten Stufe ist das Großunternehmen der Principal, der Geld in eine CVCG, den Agent, investiert. Die Investition kann in Form eines Fonds oder in Form eines jährlichen Budgets erfolgen. Die Gegenleistung besteht darin, dass die CVCG finanzielle Renditen und/oder strategische Nutzen für das Großunternehmen bereit stellt. Es bestehen zwischen beiden Parteien offensichtliche Informationsasymmetrien. Die CVCG hat viel mehr Informationen über die geprüften Beteiligungsangebote und die in das Portfolio aufgenommenen Gründungsunternehmen als das Großunternehmen. Interessendivergenzen zwischen Principal und Agent sind auf der ersten Stufe nicht zwingend gegeben, aber doch vorstellbar. So könnte das Großunternehmen der Theorie des Corporate Venture Capital entsprechend vornehmlich an der Erreichung strategischer Ziele interessiert sein, während der Geschäftsführer bzw. Manager der CVCG nach der abgelieferten Rendite bezahlt wird und daher vornehmlich versucht, renditeträchtige Beteiligungen an Start-ups einzugehen. Bei dieser Konstellation wären die Anreize für die CVCG insofern falsch gesetzt, als der Agent Ziele verfolgt, die nicht deckungsgleich mit den Zielen des Principals sind, sich also möglicherweise opportunistisch verhalten könnte (vgl. Block/Ornati 1987). Ein Interessenkonflikt zwischen Principal und Agent auf der ersten Stufe des Corporate Venture Capital-Programms könnte auch dadurch entstehen, dass das Großunternehmen keine längerfristige Finanzierung der CVCG garantiert, so dass das Management der CVCG eher kurzfristige finanzielle Erfolge seiner Tätigkeit anstrebt und weniger die Erreichung langfristiger strategischer Ziele.

Die Rolle der CVC-Gesellschaft

Auf der zweiten Stufe investiert die CVCG Geld und Unterstützungsleistungen in das Gründungsunternehmen. Im Gegenzug erwirbt sie Eigenkapitalanteile und die Aussicht auf finanzielle Rückflüsse. Theoretisch ist diese Principal Agent-Situation wohlbekannt, weil sie der Konstellation einer Venture Capital-Beteiligung entspricht. In bisherigen Modellen dieser Finanzierungssituation ist das kapitalgebende Venture Capital-Unternehmen der Principal und das kapitalnehmende Gründungsunternehmen der Agent (vgl. Admati/Pfleiderer 1994 und Hellmann 1998). Allerdings tritt bei Corporate Venture Capital neben die unmittelbaren finanziellen Rückflüsse aus der Eigenkapitalbeteiligung eine indirekte Gegenleistung des Gründungsunternehmens, nämlich der mögliche Technologietransfer vom Start-up an das Großunternehmen. Erneut liegt eine offensichtliche Informationsasymmetrie vor. Zudem bestehen Interessendivergenzen, wenn die Gründer andere Ziele verfolgen als die investierende CVCG. Beispiele solcher Interessendivergenzen sind technische Entwicklungspräferenzen der Gründer, die wirtschaftlichen Zielsetzungen entgegenlaufen, übertriebener Konsum am Arbeitsplatz durch die Gründer oder unterschiedliche Präferenzen bezüglich der Gestaltung des Beteiligungsexits. Abb. 6-3 veranschaulicht den zweistufigen organisatorischen Aufbau eines Corporate Venture Capital-Programms mit einer CVCG.

Abbildung 6-3 *Organisatorischer Aufbau eines Corporate Venture Capital-Programms*

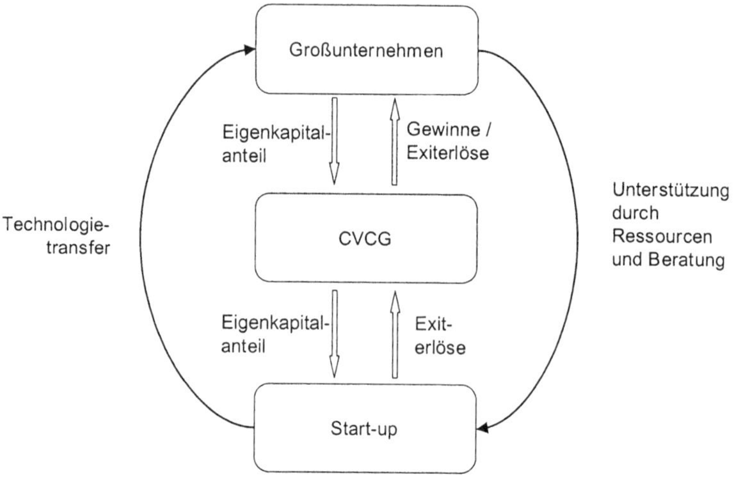

Risiken für das Gründungsunternehmen

Während es in der bisherigen Literatur üblich war, den Finanzier von Gründungsunternehmen als den Principal und das finanzierte Start-up als Agent anzusehen, kommt der umgekehrten Perspektive ebenso große Bedeutung zu. Auch Investoren können sich opportunistisch verhalten. Sie stellen dem Gründungsunternehmen Leistungen wie Beratung und Netzwerkvermittlung in Aussicht, deren spätere Erbringung kaum justiziabel ist. Auch bei der Planung des Beteiligungsexit gibt es aus Sicht des Start-ups die Gefahr eines opportunistischen Verhaltens durch den Finanzier. So versprechen die meisten CVCGs zwar, die Exit-Option zu wählen, die zur höchsten Unternehmensbewertung führt und damit die Rendite beider Partner maximiert. Angesichts der strategischen Ziele des Corporate Venturing und deren theoretisch gut begründeter Dominanz über finanzielle Zielsetzungen kommen aus Sicht der CVCG jedoch auch Exit-Optionen in Frage, die möglicherweise nicht im Interesse des Gründungsunternehmens sind. Konkret ist zu erwarten, dass das Großunternehmen das Start-up übernimmt und in die Gruppe eingliedert, wenn dessen technologische Entwicklungen erfolgreich verlaufen, selbst wenn eine andere Form des Exit zu einer höheren Unternehmensbewertung geführt hätte. Ein anderes Beispiel für Opportunismus des Investors im Falle von Corporate Venture Capital betrifft die vom Großunternehmen zur Verfügung zu stellenden Unterstützungsleistungen. Sie werden in der Phase der Vertragsanbahnung von der CVCG angeboten, sind in der Phase der Betreuung jedoch nicht uneingeschränkt oder gar nicht verfügbar, weil die entsprechenden Abteilungen im Großunternehmen eine Schädigung ihres eigenen Geschäfts durch die Aktivitäten des Gründungsunternehmens befürchten.

Die Leitung der CVC-Gesellschaft

Eine für den Erfolg von Corporate Venture Capital-Programmen entscheidende Position ist die des Geschäftsführers bzw. „Managing Directors" der CVCG. Dieser Geschäftsführer muss die Fähigkeit besitzen, Verbindungen zwischen den Start-ups und den Mitarbeitern des Großunternehmens herzustellen, motivierte Teams von Investment Managern zusammen zu stellen und unternehmerisch zu denken. Die theoretische Literatur zu Fragen des Corporate Venture Capital hat bisher keine klaren Empfehlungen ausgesprochen, ob CVCGs von internen (aus dem Großunternehmen kommenden) oder externen (häufig aus dem Venture Capital-Bereich kommenden) Managern geführt werden sollten (vgl. Albrinck/Hornery/Kletter/Neilson 2000, S. 10). Externe Kandidaten, insbesondere solche, die schon Erfahrungen mit dem Venture Capital-Markt aufweisen können, haben den Vorteil, gute Kenntnisse und Netzwerke zu Vertretern der Kapitalmärkte und zu potenziellen weiteren Investoren mitzubringen. Sie verfügen zudem häufig über Kenntnisse in der Bewertung und Auswahl des „Deal flow", d.h. eingehender Beteiligungsanfragen. Der wesentliche Nachteil externer CVCG-Geschäftsführer ist jedoch das Fehlen eines Netzwerks und persönlicher Kontakte innerhalb des Großunternehmens. Interne Kandidaten kennen die Organisation besser und können einfacher feststellen, wer geeignete Ansprechpartner für ein Gründungsunternehmen im Beteiligungsportfolio sind. Es ist auch einfacher, interne Kandidaten nach den Gepflogenheiten des Großunternehmens zu bezahlen. Die tendenziell höheren (und leistungsabhängigeren) Gehälter externer Kandidaten können dagegen leicht Neid und Missgunst unter den Managern innerhalb des Großunternehmens erzeugen. Umgekehrt besteht die Gefahr, dass Geschäftsführer der CVCG, die aus dem Großunternehmen kommen, zu wenig Kenntnisse des Markts für Gründungsfinanzierungen mitbringen.

Das Primat strategischer Ziele

Aus theoretischer Sicht erscheint Corporate Venture Capital, so wie es in diesem Kapitel definiert wurde, eindeutig nur dann sinnvoll, wenn das betreffende Großunternehmen strategische Ziele verfolgt, d.h. eine Förderung von externen Innovationen im weitesten Sinne betreibt. Wenn ausschließlich finanzielle Ziele der Gründungsfinanzierung bestünden, wären Investitionen in Venture Capital-Fonds eine organisatorisch viel weniger aufwändige und auch renditeträchtigere Form des Investment. Allerdings haben sich strategische Ziele in der Vergangenheit als deutlich schwieriger realisierbar erwiesen (vgl. Chesbrough 2000, S. 33). Beispiele US-amerikanischer Corporate Venture Capital-Programme zeigen, dass der Weg von der Identifizierung einer aussichtsreichen Technologie in einem Gründungsunternehmen bis hin zum erfolgreichen Transfer dieser Technologie in das Großunternehmen ausgesprochen steinig ist.

Langfristige Ausrichtung erforderlich

Vor allem ist nachgewiesen worden, dass externe Innovationen, die aus Corporate Venturing stammen, vergleichsweise viel Zeit benötigen. Eine empirische Studie aus den USA untersuchte einige der ersten Corporate Venture Capital-Programme aus den 1960er und 1970er Jahren und kam zum Ergebnis: „Unless it is the firm intention to continue the programme for at least seven years, a venture activity should not be organized." (Rind 1981, S. 178). In einer der ersten großzahligen empirischen Untersuchungen des Marktes für Corporate Venture Capital in den USA stellte sich heraus, dass die meisten Programme zwar vornehmlich strategische Ziele und nicht so sehr finanzielle Ziele verfolgten, dass aber der Fokus auf strategische Ziele auch übertrieben werden kann. Konkret ergab die Studie, dass die CVCGs die Qualität der Unternehmer und der Geschäftsmodelle immer dann gering gewichteten bzw. nicht ausreichend beachteten, wenn ein hohes Maß an strategischer Anpassung zwischen dem jeweiligen Start-up und dem Großunternehmen festgestellt worden war.

Wettbewerb mit anderen Gründungsfinanzierern

Während die Priorität strategischer über finanzielle Ziele aus theoretischer Sicht vollkommen gerechtfertigt erscheint, kann sie einer CVCG doch erhebliche Nachteile auf dem Markt für Gründungsfinanzierungen verschaffen. Insbesondere im Wettbewerb mit Venture Capital-Gesellschaften besteht im Sinne der Principal Agent-Theorie folgendes Problem des Corporate Venture Capital: Die Gründungsunternehmen müssen stärker als bei einer Venture Capital-Finanzierung befürchten, dass der Investor bzw. das dahinter stehende Großunternehmen im Rahmen der Gründungsfinanzierung versucht, sich technologisches Know-how und/oder innovative Produkte anzueignen. „Entrepreneurs really do fear the loss of proprietary information to the parent." (Hardymon/DeNino/Salter 1983, S. 118). Venture Capital-Gesellschaften können glaubwürdiger behaupten, dass sie sich nur für Renditen aus Beteiligungsexits interessieren und das Gründungsunternehmen nicht seiner Technologien „berauben" wollen.

Kommunikation und Unterstützungsleistungen

Ein Gründungsunternehmen, das eine Eigenkapitalbeteiligung einer CVCG vereinbart, erwartet neben der Bereitstellung der entsprechenden finanziellen Mittel Unterstützungs- und Beratungsleistungen von der CVCG, aber auch vom Großunternehmen selbst, weil dort wesentliche Ressourcen sowie Technologie- und Markt-Know-how bestehen. Neben dem Informationsaustausch zwischen der CVCG und dem Start-up kommt also den direkten Kommunikationsmöglichkeiten der Gründer mit Mitarbeitern des Großunternehmens entscheidende Bedeutung zu. Die indirekte Kommunikation zwischen Gründungs- und Großunternehmen über die CVCG reicht nach bisherigen Erfahrungen nicht aus, um dem Start-up das Potenzial der Unterstützungsleistungen aus dem Großunternehmen zugänglich zu machen. Das bestätigen auch empirische Studien aus den USA, in denen sich die direkte Kommunikation auf Arbeitsebene zwischen Mitarbeitern des Start-up und

Mitarbeitern aus dem Großunternehmen als deutlich wertvoller erwies als Besprechungen in Aufsichtsräten oder Informationen aus dem Großunternehmen, die von den Investment Managern der CVCG an die Gründungsunternehmen weiter gereicht wurden (vgl. Sykes 1990, S. 44).

Anreize zur Kooperation

Ein wesentliches Problem des Angebots von Unterstützungsleistungen für Gründungsunternehmen im Rahmen von Corporate Venture Capital sind fehlende oder falsch gesetzte Anreize. Die CVCG bietet diese Leistungen vertraglich an, sie müssen aber im Wesentlichen von Mitarbeitern des Großunternehmens erbracht werden, ohne dass für diese immer auch ein eigener Nutzen oder ein klarer Auftrag erkennbar wäre. Im Gegenteil, im Falle substitutionaler Technologien oder konkurrierender Produkte bestehen sogar klare Anreize im Großunternehmen, die Start-ups im Portfolio der CVCG nicht zu unterstützen. Je erfolgreicher ein Gründungsunternehmen in solchen Fällen in seiner Technologieentwicklung ist und je eigenständiger es am Markt agieren kann, desto eher entsteht aus der Sicht der betroffenen Geschäftsbereiche im Großunternehmen ein Bedrohungsgefühl, das jegliche Unterstützungsleistungen verhindert (vgl. Chesbrough 2000, S. 34).

Technologische Synergien

In einem formalen Modell, das auf den Ansätzen der Principal Agent-Theorie beruht, hat Hellmann explizit positive und negative Interaktionen zwischen Start-ups und einem Großunternehmen analysiert und optimale Formen der Gründungsfinanzierung abgeleitet (vgl. Hellmann 2001). Es zeigt sich, dass Corporate Venture Capital nur dann die optimale Form der Gründungsfinanzierung ist, wenn das Start-up Komplemente anbietet, also Technologien, die das Geschäft des Großunternehmens unterstützen und es nicht verdrängen. Im Fall von substitutionalen Technologien, d.h. Fertigungsverfahren oder Produkten, die bestehende Angebote des Großunternehmens ersetzen bzw. kannibalisieren können, ist die optimale Form der Gründungsfinanzierung nicht Corporate Venture Capital, sondern Venture Capital. Die zentrale Erkenntnis aus dem Modell ist die Bedeutung einer sauberen Definition möglicher technologischer Synergien aus dem Corporate Venturing. Es reicht nicht aus, sich nur für Gründungsunternehmen zu interessieren, die in ähnlichen Märkten tätig sind oder ähnliche Forschungsvorhaben verfolgen. Strategische Nähe ist nur dann ein gutes Auswahlkriterium, wenn sichergestellt ist, dass technologische Komplementarität zwischen den Aktivitäten der beteiligten Partner besteht.

Einflussnahme und Kontrolle

Eine Anwendung der Principal Agent-Theorie auf das Corporate Venturing lässt noch ein weiteres Problem erkennen. Unterstützungsleistungen, die das Großunternehmen für ein Start-up im Portfolio der CVCG erbringt, können leicht in Versuche übergehen, Einfluss auf das Gründungsunternehmen auszuüben. Wenn die beiden Partner direkten Kontakt haben, also die CVCG als Intermediär übergehen, bestehen für das Großunternehmen auch Möglichkeiten, sich technologisches Wissen direkt anzueignen. Auch für dieses Problem gibt es erste empirische Evidenz aus den USA. Es konnte gezeigt werden, dass Unterstützungsleistungen vom Großunternehmen genutzt wurden, um Informationen über Technologien zu erhalten und Einfluss auf die Entwicklungs- und Vermarktungstätigkeiten der Portfoliounternehmen zu erlangen. Diese Versuche verminderten den Erfolg des Corporate Venturing insgesamt (vgl. Stringer 2000, S. 80). In einer anderen empirischen Studie ergab sich, dass Gründungsunternehmen, die mit Corporate Venture Capital finanziert worden waren, engere F&E-Strategien verfolgten als ihre Ressourcenbasis und ihre technologischen Fähigkeiten es zugelassen hätten. Sie fürchteten – ganz im Sinne der obigen Argumentation - „to infringe on someone else's turf" im Großunternehmen (Shrader/Simon 1997, S. 47).

Technologietransfer

Externe Innovationen können nur dann erfolgreich umgesetzt werden, wenn technologisches Wissen, Erfindungen oder vorentwickelte Produkte vom Start-up zum Großunternehmen transferiert werden. Eine sehr direkte Möglichkeit, dies zu tun, besteht darin, dass das Großunternehmen dem Start-up Technologien abkauft, nachdem die ersten Entwicklungsschritte erfolgreich durchlaufen wurden. Eine andere Form des Technologietransfers besteht in der vollständigen Übernahme des Gründungsunternehmens. In diesem Fall erwirbt das Großunternehmen die Eigenkapitalanteile der CVCG, die der Gründer und die etwaiger externer Investoren. Anschließend wird das Start-up als Abteilung oder als strategische Geschäftseinheit in das Großunternehmen integriert (vgl. Albrinck/Hornery/Kletter/Neilson 2000, S. 9). Das wesentliche Problem des Technologietransfers aus dem Start-up in das Großunternehmen besteht aus Sicht der Principal Agent-Theorie in den mangelnden Anreizen für das Gründungsunternehmen, den Transfer zu unterstützen.

Optionen für den Exit

Zunächst ändert ein Verkauf der zentralen Technologie oder sogar des ganzen Unternehmens an das Großunternehmen die Rolle und die Aufgaben der Gründer nachhaltig. Sie werden Abteilungs- oder Geschäftsbereichsleiter und verlieren damit ihre unternehmerische Unabhängigkeit. Alternativ nehmen Sie den Verkauf des Unternehmens oder der wesentlichen Technologie des Unternehmens zum Anlass, ganz auszuscheiden und etwas anderes zu tun. Die sogenannten „Serien-Unternehmer" werden ein neues Unternehmen gründen. Andere werden sich zur Ruhe setzen oder in eine andere Angestelltentätigkeit wechseln. Weiterhin ist zu beachten, dass der Verkauf der Technologie bzw. des ganzen Start-up an das Großunternehmen von den Gründern nur dann als wirtschaftlicher Erfolg angesehen wird, wenn der Kaufpreis dem wahrgenommenen Wert der Technologie bzw. des Unternehmens entspricht bzw. ihn übersteigt. Häufig bestehen jedoch neben dem Verkauf an das Großunternehmen noch andere, mitunter als lukrativer angesehene Exit-Optionen wie z.B. ein Börsengang oder der Verkauf an einen Wettbewerber. Unternehmer geben solche Exit-Optionen nicht leichtfertig auf und stehen daher einem Verkauf an das Großunternehmen kritisch gegenüber (vgl. Sykes 1990, S. 42). In ähnlicher Weise können auch bezüglich der zeitlichen Planung des Exit erhebliche Interessendivergenzen zwischen dem Großunternehmen, der CVCG und dem Start-up bestehen. Die CVCG wird immer dann einen frühen Exit bevorzugen, wenn sie unter Druck steht, finanzielle Erfolge nachzuweisen. Umgekehrt wird das Start-up den für die Gründer lukrativsten Exit bevorzugen, selbst wenn er zeitlich erst später möglich wird. Aus Sicht des Großunternehmens bietet sich der Exit unabhängig vom Stand des Unternehmenswerts dann an, wenn die Technologie gerade gut transferiert werden kann bzw. einen Reifegrad erreicht hat, der Synergien mit Technologien im Großunternehmen erwarten lässt.

Vertragliche Regelungen

In der Praxis versuchen Corporate Venture Capital-Programme, die beschriebenen Principal Agent-Probleme beim Technologietransfer und bei der Exitplanung durch geeignete vertragliche Regelungen zu begrenzen oder ganz zu vermeiden. Beispiele für solche vertraglichen Regelungen sind gestaffelte Finanzierungen mit Meilensteinvereinbarungen, vorab vereinbarte Bewertungsmethoden und verschiedenste Exit-Klauseln. Damit das Gründungsunternehmen keine Möglichkeiten hat, seine technologischen Entwicklungserfolge vor der CVCG und den Vertretern des Großunternehmens zu verstecken, werden häufig Berichts- und Controlling-Systeme zwischen CVCG und Start-up vereinbart. In ähnlicher Weise werden Berichtssysteme der CVCG an das Mutterunternehmen institutionalisiert. Alle diese Formen von Berichtswesen dienen dem Ziel, die Informationsasymmetrie in der zweistufigen Principal Agent-Beziehung des Corporate Venturing zu verringern und auf diese Weise das Konfliktpotenzial zwischen den beteiligten Parteien zu reduzieren.

6.6 Empirische Befunde zum deutschen Corporate Venture Capital-Markt

Wenig empirische Evidenz

Da der deutsche Markt für Corporate Venture Capital im Vergleich zu den USA sehr klein ist und erst vor wenigen Jahren entstand, gibt es bisher nur wenig empirische Studien über ihn. Die meisten in der Literatur vorliegenden Arbeiten bestehen aus der Darstellung einzelner Fallstudien (vgl. z.B. Tümpen 2001), Empfehlungen von Praktikern (vgl. z.B. Lorenz/Seeliger 2000) oder der Analyse von Einzelproblemen wie z.B. geeigneten Steuerungsinstrumenten für CVCGs (vgl. Faisst/Franzke/Hagenmüller 2002). Drei empirische Untersuchungen mit größeren Stichproben sind bisher zum deutschen Markt für Corporate Venture Capital veröffentlicht worden, sie werden im Folgenden detailliert vorgestellt. Alle drei Arbeiten sind deskriptiv. Theoriegeleitete und konfirmatorische, d.h. Hypothesen testende empirische Untersuchungen liegen meines Wissens nach bisher nicht vor (Stand April 2004).

Empirische Untersuchungen mit größerem Umfang

Die erste Studie, die systematisch deutsche Corporate Venture Capital-Programme untersucht, stammt von Schween (1996). Da die empirischen Daten dieser Studie aus der Zeit vor der Gründung der ersten rechtlich selbstständigen CVCG stammen, konzentrieren sich die Ausführungen auf Corporate Venturing-Aktivitäten innerhalb von großen Unternehmen, die in diesem Beitrag nicht näher betrachtet werden. Eine zweite Studie wurde 2001 durchgeführt und beinhaltete Interviews mit acht deutschen CVCGs (vgl. Daniels/Leker/Seeliger 2002). Diese Arbeit befasste sich insbesondere mit den strategischen Zielsetzungen und der Organisationsstruktur der deutschen Corporate Venture Capital-Programme. Die bisher umfangreichste empirische Studie ist Witt/Brachtendorf (2002). Sie hatte zum Stand Juni 2001 eine Anzahl von 29 privaten und erwerbswirtschaftlich orientierten CVCGs in Deutschland erfasst. Da acht von ihnen zum Zeitpunkt der Datenerhebung den Geschäftsbetrieb schon wieder eingestellt hatten, verblieben 21 aktive Corporate Venture Capital-Gesellschaften, die ausnahmslos an der empirischen Untersuchung in Form einer persönlichen Befragung auf der Basis pregesteter und halb-standardisierter Fragebögen teilnahmen. Inhaltlich erfasste die Studie die gesamte Wertschöpfungskette des Corporate Venturing von der Generierung des Deal flow bis hin zum Beteiligungsexit. Aufgrund des geringen Alters der befragten Programme konnten jedoch nur vergleichsweise wenige Unternehmen Angaben zu den tatsächlichen Exits aus ihrem Portfolio machen.

Die Studie von Daniels, Leker und Seeliger (2002)

In der Untersuchung von Daniels, Leker und Seeliger (2002) gaben alle befragten CVCGs an, dass die Erhebung von Informationen über sich schnell entwickelnde Technologien und die Schaffung der Option, diese Technologien später zu erwerben, die beiden wichtigsten strategischen Ziele seien. Dieses Ergebnis zeigt deutlich, dass das Streben nach externen Innovationen ein wesentliches Anliegen deutscher Corporate Venture Capital-Aktivitäten ist (oder zumindest zu diesem Zeitpunkt als wesentliches Anliegen genannt wurde). Mit Blick auf die Organisation des Corporate Venturing konnte die Studie sechs Empfehlungen ableiten: Unterstützung des Programms durch das Top-Management, Konzentration auf strategisches Potenzial (nicht finanzielle Renditen), die Schaffung von Schnittstellen zwischen externen und internen Entwicklungen, die Berücksichtigung von Expertenwissen, die Unterstützung der Start-ups durch erfahrene Manager aus dem Großunternehmen und die Nutzung des Know-hows der CVCG-Manager.

Die Studie von Witt und Brachtendorf (2002)

In der Arbeit von Witt und Brachtendorf (2002) wurden das „window on technology" und die Förderung des Innovationsvermögens im Großunternehmen als wichtigste Ziele des Corporate Venturing genannt. Interessanterweise ergaben sich deutliche Unterschiede in der Bewertung der Bedeutung von Renditezielen zwischen der CVCG und Vertretern des Großunternehmens. Während die Geschäftsführer der CVCGs die finanziellen Ziele als ebenso wichtig wie die strategischen Ziele ansahen, stuften die Großunternehmen selbst die Erreichung finanzieller Ziele als weniger bedeutsam ein. Dieses Ergebnis belegt erneut, dass aus der Perspektive des Großunternehmens der Schwerpunkt des Corporate Venturing auf externen Innovationen liegt und nicht so sehr auf Renditestreben. Ein anderes interessantes Ergebnis der Studie war, dass bis auf eine Ausnahme alle deutschen CVCGs die Rechtsform der GmbH gewählt haben und von einem ehemaligen Manager aus dem Großunternehmen geleitet wurden, typischerweise aus der zentralen F&E- oder Technikabteilung. In keinem Fall wurde die Geschäftsführung der CVCG mit einer Venture Capital-erfahrenen Person besetzt, obwohl dies in der Literatur oft empfohlen wird (vgl. z.B. Winters/Murfin 1988, S. 217). Die Geschäftsführer der untersuchten deutschen CVCGs werden von einem kleinen Team mit durchschnittlich neun Investment Managern unterstützt und berichten direkt an den Vorstand des Großunternehmens.

Wenig Autonomie deutscher CVC-Gsellschaften

Der Studie von Witt und Brachtendorf (2002) zufolge sind deutsche Corporate Venture Capital-Gesellschaften weniger autonom in ihren unternehmerischen Entscheidungen als es den Vorschlägen der theoretischen und empirischen Literatur entsprechen würde. Zwar können 95 % der befragten CVCGs Beteiligungsanfragen von Gründungsunternehmen selbstständig ablehnen, die meisten können aber Beteiligungen nur nach vorheriger Zustimmung des Großunternehmens eingehen. Die Hälfte der untersuchten CVCGs darf nicht autonom über den Zeitpunkt und die Form des Beteiligungsexit entscheiden, in zwei Drittel der Fälle erfordert eine Änderung der Investitionsschwerpunkte bzw. -branchen die Genehmigung des Vorstands des Großunternehmens. 35 % der deutschen CVCGs dürfen nicht selbstständig Syndizierungen eingehen, also gemeinsame Eigenkapitalbeteiligungen an Gründungsunternehmen mit anderen strategischen Investoren oder Venture Capital-Gesellschaften.

Informell geregelte Zusammenarbeit

Die weiter oben dargestellten Principal Agent-Probleme des Corporate Venturing konnten empirisch sehr gut bestätigt werden, vor allem für die Zusammenarbeit zwischen dem Start-up und dem Gründungsunternehmen. Die Studie von Witt und Brachtendorf (2002) fand praktisch keine institutionalisierte Form der Unterstützung von Gründungsunternehmen im Portfolio der CVCG durch Mitarbeiter oder Abteilungen des Großunternehmens. Wenn überhaupt ein Wissens- oder Ressourcentransfer stattfindet, dann beruht er ausschließlich auf informellen Kontakten oder der persönlichen

Vermittlung eines Intermediärs, konkret des Geschäftsführers der CVCG. Alle diese Geschäftsführer müssen ihrerseits monatlich oder einmal im Quartal an das Großunternehmen berichten, in den meisten Fällen an den Vorstandsvorsitzenden oder den Finanzvorstand. Die Bezahlung der Mitarbeiter und des Geschäftsführers der CVCG richtet sich überwiegend nach den Vergütungsmustern des Großunternehmens. Interessant ist dabei vor allem, dass der variable Teil der Vergütung an kurzfristigen Zielvereinbarungen ausgerichtet wird und nicht an den strategischen Zielen oder der Rendite des eingesetzten Kapitals. Insgesamt zeigen die Ergebnisse, dass die Geschäftsführer der deutschen CVCGs entgegen anderslautender Empfehlungen in der Literatur wie Manager im Großunternehmen und nicht wie unabhängige Venture Capitalists behandelt werden (vgl. z.B. Siegel/Siegel/-MacMillan 1988, S. 233).

Wiederholung der bekannten Fehler

Gompers und Lerner haben die Ursachen für das zyklische Investitionsverhalten und die häufigen Fehlschläge von US-amerikanischen Corporate Venture Capital-Programmen in den drei Jahrzehnten seit Ende der 1960er Jahre untersucht und drei wesentliche strategische Fehler abgeleitet (vgl. Gompers/Lerner 1998, S. 9-10). Erstens fehlte es vielen Programmen in den USA an einer klaren und eindeutigen Zielsetzung, d.h. sie versuchten, eine große Bandbreite an nicht immer kompatiblen strategischen und finanziellen Zielen zu erreichen. Zweitens zeigte das Top-Management des Großunternehmens eine unzureichende Unterstützung der Corporate Venturing-Aktivitäten und beendete viele Programme lange bevor die strategischen Zielsetzungen überhaupt hätten erreicht werden können. Drittens wurde die Bereitschaft zur Übernahme von Risiken durch die Geschäftsführung der CVCGs unzureichend gefördert und Fehlschläge übergebührlich bestraft.

Kurzfristige Ausrichtung

Wenn man diese Analyse auf den deutschen Markt für Corporate Venture Capital anwendet, dessen Teilnehmer ja angesichts des deutlichen zeitlichen Vorlaufs von den Erkenntnissen und Fehlern der US-amerikanischen Unternehmen hätte lernen können, dann erkennt man eine erstaunliche Parallelität der strategischen Fehler. Der Studie von Witt und Brachtendorf zufolge setzen sich die meisten deutschen Corporate Venture Capital-Programme eine verwirrende Vielfalt von strategischen und finanziellen Zielsetzungen (vgl. Witt/Brachtendorf 2002, S. 686-690). Viele Programme wurden schon kurze Zeit nach Beginn der Geschäftstätigkeit wieder aufgelöst, vor allem weil sich die Kapitalmärkte ungünstig entwickelten und die Vorstände der Großunternehmen dementsprechend keine kurzfristigen Exit-Optionen für die Beteiligungen der CVCG mehr sahen. Schließlich kann die Vergütung des Managements der deutschen CVCGs nicht als anreizverträglich bezeichnet werden, da sie sich vornehmlich an den Gehaltstufen im betreffenden Großunternehmen orientiert und nicht an der Erreichung der strategischen Zielsetzungen der Corporate Venture Capital-Programme.

Dominanz des Renditestrebens

Offensichtlich hat also bei Corporate Venture Capital wenig oder gar kein Lernen deutscher Unternehmen von den Erfahrungen ausländischer Unternehmen stattgefunden. Es ist auch nicht erkennbar, dass in Deutschland wirklich die theoretisch wichtigeren und aussichtsreicheren Innovationsziele verfolgt werden und nicht nur Renditeziele. Die (kurze) Geschichte des Corporate Venture Capital in Deutschland offenbart eine sehr kurzfristig ausgerichtete und in hohem Maße zyklisch zum Kapitalmarkt verlaufende Investitionstätigkeit von Großunternehmen. Das vielleicht bestürzendste empirische Ergebnis ist die Tatsache, dass deutsche Unternehmen sich beim Corporate Venturing noch zyklischer verhalten als Venture Capital-Gesellschaften auf ihrem Markt.

6.7 Literatur

ADMATI, ANAT/PFLEIDERER, PAUL (1994): Robust Financial Contracting and the Role of Venture Capitalists, in: Journal of Finance 49, S. 371-402.

ALBACH, HORST (1993): Culture and Technical Innovation, Berlin.

ALBRINCK, JILL/HORNERY, JENNIFER/KLETTER, DAVID/NEILSON, GARY (2000): Adventures in Corporate Venturing, in: Strategy + Business 22, S. 1-12.

BLOCK, ZENAS/MACMILLAN, IAN C. (1993): Corporate Venturing – Creating New Businesses within the Firm, Boston.

BLOCK, ZENAS/ORNATI, OSCAR A. (1987): Compensating Corporate Venture Managers, in: Journal of Business Venturing 2, S. 41-51.

BRODY, PAUL/EHRLICH, DAVID (1998): Can big companies become successful venture capitalists?, in: The McKinsey Quarterly, S. 50-63.

CHESBROUGH, HENRY W. (2000): Designing Corporate Ventures in the Shadow of Private Venture Capital, in: California Management Review 42,S. 31-49.

CHESBROUGH, HENRY W./SCOLOF, STEPHEN J. (2000): Creating New Ventures from Bell Labs Technologies, in: Research & Technology Management, March-April, S. 13-17.

DANIELS, HOLGER VON/LEKER, JENS/SEELIGER, CARSTEN W. (2002): Corporate Venture Capital – der Weg zur erfolgreichen Erschließung neuer Technologien? in: Perspektiven der Wirtschaftspolitik 3, S. 303-316.

FAISST, ULRICH/FRANZKE, EKKEHARD/HAGENMÜLLER, MORITZ (2002): Balanced Scorecard für Corporate Venture Capital, in: Finanz Betrieb 4, S. 340-345.

GOMPERS, PAUL A./LERNER, JOSH (1998): The determinants of corporate venture capital success: organizational structure, incentives and complementarities, Working Paper No. 6725, National Bureau of Economic Research, NBER Working Paper Series, Cambridge, MA.

HARDYMON, G. FELDA/DENINO, MARK J./SALTER, MALCOLM S. (1983): When corporate venture capital doesn't work, in: Harvard Business Review, May/June, S. 114-120.

HELLMANN, THOMAS (1998): The Allocation of Control Rights in Venture Capital Contracts, in: Rand Journal of Economics 29, S. 57-76.

HELLMANN, THOMAS (2001): A Theory of Strategic Venture Investing, Working Paper, Graduate School of Business, Stanford University, February.

LORENZ, MATTHIAS/SEELIGER, CARSTEN W. (2000): Corporate Venture Capital, in: Finanz Betrieb 2, S. 658-662.

MANSFIELD, EDWIN (1988): The Speed and Cost of Industrial Innovation in Japan and the United States: External vs. Internal Technology, in: Management Science 34, S. 1157-1168.

MAULA, JARKKU/MURRAY, GORDON (2000): Corporate venture capital and the creation of US public companies: the impact of sources of venture capital on the performance of portfolio companies, Working Paper, Helsinki University.

RIND, KENNETH W. (1981): The role of venture capital in corporate development, in: Strategic Management Journal 2, S. 169-180.

SCHWEEN, KARSTEN (1996): Corporate Venture Capital: Risikokapitalfinanzierung deutscher Industrieunternehmen, Wiesbaden.

SHRADER, RODNEY C./SIMON, MARK (1997): Corporate versus independent new ventures : resource, strategy, and performance differences, in: Journal of Business Venturing 12, S. 47-66.

SIEGEL, ROBIN/SIEGEL, ERIC/MACMILLAN, IAN C. (1988): Corporate venture capitalists: Autonomy, obstacles, and performance, in: Journal of Business Venturing 3, S. 233-247.

SIMON, MARK/HOUGHTON, SUSAN M./GURNEY, JUDITH (1999): Succeeding at Internal Corporate Venturing: Roles Needed to Balance Autonomy and Control, in: Journal of Applied Management Studies 8, S. 145-159.

STRINGER, ROBERT (2000): How To Manage Radical Innovation, in: California Management Review 42, S. 70-88.

SYKES, HOLLISTER B. (1990): Corporate Venture Capital: Strategies for Success, in: Journal of Business Venturing 5, S. 37-47.

THORNHILL, STEWART/AMIT, RAPHAEL (2000): A dynamic perspective on internal fit in corporate venturing, in: Journal of Business Venturing 16, S. 25-50.

TÜMPEN, MARIANNE (2001): Corporate Venture Capital – Ein Instrument für eine erfolgreiche Partnerschaft von Großorganisationen und Start-up-Unternehmen, in: Sadowski, Dieter (Hrsg.): Entrepreneurial Spirits, Wiesbaden 2001, S. 91-102.

WINTERS, TERRY E./MURFIN, DONALD L. (1988): Venture Capital Investing for Corporate Development Objectives, in: Journal of Business Venturing 3, S. 207-222.

WITT, PETER/BRACHTENDORF, GERMAN (2002): Gründungsfinanzierung durch Großunternehmen, in: Die Betriebswirtschaft 62, S. 681-692.

7 Inkubatoren

7.1 Einleitung

Ganzheitliche Unterstützung in der Frühphase

Unter einem Inkubator versteht man ein Dienstleistungszentrum, das versucht, Gründungsunternehmen in frühen Phasen ihrer Entwicklung bei der Umsetzung ihrer Geschäftsideen zu unterstützen. Die Unterstützung ähnelt zunächst der anderer Gründungsfinanzierer wie z.B. Business Angels oder Venture Capital-Gesellschaften. Ein Gründungsunternehmen, das in einen Inkubator einzieht, wird – je nach Ausgestaltung und Geschäftsmodell - finanziert, beraten und bekommt Geschäftskontakte vermittelt. Zusätzlich werden Sachleistungen bereit gestellt, vor allem Geschäfts- oder Produktionsräume. Insbesondere diese Sachleistungen sind es, die Inkubatoren von Venture Capital- oder Corporate Venture Capital-Gesellschaften unterscheiden. Das Inkubationsprinzip ist daher auch als „Erweiterung der Leistungen der Risikokapitalgeber im Frühphasensegment" (Engelmann 2000, S. 334) gewertet worden. Umgekehrt ist es die Kombination von Sachleistungen mit typischen Dienstleistungen der Gründungsfinanzierung, die einen Inkubator von reinen Immobiliengesellschaften unterscheidet.

Prinzip des Brutkastens

Das Wort „Inkubator" ist aus der Biologie entlehnt und bezeichnet einen „Brutkasten", in dem die Entwicklung von Leben schneller oder geschützter als unter natürlichen Bedingungen stattfinden kann (vgl. Engelmann 2000, S. 329). Im Falle eines Gründungsunternehmens geht es um die Erhöhung der Überlebenschancen und besonders um die Beschleunigung des Unternehmenswachstums. Durch die Bereitstellung von verschiedenen Dienstleistungen „aus einer Hand" soll den Gründern die Möglichkeit gegeben werden, sich ganz auf die Entwicklung der Geschäftsidee und den Markteintritt zu konzentrieren. Der Inkubator entlastet die betreuten Start-ups so weitgehend wie möglich von administrativen Aufgaben. Die Beschleunigung des Wachstums durch Inkubation ist dann bedeutsam, wenn ein erfolgreicher Markteintritt eine minimale effiziente Betriebsgröße voraussetzt und wenn dem Zeitabschnitt zwischen Ideengenerierung und Markteintritt eine „geschäftsentscheidende Bedeutung" zukommt (vgl. Achleitner/Engel 2001, S. 76). In der angelsächsischen Literatur ist die Brutkasten-Funktion eines Inkubators auch als „fast venturing" (vgl. Kambil/Eselius/Monteiro 2000) oder als „acceleration principle" (vgl. Smilor 1987) bezeichnet worden.

Vielfalt an angebotenen Dienstleistungen

Während die allgemeinen Definitionen von Inkubatoren weitgehend unstrittig sind, bestehen in der Literatur und in der Praxis sehr unterschiedliche Auffassungen darüber, welche Dienstleistungen zum typischen Angebot eines Inkubators gehören. Achleitner und Engel (2001, S. 77) verzichten auf eine Nennung von definitionsnotwendigen Dienstleistungen und sprechen sehr allgemein von Tätigkeiten im Rahmen der Transformation einer Geschäftsidee in ein marktfähiges Produkt, „die zwar zum Geschäftsaufbau notwendig sind, aber nicht unmittelbar der Generierung dieses Produkts dienen und damit bei Erbringung durch das Gründerteam die Zeit zur Markteinführung verlängern würden." Dieser Definition zufolge wären Technologie- und Gründerzentren, die technologieorientierten Start-ups zwar Büroräume zu günstigen Mieten zur Verfügung stellen, aber keine Finanzierung leisten, Inkubatoren. Auch die sogenannten „virtuellen Inkubatoren", die explizit keine Büroflächen anbieten, dafür aber Finanzierungs- und Beratungsdienstleistungen erbringen, werden von Achleitner und Engel (2001, S. 77) explizit zu den Inkubatoren gezählt. Eine solche Sichtweise ist insofern problematisch, als Inkubatoren dann nicht mehr eindeutig von Venture Capital-Gesellschaften unterschieden werden können.

Definitionen ohne Finanzierungsfunktion

Allen und McCluskey (1990, S. 61) benennen drei konkrete Dienstleistungen, die ein Inkubator erbringen muss: „affordable space", „shared office services" und „business development assistance". Smilor (1987, S. 146) sieht „four types of support systems: secretarial support, administrative assistance, facilities support, and business expertise." Beide Definitionen zählen interessanterweise die Finanzierung der geförderten Unternehmen nicht zu den notwendigen Inkubator-Dienstleistungen. Auch eine solche Sichtweise ist problematisch, da Inkubatoren dann nicht eindeutig von Unternehmensberatungen oder Immobiliengesellschaften unterschieden werden können.

Definitionen mit Finanzierungsfunktion

Engelmann (2000, S. 331) nennt vier konstitutive Inkubator-Funktionen: Die Finanzierungsfunktion (Bereitstellung von Eigenkapital), die Standortfunktion (Bereitstellung von Büro- bzw. Geschäftsräumen und anderen Sachmitteln), die Beratungsfunktion (strategische und funktionale Unternehmensberatung) und die Vermittlungsfunktion (Vermittlung von Kontakten zu Experten, weiteren Kapitalgebern etc.). Da nach dieser Definition eine klare Abgrenzung der Inkubatoren von anderen Gründungsfinanzierern wie Venture Capital-Gesellschaften, aber auch von reinen Dienstleistungsanbietern wie Beratern oder Immobiliengesellschaften möglich ist, werden wir die Inkubator-Definition von Engelmann (2000) im Folgenden übernehmen. Vor allem möchten wir damit zum Ausdruck bringen, dass wir die Funktion der Wachstumsfinanzierung in Form der Investition eigener Mittel (und nicht nur in der Form der Vermittlung von Kontakten zu potenziellen Kapitalgebern) als wesentliches Funktionsmerkmal eines Inkubators ansehen. Diese Sichtweise deckt sich mit jüngeren US-amerikanischen Arbeiten, in denen die Wachstumsfinanzierung ebenfalls als zentrales Merkmal des Inkubationskonzepts angesehen wird (vgl. Parker 2000 und Hansen/Chesbrough/Nohria/Sull 2000). Abbildung 7-1 zeigt die konstitutiven Merkmale von Inkubatoren.

Abbildung 7-1

Konstitutive Merkmale von Inkubatoren (in Anlehnung an Engelmann 2000, S. 331-332.

1. *Finanzierungsfunktion*
   Bereitstellung eigener Mittel des Inkubators, die in Form von voll haftendem Eigenkapital in die betreuten Unternehmen investiert werden.
2. *Standortfunktion*
   Bereitstellung von Büro- und Geschäftsräumen, sowie verschiedenen Sachmitteln wie z.B. Internetzugang, Büroausstattung, oder Datenbanken.
3. *Beratungsfunktion*
   Bereitstellung von Beratungsleistungen, z.B. in den Bereichen Businessplanerstellung, Steuern, EDV, Personalbeschaffung, Unternehmensstrategie etc.
4. *Vermittlungsfunktion*
   Vermittlung von Kontakten zu potenziellen Geschäftspartnern und Finanziers sowie zu anderen Start-ups im Inkubator (Aggregatsfunktion) oder außerhalb des Inkubators

7.2 Typen von Inkubatoren

Förderorientiertierung als älteste Idee

Die historisch älteste und zahlenmäßig nach wie vor am weitesten verbreitete Form von Inkubatoren ist sowohl in den USA als auch in Deutschland der förderorientierte Inkubator. Er verfolgt wirtschaftspolitische Ziele wie beispielsweise die regionale Ansiedlung von Gründungsunternehmen, die Schaffung neuer Arbeitsplätze oder die Förderung innovativer Technologien. Träger von förderorientierten Inkubatoren sind staatliche Stellen wie Bundesregierungen, Landesregierungen oder Kommunen. Die in Deutschland älteste und auch am weitesten verbreitete Form förderorientierter Dienstleistungseinrichtungen für Wachstumsunternehmen sind die bereits erwähnten Technologie- und Gründerzentren, die jedoch für ihre Mieter keine Finanzierungsleistungen erbringen und daher nach unserer Definition des Begriffs nicht zu den Inkubatoren zu zählen sind. Ihnen geht es vornehmlich um die Bereitstellung einer wachstumsfördernden Infrastruktur, die Neugründungen stimuliert und junge Wachstumsunternehmen regional verankert (vgl. Weitnauer 2001, S. 462). Empirisch gesehen ist der Beitrag der förderorientierten Inkubatoren zur Schaffung von Arbeitsplätzen in der entsprechenden Region sowohl in den USA (vgl. Sherman 1999, S. 120) als auch in Deutschland (vgl. Tamasy 1996) gering geblieben.

Forschungsorientierung und Technologietransfer

Forschungsorientierte Inkubatoren werden von Hochschulen und hochschulähnlichen Forschungseinrichtungen initiiert und dienen vornehmlich der Vermarktung von Forschungsergebnissen in der Praxis. Ebenso wie förderorientierte Inkubatoren werden auch forschungsorientierte Inkubatoren weitgehend aus öffentlichen Mitteln finanziert und verfolgen keine erwerbswirtschaftlichen Ziele. Sie orientieren sich an bildungspolitischen oder gesamtwirtschaftlichen Aufgaben, z.B. dem Technologietransfer aus Hochschulen heraus (vgl. Mian 1997). In der Literatur verwendete Bezeichnungen für forschungsorientierte Inkubatoren sind „university research parks" (vgl. Money 1970) oder „science parks" (vgl. Autio/Klofsten 1998).

Universitäts-Inkubatoren

Der große Vorteil der forschungsorientierten Inkubatoren ist ihre Nähe zu Universitäten. Sie dienen den Gründungsunternehmen als Lieferanten von qualifizierten Mitarbeitern und technologischem Know-how. Mitunter kann in einem forschungsorientierten Inkubator auch die Infrastruktur der Universität mitbenutzt werden, was einem Gründungsunternehmen insbesondere bei sehr speziellen oder sehr kostspieligen Geräten Kostenvorteile verschafft. Empirische Studien aus den USA zeigen, dass keineswegs nur Gründungen durch Hochschulangehörige oder ehemaligen Studenten in forschungsorientierten Inkubatoren betreut werden, sondern auch externe Gründungsunternehmen (vgl. Mian 1996). Teile der Aufgaben von forschungsorientierten Inkubatoren übernehmen zudem Technologietransferstellen, die vor allem von technischen Universitäten eingerichtet werden und die Gründer bei der Patentanmeldung oder der Formulierung eines Businessplans für eine technologische Geschäftsidee unterstützen (vgl. Weitnauer 2001, S. 463). Insgesamt wird das Modell des forschungsorientierten Inkubators in der US-amerikanischen Literatur als erfolgreich beurteilt (vgl. Feeser/Willard 1989 und Sherman 1999).

Erwerbswirtschaftliche Inkubatoren

Renditeorientierte Inkubatoren betreiben ihr Geschäft erwerbswirtschaftlich, d.h. mit einer Gewinnerzielungsabsicht. Sie können selbstständige Unternehmen sein, sogenannte „stand alone incubators", oder auch Geschäftsbereiche von größeren Unternehmen und Venture Capital-Gesellschaften, sogenannte „corporate incubators" oder „VC incubators" (vgl. Achleitner/Engel 2001, S. 77). Ihr Geschäftszweck ist die Erzielung einer möglichst hohen Rendite auf das eingesetzte Kapital, ganz analog zum Geschäftsmodell anderer Wachstumsfinanzierer wie z.B. Venture Capital-Gesellschaften. Die finanziellen Mittel zur Gründung und Betreibung eines renditeorientierten Inkubators stammen aus privaten Quellen. Beim Fonds-Modell legt der

Inkubator – erneut analog zum Geschäftsmodell einer Venture Capital-Gesellschaft – einen Fonds auf, in den Privatpersonen, Unternehmen und andere Fonds Mittel einzahlen. Nach einer gewissen Laufzeit wird der Fonds geschlossen und einschließlich der erwirtschafteten Überschüsse und abzüglich der Management-Gebühren wieder an die Investoren ausgezahlt. Bei einem Eigenkapital-Modell bringen die Eigentümer bzw. Partner des Inkubators eigene Mittel ein.

Strategische Inkubatoren

Neben renditeorientierten Inkubatoren gibt es auch strategische Inkubatoren, die von großen Industrie- oder Handelsunternehmen, aber auch von Banken und Beratungsunternehmen betrieben werden (vgl. Birkelbach 2001 und Kluge/Meffert/Stein 2000). Sie ähneln in ihrem Geschäftsmodell einer Corporate Venture Capital-Gesellschaft, weil sie neben finanziellen auch strategische Ziele wie beispielsweise die Technologiebeobachtung oder die Innovationsförderung im eigenen Unternehmen verfolgen. Corporate Incubators bieten im Gegensatz zu reinen Corporate Venture Capital-Programmen auch Infrastrukturleistungen wie z.B. Büroräume an. Beispiele sind der McKinsey Accelerator des Beratungsunternehmens McKinsey, das LabMorgan der Investmentbank J.P. Morgan oder die New Ventures Group von Lucent Technologies (vgl. Chesbrough/Scolof 2000). Hybride Inkubatoren sind schließlich Mischformen der vorher beschriebenen förder-, forschungs-, rendite- und strategieorientierten Inkubatoren.

Eine Klassifizierung von Inkubatortypen

Wir werden uns im Folgenden vor allem mit renditeorientierten Inkubatoren befassen und auf förderorientierte Formen wie Universitätsinkubatoren, staatlich geförderte Gründerzentren u.ä. nicht im Detail eingehen. Abbildung 7-2 gibt einen Überblick über die verschiedenen Typen von Inkubatoren, ihre Initiatoren, ihre Motive und die Herkunft ihrer Mittel.

Abbildung 7-2 *Typen von Inkubatoren (in Anlehnung an Engelmann 2000, S. 332).*

	Förder-orientierte Inkubatoren	Forschungs-orientierte Inkubatoren	Rendite-orientierte Inkubatoren	Strategische Inkubatoren	hybride Inkubatoren
Initiatoren	Staat, Länder, Gemeinden	Hochschulen	VC-Gesellschaften, Privatpersonen	Industrie- und Handelsunternehmen	Konglomerat
Motive	wirtschaftspolitisch	bildungspolitisch	vornehmlich Rendite	window on technology, Rendite	je nach Zusammensetzung
Herkunft der Mittel	öffentliche Mittel	vornehmlich öffentliche Mittel	private Mittel	Mittel der beteiligten Unternehmen	je nach Zusammensetzung

7.3 Die Geschichte der Inkubatoren

Universitätsinkubatoren als Ausgangspunkt in den USA

In den USA gab es universitätsnahe und nicht primär renditeorientierte Inkubatoren, sogenannte „research parks" schon vor 1960, allerdings nur einige wenige (vgl. Money 1970, S. 62). Erst seit Anfang der 70er Jahre wurden renditeorientierte Inkubatoren mit vollem Dienstleitungs- und Finanzierungsprogramm gegründet. Dieser Markt wuchs in den 80er und 90er Jahren kontinuierlich. Parallel dazu stieg auch die Anzahl der förderorientierten Inkubatoren in den USA, die vor allem vom U.S. Department of Commerce, der Economic Development Agency und der U.S. Small Business Administration gegründet wurden (vgl. Sherman 1999, S. 119). Zu Beginn des Jahres 1990 zählte der entsprechende US-amerikanische Verband, die National Business Incubation Association (NBIA) in Athens, Ohio (vgl. www.nbia.org), 385 renditeorientierte Inkubatoren in den USA (vgl. Allen/McCluskey 1990). 1995 waren es schon über 600 Inkubatoren (vgl. Sherman 1999, S. 118).

Aufschwung der renditeorientierten Inkubatoren

Einen noch stärkeren Aufschwung erlebte der Markt dann seit 1996 mit der Gründung des Idealab!, dem ersten bevorzugt auf Internet-Unternehmen ausgerichteten renditeorientierten Inkubator. Idealab! galt als Branchenvorbild und war zunächst außerordentlich erfolgreich. Das Unternehmen erzielte beispielsweise mit einer Beteiligung an dem inzwischen insolvent gewordenen Online-Spielzeuganbieter eToys einen Veräußerungserlös in Höhe des 100fachen des Anfangsinvestments. Diese Erfolge in Verbindung mit dem sprunghaften Wachstum der „New Economy" führten in den USA zu einer Gründungswelle bei renditeorientierten Inkubatoren und zu einer stark zunehmenden Attraktivität der Inkubatoren für Gründungsunternehmen aus den Branchen Internet und Neue Medien (vgl. Sherman 1999, S. 117). Inkubatoren galten zu dieser Zeit als die „Hothouses of the New Economy" (vgl. Hansen/Chesbrough/Nohria/Sull 2000, S. 74).

Konsolidierung des US-Marktes seit 2001

Seit 2001 sind viele der US-amerikanischen renditeorientierten Inkubatoren in wirtschaftliche Schwierigkeiten geraten. Auch der Branchenpionier Idealab! hatte hohen Abschreibungsbedarf in seinem Beteiligungsportfolio, der Börsenkurs des Unternehmens ging um über 90 % zurück. Anfang des Jahres 2003 sah sich Idealab! dann sogar einer Klage von Minderheitsaktionären ausgesetzt, die dem Unternehmen Missmanagement, unangemessen hohe Bezüge des Gründers und CEOs sowie Insolvenzverschleppung vorwarfen. Anderen renditeorientierten Inkubatoren ging es ähnlich, der Markt unterlag bis 2003 einem starken Konsolidierungsdruck. Zurzeit (Stand Ende 2004) liegen leider keine aktuellen empirischen Untersuchungen zur Anzahl der aktiven Inkubatoren auf dem US-amerikanischen Markt vor.

Gründerzentren als Ausgangspunkt in Deutschland

In Deutschland wurden 1983 von Kommunen und Universitäten die ersten Technologie- und Gründerzentren eröffnet (vgl. Engelmann 2000, S. 330). Da sie Gründungsunternehmen nur ein sehr eingeschränktes Spektrum an Dienstleistungen zur Verfügung stellen und insbesondere keine Finanzierungsfunktion übernehmen, können sie nicht als Inkubator im Sinne unserer Definition gelten. Der erste renditeorientierte deutsche Inkubator, der nicht nur Büroraum, sondern auch eigene Eigenkapitalbeteiligungen (Finanzierungsleistungen) anbot, wurde deutlich später als in den USA, nämlich im Juni 1998 eröffnet. Ende 1999 existierten zehn renditeorientierte Inkubatoren. Ein Gründungsboom – parallel zur Entwicklung in den USA wenige Jahre früher - fand dann seit dem Jahr 2000 statt. Zu Beginn des Jahres 2001 erfasste eine empirische Studie von Achleitner und Engel (2001) über 70 renditeorientierte Inkubatoren in Deutschland.

Das Beispiel Venturepark

Eines der bekannteren Beispiele eines in Deutschland neu gegründeten renditeorientierten Inkubators war die Venturepark Incubator AG. Das Unternehmen wurde in der ersten Runde mit 34 Millionen € finanziert. Die Gruppe der Kapitalgeber setzte sich aus international ausgerichteten Unternehmen zusammen, u.a. investierten DaimlerChrysler und Telefonica. Hinzu kamen Banken wie Goldman Sachs, Dresdner Kleinword Benson, die Banco Bilbao Vizcaya Argentaria (BBVA) und e-millennium 1, ein Internetfond mit dem Lead-Investor Deutsche Bank. Hinzu kamen mehrere prominente Einzelinvestoren. Die Venturepark Incubator AG positionierte sich als „Full-Service-Inkubator" mit internationaler Ausrichtung und eröffnete bereits zum Zeitpunkt der Gründung Büros in Berlin, Madrid und Paris. Ziel des Unternehmens war es, Neugründungen und Spin-offs aus den Branchen Neue Medien und eBusiness aktiv zu unterstützen und marktfähig zu machen. Im Sommer des Jahres 2001 wurde die Venturepark Incubator AG wieder aufgelöst, u.a. wegen der sehr hohen laufenden Kosten für die eigene Verwaltung und die Betreuung von inkubierten Gründungsunternehmen, denen nur sehr geringe Erlöse aus Beteiligungsexits bzw. dem Verkauf von Dienstleistungen gegenüberstanden.

Konsolidierung des deutschen Marktes seit 2001

Mit dem Einsetzen der großen Bewertungskorrektur am Neuen Markt und der damit einhergehenden Neubewertung von internetbasierten Geschäftsmodellen ebbte die Gründungswelle bei Inkubatoren insgesamt ab. Viele der neu gegründeten Inkubatoren wurden wieder geschlossen, so dass die Anzahl der aktiven renditeorientierten Inkubatoren im Jahr 2002 mit 25 schon wieder deutlich niedriger geschätzt wurde (vgl. Witt/Zillmer 2002) und seither eher weiter abgenommen haben dürfte. Neuere empirische Studien, die verlässliche Angaben zum gegenwärtigen Stand des deutschen Markts für Inkubatoren machen könnten, liegen jedoch nicht vor.

Verbandsarbeit in Deutschland

In Deutschland gibt es keinen eigenen Verband für Inkubatoren, aber eine Arbeitsgemeinschaft Deutscher Technologie- und Gründerzentren e.V. (ADT). Die ADT ist der Bundesverband der deutschen Innovations-, Technologie- und Gründerzentren sowie Wissenschafts- und Technologieparks. Sie verfolgt das Ziel, Technologietransfer und Innovation sowie Unternehmensgründungen und Unternehmensentwicklungen zu unterstützen sowie die Bedeutung und die Leistungsfähigkeit der Technologie- und Gründerzentren zur Unterstützung innovativer Unternehmensgründungen weiterzuentwickeln und in der Öffentlichkeit angemessen darzustellen (vgl. www.adt-online.de).

7.4 Das Geschäftsmodell von Inkubatoren

Erfolgsmessung bei Inkubatoren

Renditeorientierte Inkubatoren verfolgen langfristig (definitionsgemäß) nur ein Ziel, die Erwirtschaftung einer möglichst hohen Rendite auf das eingesetzte Kapital. Versucht man, das Ausmaß der Zielerreichung eines renditeorientierten Inkubators zu konkretisieren und dabei zu berücksichtigen, dass Inkubatoren selbst Wachstums- und Entwicklungsphasen durchlaufen, so lässt sich der Erfolg eines Inkubators in unterschiedlichen Abstufungen bestimmen. Ist es zur Gründung gekommen, kann zunächst das Bestehen am Markt als Geschäftserfolg gewertet werden. In späteren Phasen können das Wachstum von Umsatz und Mitarbeiterzahlen, die Profitabilität und die eigene Wertsteigerung als Erfolgsmaße dienen (vgl. Witt/Rosenkranz 2002).

Auf lange Sicht ist ein renditeorientierter Inkubator dann als erfolgreich zu bezeichnen, wenn er eine im Vergleich mit anderen Anbietern im Markt für Gründungs- und Wachstumsfinanzierungen hohe Rendite auf das eingesetzte Kapital erwirtschaftet.

Wertschöpfungsstufen von Inkubatoren

Das Geschäftsmodell eines Inkubators ist dem einer Venture Capital-Gesellschaft bzw. einer Corporate Venture Capital-Gesellschaft sehr ähnlich. Die Wertschaffung findet in drei Stufen statt, der Auswahl der aufzunehmenden Unternehmen, der Betreuung und Unterstützung dieser Unternehmen in der Inkubationszeit und der Veräußerung der Beteiligung nach dem Ausscheiden des betreffenden Wachstumsunternehmen aus dem Inkubator (vgl. Allen/McCluskey 1990). Für den wirtschaftlichen Erfolg eines renditeorientierten Inkubators ist also zunächst eine hohe Anzahl von Bewerbungen pro Monat (Deal Flow) von großer Bedeutung. Sie sichert dem Inkubator ausreichend gute Möglichkeiten der Beteiligungsauswahl und signalisiert potenziellen Beteiligungsunternehmen die Attraktivität der Betreuung. Ältere und in der Vergangenheit erfolgreiche Anbieter haben es leichter, einen großen Deal Flow zu generieren als neu gegründete und unbekannte Inkubatoren. Für den Deal Flow ist weiterhin die Branchenausrichtung eines Inkubators von großer Bedeutung. Anders als bei großen Venture Capital-Gesellschaften ist es einem Inkubator typischerweise nicht möglich, in sehr vielen verschiedenen Branchen zu investieren, weil der Vielfalt der zur Verfügung gestellten Infrastruktur enge Grenzen gesetzt sind. Biotech-Unternehmen benötigen ganz andere Büro- und Geschäftsräume als Dienstleistungsunternehmen oder Start-ups aus dem produzierenden Gewerbe. Aus diesem Grund sind Inkubatoren oft infrastrukturbedingt auf einige wenige oder nur eine Branche konzentriert, z.B. nur Softwareunternehmen, oder nur Dienstleistungsunternehmen oder nur Biotech-Unternehmen. Besondere Beachtung haben in der Literatur Inkubatoren gefunden, die sich auf Internetunternehmen konzentrieren, sogenannte „New Economy Incubators" (Achleitner/Engel 2001, S. 77)

Leistungen in der Betreuungsphase

Im Fall einer positiven Entscheidung des Inkubator-Managements im Anschluss an die Auswertung des Deal Flow und die Durchführung einer genaueren Due Diligence bei potenziell aussichtsreichen Gründungsunternehmen wird ein Beteiligungsvertrag abgeschlossen. Mit ihm beginnt die Phase der Inkubation bzw. die Betreuungsphase. Der Inkubator erhält einen Anteil des Eigenkapitals des inkubierten Unternehmens. Im Gegenzug stellt er finanzielle Mittel bereit und legt die in der Betreuungsphase zu erbringenden Dienstleistungen vertraglich fest. Es kann dabei vereinbart werden, dass alle Infrastruktur-, Vermittlungs- und Beratungsleistungen im Gesamtpaket der Eigenkapitalinvestition enthalten sind und vom Inkubator nicht getrennt in Rechnung gestellt werden. Diese Vorgehensweise hat aus theoretischer Sicht den Nachteil, dass die Grenzkosten der Inanspruchnahme von

Leistungen des Inkubators durch ein Beteiligungsunternehmen null sind. Folglich müsste das Management des Inkubators befürchten, dass die inkubierten Unternehmen mehr Beratungs- und Vermittlungsleistungen nachfragen als sie eigentlich benötigen, was die Leistungsfähigkeit des Inkubators insgesamt beeinträchtigt. Daher kann auch vereinbart werden, dass ein Beteiligungsunternehmen bestimmte Dienstleistungen je nach Inanspruchnahme einzeln bezahlen muss.

Ressourcenplanung in der Betreuungsphase

Ein renditeorientierter Inkubator kann die vertraglich zugesicherten Beratungs- und Vermittlungsleistungen entweder durch eigene Berater oder durch fallweise zugekaufte externe Berater erbringen. Die Nutzung eigener Berater setzt eine gewisse Mindestgröße des Inkubators voraus, so dass die personellen Ressourcen effizient ausgelastet werden können. Externe Berater sind für den Inkubator üblicherweise teurer, verursachen aber nur variable Kosten und keine Fixkosten. Bei sehr heterogenen Beratungsbedarf und bei Beratungs- bzw. Vermittlungsaufgaben, die eine gewisse Seniorität der Berater voraussetzen, ist die Hinzuziehung externer Experten unvermeidlich (vgl. Achleitner/Engel 2001, S. 79). Die Corporate Incubators haben dabei den Vorteil, zu günstigen Konditionen auf Markt- und Technologieexperten im Mutterkonzern zugreifen zu können. Empirische Studien aus den USA haben zudem gezeigt, dass die eigenen Mitarbeiter eines Inkubators oft gar nicht genug Zeit haben, die inkubierten Unternehmen einzeln und bedarfsgerecht zu beraten. Die große Mehrheit der befragten Inkubator-Manager gab an, weniger als 50 % ihrer Zeit für die Beratungs- und Vermittlungsfunktion aufzuwenden (vgl. Sherman 1999, S. 131).

Inkubationsdauer

Die Inkubationszeit kann vertraglich auf einen bestimmten Zeitraum begrenzt werden, z.B. auf sechs Monate oder ein Jahr. Nach Ablauf dieser Frist muss das betreute Unternehmen aus dem Inkubator ausziehen und sich neue Geschäfts- bzw. Büroräume suchen. Eine solche Regelung entspricht dem Grundgedanken der Inkubation, die eine zeitlich befristete Förderung von Unternehmen in einem sehr frühen Stadium ihrer Entwicklung vorsieht. Je reifer und größer ein Unternehmen wird, desto weniger benötigt es die Dienstleistungen des Inkubators. Die Inkubationszeit kann im Beteiligungsvertrag aber zunächst auch offen bleiben, in diesem Fall müssen Kündigungsrechte des Inkubators mit entsprechenden Kündigungsfristen vereinbart werden. Je mehr Funktionen im Leistungspaket des Inkubators gebündelt werden, desto schwieriger ist es für die Gründer, die Kosten der Eigenkapitalfinanzierung durch einen Inkubator zu bestimmen. Vor allem macht es Schwierigkeiten, die Nutzungsentgelte für Dienstleistungen von den eigentlichen Eigenkapitalkosten zu trennen (die zudem und wie bei allen Formen der Gründungsfinanzierung in Form von Eigenkapitalbeteiligungen ex ante nicht eindeutig zu bestimmen sind).

Eigenkapitalbeteiligung und ihre Kosten

In der Praxis haben Inkubatoren für die Aufnahme sehr junger Wachstumsunternehmen vergleichsweise hohe Eigenkapitalanteile von 25 % bis hin zu Mehrheitsanteilen verlangt und auch vertraglich durchsetzen können (vgl. Engelmann 2000, S. 333). Wenn der Kapitalbedarf des Gründungsunternehmens zeitlich über die Inkubationsphase hinausgeht, dem Businessplan zufolge also weitere Finanzierungsrunden erforderlich sind, dann laufen die Gründer Gefahr, die Mehrheit der Eigenkapitalanteile schon in der zweiten Finanzierungsrunde, also nach Ausscheiden aus dem Inkubator zu verlieren. Ob die Inkubation damit eine teure bzw. zu teure Form der Eigenkapitalfinanzierung ist, kann ohne eine Bewertung des individuellen Gründungskonzepts und seiner Marktbedingungen nicht festgestellt werden. Allerdings liegt die Vermutung nahe, dass nur solche Gründungsunternehmen niedrigere Eigenkapitalkosten als bei anderen Formen der Gründungsfinanzierung erreichen, die in besonderer Weise von den speziellen Dienstleistungen der Inkubation, z.B. der Bereitstellung von Infrastruktur oder der Vermittlung von Partnern profitieren.

Exit der Beteiligung

Ein wesentlicher Bestandteil des Geschäftsmodells der renditeorientierten Inkubatoren ist schließlich die Realisierung des Rückflusses der eigenen Investitionen durch einen Exit der Start-ups. Insgesamt hängt der Erfolg eines Inkubators, parallel zu anderen Formen der Wachstumsfinanzierung, weitgehend vom Erfolg der inkubierten Start-ups ab. Nur wenn die Gründungsunternehmen, in die ein Inkubator investiert und die er fördert, wachsen und Wertsteigerungen erfahren, kann ein Inkubator die gehaltenen Unternehmensanteile mit Gewinn weiterveräußern und entsprechende Beteiligungsgewinne realisieren. Die Besonderheit des Geschäftsmodells eines renditeorientierten Inkubators besteht in der ausgeprägten Frühphasenorientierung. Das Grundprinzip der Inkubation besteht ja gerade darin, sehr junge Unternehmen zu fördern, die über nicht viel mehr als eine Geschäftsidee und ein Managementteam verfügen. Das kann dazu führen, dass die Dauer bis zur Erreichung eines Beteiligungsexit sehr lang ist.

Das Timing des Beteiligungsexit

Idealerweise findet der Beteiligungsexit zum Zeitpunkt des Auszugs des Gründungsunternehmens aus dem Inkubator statt, z.B. indem die Eigenkapitalanteile des Inkubators an die Investoren einer nächsten Finanzierungsrunde weiter verkauft werden. Viele Finanziers einer zweiten Runde werden jedoch nicht bereit sein, Anteile der Erstrundenfinanziers, d.h. des Inkubators, zu übernehmen. Sie werden darauf bestehen, dass das Gründungsunternehmen eine Kapitalerhöhung durchführt und die neu bereit gestellten Finanzierungsmittel dem Gründungsunternehmen zur Verfügung stehen und nicht der Abfindung von Altaktionären dienen. Entsprechend ist in der Praxis zu beobachten, dass der Zeitpunkt des Auszugs des Gründungsunternehmens aus dem Inkubator nicht dem Zeitpunkt des Beteiligungsexit entspricht, weil zum Zeitpunkt des Auszugs kein Käufer für die Eigenkapitalanteile am Gründungsunternehmen gefunden werden kann. In solchen Fällen findet ein Rückfluss der investierten Mittel an den Inkubator erst in sehr viel späteren Phasen der Entwicklung des Gründungsunternehmens statt, bei einem Trade Sale oder einem Börsengang. Je länger die investierten Mittel jedoch im Start-up gebunden sind, desto niedriger ist ceteris paribus die jährliche Rendite dieses Kapitals.

Gebühren-gestaltung

Je nach Ausgestaltung der Gebühren und der Eigenkapitalbeteiligung lässt sich insgesamt ein Kontinuum von Geschäftsmodellen für renditeorientierte Inkubatoren erkennen. Smilor und Gill (1986, S. 3-5) beschreiben die beiden Endpunkte dieses Kontinuums: Auf der einen Seite findet sich die Bereitstellung von Büroflächen gegen Mietzahlungen (sachmittelorientierte Strategie), auf der anderen Seite steht die Beschleunigung des Wachstums von Unternehmen gegen Eigenkapitalanteile dieser Unternehmen (entwicklungsorientierte Strategie). Den wichtigsten Erfolgsfaktor der sachmittelorientierten Strategie stellt die Auslastung der zur Verfügung gestellten Räume dar. Entscheidend für den Erfolg der entwicklungsorientierten Strategie ist die Fähigkeit des Inkubators, den Wert der inkubierten Unternehmen zu erhöhen und diese Wertsteigerung dann auch innerhalb eines überschaubaren Zeitraums durch einen Verkauf der Anteile an den inkubierten Unternehmen realisieren zu können. Je weniger ein Inkubator aufgrund seiner eigenen Kapitalausstattung und seiner eigenen Zahlungsabflüsse in der Lage ist, sehr lange Zeiträume bis zum Beteiligungsexit vorzufinanzieren, desto mehr muss das Geschäftsmodell auf die Generierung von laufenden Cash Flows ausgerichtet sein, z.B. durch die Vereinbarungen von Mietzahlungen für Büroräume (vgl. Allen/McCluskey 1990, S. 64) oder von Gebühren für Beratungs- und Vermittlungsleistungen des Inkubators (vgl. Witt/Zillmer 2002, S. 193).

7.5 Der Nutzen von Inkubatorleistungen für Start-ups

Bündelung verschiedener Leistungen

Wie im einleitenden Abschnitt bereits erläutert, verwenden wir die enge Inkubator-Definition von Engelmann (2000, S. 331), nach der mindestens die folgenden vier Gruppen von Leistungen für Gründungsunternehmen von einem Inkubator erbracht werden müssen. Die Finanzierungsfunktion bedeutet, dass haftendes Eigenkapital aus den Mitteln des Inkubators bereitgestellt wird. Der Nutzen dieser Dienstleistung für das inkubierte Unternehmen hängt aus theoretischer Sicht zunächst von den Eigenkapitalkosten der Finanzierung ab. Darüber hinaus kann der Nutzen auch darin bestehen, die Finanzierung zwar teurer, aber in Verbindung mit anderen Dienstleistungen in einem Paket und damit zu niedrigeren Transaktionskosten als bei einer getrennten Beschaffung zu erhalten. Ähnliches gilt für die Standortfunktion, d.h. die Bereitstellung von Immobilien (Büro- oder Laborflächen). Sie ist grundsätzlich dann nutzbringend, wenn die zu zahlenden Mieten im Vergleich zu anderen Angeboten am Markt niedrig sind oder wenn die Bündelung mit den weiteren Dienstleistungen des Inkubators Transaktionskosten spart. Die Beratungsfunktion, d.h. die Bereitstellung von Beratungsleistungen wie z.B. Hilfe beim Schreiben des Businessplans, Marktforschung oder strategische Unternehmensberatung, steht in engem Zusammenhang mit der Vermittlungsfunktion, d.h. der Gewährung des Zugangs zu einem Kontaktnetzwerk. Hier ist aus Sicht des Gründungsunternehmens zunächst zu prüfen, welche Leistungen überhaupt benötigt werden, und anschließend anhand eines Vergleichs von direkten Kosten und Transaktionskosten zu beurteilen, ob das Angebot eines Inkubators günstiger ist als die Beschaffung von einzelnen Dienstleistungen am Markt.

Alternativen zur Inkubation

Für die weiteren theoretischen Analysen ist es nicht ausschlaggebend, ob ein inkubiertes Gründungsunternehmen die angebotenen Leistungen auch wirklich nutzt, entscheidend ist lediglich die potenzielle Nutzbarkeit der genannten vier Leistungsgruppen. Vornehmlich muss geprüft werden, ob die vom Inkubator angebotenen Dienstleistungs-Bündel aus Sicht des Gründungsunternehmen ein vorteilhaftes Nutzen-Kosten-Verhältnis aufweisen. Dies ist aus theoretischer Sicht nur dann der Fall, wenn Leistungen für die Unternehmensentwicklung relevant und in Form der Bündelung bzw. der Ganzheitlichkeit der Gründungsförderung Vorteile schaffen. Die empirische Überprüfung der Vorteilhaftigkeit der Inkubation ist schwierig, weil eine entsprechende Studie Gründungsunternehmen mit gleichen Ausgangsbedingungen finden müsste, von denen ein Teil in einen Inkubator aufgenommen wurde und ein anderer Teil sich die benötigten Dienstleistungen von anderen Anbietern beschaffte, z.B. von Venture Capital-Gesellschaften, Beratungs- und Immobilienunternehmen. Bisher vorliegende Studien, auf die später noch detaillierter einzugehen sein wird, können nur nachweisen, dass die Überlebenswahrscheinlichkeiten von inkubierten Unternehmen höher sind als die aller Gründungsunternehmen desselben Jahrgangs (vgl. Sherman 1999).

Nutzen einer reduzierten time to market

Eines der wesentlichen Ziele eines renditeorientierten Inkubators besteht neben der Erhöhung der Überlebenswahrscheinlichkeit darin, die „time to market" eines Start-up zu reduzieren, indem den Gründern viele Aufgaben abgenommen und gleichzeitig kompetente Beratungsleistungen angeboten werden. Je größer die Bedeutung der Zeitdauer bis zum Markteintritt für ein Gründungsunternehmen ist, desto schneller sollte der Inkubationsprozess ablaufen. Inkubatoren sind deshalb besonders für Märkte mit Netzgütern empfohlen worden, in denen der „first mover" zunehmende Skalenerträge realisieren und so alle später in den Markt eintretenden Wettbewerber verdrängen kann (vgl. Kambil/Eselius/Monteiro 2000, S. 57f.). In der New Economy hat es einige Beispiel für solche Märkte mit Netzgütern gegeben, z.B. Internet-Auktionen oder Suchmaschinen (vgl. Rudolf/Witt 2002, S. 121-149). First Mover-Vorteile sind jedoch nicht nur bei Netzgütern relevant. Für Innovationen, die durch Patente geschützt werden können, ist ein zeitlicher Vorsprung bei der Entwicklung ebenfalls erfolgsentscheidend. Daher werden in Branchen, in denen patentierbaren Innovationen eine große Bedeutung zukommt, ebenfalls Inkubatoren angeboten. Ein Beispiel ist die Biotechnologie.

Die Bedeutung der Qualität der erbrachten Dienstleistungen

Umgekehrt schafft die Aufnahme eines Gründungsunternehmens in einen Inkubator um so weniger Wert, je geringer die Bedeutung des schnellen Markteintritts für den langfristigen Erfolg des Gründungsunternehmen ist. Eine empirische Studie aus den USA von 1990 zeigt, dass viele der in Inkubatoren angebotenen Dienstleistungen, insbesondere die Beratungsleistungen, von den inkubierten Unternehmen nur wenig genutzt werden. Und wenn sie doch genutzt werden, dann bewertet eine Mehrheit der Gründungsunternehmen die Qualität dieser Beratungsleistungen als schlecht. Auch das Angebot an Infrastrukturleistungen wird in einer Kosten-Nutzen-Betrachtung von den inkubierten Gründungsunternehmen nicht mehrheitlich positiv wahrgenommen. Die Studie kommt zu dem Fazit: „Providing shared services such as photocopier, conference room, receptionist, personal computer, and so forth, may help to reduce tenants' operating expenses but does little to address management problems that plague new firms" (vgl. Allen/McCluskey 1990, S. 63-64).

Der Nutzen externer Kontaktnetzwerke

Die Kontaktvermittlung des Inkubators für ein betreutes Gründungsunternehmen betrifft zunächst strategisch relevante Partner außerhalb des Inkubators (z.B. potenzielle Kunden, Kandidaten für Beirats- und Aufsichtsratsmandate, Kooperationspartner oder Finanziers für spätere Finanzierungsrunden) (vgl. Engelmann 2000, S. 332). In der Ermöglichung des Zugangs zu wichtigen Personen, Unternehmen und ganzen Netzwerken sieht die theoretische Literatur eine der wesentlichen Leistungen eines Inkubators für Startups (vgl. Hansen/Chesbrough/Nohria/Sull 2000, S.76). Je schwieriger es für ein Gründerteam ist, von sich aus oder unter Zuhilfenahme des persönlichen Netzwerks (vgl. Witt/Rosenkranz 2002 und Witt 2004) entsprechende Kontakte zu potenziell interessanten Geschäftspartnern aufzubauen, desto wertvoller ist diese Vermittlungsfunktion des Inkubators, wenn sie denn tatsächlich geleistet wird. Die Qualität der Vermittlungsfunktion eines Inkubators hängt maßgeblich von der Qualität der Netzwerke und Kontakte der Investment Manager und Partner des Inkubators ab, aber auch von der Bereitschaft dieser Personen, ihre Netzwerke zur Förderung der betreuten Gründungsunternehmen zu nutzen.

Agency-Probleme der Inkubation

Für ein zu inkubierendes Unternehmen sind beide Faktoren zum Zeitpunkt des Vertragsabschlusses nur schwer zu beurteilen. Es besteht ein umgekehrtes Principal-Agent-Verhältnis, d.h. das Gründungsunternehmen befindet sich in der Rolle eines Principals, der bei Informationsasymmetrie und möglicherweise divergierenden Interessen des Inkubators (Agent) Gefahr läuft, übervorteilt zu werden. Konkret könnte die Übervorteilung darin bestehen, dass die Netzwerke des Inkubator-Managements schlechter sind als angekündigt. Alternativ könnte für den Inkubator ein Anreiz bestehen, seine Netzwerke nicht in bestmöglicher Weise für das Gründungsunternehmen zugänglich zu machen. Dieser Fall ist theoretisch dann möglich, wenn für den Inkubator die Kosten der Netzwerknutzung höher sind als die Erträge aus der Steigerung des Wertes des inkubierten Unternehmens (zu den Nutzen und Kosten der Netzwerknutzung vgl. Witt 2004).

Der Nutzen interner Kontaktnetzwerke

Interessanterweise wird in der Praxis nicht nur der Zugang zu einem externen Netzwerk als wertvoll für Gründungsunternehmen angesehen, sondern auch das Netzwerk der inkubierten Unternehmen untereinander. Dabei geht es nicht nur um den Austausch von technologischen oder marktbezogenen Informationen. Den Gründern werden in einem Inkubator soziale Kontakte und Gesprächsmöglichkeiten vor Ort mit Gleichgesinnten, d.h. anderen Gründern in ähnlichen Phasen der Unternehmensentwicklung geboten. „For many entrepreneurs the incubator becomes a place where they can overcome the loneliness of entrepreneurship" (Allen/McCluskey 1990, S. 62). Andererseits besteht immer auch die Gefahr, dass die Netzwerkvermittlung und die Netzwerknutzung innerhalb des Inkubators übertrieben werden. Jüngere empirische Studien aus den USA haben gezeigt, dass ein intensives Networking im Inkubator nur dann sinnvoll ist, wenn die beteiligten Gründungsunternehmen komplementäre Fähigkeiten und Informationen haben. „Too much networking can quickly derail an incubator. One warning sign is portfolio companies networking not because it makes sense but because they feel they must" (Hansen/Chesbrough/Nohria/Sull 2000, S. 82). Aus theoretischer Sicht sind Inkubatoren somit insbesondere für solche Start-ups nutzbringend, deren Unternehmensentwicklung in besonderer Weise vom Aggregatseffekt eines engen Kontakts zu anderen Gründungsunternehmen profitiert.

Inkubatoren als spezifisches Angebot

Insgesamt ergibt die theoretische Analyse, dass Inkubatoren sich keineswegs für alle Start-ups eignen. Sie stellen vielmehr nur in bestimmten Branchen und für bestimmte Bedingungen auf Produktmärkten eine effiziente Form der Gründungsfinanzierung und -betreuung dar. Vor diesem Hintergrund und angesichts der Vielzahl der in der Praxis vorkommenden Formen von Inkubatoren überrascht es nicht, dass die bisher vorliegenden empirischen Untersuchungen zum Erfolgsbeitrag der Inkubation für Gründungsunternehmen kein einheitliches Bild ergeben. Smilor (1987) befragt 50 US-

Inkubatoren und leitet aus deskriptiven Statistiken zehn vergleichsweise allgemeine Erfolgsfaktoren ab. Zum Inkubationserfolg der betreuten Unternehmen macht die Studie von Smilor (1987) jedoch keine Aussage. Sherman (1999) untersucht 126 US-amerikanische Gründungsunternehmen, die zwischen 1991 und 1996 in verschiedenen renditeorientierten Inkubatoren aufgenommen wurden, und stellt signifikant niedrigere Insolvenzraten als in der Grundgesamtheit aller Start-ups fest. Hansen, Chesbrough, Nohria und Sull (2000, S. 75) führen qualitative Untersuchungen von US-amerikanischen Inkubatoren durch und kommen zu einer vergleichsweise kritischen Bewertung: „many incubators offer little more than a place to set up shop". Ihrer Ansicht ist nur der netzwerkorientierte Inkubator, der seinen Beitrag zur Förderung der inkubierten Unternehmen insbesondere in der Vermittlung eines Kontakts zu Geschäftspartnern, Finanziers und anderen Start-ups sieht, ein erfolgversprechendes Geschäftsmodell. Weiterführende oder methodisch anspruchvollere empirische Arbeiten zu Inkubatoren liegen bisher nicht vor. Insbesondere fehlt es an Studien, die den Erfolg von inkubierten Unternehmen mit dem von nicht inkubierten vergleichen.

7.6 Empirische Befunde zum deutschen Markt für Inkubatoren

Die Studie von Achleitner und Engel (2001)

Die erste umfassende empirische Studie des deutschen Markts für Inkubatoren wurde von Achleitner und Engel (2001) vorgelegt. Die Autoren erfassten zum Zeitpunkt Juli 2000 eine Anzahl von 70 privaten und renditeorientierten Inkubatoren (allerdings ohne die Bereitstellung von Sachmitteln als konstitutives Merkmal eines Inkubators zu fordern) und 160 Technologie- und Gründerzentren. Bei 68 % dieser Inkubatoren handelte es sich um „stand alone incubators", die anderen 32 % wurden von VC-Gesellschaften, Großunternehmen oder Holdings gehalten.

Heterogenität der Angebote

Bei 82 % der erfassten deutschen Inkubatoren wurden maximale Inkubationszeiten pro Beteiligungsunternehmen von zwei Jahren festgelegt, 30 % hatte sogar eine maximale Verweildauer von nur einem Jahr vorgesehen. Die meisten befragten Inkubatoren waren zwischen 1999 und 2000 gegründet worden, befanden sich also selber noch im Stadium eines Start-ups. Als klar bevorzugte Strategie für den Beteiligungsexit gaben 87 % der Inkubatoren den Börsengang des inkubierten Gründungsunternehmens an. Dieser Befund ist sicher vor dem Hintergrund der Internet- und Kapitalmarkteuphorie zu sehen, die offensichtlich im Juli 2000 noch nicht ganz abgeklungen war. Interessanterweise übernehmen nur 71 % der Unternehmen des Samples von Achleitner und Engel (2001, S. 81) eine eigene Finanzierungsfunktion für die inkubierten Gründungsunternehmen. 90 % stellen jedoch nach eigenen Angaben ihr Kontaktnetzwerk zur Verfügung, 89 % bieten Beratungsleistungen an. Ein weiterer interessanter Befund von Achleitner und Engel (2001, S. 79) betrifft die Mitarbeiterstruktur der Inkubatoren. Die Mehrheit der Partner und der Investment-Manager entstammte Unternehmensberatungen und verfügte damit nicht über Erfahrungen als Unternehmer oder Linienmanager.

Die Studie von Witt und Zillmer (2002)

Die zweite große empirische Studie des deutschen Markts für Inkubatoren stammt von Witt und Zillmer (2002). Die Basis ihrer Untersuchung sind schriftliche Befragungen deutscher renditeorientierter Business Inkubatoren aus den Monaten Juni 2000 und Oktober 2001. In der ersten Studie aus dem Jahr 2000 wurden 31 Inkubatoren in Deutschland identifiziert (wobei die konstitutiven Definitionsmerkmale der Finanzierungsfunktion, der Standortfunktion, der Beratungsfunktion und der Vermittlungsfunktion verwendet wurden) und schriftlich befragt. In der ersten Befragung sandten 24 Unternehmen die Fragebögen zurück. Von diesem Rücklauf konnten 20 Bögen ausgewertet werden, was einer Quote von 65 % im Bezug auf die Grundgesamtheit entspricht. Im Oktober 2001 wurde eine zweite Befragung durchgeführt. Zur Gewährleistung der Vergleichbarkeit wurde der im Jahr zuvor versendete Fragebogen benutzt und um einige Fragen zum Erfolg der Inkubatoren ergänzt. Auf Basis von Publikationen und Listen von Inkubatoren in Deutschland konnte die Stichprobe auf 42 Unternehmen, gemäß der zuvor genannten Definition, erweitert werden. Alle Inkubatoren wurden telefonisch über die bevorstehende Untersuchung informiert. Dabei stellte sich heraus, dass sechs Inkubatoren vollständig liquidiert wurden und elf ihren Geschäftszweck so geändert hatten, dass sie sich selbst nicht mehr als Inkubator bezeichneten. Insgesamt wurden bei der zweiten Untersuchung auf diese Weise 25 Fragebögen verschickt. 13 auswertbare Fragebögen kamen zurück, das entspricht einer Rücklaufquote von 52 %.

Konsolidierungsdruck bei deutschen Inkubatoren

In der Studie von Witt und Zillmer (2002) gehörten 29 Inkubatoren zu beiden Grundgesamtheiten. Bei einer genaueren Betrachtung der Antworten zeigte sich, dass sechs Unternehmen in beiden Jahren die Fragebögen ausfüllten. Es konnten also zum einen die Erkenntnisse aus allen Antworten der beiden Jahre verglichen werden und zusätzlich die Antworten derjenigen Inkubatoren, die in beiden Stichproben geantwortet hatten. Das zentrale Ergebnis der Studie lautet, dass der Markt für renditeorientierte Business Inkubatoren in Deutschland zwischen 2000 und 2001 einem starken Konsolidierungsdruck unterlag. Dieser Befund deckt sich mit denen aus anderen europäischen Ländern (vgl. Parker 2000). 40 % der 2000 noch aktiven Inkubatoren existierten 2001 nicht mehr. Vor allem gibt es in der Stichprobe des Jahres 2001 keine von unabhängigen Unternehmern gegründete Inkubatoren mehr. Mit einem Fünftel stellten diese im Jahr 2000 noch die größte Gruppe der befragten Inkubatoren dar. Parallel dazu ging der Anteil der Stand Alone Incubators zurück. Machten Sie im Jahr 2000 noch 35 % aller Inkubatoren aus, lassen sich im Jahr 2001 nur noch 15 % als unabhängig charakterisieren. In der Befragung aus dem Jahr 2001 dominierten mit 77 %-Anteil die Corporate Incubators, also solche, die als Teil eines bestehenden Unternehmens am Markt auftreten. Gänzlich verschwunden war bei der zweiten Durchführung der Befragung auch der „Mixed Incubator", also die Inkubatorgründung durch Privatpersonen in Kooperation mit bestehenden Unternehmen.

Geänderte Beteiligungsstrategien

Die Studie von Witt und Zillmer (2002) zeigt auch, dass sich die Beteiligungsstrategie der befragten Inkubatoren entsprechend der allgemeinen Markteinschätzung weg von reinen Internet-Start-ups hin zu Unternehmen der Informationstechnologie bewegte. Die monatliche Anzahl der Bewerbungen von Start-ups (Deal Flow) war zudem stark rückläufig. Gingen im Juni 2000 noch durchschnittlich 61 Bewerbungen pro Inkubator ein, waren es 2001 nur noch 18. Die Qualität der eingereichten Businesspläne gewann als Entscheidungskriterium an Bedeutung. Auch die Unterstützung bei der Ausarbeitung der Unternehmenspläne wurde ausgeweitet. Der durchschnittlich vereinbarte Betreuungszeitraum eines Start-ups durch einen Inkubator stieg von elf Monaten im Jahr 2000 auf 19 Monate im Jahr 2001. Die Betreiber renditeorientierter Inkubatoren gingen dazu über, geringere Anteile am Eigenkapital von den inkubierten Start-ups zu verlangen und boten stattdessen verstärkt ihre Leistungen gegen Barzahlung an. Nur eines der befragten Unternehmen gab 2001 an, profitabel zu arbeiten. Weitere 38% strebten dieses Stadium bis zum Ende des Jahres 2002 an.

Reduzierung des Leistungsumfangs

Im Jahr 2001 hatten die Inkubatoren der Studie von Witt und Zillmer (2002) zufolge ihr Angebot in fast allen Bereichen des möglichen Leistungsspektrums (Finanzierung, Sachmittel, Beratung und Netzwerk) verringert. Besonders die Finanzierung durch einen eigenen Venture Capital Fond wurde stark reduziert. Zwar wurden den inkubierten Gründungsunternehmen immer noch Eigenkapitalfinanzierungen vermittelt, die Inkubatoren stellten aber nicht mehr so häufig eigene Mittel zu diesem Zweck zur Verfügung. Stattdessen kooperierten Sie mit Venture Capital-Gesellschaften und Business Angels. Der Übergang von einer direkten zur indirekten Finanzierung zwischen 2000 und 2001 ist klar erkennbar. Abbildung 7-3 gibt einen Überblick über das Leistungsangebot der befragten Inkubatoren im Vergleich der beiden Jahre.

Das Leistungsangebot von Inkubatoren in Deutschland (vgl. Witt/Zillmer 2002, S. 191 **Abbildung 7-3**

	Jahr 2000		Jahr 2001	
	Gesamt	Teil-gruppe	Gesamt	Teil-gruppe
Finanzierung				
Eigener VC-Fonds	60 %	50 %	15%	20 %
Vermittlung	90 %	100 %	92%	83 %
Sachmittel				
Räume	100 %	100 %	77 %	83 %
Beratung				
Strategieberatung	95 %	100 %	92 %	83 %
Rechtsberatung	85 %	100 %	62 %	33 %
IT-Beratung	70 %	67 %	38 %	50 %
Netzwerk/Vermittlung				
Zugang zu Partnern	100 %	100 %	92 %	83 %

* Inkubatoren, die in beiden Jahren an der Befragung teilgenommen haben.

Rückgang beim angebotenen Büroraum

Insgesamt fällt auf, dass es sowohl im Vergleich der beiden Gesamtstichproben als auch der Teilgruppen von Inkubatoren, die in beiden Jahren geantwortet haben, zu einem Rückgang der angebotenen Leistungen gekommen ist. In der Befragung von 2001 boten 77 % der betrachteten Inkubatoren Büroräume an, was einem Rückgang im Vergleich zum Vorjahr entspricht. Im Mittel betrug die Größe der angebotenen Büroräume 770 m². Damit war 2001 die Größe der Büroflächen im Vergleich zur Gesamtstichprobe im Jahr 2000 um durchschnittlich ca. 390 m² zurückgegangen. Die Inkubatoren, die in beiden Jahren an der Befragung von Witt und Zillmer (2002) teilnahmen, hatten hingegen ihre Grundfläche auf 1.350 m² vergrößert. Die Ausstattung der einzelnen Büros mit Möbeln, PCs, Software und Internetanschluss blieb fast unverändert bei Quoten zwischen 80 % und 100 %.

Neue Schwerpunkte bei Beratungsleistungen

Ein ähnlicher Befund ergab sich für alle Beratungs- und Serviceleistungen. Sie wurden zwischen 2000 und 2001 deutlich verringert. Am stärksten waren die Rückgänge in den Bereichen Public Relations, Recruiting, Steuerberatung und Website Development. Diese Bereiche waren auch durch die stärksten Rückgänge in der Nutzung der Angebote durch die Start-ups gekennzeichnet. Auffällig ist weiterhin, dass es nur bei zwei Beratungsleistungen zu einer deutlichen Ausweitung des Serviceangebots gekommen ist. Dieses ist zum einen die Unterstützung bei der Erstellung des Businessplans und zum anderen die Unterstützung bei der Marktforschung. Da die Einschätzung von Markt- und Kundendaten einen wesentlichen Aspekt eines jeden Business Plans darstellen sollte, wollten die deutschen renditeorientierten Inkubatoren die Start-ups offensichtlich stärker als früher bei der gründlichen Ausarbeitung des Konzepts unterstützen. Diese Unterstützung wurde auch stärker von den inkubierten Unternehmen angenommen.

Neue Branchenschwerpunkte

Die Studie von Witt und Zillmer (2002) zeigte schließlich, dass die deutschen Inkubatoren einen ähnlichen Strategiewechsel bei der Auswahl von Beteiligungsunternehmen und bevorzugten Branchen vornahmen, wie er sich im Jahr 2001 auch bei Venture Capital-Gesellschaften beobachten ließ. EBusiness- und Internetunternehmen gerieten aus der Mode, Biotech- und Life-Science-Unternehmen wurden als neue „Lieblingsbranchen" benannt. Nicht zu übersehen ist dabei die in Kapitel fünf bereits beschriebene Gefahr eines zyklischen Investitionsverhaltens, das zu wenig auf die Qualität der eingereichten Geschäftskonzepte und zu sehr auf die aktuelle Attraktivität bestimmter Branchen setzt. Außerdem stellt sich die Frage, wie ein Inkubator die fachliche Betreuungskompetenz sicherstellt, wenn er z.B. von Internet-Firmen auf Unternehmen der Medizintechnik wechselt. Dies gilt um so mehr als bei den deutschen Inkubatoren der Stichprobe von Witt und Zillmer (2002) der Deal Flow im Laufe von etwas mehr als einem Jahr drastisch einbrach. Die Anzahl der Start-ups, die 2001 ein Angebot vom Inkubator erhielten, lag bei ungefähr 0,5 %. Die durchschnittliche Annahmequote blieb mit 2,5 % in 2001 im Vergleich zu 2,6 % im Jahr 2000 konstant. Dennoch sind Veränderungen bei der Auswahlentscheidung von deutschen Inkubatoren nachweisbar. Im Jahr 2000 wurde vor allem auf das Gründerteam und weniger auf die Marktattraktivität geachtet. Bemerkenswert ist zudem, dass 2000 am wenigsten Wert auf die Qualität des Business Plans gelegt wurde. In der Befragung von 2001 wurde die Qualität der Geschäftspläne stärker beachtet.

Verringerte Anteilsforderungen

Bei der Frage nach der minimalen und der maximalen Höhe der geforderten Eigenkapitalanteile antworteten die Inkubatoren auf die Befragung von Witt und Zillmer (2002) im Jahr 2000 wie folgt: im Mittel wurden mindestens 21% und maximal 48 % gefordert. Ein Jahr später sanken diese Quoten auf 12 % beziehungsweise 32 %. Bemerkenswert ist an diesem Ergebnis, dass kein einziger Inkubator im Jahr 2001 noch eine Mehrheit am Eigenkapital anstrebte, während im Jahr zuvor noch 44 % der Befragten angaben, als maximale Beteiligungsquote über die Hälfte am Eigenkapital für die angebotenen Leistungen zu verlangen. Während im Jahr 2000 ca. 40 % der Inkubatoren den IPO favorisierten, wurde diese Exit-Variante im Jahr 2001 nur noch von 9 % der Befragten genannt. Stattdessen rangierte 2001 der Verkauf an einen industriellen Investor (Trade Sale) mit knapp 67 % an vorderster Stelle.

7.7 Literatur

ACHLEITNER, ANN-KRISTIN/ENGEL, RONALD (2001): Situation und Entwicklungstendenzen auf dem Markt für Inkubatoren in Deutschland, in: Finanz Betrieb 3, S. 76-82.

ALLEN, DAVID/MCKLUSKEY, RICHARD (1990): Structure, Policy, Services, and Performance in the Business Incubator Industry, in : Entrepreneurship Theory & Practice 15, S. 61-78.

AUTIO, ERKKO/KLOFSTEN, MAGNUS (1998): A Comparative Study of Two European Business Incubators, in: Journal of Small Business Management, January, S. 30-43.

BIRKELBACH, JÖRG (2001): Inkubator – Geschäftsmodell auch für Investment-Banken?, in: Die Bank, S. 356-361.

CHESBROUGH, HENRY W./SCOLOF, STEPHEN J. (2000): Creating New ventures from Bell Labs Technologies, in: Research Technology Management, March-April, S. 13-17.

ENGELMANN, ANDREE (2000): Das Inkubationsprinzip – Ein ganzheitlicher Ansatz zur Unterstützung der Existenzgründung, in: Finanz Betrieb 2, S. 329-335.

FEESER, HENRY R./WILLARD, GARY E. (1989): Incubators and performance: A comparison of high- and low-growth high-tech firms, in: Journal of Business Venturing 4, S. 429-442.

HANSEN, MORTEN T./CHESBROUGH, HENRY W./NOHRIA, NITHIN/SULL, DONALD N. (2000): Networked Incubators. Hothouses of the New Economy, in: Harvard Business Review, September-October, S. 74-83.

KAMBIL, AJIT/ESELIUS, ERIK D./MONTEIRO, KAREN A. (2000): Fast venturing: The quick way to start web businesses, in: Sloan Management Review 41, S. 55-67.

KLUGE, JÜRGEN/MEFFERT, JÜRGEN/STEIN, LOTHAR (2000): The German road to innovation, in : The McKinsey Quarterly, S. 99-105.

MIAN, SARFRAZ A. (1996): The university business incubator: A strategy for developing new research/technology-based firms, in: Journal of High Technology Management Research 7, S. 191-209.

MIAN, SARFRAZ A. (1997): Assessing and managing the university technology business incubator: An integrative framework, in: Journal of Business Venturing 12, S. 251-285.

MONEY, MARK L. (1970): University-related research parks, in: Industrial Research, S. 62-64.

PARKER, A. (2000): European Incubators: Watch for the shakeout, Forrester Research, Amsterdam.

RUDOLF, MARKUS/WITT, PETER (2002): Bewertung von Wachstumsunternehmen – Traditionelle und innovative Methoden im Vergleich, Wiesbaden.

SHERMAN, HUGH D. (1999): Assessing the intervention effectiveness of business incubation programs on new business start-ups, in: Journal of Developmental Entrepreneurship 4, S. 117-133.

SMILOR, RAYMOND W. (1987): Managing the incubator system: Critical success factors to accelerate new company development, in: IEEE – Transactions on Engineering Management 43, S. 146-155.

SMILOR, RAYMOND W./GILL, MICHAEL D. JR. (1986): The New Business Incubator, Linking Talent, Technology, Capital and Know-how, New York.

TAMASY, CHRISTINE (1996): Technologie- und Gründerzentren in Ostdeutschland – eine regionalwirtschaftliche Analyse, Münster.

WEITNAUER, WOLFGANG (2001): Ein Mehr zu Venture Capital: Der New Economy Inkubator, in: Finanz Betrieb 3, S. 461-465.

WITT, PETER (2004): Entrepreneurs' networks and the success of start-ups, in: Entrepreneurship & Regional Development 16, Nr. 5, S. 391-412

WITT, PETER/ROSENKRANZ, STEPHANIE (2002): Netzwerkbildung und Gründungserfolg, in: Zeitschrift für Betriebswirtschaft 72, Ergänzungsheft 5, S. 85-106.

WITT, PETER/ZILLMER, PETER (2002): Strategie- und Strukturveränderungen bei Inkubatoren in Deutschland, in: Finanz Betrieb 4, S. 190-194.

8 Bankkredite und Private Debt

8.1 Einleitung

Lange Tradition der Fremdfinanzierung

Die Fremdfinanzierung in Form von Bankkrediten spielt bei kleinen und mittelgroßen deutschen Unternehmen traditionell eine große Rolle. Sie wird geprägt durch eine langfristige und sehr offene Zusammenarbeit mit einer Bank, der sogenannten Hausbank. Empirische Untersuchungen zeigen, dass die Abhängigkeit deutscher Unternehmen von der traditionellen Fremdfinanzierung über die Hausbank um so höher ist, je geringer der Umsatz des Unternehmens ist (vgl. Achleitner/Fingerle 2004, S. 16). Sehr junge Wachstumsunternehmen ohne Sicherheiten und ohne Jahresabschlussdaten vergangener Geschäftsjahre haben zwar grundsätzlich Schwierigkeiten, überhaupt Bankkredite aufzunehmen, nach einer gewissen Zeit der Etablierung am Markt gehörten sie jedoch auch zum typischen Firmenkundenpotenzial der Banken. Ein Grund der Vorliebe vieler deutscher Unternehmen für Bankkredite sind relativ niedrige Finanzierungskosten. Diese sind historisch betrachtet einerseits durch einen intensiven Wettbewerb der Banken untereinander und andererseits durch eine geringe Verfügbarkeit von Instrumenten der Eigenkapitalfinanzierung verursacht worden. Auch die Abzugsfähigkeit der Fremdkapitalzinsen bei der steuerlichen Gewinnermittlung macht eine Fremdfinanzierung über Bankkredite oft attraktiver als eine Aufnahme von Eigenkapital (vgl. Albach 1995).

Veränderte Rahmenbedingungen für Bankkredite

In jüngerer Zeit haben sich jedoch in Deutschland die Kosten der Finanzierung über Bankkredite erhöht. Zum einen hat die steigende Anzahl von Unternehmensinsolvenzen mit entsprechenden Kreditausfällen dazu geführt, dass die internen Kreditvergaberichtlinien bei vielen Banken verschärft wurden. Zusätzlich wurden die Kreditzinsen erhöht. Bei manchen Kreditinstituten ist das Geschäft mit kleinen und mittelgroßen Firmenkunden so unprofitabel geworden, dass sie versuchen, sich ganz aus diesem Marktsegment zurückzuziehen. Zum anderen sind öffentliche Banken wie beispielsweise Sparkassen, die traditionell über sehr große Marktanteile im Kreditgeschäft mit kleinen und mittelgroßen Unternehmen verfügen und auch bisher von staatlichen Haftungsgarantien profitiert haben, ab 2005 ungünstigeren Refinanzierungsmöglichkeiten ausgesetzt und werden entsprechend die Kreditzinsen erhöhen müssen. Empirische Untersuchungen für Deutschland weisen nach, dass die Zinsforderungen für Bankkredite an mittelständische Unternehmen seit dem Jahr 2000 deutlich angestiegen sind (vgl. Achleitner/Fingerle 2004, S. 20).

Basel I und Basel II

In jüngerer Zeit hat sich auch die Verfügbarkeit des Bankkredits als Finanzierungsinstrument für kleine und mittlere Unternehmen verändert. Das liegt vor allem an der internationalen Harmonisierung der Mindestanforderungen an die Eigenkapitalausstattung von Banken. Die erste internationale Eigenkapitalvereinbarung von 1988, die den Namen „Basel I" trägt, verlangt eine pauschale Unterlegung des Kreditvolumens einer Bank mit Eigenkapital. Sie ist bereits in vielen Ländern in nationales Recht umgesetzt worden. Die zweite internationale Vereinbarung, Basel II, wird bis Ende 2006 in EU-Richtlinien und nationales Recht umgesetzt sein und damit in Kraft treten. Den Empfehlungen des Basler Ausschusses zufolge müssen die Banken eine risikodifferenzierte Eigenkapitalhinterlegung von Krediten an Unternehmen vornehmen, also ein sogenanntes Rating des Kreditkunden vornehmen. Als Ergebnis eines unterdurchschnittlichen oder schlechten Ratings kann die Bank die Kreditvergabe verweigern oder höhere Fremdkapitalkosten verlangen. Umgekehrt kann ein gutes Rating dazu führen, dass sich die Kreditkonditionen des entsprechenden Unternehmens verbessern (vgl. Geisen/Demps/Schüller 2003).

Langfristige Struktur des deutschen Marktes noch offen

Ob die durch Basel I und Basel II veränderten Anforderungen an die Eigenkapitalausstattung der Kreditinstitute insgesamt die Verfügbarkeit und die Kosten von Bankkrediten für Wachstumsunternehmen in Deutschland nachteilig beeinflussen werden, bleibt abzuwarten. Manche Banken nutzen empirischen Studien zufolge bereits jetzt das Thema Basel II, um höhere Zinsen durchzusetzen (vgl. Achleitner/Fingerle 2004, S. 20). Andere Studien weisen nach, dass Basel II bisher eher niedrigere Fremdkapitalkosten für bankfinanzierte Unternehmen zur Folge hatte (vgl. Deutsche Bundesbank 2003, S. 24). Insgesamt ist der Markt für die Fremdfinanzierung von mittelständischen und von wachsenden jungen Unternehmen jedoch starken Veränderungen ausgesetzt. Das Hausbankenprinzip verliert an Bedeutung, die Anzahl der angebotenen Fremdfinanzierungsinstrumente steigt stark an und die Spreizung der individuellen Kreditkonditionen nimmt aufgrund einer differenzierteren Bonitätsbeurteilung zu. Der internationale Vergleich des deutschen Markts für die Fremdfinanzierung kleiner und mittelgroßer Unternehmen mit den entsprechenden Märkten in den USA und in Großbritannien zeigt ebenfalls das Ausmaß der Marktveränderungen. Während in den USA nur 22 % und in Großbritannien 29 % der mittelständischen Unternehmen glauben, neue Finanzierungsquellen erschließen zu müssen, sind es in Deutschland 64 % (vgl. Achleitner/Fingerle 2004, S. 35).

8.2 Theoretische Modelle zur Kreditfinanzierung

Umgang mit Kreditausfallrisiken

Die Kreditfinanzierung (Fremdkapital) unterscheidet sich von der Beteiligungsfinanzierung (Eigenkapital) durch die befristete Dauer der Kapitalbereitstellung bzw. den Rechtsanspruch auf Rückzahlung, das Fehlen von Mitspracherechten des Kapitalgebers bei der Geschäftsführung und die Vereinbarung eines festen Zinses (vgl. Perridon/Steiner 1993, S. 299). Die Fremdfinanzierung von Unternehmen ist für die Bank mit dem Risiko verbunden, dass der Kreditnehmer innerhalb der Laufzeit des Kredits aus selbstverschuldeten oder unternehmensexternen Gründen insolvent wird, so dass die Rückzahlungs- und Verzinsungsforderungen der Bank nicht beglichen werden. Man bezeichnet dieses Risiko als Kreditausfallrisiko. Es gibt drei Hypothesen, wie eine Bank vor dem Vertragsabschluss mit einem kreditsuchenden Unternehmen mit erkennbaren Ausfallrisiken umgehen kann (vgl. Drukarczyk 1993, S. 320). Sie kann erstens Einzelrisiken übernehmen und zum Ausgleich eine Risikoprämie verlangen, welche den Kreditzins erhöht (Risikoabgeltung). Die Risikoabgeltung birgt die Gefahr der adversen Selektion, also der Auswahl von Kreditnehmern mit besonders hohen, ex ante nicht erkennbaren Kreditausfallrisiken. Zweitens kann die Bank ab einem bestimmten individuellen Risikoniveau den Kredit verweigern. Sie übernimmt zwar Einzelrisiken im Kreditgeschäft, aber nur in einer vom Zinssatz unabhängigen Höhe (Risikonormierung). Drittens kann eine Bank individuelle Ausfallrisiken ganz vermeiden, indem sie Unternehmen nur besicherte Kredite gibt (Risikovermeidung).

Agency-Probleme der Fremdfinanzierung

So wie andere Formen der Finanzierung von Wachstumsunternehmen, die wir bisher behandelt haben, lässt sich auch die Bankfinanzierung als Principal Agent-Problem auffassen. Das Vorliegen von Informationsasymmetrien ist offensichtlich. Auch Interessendivergenzen sind leicht vorstellbar. So könnte das Management des kreditnehmenden Unternehmens sehr riskante Investitionsprojekte tätigen wollen, vor allem wenn es selbst Aktien bzw. Anteile hält, weil es an den Überschüssen solcher Projekte voll, an den Verlusten aber nur begrenzt beteiligt ist. In ähnlicher Weise muss die kreditgebende Bank befürchten, dass die Zahlung der Zinsen und die Kreditrückzahlung durch eigennütziges Verhalten des Managements wie beispielsweise Konsum am Arbeitsplatz gefährdet wird (moral hazard). Das Management könnte auch Qualifikationsdefizite aufweisen, die zu höheren Kreditausfallrisiken führen. Wenn die Bank eine Strategie der Risikoabgeltung verfolgt, besteht die weiter oben bereits erwähnte Gefahr, nur Unternehmen mit schlechter Qualität als Kreditkunden anzunehmen (adverse selection). Schließlich bestehen immer externe Risiken, die zu einem Kreditausfall führen können. Die Bank kann aber nicht genau zwischen externen und internen Ursachen für Kreditausfälle unterscheiden. Wenn Banken die Qualität potenzieller Kreditnehmer nicht verifizieren und deren Verhalten nicht überwachen können, entstehen so große Agency-Kosten, dass es zu Risikovermeidung bzw. Kreditrationierung kommt (vgl. Stiglitz/Weiss 1981). Konkret besteht die Kreditrationierung darin, dass Banken die Kreditanträge von Wachstumsunternehmen pauschal ablehnen, obwohl darunter auch Unternehmen guter Qualität sind und obwohl diese bereit wären, höhere Zinsen zu bezahlen (vgl. auch Hartmann-Wendels/Pfingsten/Weber 2000, S. 165-170). Abbildung 8-1 stellt die Agency-Problematik der Kreditfinanzierung noch einmal grafisch dar.

Abbildung 8-1 *Kreditfinanzierung als Principal Agent-Problem*

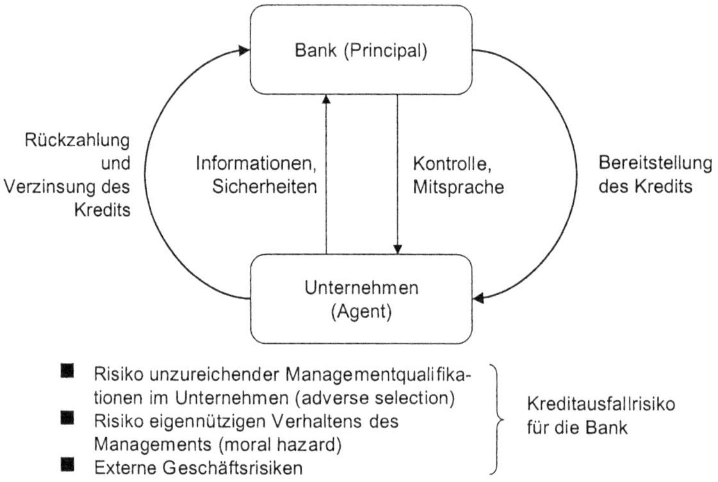

Probleme für kleine und junge Unternehmen

Je kleiner und je jünger ein kreditsuchendes Unternehmen ist, desto größer ist die Informationsasymmetrie zur kreditgebenden Bank. Banken werden folglich bei der Kreditvergabe an junge und kleine Unternehmen zurückhaltender sein als bei großen und älteren Unternehmen, weil sie die verhaltensbezogenen und die Unternehmensrisiken schlechter abschätzen können. Ähnliches gilt für die Branche und die verfolgte Unternehmensstrategie. Je innovativer das Produkt, je volatiler die betreffende Branche und je riskanter die Markteintrittsstrategie, desto größer ist für die Bank das Kreditausfallrisiko. Kredite werden in solchen Fällen selbst dann nicht oder nur gegen Besicherung vergeben, wenn Verhaltensrisiken bei den Geschäftsführern aufgrund von langen Geschäftsbeziehungen und wirksamen Überwachungsinstrumenten ausgeschlossen werden können. Schließlich hängt die

Bereitschaft der Bank, ein individuelles Kreditausfallrisiko zu übernehmen, auch von der Höhe des vergebenen Kredits ab. Da sich im Kreditportfolio einer Bank mit vielen Geschäftskunden ein Teil der Ausfallrisiken diversifizieren lässt, konkret der durch externe Markt- und Technologieentwicklungen bedingte Teil, führen kleinere Kredite an viele Unternehmen zu einer günstigeren Risikoposition im Gesamtgeschäft als große Kredite an einige wenige Unternehmen (vgl. Hartmann-Wendels/Pfingsten/Weber 2000, S. 217-219). Je größer der beantragte Kredit ist, desto schwerer fallen individuelle Ausfallrisiken ins Gewicht und desto größer ist die Wahrscheinlichkeit einer Ablehnung durch die Bank.

Verringerung von Informationsasymmetrien

Auf der Ebene der potenziellen Geschäftsbeziehung mit einem einzelnen Unternehmen kann eine Bank durch verschiedene Maßnahmen versuchen, vor Vertragsabschluss das Kreditausfallrisiko zu begrenzen. Ebenso kann das kreditsuchende Unternehmen dazu beitragen, Kreditausfallrisiken für die Bank zu verringern und so die Wahrscheinlichkeit zu erhöhen, eine Bankfinanzierung zu erhalten. Ein erster Ansatzpunkt für beide Parteien ist die Verringerung der Informationsasymmetrie. So kann die Bank von sich aus Informationen über die gesamtwirtschaftliche Entwicklung, die Entwicklung der Märkte des Unternehmens oder den Stand der technologischen Entwicklung einholen (vgl. Drukarczyk 1993, S. 303). Umgekehrt kann das Unternehmen der Bank Daten über seine bisherige Geschäftsentwicklung, seine strategische Planung und die Qualifikationen des Managementteams bereitstellen. Das typische Instrument zur Verringerung von Informationsasymmetrien zwischen Bank und Kreditkunde ist die Kreditwürdigkeitsprüfung (vgl. Perridon/Steiner 1993, S. 300-301). Sie erstreckt sich auf die rechtliche Kreditfähigkeit des Unternehmens, die persönliche Kreditwürdigkeit des Managements und die wirtschaftliche Kreditwürdigkeit. Wirtschaftlich kreditwürdig ist ein Unternehmen, wenn es für die Laufzeit des Kredits glaubwürdig eine ausreichende Ertragskraft und Liquidität prognostizieren kann.

Covenants

Ein zweiter Ansatzpunkt zur Verringerung des Kreditausfallrisikos sind vertragliche Vereinbarungen, sogenannte „Covenants" (vgl. Hartmann-Wendels/Pfingsten/Weber 2000, S. 199-201). Mit „Affirmative Covenants" verpflichtet sich der Kreditnehmer, bestimmte Handlungen vorzunehmen oder zu unterlassen. Ein Beispiel sind die Nichtbesicherungsklauseln, mit denen sich ein Kreditnehmer verpflichtet, bestimmte Vermögensgegenstände wie z.B. Grundstücke nicht anderweitig zu belasten oder zu veräußern. Ein anderes Beispiel sind Gleichbehandlungserklärungen, welche den Forderungen der Bank mindestens den gleichen Rang einräumen wie den Forderungen anderer Gläubiger. „Financial Covenants" sind finanzielle Kennzahlen, die das Unternehmen einzuhalten hat. Beispiele solcher Kennzahlen sind die Eigenkapitalquote, der Cash Flow oder der Anlagendeckungsgrad.

Das Ziel aller Covenants ist die Einführung einer frühzeitigen Kontrollmöglichkeit durch die Bank. Eine Nichtbeachtung oder Verletzung von Covenants führt zu vorzeitigen Kündigungsmöglichkeiten oder zu Nachverhandlungsrechten für die Bank. So können Kreditausfallrisiken begrenzt werden, auch wenn noch keine unmittelbaren Anzeichen einer Insolvenzgefahr vorliegen. Ein zusätzlicher Vorteil von Covenants besteht darin, dass sie die Bank veranlassen, sich bei langfristig laufenden Krediten regelmäßig über das Unternehmen und seine Geschäftslage zu informieren (vgl. Rajan/Whinton 1995, S. 1114)

Sicherheiten

Ein dritter Ansatzpunkt zur Verringerung bzw. Eliminierung von Kreditausfallrisiken ist das Stellen von Sicherheiten durch das Unternehmen (vgl. Perridon/Steiner 1993, S. 301-309). Auf die praktische Ausgestaltung von Sicherheiten gehen wir im nächsten Abschnitt dieses Kapitels noch genauer ein. Je wertbeständiger eine Sicherheit ist und je unmittelbarer die Bank im Verwertungsfall darauf zugreifen kann, desto geringer ist ihr Risiko, im Falle einer Insolvenz des Unternehmens einen Forderungsausfall zu erleiden. Im Extremfall einer absolut wertbeständigen und vom kreditnehmenden Unternehmen nicht mehr zu beeinflussenden Sicherheit ist das Kreditausfallrisiko null und die Bank braucht keine anderen Instrumente zur Verringerung von Informationsasymmetrien oder zur Setzung geeigneter Anreize für das Management einzusetzen (vgl. Rajan/Whinton 1995, S. 1136). Ein Beispiel für eine vergleichsweise wertbeständige und nicht unterschlagbare Sicherheit ist eine Grundschuld zugunsten der Bank. Sicherheiten, deren Wert im Zeitablauf schwanken kann, z.B. sicherungsübereignete Warenlager, sind nur dann effektiv in der Senkung des Kreditausfallrisikos, wenn die Bank ihren Wert laufend kontrollieren kann (vgl. Boot 2000, S. 14). In der Praxis der Fremdfinanzierung von Wachstumsunternehmen werden Sicherheiten trotz ihrer theoretischen Vorteile nur bei etwa zwei Dritteln aller langfristigen Darlehen eingesetzt (vgl. Rajan/Whinton 1995, S. 1114). Das könnte einfach daran liegen, dass viele wachsende Unternehmen keine Vermögensgegenstände oder Rechte haben, die sie als Sicherheiten stellen können.

Mitentscheidungsrechte

Ein vierter Ansatzpunkt zur Senkung des Kreditausfallrisikos aus der Sicht der Bank sind Mitentscheidungsrechte, z.B. Mitspracherechte bei größeren Investitionsprojekten oder Vetorechte bei der Aufnahme weiteren Fremdkapitals. Wegen der größeren (und aus ihrer Sicht berechtigten) Risikoaversion wird die Bank Mitentscheidungsrechte nutzen, um zu riskante Unternehmensstrategien oder Einzelprojekte zu verhindern. Abbildung 8-2 zeigt ein typisches Beispiel einer Entscheidungssituation. Einem Wachstumsunternehmen stehen zwei Investitionsprojekte zur Auswahl. Beide sind von bedeutender Größe, nur eines der beiden kann durchgeführt werden. Die Entscheidung muss unter Unsicherheit getroffen werden, in diesem Fall handelt es sich um stochastische, also extern verursachte Unsicherheit. Die Kapitalwerte beider Projekte sind in Abbildung 8-2 als Dichtefunktionen dargestellt, weisen also den einzelnen möglichen Kapitalwerten jeweils Wahrscheinlichkeiten zu. Projekt eins ist weniger riskant als Projekt zwei, weil die Varianz der möglichen Kapitalwerte bei gleichem Erwartungswert geringer ist. Das Management des Wachstumsunternehmens und seine Aktionäre könnten durchaus bereit sein, Projekt zwei wegen seiner höheren Gewinnchancen und trotz der höheren Verlustrisiken auszuwählen. Die Bank wird sich aber immer für Projekt eins aussprechen, weil dort keine Gefahr eines negativen Kapitalwerts mit entsprechenden Liquiditätsabflüssen und Wertminderungen besteht.

Abbildung 8-2

Zwei Investitionsprojekte mit unterschiedlichem Risiko

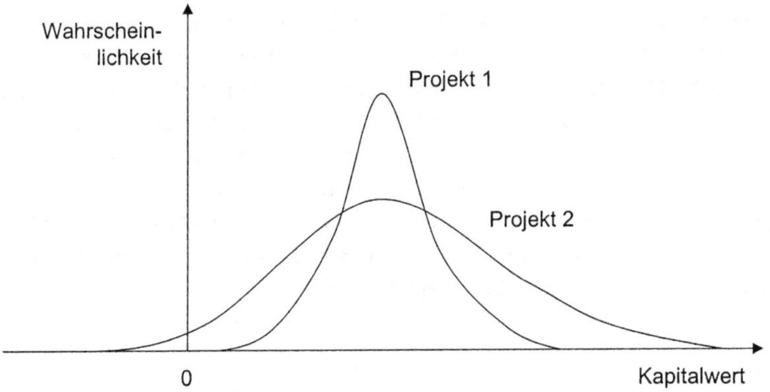

Vorteile eines Relationship-Banking

Ein fünfter Ansatzpunkt zur Verringerung von individuellen Kreditausfallrisiken sind langfristige Geschäftsbeziehungen, das sogenannte „Relationship Banking" (vgl. Boot 2000). Es ermöglicht dem Management des kreditnehmenden Unternehmens den Aufbau einer Reputation für Wohlverhalten. Gleichzeitig erhält die Bank die Möglichkeiten, die Informationsasymmetrie zum Unternehmen weiter abzubauen und den Kreditkunden sowie sein Geschäft besser kennen zu lernen. So könnten beispielsweise beim Aufbau einer langfristigen Bankbeziehung anfänglich Kreditsicherheiten erforderlich sein, die dann aber im Zeitablauf durch andere Formen der Begrenzung von Kreditausfallrisiken substituiert werden oder langfristig vielleicht ganz entfallen. In ähnlicher Weise könnte der Kredit zu Beginn einer Geschäftsbeziehung zwischen Unternehmen und Bank kurzfristig und mit fester Obergrenze versehen sein, um dann mit zunehmender Dauer der Beziehung langfristiger und flexibler in der Höhe zu werden (vgl. Berger/Udell 1995, S.

354). Der wesentliche Vorteil der Kreditfinanzierung über eine langfristige Geschäftsbeziehung zu einer Bank besteht für das kreditsuchende Wachstumsunternehmen darin, vertrauliche Informationen nur der Bank und nicht, wie beispielsweise bei der Begebung von Anleihen, dem breiten Kapitalmarkt zur Verfügung stellen zu müssen.

Nachteile eines Relationship-Banking

So vorteilhaft ein Relationship Banking im Sinne einer langfristigen Geschäftsbeziehung zwischen der Bank und dem kreditnehmenden Unternehmen auch für beide Parteien sein kann, es birgt doch einige Risiken. Zum einen besteht die Gefahr, dass die Bank das Informationsmonopol, das sie bezüglich des Kreditkunden über die Zeit aufbaut, zur Durchsetzung höherer Zinsen nutzt. Die theoretische Literatur spricht in diesem Fall von „Hold-up" bzw. Erpressung (vgl. Boot 2000, S. 16). Da das Unternehmen kurzfristig nicht zu einer anderen Bank wechseln kann, sondern zur Neuaufnahme der bestehenden Kredite erst wieder eine langfristige Geschäftsbeziehung aufbauen muss, kann die Hausbank Zinsen durchsetzen, die über dem Marktniveau liegen (vgl. Rajan 1992). In diesem Fall erleidet das Unternehmen einen Schaden. Ein Ausweg ist der Aufbau von mehrfachen Bankbeziehungen. Zum anderen kann Relationship Banking dazu führen, dass ein Unternehmen von seiner Bank auch dann noch neue Kredite erhält, wenn das Kreditausfallrisiko stark angestiegen ist und eine Bank ohne langjährige Geschäftsbeziehung keinen Kredit mehr geben würde. Dieser Fall wird auch als „Soft Budget Constraint" bezeichnet (Boot 2000, S. 16), in ihm verhält sich die Bank ineffizient und erleidet einen Schaden.

8.3 Formen der Kreditfinanzierung durch Banken

Der Prozess der Kreditvergabe

Eine Kreditfinanzierung eines Wachstumsunternehmens durch eine Bank besteht in der Praxis zunächst einmal in einem schuldrechtlichen Vertrag. Die vertraglich geschuldete Leistung der Bank besteht darin, dem Unternehmen einen Geldbetrag zur Verfügung zu stellen. Die Gegenleistung des Kreditnehmers ist das Versprechen, den Geldbetrag und die dafür anfallenden Zinsen zu den vereinbarten Zeitpunkten zurück zu zahlen (vgl. Hartmann-Wendels/Pfingsten/Weber 2000, S. 193). Üblicherweise stellt das Wachstumsunternehmen zunächst einen Kreditantrag. Es folgt die Kreditwürdigkeitsprüfung der Bank. Deren Ergebnis ist ein Kreditangebot (oder die Ablehnung des Kreditantrags). Typische Bestandteile des Kreditangebots sind die Kreditzinsen, die Laufzeit, Darlehensbedingungen wie z.B. eventuell zu stellende Sicherheiten und die Nebenkosten (Bearbeitungsgebühren, Bereitstellungsprovisionen, Nichtabnahmeentschädigungen). Die meisten

Kreditinstitute fassen ihre Bedingungen für das Kreditgeschäft mit Unternehmen in standardisierte Vertragsklauseln bzw. Allgemeine Geschäftsbedingungen (AGB), die durch ausdrücklichen Hinweis im Kreditvertrag zu dessen Bestandteil werden. Damit der Kreditnehmer die Gesamtkosten des Kredits einschließlich aller Gebühren mit den Angeboten anderer Banken vergleichen kann, muss im Angebot auch der anfängliche effektive Jahreszins genannt sein. Gegebenenfalls werden beide Parteien über die einzelnen Konditionen des Kredits noch verhandeln. Der eigentliche Kreditvertrag kommt dann durch die Annahme des Angebots zustande.

Kreditarten

Die einzelnen Kreditarten, die von Banken in der Praxis angeboten werden, lassen sich nach mehreren Kriterien unterteilen. Eine häufig verwendete Einteilung ist die in kurz-, mittel- und langfristige Kredite (vgl. Perridon/Steiner 1993, S. 300). Üblicherweise werden Kredite mit einer Laufzeit von bis zu zwölf Monaten als kurzfristig bezeichnet, länger laufende Kredite gelten als mittelfristig (ein bis vier Jahre) und langfristig (länger als vier Jahre). Faktisch weicht die Laufzeit vieler Bankkredite jedoch von der vertraglich vereinbarten Laufzeit ab. So werden formal kurzfristige Kredite häufig prolongiert, so dass sie faktisch mittel- oder sogar langfristig zur Verfügung stehen. Im Sinne der weiter oben genannten Principal Agent-Theorie dient die formale Kurzfristigkeit als ein Schutzinstrument für die Bank. Es erlaubt die Kündigung von Krediten, sobald die Überwachung des Kreditkunden Anzeichen für eine verschlechterte Bonität gibt. Leider kann die formale Kurzfristigkeit von der Bank auch als Erpressungsinstrument zur Durchsetzung höherer Zinsen benutzt werden, vor allem wenn das betreffende Unternehmen zum Zeitpunkt der Fälligstellung des Kredits nicht über alternative Finanzierungsmöglichkeiten verfügt (vgl. Rajan 1992, S. 1368).

Kurzfristige Bankkredite

Ein erstes Beispiel für einen kurzfristigen Bankkredit ist der Betriebsmittelkredit, der in Form einer Kreditlinie auf einem Kontokorrentkonto bereitgestellt wird. Die Inanspruchnahme durch das Unternehmen kann innerhalb der vereinbarten Laufzeit und in Höhe des eingeräumten Verfügungsrahmens frei erfolgen. Der Zinssatz ist häufig nicht fest, sondern variabel in Abhängigkeit von Marktzinssätzen wie der dreimonatigen Frankfurt Interbank Offered Rate (FIBOR) definiert. Zur Kategorie der kurzfristigen Bankkredite in Form eines Kontokorrentkredits zählen auch Lombardkredite, die das Unternehmen durch die Verpfändung von börsenfähigen Wertpapieren besichert. Ein drittes Beispiel für kurzfristige Bankkredite an Unternehmen stellen die Überbrückungskredite dar. Mit ihnen finanziert die Bank kurzfristige Liquiditätsengpässe oder Vorleistungen für Großaufträge. Die mittlerweile selten gewordenen Wechseldiskontkredite erlauben es einem Unternehmen, ausgestellte Wechsel vorzeitig in liquide Mittel umzuwandeln. Das Risiko, dass der Kunde des Unternehmens bei Fälligkeit des Wechsels nicht zahlt, bleibt jedoch beim Kreditnehmer und geht nicht auf die Bank über (vgl. Hartmann-Wendels/Pfingsten/Weber 2000, S. 203-205). Schließlich kann man noch die Kreditleihe durch eine Bank als kurzfristigen Bankkredit bezeichnen, z.B. den Avalkredit oder den Akzeptkredit. Beim Bankakzept räumt die Bank dem Kunden das Recht ein, auf sie einen Wechsel zu ziehen, der dann von der Bank als Bezogener akzeptiert wird. Unter einem Aval versteht man die Übernahme einer Bürgschaft oder einer Garantie durch die Bank gegenüber einem Dritten (vgl. Perridon/Steiner 1993, S. 346).

Langfristige Bankkredite

Zu den mittel- und langfristigen Bankkrediten für Wachstumsunternehmen zählen Investitionskredite und Realkredite (vgl. Hartmann-Wendels/ Pfingsten/Weber 2000, S. 206-207). Investitionskredite dienen der Finanzierung des betrieblichen Anlagevermögens, z.B. Laboreinrichtungen von Biotech-Unternehmen oder Serverparks von eCommerce-Unternehmen. Realkredite sind objektgebundene und eher langfristige Kredite zur Finanzierung von Baumaßnahmen. Sie können Laufzeiten von bis zu 30 Jahren erreichen und werden über Hypotheken oder Grundschulden besichert. In der Praxis macht bei dieser Form des Bankkredits insbesondere die Ermittlung des Wertes von Grundstücken und Gebäuden Probleme. Je spezifischer eine bestimmte Gewerbeimmobilie auf die Bedürfnisse eines Nutzers zugeschnitten ist, desto schwieriger wird die Verwertung bei einem Nutzerwechsel und damit die Bestimmung eines Marktpreises der Immobilie. Bei Wachstumsunternehmen kommt das Problem hinzu, dass sie in der Praxis oft nicht über Eigentum an Grundstücken oder Gebäuden verfügen, sondern in den Frühphasen ihrer Entwicklung eher auf gemietete Immobilien zurückgreifen.

Sicherheiten und Haftung

Für viele Formen der Kreditfinanzierung verlangen Banken vom betreffenden Unternehmen Sicherheiten. Sie vermindern oder eliminieren das Kreditausfallrisiko der Bank. Im Verwertungsfall wird bei einer Personensicherheit das Privatvermögen einer Person in Anspruch genommen, bei einer Sachsicherheit sind es konkrete Vermögensgegenstände oder Forderungen. Bei Gründern und Managern von jungen Wachstumsunternehmen besteht oft die Vorstellung, dass die Rechtsform der Kapitalgesellschaft die individuellen Personen vor einer persönlichen Haftung im Falle eines Kreditausfalls schützt. Dies trifft jedoch nur dann zu, wenn der Kreditvertrag mit der Kapitalgesellschaft geschlossen wurde und die Bank darauf verzichtet hat, zusätzliche Personensicherheiten zu verlangen. Unserer Erfahrung nach ist das zumindest bei Gründungsunternehmen jedoch nie der Fall. Die Banken kennen die Haftungsbegrenzung einer Kapitalgesellschaft sehr gut und wissen, dass im Falle einer Insolvenz der Kapitalgesellschaft praktisch kein Vermögen zur Rückzahlung von Bankkrediten zur Verfügung steht. Daher bestehen sie auf Sachsicherheiten oder einer persönlichen Haftung der Gründer für den Kredit an die Gesellschaft. Wer als Gründer in eine solche persönliche Haftung einwilligt, wird im Falle einer Insolvenz der kreditnehmenden Gesellschaft in voller Höhe und mit dem Privatvermögen für die Rückzahlung des Bankkredits in Anspruch genommen.

Bürgschaften

Zu den Personensicherheiten zählt die Bürgschaft. Im entsprechenden Vertrag verpflichtet sich ein Dritter, für die Erfüllung der Verbindlichkeiten des Schuldners einzustehen. Der Kredit ist als Hauptschuld maßgeblich für die Höhe der Bürgschaftsverpflichtung. In der Vergangenheit war es bei vielen Banken üblich, dass vom Ehepartner eines Kreditnehmers eine Bürgschaft verlangt wurde. Häufig wurde sogar auf einer selbstschuldnerischen Bürgschaft bestanden, bei der die Bank ohne Vorausklage beim Hauptschuldner direkt auf den Bürgen zugreifen kann. Die deutschen Gerichte haben solche pauschalen Bürgschaften von Ehepartnern für Unternehmerkredite in jüngerer Zeit als sittenwidrig und damit nichtig erklärt, weil der Bürge sich der wirtschaftlichen Konsequenzen seines Verhaltens oft nicht voll bewusst ist und nur aus privater Verbundenheit zum Ehepartner für dessen Verbindlichkeiten bürgt. Bei kaufmännisch vorgebildeten Bürgen ist die Bürgschaft jedoch auch dann nicht sittenwidrig, wenn sie von Familienangehörigen übernommen wird. Generell kann man aus unserer Sicht niemandem dazu raten, für die Verbindlichkeiten eines anderen zu bürgen, und sei diese Person auch noch so gut bekannt, befreundet oder verwandt.

Garantien

Die Garantie ist eine zweite Form der Personensicherheit. Sie ähnelt der Bürgschaft, weil eine dritte Person als Garant für die Rückzahlung und Verzinsung eines Bankkredits einsteht. Die Garantie ist jedoch von der zugrundeliegenden Hauptschuld unabhängig und erlischt damit nicht bei einer Rückführung des Kredits. Im Gegensatz zur Bürgschaft ist die Garantie nicht explizit gesetzlich geregelt (vgl. Perridon/Steiner 1993, S. 302). Bei der Schuldmitübernahme, einer weiteren Form der Personensicherheit, übernimmt eine dritte Person gegenüber der Bank die Verpflichtung, zusätzlich zum Schuldner für dieselbe Kreditverbindlichkeit zu haften. Zuerst muss sich die Bank jedoch an den Hauptschuldner wenden. Schließlich ist die Patronatserklärung zu den Personensicherheiten zu zählen. Sie betrifft die Kreditfinanzierung in Konzernen, d.h. in rechtlich selbstständigen Unternehmen, die unter der einheitlichen wirtschaftlichen Leitung eines anderen Unternehmen stehen. Die Muttergesellschaft übernimmt durch eine Patronatserklärung die Verpflichtung, ihre Tochtergesellschaft so mit Kapital auszustatten, dass diese ihre Kreditverpflichtungen gegenüber der Bank immer erfüllen kann.

Sachsicherheiten

Zu den Sachsicherheiten für Bankkredite zählt die Sicherungsabtretung, bei der ein Gläubiger der Bank eine Forderung überträgt, beispielsweise eine Forderung aus Warenlieferungen oder eine Guthabenforderung gegenüber einem Kreditinstitut. Der Gläubiger wird im Falle einer Abtretung auch als „Zedent", die kreditgebende Bank, welche die Sicherheit erhält, als „Zessionar" bezeichnet (vgl. Hartmann-Wendels/Pfingsten/Weber 2000, S. 197). Je nachdem, ob der Schuldner über die Forderungsabtretung informiert wird oder nicht, spricht man von „offener" oder „stiller Zession". Eine zweite Form der Sachsicherheit, die von einem Unternehmen für einen Bankkredit gestellt werden kann, ist die Sicherungsübereignung (vgl. Perridon/Steiner 1993, S. 304-305). Der Kreditnehmer überträgt das Eigentum an einer beweglichen Sache an die Bank, verbleibt aber im Besitz dieser Sache. Auf diese Weise können betriebsnotwendige Vermögensgegenstände wie Maschinen oder Fahrzeuge zur Besicherung eines Kredits übereignet und gleichzeitig im Unternehmen weiter genutzt werden. Eine dritte Form der Sachsicherheit sind Pfandrechte. Man unterscheidet Pfandrechte an beweglichen Vermögensgegenständen und Grundpfandrechte. Das kreditnehmende Unternehmen übergibt im Fall des normalen Pfandrechts Wertpapiere, Edelmetalle oder Ähnliches an die kreditgebende Bank. Diese kann das Pfand zum Ausgleich der Forderung an das Unternehmen (Rückzahlung und Zinsen) verwerten. Das Pfandrecht ist dabei vom Bestehen der Forderung abhängig. In der Bankpraxis ist vor allem die Verpfändung von Wertpapieren üblich, die ohnehin schon bei der Bank verwahrt werden. Beim Grundpfandrecht handelt es sich um Hypotheken oder Grundschulden, die auf die kreditgebende Bank eingetragen werden und im Verwertungsfall Zahlungen aus der Zwangsvollstreckung ermöglichen (vgl. Hartmann-Wendels/Pfingsten/ Weber 2000, S. 198). Abbildung 8-3 fasst die verschiedenen Formen der Besicherung eines Bankkredits zusammen.

Abbildung 8-3 *Formen der Besicherung eines Bankkredits (vgl. Hartmann-Wendels/Pfingsten/Weber 2000, S. 196).*

Personensicherheiten	Sachsicherheiten
■ Bürgschaft	■ Sicherungsabtretung
■ Garantie	■ Sicherungsübereignung
■ Schuldmitübernahme	■ Pfandrecht
■ Patronatserklärung	■ Grundpfandrecht

8.4 Bonitätsbeurteilung und Rating

Ratings durch Banken und Agenturen

Die theoretische Analyse der Finanzierungsbeziehung zwischen Bank und Unternehmen hat gezeigt, dass bei der Kreditvergabe typischerweise eine asymmetrische Verteilung der Kenntnisse über das zu finanzierende Unternehmen und seine Erfolgsaussichten vorliegt. Der Kreditsuchende besitzt deutlich mehr Informationen über seine Kreditwürdigkeit als die Bank, hat aber einen Anreiz, diese Informationen nur selektiv offen zu legen. Insbesondere muss die Bank befürchten, dass ein kreditsuchendes Wachstumsunternehmen ihr alles das verschweigt, was zu unvorteilhaften Konditionen führen würde, z.B. Produkthaftungsrisiken, technologische Risiken oder akute Absatzprobleme. Aus diesem Grund wird eine Bank vor Abschluss des Kreditvertrags versuchen, die Informationsasymmetrie zu verringern und eine möglichst verlässliche Bonitätsbeurteilung vorzunehmen. Diesem Zweck dienen eigene Kreditwürdigkeitsprüfungen und die Nutzung von externen Ratings, also Kreditwürdigkeitsbeurteilungen durch spezielle Dienstleistungsunternehmen, sogenannte Ratingagenturen. Externe Ratings können auch genutzt werden, um eine Vorauswahl aus einer großen Menge potenzieller Kreditengagements zu treffen, an die sich dann detaillierte eigene Kreditwürdigkeitsprüfungen anschließen (vgl. Steiner/Starbatty 2003, S. 21). Empirische Untersuchungen aus den USA zeigen, dass standardisierte Ratings die Informationskosten der Banken im Kreditgeschäft mit kleinen Unternehmen senken, so dass das Relationship Banking mit solchen Kreditkunden an Bedeutung verliert (vgl. Frame/Srinivasan/Woosley 2001).

Grundgedanke eines Ratings

Der Grundgedanke jeder Kreditwürdigkeitsprüfung bzw. jedes Ratings besteht darin, mit Hilfe eines Systems gewichteter Kennzahlen die zukünftige Liquidität und Ertragskraft eines kreditsuchenden Unternehmens zu prognostizieren. In der Praxis sind für kleinere Kredite vor allem Punktbewertungsmodelle verbreitet, sogenannte Scoring-Modelle, in denen einzelne Kriterien anhand von historischen Daten des Unternehmens oder seiner Umwelt bewertet und dann additiv zu einem Gesamtpunktwert verknüpft werden (vgl. Steiner/Starbatty 2003, S. 20). Bei größeren Kreditvolumina kommen auch prognoseorientierte Verfahren zum Einsatz. Grundlage der Ratings sind häufig Finanzdaten, die aus der Bilanz, der Gewinn- und Verlustrechnung oder den Kapitalflussrechnungen entnommen werden. Die jüngere theoretische Forschung hat die Kreditvergabe anhand eines Ratings auf der Basis von Jahresabschlussdaten als „Financial Statement Lending" und anhand eines Ratings mit finanziellen und nicht-finanziellen Daten und entsprechenden Prognoseverfahren als „Credit Score Lending" bezeichnet (vgl. Udell 2004, S. 5-8). Alle deutschen Banken haben spätestens seit dem Jahr 2001 begonnen, sich auf die Erfordernisse von Basel II vorzubereiten und interne Ratingsysteme für Kreditkunden zu erstellen. Bei den Sparkassen und Genossenschaftsbanken kamen solche Systeme schon im Jahr 2002 zum Einsatz (vgl. Overesch 2003, S. 46). Interessant ist jedoch, dass die meisten Banken ihre Ratingsysteme nicht publik machen, d.h. die potenziellen Kreditkunden nicht über die zugrunde gelegten Kriterien informieren. Viele Banken übernehmen daher auch nicht ungeprüft das Rating eines Unternehmens durch ein anderes Kreditinstitut. Dies hat dazu geführt, dass kreditsuchende Unternehmen von mehreren Banken ganz verschiedene Bewertungen erhalten haben und die Ergebnisse des Ratings einer einzelnen Bank in den meisten Fällen nicht nachvollziehen konnten.

Kriterien eines Ratings

Empirische Untersuchungen des Instituts für Mittelstandsforschung in Bonn bei deutschen Unternehmen haben ergeben, dass viele Banken in ihren Ratingsystemen sowohl quantitative als auch qualitative Kriterien verwenden (vgl. IfM 2002). Zu den quantitativen Kriterien zählen die Eigenkapitalquote, der Cash Flow und die Liquidität, die Rentabilität und das Betriebsergebnis sowie die Prognosen dieser Unternehmensdaten in schriftlich niedergelegten Planungsrechnungen. Qualitative Kriterien sind das Vorliegen einer strategischen Planung, die Qualität des Managements, die Qualität der Bankbeziehung, die Marktstellung des Unternehmens, die Qualität von Finanz- und Rechnungswesen sowie das Vorliegen einer Nachfolge- und Vertretungsplanung für die Geschäftsführung. Wie diese einzelnen Kriterien gemessen werden und ab welcher Qualitätsstufe eine Herabstufung im Rating erfolgt, geht aus den Befragungen nicht hervor. Vermutlich reicht die Spannbreite der von den Banken verwendeten Systeme hier von einfachen ja-nein-Kriterien („Abhak-Kriterien") bis hin zu Punktbewertungsmodellen mit unterschiedlicher Kriteriengewichtung. Abbildung 8-4 fasst typische Kriterien eines Ratings zusammen.

Abbildung 8-4

Qualitative und quantitative Kriterien eines Ratings

Quantitative Kriterien	Qualitative Kriterien
■ Vorliegen von Planungsunterlagen	■ Vorliegen von Unternehmensstrategie und Planungsrechnung
■ Eigenkapitalquote	■ Qualität des Managements
■ Cash flows und Liquidität	■ Qualität der Bankbeziehung
■ Rentabilität und Betriebsergebnis	■ Marktstellung
	■ Qualität von Finanz- und Rechnungswesen
	■ Vorliegen von Nachfolge- und Vertretungsplanung

Vor- und Nachteile eines Bankratings

Die vom Institut für Mittelstandsforschung in Bonn befragten Unternehmen sahen in einem Rating durch die kreditgebenden Banken zunächst etliche Nachteile. So verursacht das Rating zusätzliche Kosten. Die Unternehmen müssen damit rechnen, dass diese Kosten direkt oder über den Kreditzins auf sie überwälzt werden. Bei einem negativen Rating befürchten viele Mittelständler negative Auswirkungen auf ihre Reputation bei Geschäftspartnern. Daher bevorzugen sie eine vertrauliche Behandlung des Ratings durch die Bank. Weiterhin wird die Gefahr gesehen, dass im Prozess der Erstellung des Ratings vertrauliche Informationen an Dritte weitergegeben werden könnten, möglicherweise sogar an Wettbewerber. Schließlich wurde in der Umfrage auch kritisiert, dass die Teilnahme an einem Rating viele Redundanzen aufweist, weil bestimmte Informationen der Bank schon vorliegen und dennoch noch einmal neu aufbereitet werden müssen. Die befragten Unternehmen versprachen sich vom Rating durch die Kreditinstitute jedoch auch Hinweise auf die Erfolgschancen ihrer Geschäftsstrategien und eine bessere Verhandlungsposition gegenüber den Banken, wenn das Rating gut ausfällt.

Vor- und Nachteile eines externen Ratings

Externe Ratings haben den Vorteil, von mehreren Kapitalgebern anerkannt zu werden. Die Kreditwürdigkeitsprüfung wird bei einem externen Rating von einer unabhängigen Ratingagentur durchgeführt. Je größer die Bekanntheit und die Reputation dieser Agentur sind, desto breiter wird die Akzeptanz des Ergebnisses sein. Zudem liegen sehr gute statistische Daten zu den Ausfallrisiken pro Rating-Klasse und zu den Übergangswahrscheinlichkeiten von einer Rating-Klasse in eine andere vor (vgl. Hartmann-

Wendels/Pfingsten/Weber 2000, S. 592). Die Ergebnisse externer Ratings bzw. die Zuverlässigkeit der abgegebenen Bonitätsurteile lassen sich daher im Zeitablauf viel besser extern evaluieren als die bankinterner Ratings. Diesen Vorteilen steht jedoch der Nachteil gegenüber, dass ein Wachstumsunternehmen das externe Rating selber bezahlen muss während die Kreditwürdigkeitsprüfung durch die Hausbank zunächst kostenlos erfolgt. Aus theoretischer Sicht investiert ein Unternehmen, das ein externes Rating in Auftrag gibt, in ein am Kapitalmarkt verwertbares Bonitätssignal.

Rating Advisory

Mit der zunehmenden Bedeutung der Ratings für die Kreditvergabeentscheidung von Banken hat sich für Unternehmensberater, Wirtschaftsprüfer und Steuerberater ein ganz neues Geschäftsfeld ergeben, die Beratung von kreditsuchenden Unternehmen vor, während und nach der Durchführung eines Ratings. Das Geschäftsfeld wird auch als „Rating Advisory" bezeichnet (vgl. Overesch 2003). Die Grundidee besteht darin, dass eine Ratingagentur unabhängig bleiben muss und daher ihren Kunden nicht bei der Vorbereitung und der Optimierung des Ratings helfen darf. Umgekehrt können Beratungsunternehmen einen Klienten bei der Zusammenstellung der erforderlichen Unterlagen, bei der Auswahl der Interviewpartner für die Gespräche mit der Ratingagentur und bei der Umsetzung von Verbesserungsmaßnahmen unterstützen, erstellen aber selbst keine Ratings. In einem frühen Stadium der Vorbereitung eines Ratings können Beratungsgesellschaften auch Einfluss auf die strategischen Entscheidungen eines Unternehmens nehmen und auf diese Weise die Voraussetzungen für das Erreichen eines besseren Bonitätsurteils schaffen. Nach der Vorlage des Ratings kann ein „Rating Advisor" dabei helfen, die Ergebnisse richtig zu interpretieren, sie geeignet an Geschäftspartner des Unternehmens zu kommunizieren und unternehmensintern geeignete Verbesserungsmaßnahmen umzusetzen.

8.5 Private Debt als Alternative zum Bankkredit

Formen des Private Debt

Neben den in Abschnitt 8.3 dargestellten klassischen Formen der Kreditfinanzierung durch Banken stehen manchen Unternehmen auch Instrumente der Fremdfinanzierung zur Verfügung, die nicht von Banken bereitgestellt werden. Diese Alternativen zum Bankkredit lassen sich in drei Gruppen einteilen: Zum einen kann das kreditsuchende Unternehmen sich direkt an den Kapitalmarkt wenden und sogenannte „Public Debt Offers" nutzen. Zum anderen können Kredite bei privaten Fremdkapitalgebern aufgenommen werden, sogenannten „Non-Bank Lenders". Man bezeichnet die zweite Gruppe von Fremdfinanzierungsinstrumenten mitunter auch als „Private

Debt im weiteren Sinne". Im Unterschied zu Finanzierungstiteln, die an einem Kapitalmarkt gehandelt werden und daher über eine Sekundärmarktliquidität verfügen, sind Private Debt-Titel illiquide, d.h. sie werden nicht an einem Kapitalmarkt gehandelt (vgl. Achleitner/Wahl 2004, S. 42-43). Schließlich kann ein Wachstumsunternehmen sogenannte Kreditsubstitute nutzen. Dabei handelt es sich um Fremdfinanzierungen, die nicht isoliert, sondern in Verbindung mit der gewöhnlichen Geschäftstätigkeit erfolgen, z.B. Leasing oder Kundenanzahlungen (vgl. Steiner/Starbatty 2003, S. 28-32).

Idee des Private Debt

Die Finanzierungsform des Private Debt entstammt ursprünglich dem Markt für Unternehmenskäufe durch Manager, also Management-Buyouts (MBO) oder Management-Buyins (MBI). Das zur Finanzierung der Anteilsübernahme erforderliche Kapital kann der Erwerber entweder aus seinem Privatvermögen entnehmen oder durch Zwischenschaltung einer Erwerbergesellschaft fremd finanzieren. Da die Manager, die ein Unternehmen kaufen, um es dann selbst zu leiten, gerne über die Mehrheit des Eigenkapitals verfügen, sind Fremdfinanzierungen der entsprechenden Transaktionen üblich. Man benutzt in diesem Fall den Begriff des „Leveraged Management Buyout bzw. Buyin" (LBO oder LBI). Aufgrund der vergleichsweise hohen Risiken und der mitunter großen Finanzierungsvolumina bei einem LBO oder LBI eines mittelgroßen Unternehmens waren deutsche Banken in der Vergangenheit oft nicht bereit, Kredite zu geben. Folglich wurde zunehmend über Möglichkeiten der Fremdfinanzierung ohne eine Beteiligung von Banken nachgedacht (vgl. Achleitner/Wahl 2004, S. 55-59). Viele Formen des Private Debt beinhalten eine Rangrücktrittserklärung des Kapitalgebers gegenüber anderen Fremdkapitalgebern wie beispielsweise Banken. In diesen Fällen entstehen mezzanine Finanzierungsformen, d.h. Instrumente, die hinsichtlich ihrer Ansprüche im Insolvenzfall eine Position zwischen Eigen- und Fremdkapital einnehmen.

Anleihen

In den USA und in Großbritannien stellen Public Debt Offers, also die Nutzung des organisierten Fremdkapitalmarkts, z.B. über die Begebung von Anleihen, traditionell eine wichtige Quelle der Finanzierung von Wachstumsunternehmen dar. Zwar begleiten Kreditinstitute häufig die Emission einer Anleihe, sie sind jedoch nicht der Vertragspartner des kreditnehmenden Unternehmens. Diese Funktion übernehmen unmittelbar die am Kapitalmarkt zugelassenen Investoren. Voraussetzung der Begebung einer Anleihe ist die Vorlage eines Ratings durch eine international anerkannte Ratingagentur. Das Rating liefert auch wichtige Anhaltspunkte für die Ausgestaltung der Anleihekonditionen (vgl. Steiner/Starbatty 2003, S. 22). In Deutschland werden Anleihen allerdings bisher nur von sehr großen Wachstumsunternehmen genutzt. Dem Mittelstand ist der Kapitalmarktzugang wegen hoher Transaktionskosten und im Vergleich zu Bankkrediten hohen Zinsen praktisch völlig versperrt. Das liegt auch daran, dass Ratingagenturen Anleihen von kleinen oder mittelgroßen Unternehmen häufig unabhängig von einer Einzelprüfung des emittierenden Unternehmens mit einem schlechten Rating, einem sogenannten „subinvestment grade" versehen. Unternehmen mit einem Umsatz unter 500 Millionen € und einer Nettoverschuldung von mehr als dem 2,5-fachen des jährlichen EBITDA erreichen praktisch nie ein "investment grade" (vgl. Menzel/Dobro 2004, S. 95).

Asset Backed Securities

Eine zweite Form der Fremdfinanzierung über den organisierten Kapitalmarkt sind die „Asset Backed Securities". Dabei werden Forderungen eines Unternehmens gebündelt, aus dem Betriebsvermögen herausgelöst und anschließend verbrieft. Typische Beispiele für solche Forderungen sind Autofinanzierungen, Leasingforderungen und Kreditkartenforderungen. Der wesentliche Vorteil der Asset Backed Securities besteht neben der Finanzierungsfunktion in einer Verbesserung der Bilanzstruktur des emittierenden Unternehmens. Die Ausbuchung der Forderungsbestände in Verbindung mit einem Zufluss an liquiden Mitteln verbessert viele Kennzahlen, die bei der klassischen Bonitätsprüfung durch Banken Verwendung finden. Die Zinsen, die der Kapitalmarkt für dieses Fremdfinanzierungsinstrument verlangt, richten sich zudem nicht nach der Bonität des Emittenten, sondern nach der Qualität des Forderungsbündels, aus dem die Zins- und Tilgungsleistungen bedient werden. Wenn es sich um Forderungen gegenüber Schuldnern mit hoher Bonität handelt, kann eine Asset Backed Security durchaus ein besseres Rating aufweisen als das begebende Unternehmen (vgl. Steiner/Starbatty 2003, S. 27). Auch die Asset Backed Securities bedürfen einer externen Bonitätsbeurteilung durch Ratingagenturen.

Privatdarlehen

Zur Kategorie des Private Debt zählen auch Privatdarlehen, die einem Unternehmen von anderen Unternehmen oder von Privatpersonen zur Verfügung gestellt werden, sogenanntes „informal private debt". Bei Wachstumsunternehmen kommen für Privatdarlehen beispielsweise Freunde der Unternehmensgründer, vermögende Privatpersonen oder Familienangehörige in Frage. Man spricht in diesen Fällen auch von Kreditfinanzierungen durch HNWI-Investoren („High Net Worth Individuals") oder durch „Family-Office-Investoren" (vgl. Warnholtz 2004, S. 105). Je nach der Anzahl der sich zusammenschließenden Investoren und der Bonität des kreditsuchenden Wachstumsunternehmens können auf diese Weise Privatdarlehen in Höhe von mehreren Millionen € vergeben werden. Allerdings handelt es sich zweifellos um einen intransparenten Markt, der nur wenigen Wachstumsunternehmen zugänglich ist. Schließlich zählen auch Gesellschafterdarlehen, die von bisherigen Anteilseignern vergeben werden, zu den Privatdarlehen. Im Insolvenzfall sind Gesellschafterdarlehen unabhängig von den konkreten vertraglichen Regelungen eigenkapitalersetzend und damit nachrangig, wenn sie zu einem Zeitpunkt erfolgen, zu dem ein „ordentlicher Kaufmann" seinem Unternehmen Eigenkapital zugeführt hätte. Die Kreditbeträge sind bei Gesellschafterdarlehen aus diesem Grund in der Praxis eher gering (vgl. Achleitner/Wahl 2004, S. 45).

CDO-Fonds

Eine andere Form des Private Debt sind Kredite von institutionellen Investoren. Dabei kann es sich um Versicherungen oder Fonds handeln. Ein spezieller Fall sind CDO-Fonds, die sogenannte „Collateralized Debt Obligations" erwerben und in einen Fond einbringen, an dem sich andere Investoren beteiligen können. Typischerweise suchen sich die CDO-Fonds ihre Kreditnehmer nicht selbst, sondern nehmen ausschließlich an syndizierten Finanzierungen teil. In Europa sind CDO-Fonds seit 2001 aktiv (Warnholtz 2004, S. 105). Dass die Mittel von Nicht-Banken bereitgestellt werden, bedeutet noch nicht, dass Banken von Private-Debt-Transaktionen immer ausgeschlossen wären. Sie können Private-Debt-Titel durchaus erwerben und zu Handel- oder Anlagezwecken halten (vgl. Achleitner/Wahl 2004, S. 45).

Partiarische Darlehen

Eine für Wachstumsunternehmen mit stabilen Gewinnen besonders gut geeignete Form der rechtlichen Ausgestaltung von Private Debt sind partiarische Darlehen (vgl. von Einem/Schmid 2004, S. 151-152). Bei dieser Form der Fremdfinanzierung ist die Verzinsung nicht fest vereinbart, sondern ertragsabhängig oder sogar umsatzabhängig. Rein ertragsabhängige Verzinsungen, beispielsweise in Abhängigkeit des Jahresüberschusses vor Steuern, haben für das Wachstumsunternehmen den Vorteil, die Liquidität zu schonen. Da der Kreditgeber, eine Privatperson oder auch ein anderes Unternehmen, ein höheres Risiko eingeht als bei einem festen Zinssatz, werden in der Praxis häufig Mindestverzinsungen oder Zinsen über dem normalen Darlehenszinssatz vereinbart. Zusätzlich können den Kreditgebern bestimmte Informations- und Kündigungsrechte eingeräumt werden, beispielsweise Einblicksrechte in die Jahresabschlüsse des Unternehmens, um die korrekte Ermittlung des Zinsanteils nachvollziehen zu können. In der Praxis werden partiarische Darlehen nicht oder nur geringfügig besichert. Abbildung 8-5 fasst die verschiedenen Formen der Fremdfinanzierung und die darin vorkommenden Instrumente des Private Debt zusammen.

Abbildung 8-5 *Formen der Fremdfinanzierung und des Private Debt (in Anlehnung an Achleitner/Wahl 2004, S. 44)*

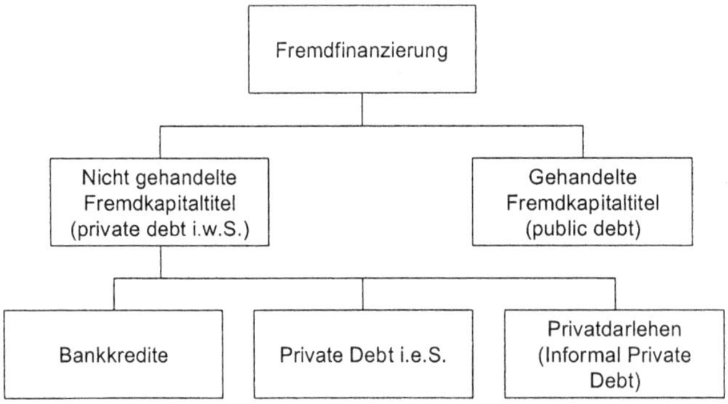

8.6 Literatur

ACHLEITNER, ANN-KRISTIN/FINGERLE, CHRISTIAN H. (2004): Finanzierungssituation des deutschen Mittelstands, in: Achleitner, Ann-Kristin/von Einem, Christoph/von Schröder, Benedikt (Hrsg.): Private Debt – alternative Finanzierung für den Mittelstand, Stuttgart, S. 5-40.

ACHLEITNER, ANN-KRISTIN/WAHL, SIMON (2004): Private Debt als alternative Finanzierungsform für mittelständische Unternehmen, in: Achleitner, Ann-Kristin/von Einem, Christoph/von Schröder, Benedikt (Hrsg.): Private Debt – alternative Finanzierung für den Mittelstand, Stuttgart, S. 41-80.

ALBACH, HORST (1995): Finanzierungspolitik mittelständischer Unternehmen, in: Gerke, Wolfgang/ Steiner, Manfred (Hrsg.): Handwörterbuch des Bank- und Finanzwesens, 2. Auflage, Stuttgart, Sp. 673-681

BERGER, ALLEN N./UDELL, GREGORY F. (1995): Relationship Lending and Lines of Credit in Small Firm Finance, in: Journal of Business 68, S. 351-381.

BOOT, ARNOUD W. A. (2000): Relationship Banking: What Do We Know?, in: Journal of Financial Intermediation 9, S. 7-25.

DEUTSCHE BUNDESBANK (2003): Monatsbericht August, Frankfurt.

DRUKARCZYK, JOCHEN (1993): Theorie und Politik der Finanzierung, 2. Auflage, München.

FRAME W. SCOTT/SRINIVASAN, ARUNA/WOOSLEY, LYNN (2001): The Effect of Credit Scoring on Small-Business Lending, in: Journal of Money, Credit, and Banking 33, S. 813-825.

GEISEN, BERND/DEMPS, JÜRGEN/SCHÜLLER, RUDOLF (2003): Rating für den Mittelstand, Frankfurt.

HARTMANN-WENDELS, THOMAS/PFINGSTEN, ANDREAS/WEBER, MARTIN (2000): Bankbetriebslehre, 2. Auflage, Berlin et al.

INSTITUT FÜR MITTELSTANDSFORSCHUNG BONN (IfM) (2002): Finanzierung des Mittelstands, Bonn.

MENZEL, ROBIN R./DOBRO, MARC (2004): Historische Entwicklung des Private-Debt-Marktes in den USA und Europa, in: Achleitner, Ann-Kristin/von Einem, Christoph/von Schröder, Benedikt (Hrsg.): Private Debt – alternative Finanzierung für den Mittelstand, Stuttgart, S. 93-100.

OVERESCH, HUBERT (2003): Rating Advisory aus Sicht der Banken, in: Achleitner, Ann-Kristin/Everling, Oliver (Hrsg.): Rating Advisory. Mit professioneller Beratung zum optimalen Bonitätsurteil, Wiesbaden, S. 45-53.

PERRIDON, LOUIS/STEINER, MANFRED (1993): Finanzwirtschaft der Unternehmung, 7. Auflage, München.

RAJAN, RAGHURAM (1992): Insiders and Outsiders: The Choice between Informed and Arm's-Length Debt, in: The Journal of Finance 47, S. 1367-1400.

RAJAN, RAGHURAM/WHINTON, ANDREW (1995): Covenants and Collateral as Incentives to Monitor, in: The Journal of Finance 50, S. 1113-1146.

STEINER, MANFRED/STARBATTY, NIKOLAUS (2003): Bedeutung von Ratings in der Unternehmensfinanzierung, in: Achleitner, Ann-Kristin/Everling, Oliver (Hrsg.): Rating Advisory. Mit professioneller Beratung zum optimalen Bonitätsurteil, Wiesbaden, S. 15-35.

STIGLITZ, JOSEPH E./WEISS, ANDREW (1981): Credit rationing in markets with imperfect information, in: American Economic Review 71, S. 393-410.

UDELL, GREGORY F. (2004): SME lending: Defining the Issues in a Global Perspective, Working Paper, Kelley School of Business, Indiana University.

VON EINEM, CHRISTOPH/SCHMID, STEFANIE (2004): Moderne Private-Debt-Finanzierungsinstrumente und deren rechtliche Implementierung, in: Achleitner, Ann-Kristin/von Einem, Christoph/von Schröder, Benedikt (Hrsg.): Private Debt – alternative Finanzierung für den Mittelstand, Stuttgart, S. 147-167.

WARNHOLTZ, THOMAS A. (2004): Private-Debt-Markt und Finanzierungsinstrumente aus Investorensicht, in: Achleitner, Ann-Kristin/von Einem, Christoph/von Schröder, Benedikt (Hrsg.): Private Debt – alternative Finanzierung für den Mittelstand, Stuttgart, S. 101- 110.

9 Öffentliche Gründungs- und Wachstumsfinanzierung

9.1 Einleitung

Schwierigkeiten bei der Fremdkapitalaufnahme

Das voranstehende Kapitel hat gezeigt, dass es für junge Wachstumsunternehmen schwierig sein kann, Darlehen oder Kredite von privaten Geschäftsbanken zu erhalten. Als Ausgleich für die höheren Risiken des Kreditausfalls bei Wachstumsunternehmen (im Vergleich zu nicht stark wachsenden Unternehmen oder sehr großen Unternehmen) verlangen die Banken Sicherheiten, über die das Wachstumsunternehmen typischerweise nicht verfügt, sie fordern hohe Zinssätze, oder sie lehnen eine Kreditvergabe wegen der Unsicherheit der zukünftigen Unternehmensentwicklung ganz ab. Aus der Sicht der privaten Geschäftsbanken ist die Zurückhaltung bei der Vergabe von Krediten an junge Wachstumsunternehmen verständlich. Fremdkapitalgeber partizipieren nicht an den Überschüssen im Falle einer sehr günstigen Unternehmensentwicklung, laufen im Falle einer sehr ungünstigen Entwicklung aber Gefahr, Forderungsausfälle zu erleiden (vgl. Stiglitz/Weiss 1981).

Attraktivität von Fremdkapital

Aus der Sicht der Gründer sind Bankkredite jedoch attraktiv. Das hat mehrere Gründe. Zunächst liegen die Kapitalkosten der Fremdfinanzierung typischerweise niedriger als bei einer Eigenkapitalfinanzierung. Ein wesentlicher Grund dafür ist die in fast allen Ländern der Welt vorzufindende steuerrechtliche Diskriminierung zwischen Eigen- und Fremdkapital. Konkret wird die Fremdkapitalaufnahme dadurch verbilligt, dass Kreditzinsen bei der steuerlichen Gewinnermittlung abzugsfähig sind, Eigenkapitalkosten jedoch nicht. Ein anderer Grund für die Attraktivität von Fremdkapital sind die geringeren Einfluss- und Kontrollrechte von Fremdkapitalgebern, auf die im voranstehenden Kapitel ebenfalls schon hingewiesen wurde.

Nachteile von traditionellen Krediten

Der wesentliche Nachteil einer Fremdfinanzierung für ein Wachstumsunternehmen liegt in den laufenden Auszahlungsverpflichtungen. Die Kreditzinsen und die Tilgungsleistungen müssen regelmäßig entrichtet werden, auch wenn das Unternehmen noch (oder vorübergehend) nicht in der Lage ist, aus dem operativen Geschäft positive Cash Flows zu erwirtschaften. Nun könnten die Gründer theoretisch Kreditverträge mit tilgungs- und zinszahlungsfreien Zeiten zu Beginn der Kreditlaufzeit und festen späteren Rückzahlungszeitpunkten erbitten. Sie würden auf diese Weise der kreditgebenden Bank eine Information bzw. ein Signal über den Zeitpunkt geben, zu dem sie glauben, allen Zins- und Tilgungsverpflichtungen mit ausreichend großer Wahrscheinlichkeit aus eigener Kraft nachkommen zu können (vgl. Smith/Smith 2000, S. 482-483). Private Geschäftsbanken sind im allgemeinen jedoch nicht bereit, einem Wachstumsunternehmen tilgungs- und zinszahlungsfreie Zeiten einzuräumen. Ihre Risikopräferenzen sind grundlegend andere als die von Eigenkapitalgebern, so dass sie (berechtigterweise) nicht bereit sind, Gründungs- und Wachstumsunternehmen Konditionen mit besonderen Ausfallrisiken einzuräumen.

Marktversagen bei Krediten für Wachstumsunternehmen?

Gesamtwirtschaftlich ist es möglicherweise ebenfalls wünschenswert, dass Gründungs- und Wachstumsunternehmen eine Fremdfinanzierung zur Verfügung steht. Wenn private Geschäftsbanken jungen Unternehmen aus individuellen Risikoüberlegungen heraus keine Kredite geben, kann ein Fall von Marktversagen vorliegen, d.h. eine aus gesamtwirtschaftlicher Sicht ineffizient geringe Versorgung von Wachstumsunternehmen mit Krediten. Ein solches Marktversagen wäre eine Rechtfertigung für eine staatliche Gründungsförderung, z.B. durch das Angebot öffentlicher Förderkredite. Der Nachweis eines Marktversagens bei der Kreditfinanzierung von Start-ups ist theoretisch schwierig und empirisch umfassend bisher auch nicht durchgeführt worden. Zunächst müsste geprüft werden, ob eine Fremdfinanzierung von Gründungsunternehmen überhaupt notwendig ist. Das wäre einerseits gegeben, wenn keine ausreichenden Möglichkeiten der Eigenkapitalfinanzierung bestehen. Andererseits wäre es der Fall, wenn die Kapitalstruktur eines Gründungsunternehmens zwingend auch Fremdkapital beinhaltet. Anschließend wäre zu prüfen, ob private Geschäftsbanken gesamtwirtschaftlich ineffizient wenig Fremdkapital für Gründungsunternehmen bereitstellen. Dies wäre dann zu konstatieren, wenn es ohne die entsprechende Fremdfinanzierung weniger (bzw. weniger erfolgreiche) Gründungsunternehmen gäbe, die neue Arbeitsplätze schaffen, die regionale Wirtschaftskraft stärken oder Innovationen in den Markt einführen (vgl. Albach/Hunsdiek 1987).

Tradition der öffentlichen Förderung

Trotz des Fehlens eines theoretisch überzeugenden Nachweises des Marktversagens bei der Fremdfinanzierung von Gründungsunternehmen ist die Notwendigkeit einer staatlichen Gründungsförderung in der Literatur bisher nicht in Frage gestellt worden (vgl. z.B. Almus/Prantl 2001a, S. 1-2). Auch in der Praxis ist die öffentliche Gründungsförderung schon seit langer Zeit ein fester Bestandteil der deutschen Wirtschaftspolitik. Das Instrument des Förderkredits gibt es beispielsweise seit über 20 Jahren (vgl. Struck/Thomsen/Kuhn 1998, S. 7). Dies ist insofern überraschend, als bei jeder staatlichen Aktivität auf einem Markt, der prinzipiell auch von privaten Anbietern bedient wird, ein „crowding out" entstehen kann. Crowding out bezeichnet eine Verdrängung privater Anbieter durch staatliche Anbieter. Konkret könnte die öffentliche Gründungsförderung durch Förderkredite dazu führen, dass auf dem Markt für die Kreditfinanzierung von Wachstumsunternehmen private Banken verdrängt bzw. benachteiligt werden, weil öffentliche Banken subventionierte Angebote machen und so den Wettbewerb verzerren.

9.2 Ziele und Gefahren öffentlicher Gründungs- und Wachstumsfinanzierung

Arbeitsplätze und Wachstum als politische Ziele

Ein wesentliches Ziel der deutschen Wirtschaftspolitik ist seit vielen Jahren (und über Parteigrenzen hinweg) die Förderung von Unternehmensgründungen und die Erhöhung des Anteils der Selbständigen an der Gesamtbevölkerung. Dahinter stehen die übergeordneten wirtschaftspolitischen Zielsetzungen der Förderung des Wirtschaftswachstums sowie der Sicherung und Schaffung von Arbeitsplätzen. Ähnliche Ziele finden sich in anderen Ländern und insbesondere auch in der Europäischen Union. Entsprechend dieser Leitlinien fördern der deutsche Staat (Bund und Länder) bzw. die Europäische Union seit vielen Jahren Existenz- und Unternehmensgründungen. Diese Förderung kann sehr verschiedene Formen haben. Neben reinen Zuschüssen, die vom begünstigten Unternehmen nicht zurückgezahlt werden müssen, gibt es in Deutschland Eigenkapitalhilfen, indirekte Hilfen wie Bürgschaften, Kreditversicherungen usw. sowie Fremdkapital-Programme bzw. Förderkredite (vgl. Kollmann 2004, S. 98-99 und Nathusius 2001, S. 104-107).

Förderkredite

In Deutschland wurde das Instrument des öffentlichen Förderkredits 1971 von der Bundesregierung entworfen und über die damalige Deutsche Ausgleichsbank (DtA), die inzwischen mit der Kreditanstalt für Wiederaufbau (KfW) zusammengelegt wurde, in den Markt eingeführt. Der Grundgedanke des Förderkredits besteht darin, den zu unterstützenden Gründungs- bzw. Wachstumsunternehmen den Zugang zu Fremdkapital zu erleichtern und darüber hinaus attraktive Konditionen für dieses Fremdkapital anzubieten (vgl. Schefczyk/Pankotsch 2003, S. 241). Die Erleichterung des Zugangs zu Fremdkapital besteht typischerweise in den niedriger als marktüblich ausgestalteten oder gar nicht vorhandenen Sicherheitsleistungen. Ein Beispiel sind sogenannte Mikrodarlehen, bei denen kleine Gründungsunternehmen einen Kredit von bis zu 25.000 € erhalten. Die Gründer müssen nur für 20 % der Darlehenssumme Sicherheiten stellen. Attraktive Konditionen von Förderkrediten bedeuten, dass die Kreditzinsen unter dem marktüblichen Niveau liegen, dass lange Laufzeiten vereinbart werden und dass dem Gründungsunternehmen Zeiten ohne Zinszahlungs- und Tilgungsverpflichtungen eingeräumt werden.

Vorteile von Förderkrediten

Aus der Sicht eines zu finanzierenden Wachstumsunternehmens liegen die Vorteile der öffentlichen Förderkredite zunächst in der Zinsersparnis, also den im Vergleich zum privaten Bankkredit niedrigeren Kosten der Fremdfinanzierung. Darüber hinaus bieten öffentliche Förderkredite lange Kreditlaufzeiten mit fester Zinsbindung, was die Planungssicherheit erhöht und sowohl die Kapitalkosten als auch die Transaktionskosten der Kreditbeschaffung senkt. Schließlich sehen manche Förderkredite die Möglichkeit einer Tilgungsfreistellung in den ersten Jahren vor. Auf diese Weise wird die Liquidität des Wachstumsunternehmens in den Jahren geschont, in denen typischerweise die Fähigkeit zur Erwirtschaftung positiver Cash Flows noch gering ist.

Der Wert der öffentlichen Förderung

Angesichts des erheblichen Umfangs, den die Gründungsförderung durch öffentliche Förderkredite in Deutschland erreicht hat, muss die bereits erwähnte Gefahr einer Verdrängung privater Aktivitäten geprüft werden. Weiterhin besteht die Gefahr der Ineffizienz der Gründungsförderung durch Förderkredite. Der staatliche Aufwand zur Unterstützung von Existenz- und Unternehmensgründungen könnte sich in dem Sinne nicht lohnen, dass die wirtschaftpolitischen Ziele verfehlt werden oder bei einer anderen Verwendung der eingesetzten Mittel besser hätten erreicht werden können. Zwei Analyseebenen sind dabei zu unterscheiden (vgl. zum Folgenden Brüderl/-Preisendörfer/Ziegler 1998, S. 174).

Gesamtwirtschaftliche Effizienz

Die Gründungsförderung ist gesamtwirtschaftlich effizient, wenn sie die wirtschaftspolitischen Ziele besser zu erreichen hilft als alternative Förderprogramme. Gesamtwirtschaftlich ineffizient sind öffentliche Förderkredite beispielsweise dann, wenn sie von Unternehmen in Anspruch genommen werden, die auch ohne eine Förderung ausgekommen wären („Mitnahmeeffekt"), oder wenn geförderte Unternehmen am Markt die nicht geförderten, aber ebenso effizient arbeitenden verdrängen („Verdrängungseffekt"). Die empirische Überprüfung der gesamtwirtschaftlichen Effizienz von Förderkrediten stößt auf erhebliche methodische Schwierigkeiten. So fehlt es an einer Vergleichsmöglichkeit mit anderen Formen der Mittelverwendung. Weiterhin ist es ohne eine genaue Analyse des Einzelfalls nicht feststellbar, ob die Inanspruchnahme eines Förderkredits durch ein Gründungsunternehmen nur aus Mitnahmegründen erfolgt oder tatsächlich ausschlaggebend für die Umsetzung einer Geschäftsidee in ein Unternehmen ist. Aus diesen Gründen liegen bisher auch keine entsprechenden Untersuchungen zur gesamtwirtschaftlichen Effizienz der Förderkredite in Deutschland vor.

Einzelwirtschaftliche Effizienz

Einzelwirtschaftlich sind Förderkredite als effizient zu bezeichnen, wenn geförderte Unternehmen erfolgreicher sind als nicht erfolgreiche, also beispielsweise häufiger überleben oder mehr Arbeitsplätze schaffen. Die einzelwirtschaftliche Effizienz ist eine Voraussetzung der gesamtwirtschaftlichen. Wenn Förderkredite bei einzelnen Unternehmen nicht erfolgsrelevant sind, können sie auch gesamtwirtschaftlich keine effiziente Verwendung der eingesetzten Mittel darstellen (vgl. Brüderl/Preisendörfer/Ziegler 1993). Die Analyse der einzelwirtschaftlichen Effizienz von Förderkrediten stößt ebenfalls auf etliche methodische Herausforderungen, z.B. das Erfordernis der Verwendung einer Kontrollgruppe mit nicht geförderten Unternehmen oder die Trennung des Fördereffekts von einem möglichen Selektionseffekt der Kreditvergabe. Wir werden in Abschnitt 9.6 näher auf die empirischen Studien eingehen, die sich mit der Prüfung der einzelwirtschaftlichen Effizienz von Förderkrediten befasst haben. Abbildung 9-1 fasst die wichtigsten Ziele und Gefahren der öffentlichen Gründungs- und Wachstumsfinanzierung zusammen.

Ziele und Gefahren der öffentlichen Gründungs- und Wachstumsfinanzierung

Abbildung 9-1

Ziele der öffentlichen Gründungs- und Wachstumsfinanzierung

- Erhöhung des Anteils der Selbständigen an der Gesamtbevölkerung
- Förderung des Wirtschaftswachstums
- Schaffung und Erhaltung von Arbeitsplätzen
- Förderung von Innovationen

Gefahren der öffentlichen Gründungs- und Wachstumsfinanzierung

- Mögliches „crowding out“ (Benachteiligung privater Banken im Markt für Fremdfinanzierungen)
- Gesamtwirtschaftliche Ineffizienz der Förderung (Mitnahme- und Verdrängungseffekte)
- Einzelwirtschaftliche Ineffizienz der Förderung

9.3 Öffentliches Eigenkapital und eigenkapitalähnliche Förderung

Wir wollen im Folgenden nicht den Versuch unternehmen, alle Formen der öffentlichen Eigenkapitalförderung im Detail vorzustellen. Stattdessen werden wir uns darauf beschränken, einige typische Beispiele von eigenkapitalähnlichen Zuschüssen und indirekten Hilfen zu nennen und in ihren

Grundzügen zu erläutern. In den späteren Kapiteln untersuchen wir dann Formen von Förderkrediten und mezzanine Förderprogramme, also Förderungen mit kombinierten Merkmalen von Eigenkapital und Fremdkapital.

Überbrückungsgeld

Zu den Eigenkapitalhilfen (vgl. Haller 1999) sind Zuschüsse zu zählen, die ein Gründer bzw. ein Wachstumsunternehmen erhält und die nicht zurückgezahlt werden müssen. Ein Beispiel ist das Überbrückungsgeld der Bundesagentur für Arbeit (früher: Bundesanstalt für Arbeit), das seit Januar 1986 besteht. Es gewährt vorher arbeitslosen Existenzgründern für einen Zeitraum von bis zu 26 Wochen einen finanziellen Zuschuss zum Lebensunterhalt in Höhe des zuletzt erhaltenen Arbeitslosengelds. Das Überbrückungsgeld, auf das kein Rechtsanspruch besteht, soll die Bereitschaft von Arbeitslosen stärken, Eigeninitiative zu entwickeln und den eigenen Lebensunterhalt durch eine unternehmerische Tätigkeit zu erwirtschaften (vgl. Struck/Thomsen/Kuhn 1998, S. 7).

Existenzgründungszuschuss

Ein anderes Beispiel für eine Eigenkapitalhilfe ist der Existenzgründungszuschuss, der seit dem Jahr 2003 unter dem (sehr missverständlichen) Namen „Ich AG" für Arbeitslose und Beschäftigte in Maßnahmen des Arbeitsamts (ABM-Beschäftigte) angeboten wird (vgl. Schefczyk/Pankotsch 2003, S. 238). Im Gegensatz zum Überbrückungsgeld besteht beim Existenzgründungszuschuss ein Rechtsanspruch für den gründungswilligen Arbeitslosen bzw. ABM-Beschäftigten. Der Zuschuss wird für maximal drei Jahre gezahlt und muss jährlich neu bewilligt werden. Voraussetzung der Bewilligung ist ein jährlicher Betriebsgewinn von weniger als 25.000 €. Im ersten Jahr werden einem begünstigten Existenzgründer 600 € pro Monat gezahlt, im zweiten Jahr 360 € pro Monat und im dritten Jahr 240 € pro Monat. Auch der Existenzgründungszuschuss muss nicht zurückgezahlt werden.

Die Effizienz von Überbrückungsgeld und Existenzgründungszuschuss

Sowohl zum Überbrückungsgeld als auch zum Existenzgründungszuschuss sind aus theoretischer Sicht einige kritische Anmerkungen zu machen. Zunächst bezwecken beide Programme offensichtlich nicht primär die Schaffung von Unternehmen mit Arbeitsplätzen, sondern dienen eher der Förderung von Kleinstgründungen einzelner Personen, die ansonsten Arbeitslosenunterstützung beziehen würden. Weiterhin fällt auf, dass die Arbeitsämter die Existenzgründungsvorhaben der Antragsteller nicht auf Durchführbarkeit oder Wirtschaftlichkeit prüfen, so dass auch wirtschaftlich wenig aussichtsreiche Vorhaben gute Chancen haben, gefördert zu werden (vgl. Struck/Thomsen/Kuhn 1998, S. 7). Schließlich ist insgesamt unklar, warum man ausgerechnet Arbeitslosen besondere finanzielle Anreize zur Aufnahme einer selbständigen Tätigkeit geben sollte.

Empirische Studien zeigen, dass die Arbeitslosigkeit keine ideale Startbedingung für eine Unternehmensgründung ist. Gründer, die zuvor arbeitslos waren, scheitern signifikant häufiger als Gründer, die vorher erwerbstätig waren (vgl. Birch 1979 und Becker 1982). Eventuell würden die Mittel, welche die öffentliche Hand für das Überbrückungsgeld und den Existenzgründungszuschuss bereitstellt, daher effizienter in eine Verbesserung des Arbeitsmarktes oder eine Förderung bestehender Unternehmen, die Arbeitsplätze schaffen, investiert. Schließlich ist die Gefahr der Verdrängung bzw. Benachteiligung bereits bestehender Unternehmen in bestimmten Branchen wie dem Handwerk sehr groß. Ein Beispiel ist das Frisörhandwerk, in dem es keine großen Investitionserfordernisse gibt. Existenzgründer erhalten bei einem Umsatz pro Jahr von unter 30.000 € nicht nur den Existenzgründungszuschuss, sondern werden auch noch von der Umsatzsteuer befreit. Sie verfügen auf diese Weise über erhebliche Kostenvorteile gegenüber mittelständischen Frisörbetrieben, die zu groß sind, um gefördert oder von der Umsatzsteuer befreit zu werden.

BTU-Programm

Beispielhaft für verschiedene Formen der Eigenkapitalhilfe durch öffentliche Banken sei hier das Programm „Beteiligungskapital für kleine Technologieunternehmen (BTU-Programm)" der Technologiebeteiligungsgesellschaft (tbg) genannt (vgl. Schefczyk/Pankotsch 2003, S. 248-249). Es finanziert die Entwicklung von Produkten vor der Markteinführung und richtet sich an unabhängige (d.h. nicht im Besitz anderer Unternehmen befindliche), nicht zu große (weniger als 50 Mitarbeiter und weniger als sieben Millionen € Jahresumsatz) und technologieorientierte Wachstumsunternehmen, die nicht älter als fünf Jahre sind. Die begünstigten Unternehmen erhalten von der tbg eine stille Beteiligung in Höhe von maximal 1,5 Millionen €, wenn sich ein anderer Investor, der sogenannte „Leadinvestor" in mindestens gleichem Umfang beteiligt und auch die Betreuung des Unternehmens übernimmt. Der Beteiligungsentscheidung geht eine Prüfung des Geschäftsmodells voraus. Der Leadinvestor unterstützt das geförderte Unternehmen in Finanz- und Managementfragen und berichtet der tbg in der Betreuungsphase über dessen wirtschaftliche Entwicklung.

Bürgschaften

Ein Beispiel für eine indirekte Subventionierung von Existenzgründern durch den Staat, die weder eindeutig Eigenkapital-, noch Zuschuss-, noch Fremdkapitalcharakter hat, sind Bürgschaften der KfW. Die Bürgschaften gelten für langfristige Investitions- und Betriebsmittelkredite, die in einem sachlichen Zusammenhang zu Investitionen von Wachstums- bzw. Mittelstandsunternehmen stehen. Die Bürgschaft bewirkt, dass die geförderten Unternehmen keine eigenen Sicherheiten für die aufgenommenen Kredite stellen müssen. Die Voraussetzung für die Übernahme einer Bürgschaft durch die KfW ist, dass es sich um die Errichtung, Erweiterung, Umstellung oder Modernisierung einer Betriebsstätte in den neuen Bundesländern handelt.

Subventionsgrenzen

Bei allen Zuschüssen und zuschussähnlichen Unterstützungsleistungen an Gründungsunternehmen sind neben den konkreten wirtschaftspolitischen Zielsetzungen der vergebenden staatlichen Stelle Vorgaben der Europäischen Union zu Subventionen zu beachten. Der Wert der Subvention pro Unternehmen darf über einen Zeitraum von drei Jahren maximal 100.000 € betragen. Grundlage der Berechnung des Subventionswerts sind Vergleiche mit privaten Angeboten am Markt. Bei einem Förderkredit entspricht die Höhe der staatlichen Subvention beispielsweise der Zinsersparnis im Vergleich zu einem privaten Kredit mit vergleichbaren Konditionen (vgl. Schefczyk/Pankotsch 2003, S. 235).

9.4 Öffentliche Förderkredite

Die Abwicklung von Förderkrediten

Anträge auf Förderkredite kann ein Wachstumsunternehmen typischerweise nicht selbst bei den entsprechenden öffentlichen Institutionen stellen. Sie werden durch die jeweilige Hausbank vermittelt. Diese verwaltet treuhänderisch die zur Verfügung gestellten Fördermittel bzw. stellt den Antrag auf Bürgschaftsübernahme. Die Hausbank übernimmt typischerweise die Kreditwürdigkeitsprüfung. Sie stellt den Antrag auf einen Förderkredit trotz eventueller vollständiger oder nur anteiliger Haftungsfreistellung nur dann, wenn sie selbst von dem zu finanzierenden Projekt oder dem Unternehmenskonzept überzeugt ist. Der Antrag auf Gewährung eines öffentlichen Förderkredits muss grundsätzlich vor dem Abschluss von Verträgen, also beispielsweise Kaufverträgen, gestellt werden. Für bereits getätigte Investitionen können keine öffentlichen Förderkredite mehr gewährt werden. Auf Fördermittel besteht auch kein Rechtsanspruch. Wesentliche Voraussetzungen für die Beantragung öffentlicher Förderkredite sind eine Finanzierungszusage der Hausbank, die fachliche sowie die kaufmännische Qualifikation der Gründer und der Nachweis einer auf Dauer angelegten hauptberuflichen Gründung.

Vielfalt und Transparenz von Förderkrediten

In Deutschland gibt es sehr viele verschiedene öffentliche Förderkredite. Sie unterscheiden sich nach Laufzeiten, Zinssätzen, der Auszahlungshöhe (mit oder ohne Disagio), Höchstbeträgen und geförderten Vorhaben. Das Angebot ist so groß und zum Teil auch so wenig transparent, dass sich ein Markt von Finanzierungsberatern und sogar Softwareprogrammen gebildet hat, die potenziellen Unternehmensgründern beim Finden des richtigen Förderkredits helfen wollen. Die KfW, die nach der Fusion mit der DtA die wesentliche Trägerin öffentlicher Förderprogramme für Gründungs- und Wachstumsunternehmen in Deutschland ist, hat ihrerseits versucht, mehr Transparenz bei Förderkrediten zu schaffen und bietet auf ihren Internetseiten umfangreiche Informationen zu den vorhandenen Programmen an (vgl. *www.kfw-mittelstandsbank.de*). Wir werden im Folgenden nicht versuchen, einen vollständigen Überblick über alle angebotenen Förderkredite zu geben, sondern nur einige der aus unserer Sicht wichtigen Programme näher vorstellen. Der Stand der hier wiedergegebenen Angebote ist Ende 2004 (zu einem Vergleich mit der Fördersituation im März 1999 vgl. z.B. Meyer/Hansen 1999). Das Angebot staatlicher Förderkredite hat sich in der Vergangenheit oft geändert. Daher ist auch in Zukunft mit Anpassungen der Konditionen, Ergänzungen um neue Programme und die Beendigung bestehender Förderkredite zu rechnen.

Mikro-Darlehen

Das Mikro-Darlehen der KfW richtet sich an Kleinstgründungen mit einem Fremdkapitalbedarf von nicht mehr als 25.000 €. Antragsberechtigt sind natürliche Personen und kleine Unternehmen mit nicht mehr als zehn Mitarbeitern. Dazu zählen auch Existenzgründungen im Nebenerwerb sowie Gründungen von Personen, die bereits einmal erfolglos den Start in die Selbständigkeit versucht haben, soweit nicht noch offene Verbindlichkeiten aus der ersten Gründung bestehen. Die Förderung kann bei Gründung, aber auch noch bis zu drei Jahre nach Aufnahme des Geschäftsbetriebs beantragt werden, in der sogenannten „Festigungsphase". Eine Kombination mit anderen Förderprogrammen der KfW ist nicht möglich. Die Entscheidung über die Kreditvergabe trifft die Hausbank, die auch eine Geschäfts- und Bonitätsprüfung vornimmt. Der Kredit ist banküblich zu besichern, es wird jedoch eine Haftungsfreistellung von 80 % gewährt. Die Laufzeit beträgt bis zu fünf Jahre, davon können sechs Monate tilgungsfrei sein. Der Zinssatz des Mikro-Darlehens betrug im Juni 2004 effektiv 9,15 %. Hinzu kommt ein Bearbeitungsentgelt für die Hausbank. Es soll Anreize für die Hausbank schaffen, auch bei der Bereitstellung von Kleinstkrediten mitzuwirken, verteuert das Darlehen aber für den Kreditnehmer. Insgesamt ist es das Ziel des Mikro-Darlehens, ein schnelles und unbürokratisches Antrags- und Entscheidungsverfahren zu gewährleisten. Abbildung 9-2 fasst die wichtigsten Konditionen und Vergabebedingungen des Mikro-Darlehens zusammen.

Abbildung 9-2 *Das Mikro-Darlehen*

Antragsberechtigte	Natürliche Personen (auch Gründungen im Nebenerwerb) und Unternehmen mit nicht mehr als zehn Mitarbeitern
Geförderte Vorhaben	Gründungen, Aufwendungen und Investitionen in den ersten 3 Jahren nach Gründung
Maximale Kreditsumme	25.000 Euro
Laufzeit	Maximal 5 Jahre (davon sechs Monate tilgungsfrei)
Besicherung	Banküblich (soweit vorhanden), Haftungsfreistellung 80 % obligatorisch
Effektivzins (Stand Juni 2004)	9,15 %
Sonstiges	Schnelles und unbürokratisches Antrags- und Entscheidungsverfahren

StartGeld

Mit dem StartGeld fördert die KfW Existenzgründer und Unternehmen mit bis zu 100 Mitarbeitern, die einen Fremdkapitalbedarf von bis zu 50.000 € haben. Finanziert werden Sachinvestitionen, Warenlager und Betriebsmittel. Eine Kombination mit anderen Förderprogrammen der KfW ist nicht möglich. Die Hausbank entscheidet nach einer Geschäfts- und Bonitätsprüfung über die Kreditvergabe und ist auch der Vertragspartner der Gründer. Die KfW prüft nach Eingang des Kreditantrags, ob alle Fördervoraussetzungen erfüllt sind. Der Kredit ist banküblich zu besichern, allerdings gewähren die KfW Mittelstandsbank und der Europäische Investitionsfonds eine Haftungsfreistellung von 80 %. Die Laufzeit des StartGelds beträgt zehn Jahre, davon können maximal zwei Jahre als tilgungsfrei vereinbart werden. Der Zinssatz des StartGelds betrug im Juni 2004 effektiv 7,96 %. Die durchleitende Hausbank erhält, ähnlich wie beim Mikro-Darlehen, ein festes Bearbeitungsgeld als Anreiz zur Mitwirkung. Abbildung 9-3 fasst die wichtigsten Konditionen und Vergabebedingungen des StartGelds zusammen.

Das StartGeld

Abbildung 9-3

Antragsberechtigte	Natürliche Personen (auch Gründungen im Nebenerwerb) und Unternehmen mit nicht mehr als 100 Mitarbeitern
Geförderte Vorhaben	Sachinvestitionen, Warenlager, Betriebsmittel
Maximale Kreditsumme	50.000 Euro
Laufzeit	Maximal 10 Jahre (davon maximal 2 Jahre tilgungsfrei)
Besicherung	Banküblich, Haftungsfreistellung 80 % obligatorisch
Effektivzins (Stand Juni 2004)	7,96 %
Sonstiges	Keine Kombination mit anderen Förderprogrammen der KfW möglich

Der Unternehmerkredit

Der Unternehmerkredit der KfW steht Existenzgründern der gewerblichen Wirtschaft, Freiberuflern sowie inländischen und ausländischen gewerblichen Unternehmen zur Verfügung. Er dient der langfristigen Finanzierung von Investitionen in Deutschland (Variante Unternehmerkredit – Betriebsmittel). Der Jahresumsatz des Antragstellers darf jedoch 500 Millionen € nicht überschreiten. Investitionen deutscher Unternehmen im Ausland werden über die Variante Unternehmerkredit – Ausland gefördert. In diesem Fall richtet sich die Höhe der förderfähigen Investitionskosten nach dem Umsatz des Unternehmens. Je mehr Umsatz gemacht wird, desto geringer ist der Anteil der Förderfinanzierung. Die fehlenden Finanzierungsmittel können dann durch Darlehen von privaten Geschäftsbanken bereitgestellt werden. Der Unternehmerkredit muss banküblich besichert werden, Art und Höhe der Besicherung sind von den Antragstellern individuell mit der betreuenden Bank auszuhandeln. Sie ist auch Vertragspartner beim Abschluss des Kreditvertrags. Die Laufzeit des Unternehmerkredits beträgt zehn Jahre mit maximal zwei tilgungsfreien Jahren. Wenn mindestens zwei Drittel der förderfähigen Investitionssumme auf Grunderwerb, gewerbliche Baukosten oder den Erwerb von Unternehmen oder Beteiligungen entfallen, kann eine Laufzeit des Unternehmerkredits von bis zu 20 Jahren beantragt werden. Der Höchstbetrag des Kredits beläuft sich auf fünf Millionen €, er kann für größere Unternehmen jedoch auch überschritten werden. Im Juni 2004 galt für den Unternehmerkredit ein sehr günstiger Zinssatz von effektiv 4,84 %. Der Kredit kann zudem jederzeit vollständig oder teilweise zurückgezahlt werden. Vorteilhaft ist auch, dass der Unternehmerkredit mit anderen öffentlichen Förderkrediten kombiniert werden kann. Abbildung 9-4 fasst die wichtigsten Konditionen und Vergabebedingungen des Unternehmerkredits zusammen.

Abbildung 9-4 *Der Unternehmerkredit*

Antragsberechtigte	Natürliche Personen und Unternehmen mit weniger als 500 Mio. Euro Jahresumsatz (bezogen auf die Gruppe)
Geförderte Vorhaben	Investitionen in Anlage- und Umlaufvermögen, Ausgleich von Liquiditätsengpässen
Maximale Kreditsumme	5 Mio. Euro (bei Unternehmen mit mehr als 50 Mio. Euro Gruppenumsatz auch mehr)
Laufzeit	Maximal 10 Jahre (davon maximal 2 Jahre tilgungsfrei), für bestimmte Investitionen bis zu 20 Jahre
Besicherung	Banküblich
Effektivzins (Stand Juni 2004)	4,84 %
Sonstiges	Kann mit anderen öffentlichen Förderkrediten kombiniert werden

Unternehmerkredit - Leasing

Eine spezielle Variante des Unternehmerkredits ist der Unternehmerkredit – Leasing. Mit ihm fördert die KfW das Leasen von Immobilien. Antragsberechtigt sind dieselben Personen und Unternehmen wie bei den anderen Formen des Unternehmerkredits. Finanziert werden alle Immobilieninvestitionen des Leasinggebers in Deutschland, z.B. für Grundstücke, Gebäude und Bauinvestitionen. Nicht förderfähig sind dagegen Vorhaben, bei denen ein Verkauf mit anschließendem Abschluss eines Leasingvertrags stattfindet („sale and lease back"). Das Kreditvolumen darf die Gesamtinvestitionskosten des im Leasingvertrag genannten steuerlichen Restbuchwerts nicht übersteigen. Die maximale Höhe des Darlehens beträgt fünf Millionen €. Wie bei den anderen Varianten des Unternehmerkredits nimmt die begleitende Hausbank eine Objekt- und Bonitätsprüfung vor und übernimmt gegenüber der KfW die volle Haftung. Die KfW prüft ihrerseits, ob alle Fördervoraussetzungen erfüllt sind. Der eigentliche Kreditvertrag wird dann zwischen dem antragstellenden Existenzgründer bzw. dem Freiberufler oder Unternehmen und der Hausbank geschlossen. Die Laufzeit des Unternehmerkredits – Leasing ist sehr lang, sie kann bis zu 22 Jahren betragen. Im Juni 2004 belief sich der effektive Kreditzins auf 4,94 %. Insgesamt bietet sich somit für den Leasinggeber eine günstige Refinanzierungsmöglichkeit für ein Leasingobjekt, Eigenkapital und Liquidität werden geschont.

ERP-Regionalförderprogramm

Beim ERP-Regionalförderprogramm vergibt die KfW Förderkredite an kleine und mittlere Unternehmen der gewerblichen Wirtschaft und freiberuflich Tätige, die ihren Standort in den neuen Bundesländern oder den regionalen Fördergebieten in den alten Bundesländern haben. Das Programm dient der Entwicklung von strukturschwachen Gebieten der Europäischen Union. Der Höchstbetrag des Förderkredits beträgt 500.000 €, er kann bei Vorhaben von besonderer volkswirtschaftlicher Bedeutung jedoch auf bis zu drei Millionen € erweitert werden. Finanziert werden langfristige Investitionen, ausgeschlossen sind Umschuldungen und Nachfinanzierungen. Die Kreditsumme beträgt bis zu 75 % des förderfähigen Investitionsvolumens, die Laufzeit ist auf maximal 15 Jahre begrenzt. Der Zinssatz (im Juni 2004 betrug er effektiv 4,58 % für die alten und 4,32 % für die neuen Bundesländer) ist fest für die ersten zehn Jahre der Kreditlaufzeit, anschließend gilt der ERP-Zinssatz für Neuzusagen zum Zeitpunkt des Ablaufs der Zinsbindungsfrist. Außer den Kreditzinsen entstehen den Antragstellern keine weiteren Bearbeitungsgebühren. Die KfW Mittelstandsbank prüft, ob alle Fördervoraussetzungen erfüllt sind. Die durchleitende Hausbank tritt als Vertragspartner des Unternehmens auf. Abbildung 9-5 fasst die wichtigsten Konditionen und Vergabebedingungen des ERP-Regionalförderprogramms zusammen.

Das ERP-Regionalförderprogramm

Abbildung 9-5

Antragsberechtigte	Freiberufler und Unternehmen mit weniger als 50 Mio. Euro Jahresumsatz, Standort in den GA-Fördergebieten
Geförderte Vorhaben	Investitionen in Anlage- und Umlaufvermögen
Maximale Kreditsumme	500.000 Euro (bei Vorhaben von besonderer volkswirtschaftlicher Bedeutung bis zu 3 Mio. Euro)
Laufzeit	Maximal 15 Jahre (davon maximal 5 Jahre tilgungsfrei)
Besicherung	Banküblich
Effektivzins (Stand Juni 2004)	4,58 % (alte Bundesländer) 4,32 % (neue Bundesländer)
Sonstiges	Zinsbindung nur für die ersten zehn Jahre der Laufzeit

ERP-Innovationsprogramm

Das ERP-Innovationsprogramm stellt Darlehen zur langfristigen Finanzierung von Forschungs- und Entwicklungsprojekten privater gewerblicher Unternehmen zur Verfügung (Programmteil I). Kleine und mittlere Unternehmen werden bevorzugt berücksichtigt, Unternehmen mit einem Jahresumsatz von über 500 Millionen € werden nicht gefördert. Besondere Unterstützung finden F&E-Projekte aus den Branchen Informations- und Kommunikationstechnologie, Materialtechnologie und Biotechnologie. Die maximale Laufzeit des Darlehens beträgt zehn Jahre, davon sind die ersten zwei Jahre tilgungsfrei. Der Höchstbetrag pro Vorhaben liegt bei fünf Millionen €. Es sind bankübliche Sicherheiten zu stellen. Im Juni 2004 betrugen die effektiven Darlehenszinsen 4,42 % in den alten und 4,16 % in den neuen Bundesländern. Die Darlehen dienen insgesamt nur der Mitfinanzierung, nicht der ausschließlichen Finanzierung von F&E-Projekten. Das antragstellende Unternehmen muss sich an den Kosten des Vorhabens wesentlich selbst beteiligen. Zudem werden in den Antragsunterlagen die förderungsfähigen Kosten im Detail aufgezählt. In ähnlicher Weise werden auch die Markteinführung von Innovationen bis zu drei Jahre nach Beginn der kommerziellen Nutzung (Programmteil II) sowie Beteiligungen an Unternehmen, die innovative Vorhaben durchführen (Programmteil III), gefördert. Genau wie beim ERP-Regionalförderungsprogramm übernimmt die Hausbank die Rolle des Vertragspartners, während die KfW Mittelstandsbank die Fördervoraussetzungen prüft. Abbildung 9-6 fasst die wichtigsten Konditionen und Vergabebedingungen des ERP-Regionalförderprogramms zusammen.

Abbildung 9-6 *Das ERP-Innovationsprogramm*

Antragsberechtigte	Freiberufler und Unternehmen mit weniger als 500 Mio. Euro Jahresumsatz (kleine und mittlere Unternehmen werden bevorzugt)
Geförderte Vorhaben	F&E-Projekte (Programmteil I), Markteinführung von Innovationen (Programmteil II), Beteiligung an innovativen Unternehmen (Programmteil III)
Maximale Kreditsumme	5 Mio. Euro (Programmteile I und III) 2,5 Mio. Euro (Programmteil II)
Laufzeit	Maximal 10 Jahre (davon maximal 2 Jahre tilgungsfrei)
Besicherung	Banküblich, Haftungsfreistellung durch die KfW
Effektivzins (Stand Juni 2004)	4,42 % (alte Bundesländer) 4,16 % (neue Bundesländer)
Sonstiges	Das antragstellende Unternehmen muss sich an den Kosten des Vorhabens wesentlich selbst beteiligen

Landesspezifische Förderkredite

Neben den bisher genannten Förderkrediten der KfW gibt es etliche Formen der Gründungs- und Wachstumsfinanzierung, die von den einzelnen Bundesländern in Deutschland und den Investitionsbanken des jeweiligen Landes angeboten werden. Ein Beispiel ist die Gründungs- und Wachstumsfinanzierung des Landes Nordrhein-Westfalen, die in Zusammenarbeit mit dem Bund und der Investitionsbank NRW angeboten wird. Gefördert werden Freiberufler, Existenzgründer sowie kleine und mittlere Unternehmen mit Sitz in Nordrhein-Westfalen. Besondere Berücksichtigung finden erwerbswirtschaftliche Beschäftigungsinitiativen, d.h. Existenzgründungen von vormals Arbeitslosen oder Personen ohne dauerhafte Beschäftigungsperspektive in den erlernten Berufen, die nicht in den Genuss anderer Förderprogramme kommen. Sie können sich bis zu 75 % der förderfähigen Investitionen finanzieren lassen. Der Anteil erhöht sich bei Investitionen zur Schaffung von sozialversicherungspflichtigen Dauerarbeits- und Ausbildungsplätzen auf bis zu 100 %. Die möglichen Laufzeiten der einzelnen Förderkredite liegen zwischen sechs und 20 Jahren. Die effektiven Kreditzinsen beginnen bei 4,9 % (Stand Juni 2004 für einen zehn Jahre laufenden Kredit), sie werden jedoch erst am Tage der Kreditzusage verbindlich festgelegt. Ähnliche Programme finden sich auch in allen anderen Bundesländern.

9.5 Mezzanine öffentliche Förderprogramme

Das Prinzip der mezzaninen Finanzierung

Mezzanine Finanzierungsinstrumente haben sowohl Eigenkapital- als auch Fremdkapitalcharakter. Das Wort stammt vom italienischen Begriff „mezzanino" ab, was „Zwischengeschoss" bedeutet. Ein Beispiel für mezzanine Förderprogramme sind Nachrangdarlehen. Sie werden ohne Besicherungserfordernis bereitgestellt und weisen eine nachrangige Haftung auf. Im Falle einer Insolvenz des Unternehmens müssten also zunächst alle anderen Fremdkapitalansprüche erfüllt werden, bevor die Rückzahlung des Nachrangdarlehens erfolgen kann. Insofern haften Nachrangdarlehen unbeschränkt und erfüllen eine Eigenkapitalfunktion. Im Fall einer positiven Unternehmensentwicklung werden Nachrangdarlehen jedoch ganz normal verzinst und getilgt. Aus dem Nachrangdarlehen entstehen auch keine Ansprüche auf Stimmrechte, Gewinnanteile oder Anteile am Vermögen des Unternehmen, so dass in diesem Fall eine normale Fremdkapitalfunktion gegeben ist.

ERP-Eigenkapitalhilfe

Ein typisch mezzanines Förderprogramm der KfW ist das ERP-Eigenkapitalhilfe-Darlehen (EKH), das auch als „Unternehmerkapital" bezeichnet wird. Im Kern geht es um die Bereitstellung von Nachrangdarlehen durch die

KfW. Das Programm besteht aus drei Bausteinen, einem für Existenzgründer in den ersten zwei Jahren nach Geschäftsaufnahme (ERP-Kapital für Gründung), einem für Wachstumsunternehmen, bei denen die Geschäftsaufnahme zwischen zwei und fünf Jahren zurückliegt (ERP-Kapital für Wachstum) und einem für etablierte Unternehmen, deren Geschäftsaufnahme mehr als fünf Jahre zurückliegt (Kapital für Arbeit und Investitionen). Allen Bausteinen des Unternehmerkapitals ist gemeinsam, dass private Geschäftsbanken das Darlehen durchreichen und als Vertragspartner des Antragstellers auftreten. Die Banken werden jedoch durch den Bund bzw. durch die KfW von den Risiken aus einem etwaigen Ausfall des Nachrangkapitals entlastet. Zudem wird das ERP-Sondervermögen eingesetzt, um die Zinsen für die Darlehen zu vergünstigen. Bei den Programmen für Wachstumsunternehmen und etablierte Unternehmen gelten niedrigere Zinssätze als bei dem Programm für Existenzgründer. So soll erreicht werden, dass die Fremdkapitalkosten jedes Kreditnehmers mit abnehmendem Kreditausfallrisiko sinken, die Risikoprämie also im Laufe der Unternehmensentwicklung abnimmt.

ERP-Kapital Gründung

Das ERP-Kapital für Gründung richtet sich an Unternehmensgründer und Unternehmen, die nicht älter als zwei Jahre sind. Es wird nur gewährt, wenn die Antragsteller nachweisen können, dass die Durchführung des zu fördernden Vorhabens wegen einer nicht ausreichenden Basis an haftendem Eigenkapital wesentlich erschwert würde. Zu den förderfähigen Vorhaben zählen Investitionen in Grundstücke und Gebäude, Sachanlageinvestitionen, der Kauf von Unternehmen oder Markterschließungsaufwendungen. Die eingesetzten eigenen Mittel dürfen 15 % nicht unterschreiten, sie können mit dem Nachrangdarlehen auf bis zu 40 % der Bemessungsgrundlage aufgestockt werden. Die maximale Höhe des Darlehens beläuft sich pro Antragsteller auf 500.000 €. Sicherheiten sind nicht erforderlich, allerdings haftet der Antragsteller persönlich. Die Laufzeit des Darlehens beträgt 15 Jahre, davon sind die ersten 7 Jahre tilgungsfrei. Eine vorzeitige Tilgung ist möglich. Der Zinssatz des ERP-Eigenkapitalhilfe-Darlehen werden laufend angepasst und können im Internet unter *www.kfw-mittelstandsbank.de* abgerufen werden. In den ersten vier Jahren der Laufzeit des Darlehens gelten verbilligte Zinssätze.

ERP Kapital Wachstum

Mit dem ERP-Kapital für Wachstum fördert die KfW junge Unternehmen (Alter zwischen zwei und fünf Jahre), die durch Investitionen in Immobilien, Geschäftsausstattung, Warenlager oder die Übernahme anderer Unternehmen wachsen wollen. Bis zu 40 % der förderfähigen Kosten des Vorhabens können über das Nachrangdarlehen finanziert werden. Eine Voraussetzung der Darlehensgewährung ist jedoch, dass die Hausbank in mindestens gleicher Höhe eine Kofinanzierung mit mindestens zehn Jahren Laufzeit vornimmt. Für diese Kofinanzierung darf es auch keine Haftungsfreistellung und keine öffentliche Bürgschaft geben. Wie beim entsprechenden Programm für die Gründungsphase sind keine Sicherheiten zu stellen, der Antragsteller muss aber persönlich für das Darlehen haften. Die Laufzeit des ERP-Kapitals für Wachstum beträgt 15 Jahre mit sieben tilgungsfreien Jahren zu Anfang der Laufzeit. Im Juni 2004 belief sich der effektive Zinssatz des ERP-Kapitals für Wachstum auf 7,08 % in den alten und 6,82 % in den neuen Bundesländern.

Kapital für Arbeit und Investitionen

Das Programm „Kapital für Arbeit und Investitionen" richtet sich an Unternehmen, die schon länger als fünf Jahre am Markt bestehen. Das Ziel besteht darin, die häufig geringe Eigenkapitalausstattung mittelständischer Unternehmen durch eine mezzanine Förderung zu erhöhen und so auch die Bonität bzw. das Kreditranking der geförderten Unternehmen zu verbessern. Förderfähig sind nur Unternehmen, die sich in Privatbesitz befinden und als Gruppe nicht mehr als 500 Millionen € Jahresumsatz aufweisen. Zudem muss eine positive Kreditwürdigkeitsbeurteilung durch die Hausbank vorliegen. Gegenstände der Förderung sind wirtschaftliche Investitionen, die einer langfristigen Finanzierung bedürfen und mit denen neue Arbeitsplätze geschaffen oder bestehende Arbeitsplätze gesichert werden. Im Antrag sind das Vorhaben und die Gesamtfinanzierung zu spezifizieren. Bis zu 100 % der förderfähigen Kosten des Vorhabens werden finanziert, der maximale Darlehensbetrag pro Vorhaben beträgt 2 Millionen €.

Fremdkapital und Nachrangdarlehen

Das Förderpaket besteht beim Programm „Kapital für Arbeit und Investitionen" aus zwei Tranchen, einem normalen Darlehen (Fremdkapitaltranche) und einem Nachrangdarlehen (Nachrangtranche). Beide müssen gleich groß sein und dieselbe Laufzeit von zehn Jahren aufweisen. Der Zinssatz der Fremdkapitaltranche, die banküblich zu besichern ist, orientiert sich an der Entwicklung der Kapitalmarktzinsen. Im Juni 2004 galt ein effektiver Zinssatz von 4,85 %. Der Zinssatz der Nachrangtranche hängt von der Bonitätskategorie ab, in die das entsprechende Unternehmen von seiner Hausbank und von der KfW eingestuft wird. Es gibt vier mögliche Bonitätskategorien (sehr gut, gut, befriedigend, ausreichend). Im Juni 2004 belief sich der effektive Zinssatz in der Bonitätskategorie „befriedigend" auf 8,05 %. Für die Nachrangtranche müssen keine Sicherheiten gestellt werden. Eine vorzeitige ganze oder teilweise Tilgung der beiden Tranchen ist ausgeschlossen. Die durchleitende Hausbank wird von der Haftung für die Nachrangtranche freigestellt.

9.6 Empirische Studien zur Wirkung von öffentlichen Förderprogrammen

Studie des BMWi

Das Bundesministerium für Wirtschaft analysierte im Jahr 1995 die Struktur der Förderanfragen, die zwischen 1990 und 1993 bei der DtA eingingen (vgl. BMWi 1995). Die Studie kommt zum Ergebnis, dass in den neuen Bundesländern im Untersuchungszeitraum nur 4 % aller gestellten ERP-Förderanträge abgelehnt wurden. In den alten Bundesländern waren es zu Anfang der 90er Jahre 9 %, der Wert ging dann aber bis 1993 auf unter 3 % zurück. Die wichtigsten Gründe für eine Ablehnung - die absolut gesehen sehr selten ausgesprochen wurde - waren zu lange Zeiten der Selbstständigkeit, nicht plausible Gründungskonzepte und unzureichende fachliche Qualifikationen der Gründer. Ein weiteres Ergebnis der Untersuchung des Bundesministeriums betrifft die Finanzierungspläne der Antragsteller von Förderkrediten. Pro Jahr wurden typischerweise Anträge auf verschiedene Förderprogramme gestellt, in verschiedenen Jahren wurden häufig von ein und demselben Unternehmen Anträge für das gleiche Programm gestellt. Dieser Befund weist sicherlich die Bedeutung der Förderung von jungen und wachsenden Unternehmen in den frühen 90er Jahren nach (vgl. Almus/Prantl 2001b, S. 14), kann aber nichts zur Beurteilung der Fördereffizienz beitragen. Angesichts der sehr niedrigen Ablehnungsquoten und der Breite des Förderangebots könnten durchaus erhebliche Mitnahmeeffekte der geförderten Unternehmen und Existenzgründer vorgelegen haben.

Studie von Brüderl, Preisendörfer und Ziegler

Brüderl, Preisendörfer und Ziegler (1993 und 1998, S. 174-183) untersuchen anhand einer Stichprobe von 1.849 Gewerbeanmeldungen in München und Oberbayern aus den Jahren 1985 und 1986 den Zusammenhang zwischen staatlicher Förderung und betrieblichem Erfolg. Sie verwenden ein multivariates Regressionsmodell, in dem der Fördereffekt getrennt von einem möglichen Selektionseffekt untersucht wird. Konkret vergleicht die Studie den betrieblichen Erfolg geförderter Gründungsunternehmen mit dem betrieblichen Erfolg von Start-ups, die nicht gefördert wurden, obwohl sie die Voraussetzungen für eine Förderung erfüllten. Im Ergebnis kommen die Autoren zum Ergebnis, dass die Gründungsförderung den betrieblichen Erfolg positiv beeinflusst. Die Überlebenswahrscheinlichkeit geförderter Neugründungen ist um 25 Prozentpunkte höher als die nicht geförderter Unternehmen. Beim Beschäftigtenzuwachs sind es zwölf Prozentpunkte, beim Umsatzzuwachs drei Prozentpunkte. Mitnahmeeffekte oder die Möglichkeiten der alternativen Verwendung der Mittel werden in der Studie von Brüderl, Preisendörfer und Ziegler (1998, S. 182-183) jedoch nicht geprüft.

Studie von Kulicke, Broß und Gundrum

Kulicke, Broß und Gundrum (1997, S. 244-247) untersuchen die Innovationsdarlehensprogramme, mit denen die Bundesregierung seit 1995 erstmals die marktnahe Forschung und Entwicklung neuer Produkte, Verfahren oder Dienstleistungen sowie deren Markteinführung über zinsgünstige Darlehen förderte. Anhand einer umfassenden Befragung von mittelständischen Unternehmen, Kreditinstituten sowie Verbänden der Wirtschaft und des Kreditsektors kommen die Autoren zum Ergebnis, dass Finanzierungsprobleme eine wesentliche Hürde für die Innovationstätigkeit von Wachstumsunternehmen darstellen und Innovationsdarlehen geeignet sind, diese Hürden zumindest teilweise zu überwinden. Geförderte Unternehmen führen im Durchschnitt größere F&E-Projekte durch und kooperieren häufiger mit anderen Unternehmen als nicht geförderte. Das Antragsverfahren über die Hausbanken wird insgesamt eher negativ beurteilt, weil die beteiligten Kreditinstitute nur an der Durchleitung höherer Darlehenssummen, möglichst auch in Kombination mit eigenen Krediten, interessiert seien und zu wenig über die bestehenden Fördermöglichkeiten informierten.

Studie von Struck, Thomsen und Kuhn

Struck, Thomsen und Kuhn (1998) vergleichen die Vergabe von Förderkrediten durch die DtA mit dem von der Bundesanstalt für Arbeit (BA) vergebenen Überbrückungsgeld. Die Zielgruppen beider Programme sind dann deckungsgleich, wenn es sich um vormals arbeitslose Existenzgründer handelt. Der wesentliche Unterschied zwischen beiden Programmen besteht darin, dass die BA im Gegensatz zur DtA keine Gründungsberatung vornimmt. Die empirische Studie von Struck, Thomsen und Kuhn (1998) verwendet beim Vergleich von DtA-geförderten Existenzgründungen mit BA-geförderten eine Kontrollgruppe, in der vormals arbeitslose, aber von der DtA geförderte Gründer enthalten sind. Die von der BA mit Überbrückungsgeld geförderten Gründer waren alle vorher arbeitslos. Ein erstes Erfolgsmaß, das die Autoren für die Beurteilung der beiden Förderprogramme verwenden, ist die „Bestandsfestigkeit", d.h. der Anteil der nach einem bzw. drei Jahren noch überlebenden geförderten Unternehmen. Die empirische Untersuchung zeigt, dass die Überlebensquoten der DtA-geförderten Gründer achtmal so hoch liegen wie bei den BA-geförderten Gründern. DtA-geförderte Gründer wachsen auch signifikant schneller. Schließlich zeigt sich, dass die BA-geförderten Gründungen nach drei Jahren eine im Durchschnitt um 40 % niedrigere Beschäftigtenanzahl aufweisen als die DtA-geförderten. Struck, Thomsen und Kuhn (1998, S. 28) fordern angesichts ihrer empirischen Befunde, die Förderung durch öffentliche Förderbanken und die BA besser aufeinander abzustimmen. Man hätte aus unserer Sicht auch den radikaleren Schluss ziehen können, die Förderung durch Überbrückungsgeld der BA sei am besten ganz einzustellen.

Studie von Pfeffer und Reize

Pfeiffer und Reize (2000) prüfen die Auswirkungen der Gewährung von Überbrückungsgeld an bisher arbeitslose Existenzgründer auf die Überlebens- und Wachstumsraten der entsprechenden Gründungsunternehmen in West- und Ostdeutschland. Die Autoren gehen ökonometrisch sorgfältig vor und vergleichen die Bezieher von Überbrückungsgeld mit einer Kontrollgruppe von ehemals arbeitslosen Existenzgründern, die kein Überbrückungsgeld bezogen. Die Studie kommt zu ernüchternden Ergebnissen bezüglich der Erfolgswirkung dieser Form der staatlichen Gründungsförderung. Auf die Wachstumsraten gemessen an der Anzahl der Mitarbeiter hat das Überbrückungsgeld weder in den alten noch in den neuen Bundesländern einen Einfluss. Die Überlebenschancen der von Arbeitslosen neu gegründeten Unternehmen korrelieren in den alten Bundesländern nicht mit der Gewährung von Überbrückungsgeld. In den neuen Bundesländern ist die Korrelation sogar negativ, d.h. die Bezieher von Überbrückungsgeld haben geringere Chancen, dass ihr Unternehmen am Markt überlebt, als nicht geförderte, ehemals arbeitslose Gründer.

Studie von Almus

Almus (2001) analysiert den Zusammenhang zwischen der Gründungsförderung der DtA und der Schaffung von Arbeitsplätzen in den geförderten Unternehmen im Zeitraum zwischen 1990 und 1993. Er benutzt ein ökonometrisch aufwändiges Verfahren (ein trivariates parametrisches Selektionsmodell) zur Bestimmung einer Kontrollgruppe von Gründungsunternehmen, die keine Förderung durch die DtA erhalten haben, aber ansonsten vergleichbar sind. Als Maß für die Effektivität der Gründungsförderung verwendet Almus (2001, S. 15) die durchschnittliche jährliche Wachstumsrate der Anzahl der Mitarbeiter im jeweiligen Start-up über einen Zeitraum von sechs Jahren nach der Gründung. Datenbasis ist die ZEW-Gründerstudie und die Förderdatenbank der DtA. Die Studie kommt zu einem positiven Ergebnis bezüglich des Erfolgs der öffentlichen Gründungsförderung. Die Finanzierungsleistungen der DtA waren im Betrachtungszeitraum signifikant mit der Wachstumsrate der Mitarbeiteranzahl korreliert. Kritisch ist jedoch anzumerken, dass die Studie von Almus (2001) keine Unterscheidung verschiedener Formen und Ausmaße der Gründungsförderung durch die DtA vornimmt, sondern eine Binärvariable verwendet (Förderung ja oder nein).

Studie von Almus und Prantl

Almus und Prantl (2001a und 2001b) untersuchen die Auswirkungen der öffentlichen Gründungsförderung auf das Wachstum und das Überleben von jungen Unternehmen. Sie verwenden wie in der Arbeit von Almus (2001) die DtA-Förderdatenbank und die ZEW-Gründerstudie als empirische Basis. Um eine Kontrollgruppe mit vergleichbaren, aber nicht geförderten Unternehmen zu erhalten, setzen Almus und Prantl (2001a, S. 10) ein statistisches Matching-Verfahren ein, mit dem zu jedem identifizierten geförderten Start-up ein nicht gefördertes Gegenstück gefunden wird, das zum Gründungszeitpunkt weitgehend vergleichbare Eigenschaften wie Größe, Rechtsform, Branche, Standort etc. aufwies. Messgrößen für den Fördererfolg sind die Überlebenswahrscheinlichkeit und das Wachstum der Anzahl der Mitarbeiter. Interessanterweise kommt die Studie zum Ergebnis, dass der Fördererfolg rechtsformabhängig ist. Bei Kapitalgesellschaften lässt sich kein Zusammenhang zwischen der Förderung und der Überlebensquote bzw. dem Unternehmenswachstum nachweisen. Über alle Rechtsformen hinweg zeigt sich dagegen ein signifikant positiver Fördereffekt. Ob dieser Zusammenhang eventuell auch durch den Selektionserfolg der privaten Geschäftsbanken bei der Prüfung der eingereichten Geschäftskonzepte verursacht wird, kann anhand der Daten der Studie von Almus und Prantl (2001a und 2001b) jedoch nicht beurteilt werden.

9.7 Literatur

ALBACH, HORST/HUNSDIEK, DETLEF (1987): Die Bedeutung von Unternehmensgründungen für die Anpassung der Wirtschaft an veränderte Rahmenbedingungen, in: Zeitschrift für Betriebswirtschaft 57, S. 562-580.

ALMUS, MATTHIAS (2001): Evaluating the Impact of Public Start-up Assistance – Results from an Econometric Approach, ZEW Discussion Paper No. 01-23.

ALMUS, MATTHIAS/PRANTL, SUSANNE (2001a): Die Auswirkung öffentlicher Gründungsförderung auf das Überleben und Wachstum junger Unternehmen, ZEW Discussion Paper No. 01-03.

ALMUS, MATTHIAS/PRANTL, SUSANNE (2001b): Bessere Unternehmensentwicklung durch Gründungsförderung?, Bonn-Bad Godesberg.

BECKER, HANS PAUL (1982): Gründungsprobleme und die Förderung von Existenzgründungen - Ergebnisse einer Befragung in Baden-Württemberg, in: Zeitschrift für betriebswirtschaftliche Forschung 34, S. 510-523.

BIRCH, D L. (1979): The Job Creation Process. M.I.T. Studies on Neighbourhood and Regional Change, Cambridge, Mass.

BRÜDERL, JOSEF/PREISENDÖRFER, PETER/ZIEGLER, ROLF (1993): Staatliche Gründungsfinanzierung und der Erfolg neugegründeter Betriebe, in: Jahrbücher für Nationalökonomie und Statistik 212, S. 13-32.

BRÜDERL, JOSEF/PREISENDÖRFER, PETER/ZIEGLER, ROLF (1998): Der Erfolg neugegründeter Betriebe. Eine empirische Studie zu den Chancen und Risiken von Unternehmensgründungen, 2. Auflage, Berlin.

BUNDESMINISTERIUM FÜR WIRTSCHAFT (1995): Effizienzanalyse öffentlicher Wirtschaftsförderung anhand einer Repräsentativbefragung von kleinen und mittleren Unternehmen in den neuen Bundesländern – Bedeutung, Einfluss und Wirkung der ERP-Förderung, Bonn.

HALLER, HEINZ (1999): Eigenkapital aus Förderprogrammen, in: Finanz Betrieb 2, S. 269-273.

KOLLMANN, TOBIAS (2004): E-Venture. Grundlagen der Unternehmensgründung in der Net Economy, Wiesbaden.

KULICKE, MARIANNE/BROß, ULRIKE/GUNDRUM, UWE (1997), Innovationsdarlehen als Instrument zur Förderung kleiner und mittlerer Unternehmen, Heidelberg.

MEYER, JÖRN-AXEL/HANSEN, PETER (1999): Handbuch der Förderprogramme für kleine und mittlere Unternehmen, München.

NATHUSIUS, KLAUS (2001): Grundlagen der Gründungsfinanzierung, Wiesbaden.

PFEIFFER, FRIEDHELM/REIZE, FRANK (2000): Business start-ups by the unemployed – an econometric analysis based on firm data, in: Labour Economics 7, S. 629-663.

SCHEFCZYK, MICHAEL/PANKOTSCH, MICHAEL (2003): Betriebswirtschaftslehre junger Unternehmen, Stuttgart.

SMITH, JANET K./SMITH, RICHARD L. (2000): Entrepreneurial Finance, New York et al.

STIGLITZ, JOSEPH E./WEISS, ANDREW (1981): Credit rationing in markets with imperfect information, in: American Economic Review 71, S. 393-410.

STRUCK, JOCHEN/THOMSEN, UWE/KUHN, CLAUDIA (1998): Gründungsfinanzierung und Überbrückungsgeld – Zwei Förderansätze, eine Zielgruppe?, Bonn-Bad Godesberg.

10 Trade Sale eines Wachstumsunternehmens

10.1 Einleitung

Der Trade Sale als Exit-Möglichkeit

Grundsätzlich wurden bisher zwei Möglichkeiten zur Finanzierung von Unternehmen beschrieben, die Eigen- und die Fremdfinanzierung. Wogegen es bei der Fremdfinanzierung eine Rückzahlungsverpflichtung gibt, ist diese bei der Eigenfinanzierung ex definitione nicht existent. Trotzdem wünschen sowohl Privatpersonen als auch formelle Eigenfinanzierer, wie beispielsweise Venture Capitalists, ihr Finanzierungsengagement nach einer bestimmten Zeit zu beenden. Im Fall von Venture Capitalists ist das allein daher notwendig, als sie ihrerseits ihren Investoren deren Investment nach einer bestimmten Zeit zurückzahlen müssen. Wenn Unternehmen einen Wachstumspfad durchlaufen haben und dadurch auch ihr Wert deutlich gewachsen ist, so wird es weder den Gründern möglich sein, die Anteile der Eigenfinanzierer zurückzukaufen, noch dem Unternehmen selbst, die Anteile zu erwerben. Es müssen also alternative Wege zur Beendigung des Finanzierungsengagements gefunden werden. Einer davon ist der so genannte Trade Sale, der gleichzeitig auch für die Unternehmer die Möglichkeit bieten kann, die Ernte für ihre unternehmerische Tätigkeit einzufahren.

Definition und Ziel des Trade Sale

Unter einem Trade Sale soll im Folgenden der Verkauf des gesamten Unternehmens, also der Anteile der externen Eigenfinanzierer gleichermaßen wie der der Unternehmer verstanden werden. Nachfolgend sind die Begriffe Trade Sale und (Unternehmens-)Verkauf synonym verwendet. Entsprechend wird auch von einem (Unternehmens-)Kauf, von Verkäufern und Käufern gesprochen. Ein Ziel dieser Transaktion ist, die Möglichkeit zu schaffen, das Finanzierungsengagement von Eigenfinanzierern zu beenden. Es können mit dem Trade Sale aber auch noch weitere Ziele verbunden sein. Käufer können grundsätzlich strategische Investoren oder auch Finanzinvestoren sein, wobei die Wahrscheinlichkeit, dass Finanzinvestoren das gesamte Unternehmen erwerben, geringer ist als bei strategischen Käufern (vgl. Forst 1992, S. 5 ff.).

Idealtypischer Verkaufsprozess eines Unternehmens

In den folgenden Abschnitten soll ein idealtypischer Verkauf eines Unternehmens dargestellt werden, differenziert in sechs Phasen der Transaktion. Dabei werden in insgesamt sechs Abschnitten die wichtigsten Aspekte beleuchtet, die bei Wachstumsunternehmern zu beachten sind, um einen erfolgreichen Verkauf mit einem möglichst hohen Verkaufspreis zu realisieren. Ein solcher Verkaufsprozess ist idealtypisch in der nachfolgenden Abbildung 10-1 aufgezeigt.

Abbildung 10-1

Idealtypischer Verkaufsprozess für den Trade Sale eines Unternehmens (vgl. Schmitz-Valckenberg 2003, S. 11 in Anlehnung an Achleitner 1999, S. 153; Lüdke/Frien 2001, S. 12 und Müller-Stewens et al. 1999, S. 25)

Vorphase		Hauptphase		Abschluss	
Analyse der Ausgangssituation	Dokumentation des Verkaufsobjekts	Identifikation des Käufers	Kontaktierung der Käufer	Unternehmensanalyse	Endverhandlung
Motive für den Verkauf Zielsetzung beim Verkauf Auswahl von Beratern Verkaufsvorbereitende Maßnahmen	Datenaufbereitung Bewertung des Unternehmens Erstellung Informationsmemorandum	Identifikation potenzieller Käufer Eingrenzen des Käuferkreises Etablierung von Kriterien zur Messung des Kaufinteresses	Ansprache potenzieller Käufer Annahme Vertraulichkeitserklärungen Versand Informationsmemorandum	Managementpräsentation Unternehmensbesuch Letter of Intent Due Diligence	Festlegung der Verhandlungsstrategie Rechtliche & steuerrechtliche Fragen Definitive Käuferauswahl

Nicht idealtypischer Verkaufsprozess

Einschränkend ist zu den nachfolgenden Abschnitten zu sagen, dass der Verkaufsprozess einerseits nicht immer idealtypisch abläuft, andererseits auch abweichend verlaufen kann, je nach Wert des zu verkaufenden Unternehmens. Bei einem Transaktionsvolumen von mehr als 50 Millionen € ist es wahrscheinlich, dass die Transaktion von Investment Bankern begleitet wird und dadurch Professionalität, aber auch Aufmerksamkeit erfährt. Bei einem zu geringen Transaktionsvolumen wird es sich um Verkäufe handeln, denen in der Regel kein sehr professioneller Prozess zu Grunde liegt. Diesen zu gestalten, würde zu viel Aufwand im Verhältnis zum Verkaufspreis verursachen. Der nachfolgend geschilderte Prozess ist also vor allem idealtypisch für „mittlere" Transaktionen, also solche, die ein Transaktionsvolumen zwischen 2,5 Millionen € und 50 Millionen € erzielen. In diesen Wertbereich fallen Wachstumsunternehmen typischerweise, wenn sie sich in der Phase befinden, ihren Eigenfinanzierern die Möglichkeit zur Beendigung des Finanzierungsengagements zu geben (vgl. Schmitz-Valckenberg 2003, S. 1 ff.).

10.2 Ausgangssituation und Vorbereitung für einen Trade Sale

Die Analyse der Ausgangsposition

Wie bereits in der Einleitung beschrieben, kann der Trade Sale eine Möglichkeit zur Beendigung von Finanzierungsengagements sein, das ist aber nicht das einzige Motiv. Um den Trade Sale optimal vorzubereiten, gilt es, die einzelnen Motive jedes für sich zu analysieren. Das ist jedoch nur eine der Aufgaben, die einem Verkauf voraus geht. Insgesamt wird bereits in der Analyse der gesamten Ausgangsposition ein wichtiger Teil des Verkaufsprozesses für ein Unternehmen gesehen (vgl. Seiler 2000, S. 33). Dazu gilt es im Einzelnen,

- Motive für den Trade Sale aufzudecken,
- Ziele für den Trade Sale zu definieren,
- Berater auszuwählen, die unterstützen sollen, und
- verkaufsvorbereitende Maßnahmen zu ergreifen.

Motive des Trade Sales

Zu den Motiven des Trade Sale eines Wachstumsunternehmens gehören neben dem Exit eines Eigenfinanzierers eventuelle weitere Kapitalbedarfe des Unternehmens, politische wie wirtschaftliche Rahmenbedingungen, die strategische Situation des Unternehmens, eventuell sich andeutende Krisen des Unternehmens sowie die persönlichen Lebensumstände der Unternehmer bzw. deren persönliche Motivation (vgl. auch Schröer/Freund 1999, S. 14 ff. und Freund 2000).

Signalwirkungen der Motive

Dabei entwickeln die unterschiedlichen Motive unterschiedliche Signalwirkungen auf potenzielle Käufer: So wird der Exit eines Eigenfinanzierers als relativ normal empfunden, wohingegen von sich andeutenden Krisen oder weiterem Kapitalbedarf ein negatives Signal ausgehen kann (vgl. Gösche 1991, S. 17 f.). Auch die persönlichen Lebensumstände, vor allem aber die Tatsache, dass die „Unternehmer keine Lust mehr haben", kann sich negativ auswirken, wohingegen ein möglicher strategischer Fit mit einem potenziellen Käufer ein positives Signal darstellt (vgl. im Zusammenhang mit der Nachfolge bei mittelständischen Unternehmen Sudhoff 2000, S. 5 ff.). Insgesamt gilt es, zweierlei zu tun:

- Erstens müssen möglichst alle Motive vor einem möglichen Verkauf aufgedeckt und diskutiert werden. Merkt ein potenzieller Käufer erst während der Kaufverhandlungen, bei denen es ursprünglich um den Exit eines Kapitalgebers ging, dass auch die Unternehmer aussteigen wollen, so kann das in der Preisverhandlung von ihm ausgenutzt werden, wenn es nicht sogar den ganzen Kaufprozess zum Scheitern bringt.

- Zweitens sollte die Argumentation für einen Verkauf möglichst plausibel sein. Das gilt insbesondere dann, wenn eventuelle Synergien zu potenziellen Käufern geschildert werden (vgl. insgesamt Ossadnik 1995, S. 6 ff.).

Zusammenhang zwischen Motiven und Zielen des Trade Sale

Zwischen den Motiven und den nachfolgend zu behandelnden Zielen eines Trade Sale besteht ein Zusammenhang. Dieser ergibt sich insbesondere daraus, dass das Ergebnis, der Trade Sale selbst, erreicht werden soll. Darüber hinaus können aber weitere Ziele verfolgt werden. Diese können darin liegen, dass der Verkauf möglichst in einer bestimmten Form, also beispielsweise als so genannter „cash deal", also als Verkauf gegen Geld realisiert werden soll, oder dass die Vertraulichkeit der Verkaufsabsicht möglichst gewahrt sein soll. Letzteres kann Einfluss auf die Anzahl der anzusprechenden Käufer haben, wird aber beispielsweise auch dann beachtet, wenn mühsam entstandene Kunden- oder Lieferantenbeziehungen nicht durch Spekulationen geschädigt werden sollen. Wie am Beispiel der anzusprechenden Käufer gesehen, können die Ziele den weiteren Verkaufsprozess einschränken (vgl. Spielberger 1996, S. 25). Aus diesem Grund gilt es, auch diese vor dem eigentlichen Trade Sale zu klären.

Funktionen von Beratern

Bei der Auswahl von Beratern spielen die Funktionen, die die Berater erfüllen sollen, und die Fähigkeiten, die sie potenziell mitbringen, eine Rolle. Als Funktionen ist für Berater grundsätzlich Folgendes denkbar (vgl. Schmitz-Valckenberg 2003, S. 24 ff.):

- Steuern und Optimieren des Verkaufsprozesses: Koordination aller Beteiligten, um den Prozess zu professionalisieren.
- Einbringen spezieller Fachkompetenz: Beim Verkauf eines Unternehmens sind spezielle Kompetenzen erforderlich, die Verkäufer oft nicht haben.
- Markterschließungsfunktion: Mittler können unverfänglicher Kontakte zu potenziellen Käufern herstellen, auch ohne das Unternehmen bereits zu nennen.
- Sparringspartner- und Objektivierungsfunktion: Ein Externer kann eher die Sichtweise eines ebenfalls externen Käufers einnehmen und das Unternehmen entsprechend ausrichten und präsentieren.

- Ausgleich personeller Engpässe beim Verkäufer: Da der Trade Sale in der Regel neben dem normalen Tagesgeschäft abzuwickeln ist, fällt Mehrarbeit an, die Berater übernehmen können.
- „Blitzableiterfunktion": In Verhandlungen kann ein externer Berater auf beide Seiten der Transaktion beruhigend einwirken.

Zwei Haupttypen von Beratern

Diese Funktionen können von unterschiedlichen Beratern erfüllt werden, die gleichzeitig bestimmte Aufgaben im Transaktionsprozess zu erfüllen haben (vgl. zu den Beratern Lüdke/Frien 2001). Bei den Beratern handelt es sich um:

- M&A-Boutiquen und Investmentbanken: Es sind Berater, deren Kompetenz es ist, Verkaufs- bzw. Kaufprozesse von Unternehmen zu begleiten. Die M&A-Boutiquen sind dabei kleine Einheiten, oft nur aus einer Person bestehend, die dementsprechend auch kleinere Transaktionen begleiten. Investmentbanken hingegen begleiten größere Transaktionen, deren Volumen oft 50 Millionen € übersteigt.
- Bankgebundene M&A-Einheiten: Diese Einheiten rekrutieren ihre Klientel vor allem aus ihren eigenen Kunden und haben den Vorteil, dass sie bei der Finanzierung der Transaktion unter Umständen einen eigenen Beitrag leisten können.

Weitere Berater

Entscheidet sich ein Wachstumsunternehmen dafür, die komplette Transaktion begleiten zu lassen, so kommen aufgrund der Größe der Transaktion und der Finanzierungsbesonderheiten der Unternehmen vor allem M&A-Boutiquen in Betracht. Hier ist es wichtig, darauf zu achten, ob die persönlichen Kontakte und die Branchenkenntnisse der handelnden Personen innerhalb der M&A-Boutique ausreichen, die Transaktion erfolgreich durchzuführen. Neben den genannten gibt es weitere Berater:

- Unternehmensmakler: Diese übernehmen in der Regel nur einen Teil des Transaktionsprozesses, der darin besteht, passende Käufer für das angebotene Unternehmen zu finden und evtl. die daran anschließende Transaktion zu begleiten.
- Wirtschaftsprüfer und Steuerberater: Diese Berater werden meist hinzugezogen, wenn es um die Begleitung der finanziellen Due Diligence und die Bewertung des Unternehmens geht.
- Rechtsanwälte: Rechtsanwälte können für einen potenziellen Käufer die Legal Due Diligence übernehmen und spielen darüber hinaus für beide Parteien bei der rechtlichen und evtl. steuerlichen Strukturierung der Transaktion eine große Rolle. Unter Umständen können sie auch aufgrund ihrer Erfahrung in anderen Fällen bei der Verhandlungsführung wertvoll sein.

- Strategieberater: Sie können helfen, das zu verkaufende Unternehmen wirtschaftlich besser auszurichten und evtl. auch Synergien zu potenziellen strategischen Käufern zu beziffern und darzustellen. Beim Verkauf von jungen Unternehmen spielen Strategieberater praktisch jedoch kaum eine Rolle.

Die Einbindung der Berater (vertikal) in die einzelnen Aufgaben innerhalb des Prozesses eines Unternehmensverkaufs (horizontal) zeigt die Abbildung 10-2 auf.

Abbildung 10-2 *Kompetenzen von Beratern in einem Unternehmensverkauf (vgl. Schmitz-Valckenberg 2003, S. 27)*

● Strength
○ Weakness

	Analyse der Ausgangs-situation	Datenaufbereitung	Erstellung Informationsmemo	Identifikation potenzieller Käufer	Kontaktierung potenzieller Käufer	Unternehmensanalyse	Verhandlung	Vertragsgestaltung
M&A-Boutiques	◑	●	●	●	●	◑	◑	◑
Investmentbanken	◑	●	●	●	●	◑	◑	○
Bankgebundene M&A-Einheiten	◑	●	●	●	●	◑	◑	○
Unternehmensmakler	◑	◑	○	●	●	◑	◑	○
Wirtschaftsprüfer/ Steuerberater	○	◑	◑	◑	◑	●	◑	○
Rechtsanwälte	○	○	○	◑	◑	●	●	●
Strategieberater	●	○	○	●	◑	◑	○	○

Problem der Vergütung der Berater

Beim Umgang mit Beratern sollten sich Verkäufer bewusst werden, dass die Motive der Berater mit ihren eigenen nicht unbedingt übereinstimmen müssen. In der Regel sind Berater durch ihr Honorar motiviert, Verkäufer hingegen durch den Verkaufspreis und die sonstigen Transaktionsmerkmale. Dieser Aspekt ist vor allem wesentlich bei Beratern, die innerhalb des Verkaufsprozesses unterstützen: Grundsätzlich ist es sinnvoll, sie am Erfolg partizipieren zu lassen, z.B. ein Prozentsatz am Transaktionsvolumen (Success Fee) als Honorar. Ist das allerdings ihre einzige Einkommensquelle, so werden sie auf jeden Fall eine Transaktion zu erreichen versuchen. Das ist aber nicht immer sinnvoll, weshalb es sich empfiehlt, auch ein fixes Honorar

(Retainer Fee) zu vereinbaren. Es sollte sich grob am Aufwand der Berater orientieren (vgl. Holzapfel/Pöllath 2000, S. 11).

Verkaufsvorbereitende Maßnahmen

Die verkaufsvorbereitenden Maßnahmen für eine Trade Sale betreffen die Bilanz einerseits und die Darstellung des Unternehmens als vertrauensbildende Maßnahmen andererseits. Bei den bilanziellen Maßnahmen geht es darum, die Bewertung des Unternehmens für einen möglichst hohen Unternehmenswert entsprechend vorzubereiten. Dazu gehören beispielsweise die Auflösung stiller Reserven oder die Veräußerung nicht betriebsnotwendiger Anlagegüter. Da dies einiger Zeit bedarf, kann man erkennen, dass die Vorbereitung eines Trade Sales ausreichend lange geplant werden muss. Bei jungen Unternehmen sollte man allerdings davon ausgehen, dass bislang kaum bilanzpolitische Maßnahmen ergriffen wurden, die korrigierenden bilanziellen Maßnahmen vor einem Trade Sale also nicht sehr umfangreich sind (vgl. Jung 1993, S. 129 ff.). Die Darstellungsfragen betreffen vor allem die Aspekte, die sich ein potenzieller Käufer ansehen wird und die seinen Eindruck vom Unternehmen prägen können. Dazu gehört eine nicht nur dem Begriff nach ordnungsgemäße Buchführung genauso wie eventuelle Renovierungsmaßnahmen im Unternehmen (vgl. Bruppacher 1987, S. 431 ff.).

Zeitdauer der Maßnahmen

Die geschilderten vier Aspekte prägen die Vorbereitung eines Trade Sales wesentlich. Je nach Umfang der Maßnahmen können diese mehrere Monate bis Jahre in Anspruch nehmen. Aufgrund der kurzen Zeit, die die Unternehmen in der Regel existieren, ist deshalb schon früh von Unternehmen eine Exitorientierung zu fordern.

10.3 Dokumentation des Wachstumsunternehmens für den Trade Sale

Umfang der Dokumentation

Die vorbereitende Dokumentation eines Unternehmens für einen Trade Sale umfasst

- die grundsätzliche Datenaufbereitung,
- die Bewertung und
- die Erstellung eines Informationsmemorandums.

Die Datenaufbereitung betrifft alle Informationen, die für einen Verkauf des Unternehmens von Interesse sein können (vgl. Achleitner 1999, S. 168). Das sind Zusammenstellungen aus der externen Rechnungslegung wie die Bilanzen sowie die Gewinn- und Verlustrechnungen über die letzten Jahre,

Informationen aus dem Controlling, die beispielsweise die Entwicklung des Unternehmens im Hinblick auf die Kunden dokumentieren können, und Präsentationen über die weiteren Funktionsbereiche. Dabei handelt es sich beispielsweise um solche über das Personal, um die Verträge des Unternehmens, um Analysen der Produktion, der Forschung und Entwicklung, der Verkaufsorganisation, der steuerlichen Verhältnisse, aber auch Hintergründe, die gemeinhin in Business Plänen zu finden sind, beispielsweise Konkurrenzanalysen oder Darstellungen des Marktes oder des Managements. Neben den genannten Schilderungen sollten auch in dieser Phase die Informationen zum Motiv des Verkaufs zusammengetragen werden, also z.B. Rechnungen über mögliche Synergien mit bestimmten potenziellen Käufern erstellt werden (vgl. Jung 1993).

Die Unternehmensbewertung

Die Informationssammlung dient auch dazu, die Unternehmensbewertung vornehmen zu können. Wie die letztendliche Bewertung durchgeführt werden kann, dazu gibt es eine Reihe von Quellen (vgl. für Wachstumsunternehmen Rudolf/Witt 2002, sowie Achleitner 1999, S. 166 ff., Baetge/-Krumbholz 1991, S. 1 ff., Busse von Colbe et al. 1992, S. 45 ff., oder Schildbach 1995, S. 620 ff.). Wichtig ist bei der Unternehmenstransaktion, dass die Bewertung in der Regel nicht nur einmal, sondern mehrmals vorgenommen wird. Das geschieht aus folgendem Grund: Da für verschiedene Käufer der Nutzen eines Unternehmens, z.B. aufgrund unterschiedlicher potenzieller Synergien, ganz verschieden sein kann, sind auch dementsprechend unterschiedliche Unternehmenswerte denkbar, die von einem Verkäufer dann auch erzielt werden können. Unternehmer, die ihr Wachstumsunternehmen verkaufen wollen, berechnen also den Wert des Unternehmens aus ihrer eigenen und aus der Perspektive der (potenziellen) Käufer und versuchen dadurch, einen Bereich möglicher Preisvereinbarungen zu finden (vgl. Jansen 2000, S. 169 f. sowie Funk 1995, S. 509). Bildlich sieht das wie in der nachfolgenden Abbildung 10-3 aus (vgl. hierzu Achleitner 1999, S. 167 sowie auch Gösche 1991, S. 78).

Abbildung 10-3

Preisfindung zwischen Verkäufer und Käufer eines Unternehmens (vgl. Achleitner 1999, S. 167)

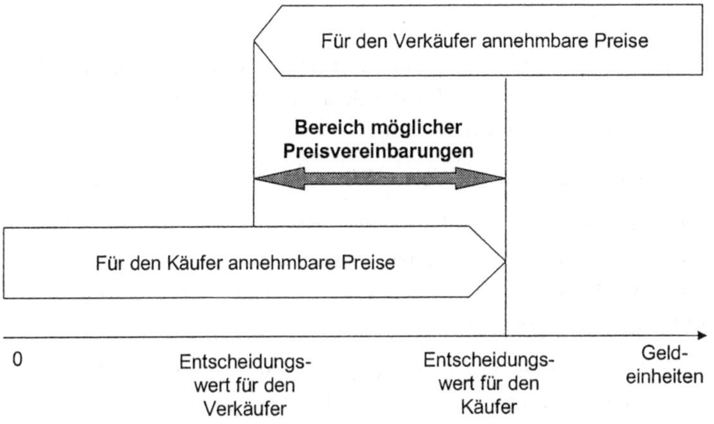

Das Informationsmemorandum

Sind alle Daten über das Unternehmen zusammengestellt und eine erste Bewertung vorgenommen, so kann die Erstellung des Informationsmemorandums beginnen. Dieses Memorandum dient dazu, einen Käufer möglichst umfassend zu informieren und damit auch seine Informationskosten zu reduzieren. Der potenzielle Käuferkreis wird dadurch erhöht, damit aber auch der Wettbewerbsdruck unter den Käufern gesteigert. Das Informationsmemorandum, für das unterschiedliche Begriffe existieren (vgl. Sinnecker 1994, S. 4), soll für den potenziellen Käufer konzipiert sein, der die geringsten Kenntnisse über das Unternehmen und den Markt hat. Es unterscheidet sich von Business Plänen nicht nur in seinem Zweck, sondern auch in seinem Aufbau, der folgende Teile enthalten sollte (nach Schmitz-Valckenberg 2003, S. 54 ff.):

- Unternehmen im Überblick: Eigentümer, Rechtsform, Geschäftsführer und eventuelle Beteiligungen,
- Markt im Überblick: Marktgröße, Marktanteil, Marktwachstum und Wettbewerb in dem Markt, in dem das Unternehmen agiert,
- Kunden: Kunden und Umsätze, Kundenstruktur und die Verbindungen der eigenen Mitarbeiter zu den wesentlichen Kunden,
- Leistungen: Produkte und Qualitätsmerkmale, Kosten- und Ertragsstrukturen (Letzteres ist so vertraulich, dass es nur ernsthaften Käufern zugänglich gemacht werden sollte),

- Alleinstellungsgrad: Markenrechte, Patente, Lizenzvereinbarungen und Know-how-Vorsprung,
- Erscheinungsbild: Markennamen, Bekanntheitsgrad und Imageprofil (je Marktsegment),
- Mitarbeiter: Hier gilt es vor allem, Führungskräfte und Schlüsselpersonen, ihre Qualifikation, Altersstruktur, Bindung an das Unternehmen und Anreizstruktur darzustellen,
- Leistungserstellung: Produktion, Produktivität und Kapazitäten
- Forschung und Entwicklung: Innovationsgrad der Produkte, Forschungsprojekte und Ausgaben in Forschung und Entwicklung, evtl. gesondert die Mitarbeiter in der Forschung und Entwicklung und ihre Bindung an das Unternehmen,
- Gebäude und Anlagen, sofern diese wichtiges Anlagevermögen darstellen, was bei jungen Unternehmen in der Regel kein wesentlicher Aspekt sein wird,
- Finanzwirtschaftliche Aspekte: Bilanzen, GuV sowie den Auftragseingang und
- Risiken und Altlasten: Hier sollte auf potenzielle Haftungsgefahren hingewiesen werden. Hierin können z.B. auch Patentrisiken enthalten sein, wenn andere Unternehmen auf dem gleichen Gebiet Forschung betreiben.

Bedeutung eines realistischen Informationsmemorandums

Insgesamt gilt, dass das Informationsmemorandum einerseits zwar helfen soll, das Unternehmen zu verkaufen, andererseits sollte es aber auch ausreichend realistisch sein. Entdeckt ein Käufer falsche Informationen, so kann das die Vertrauensbasis, die es im Verkaufsprozess aufzubauen gilt, so stören, dass es zum Abbruch des Trade Sale kommt. Werden Risiken nicht genannt, die ein Käufer dann später selbst entdeckt, so wird das entweder auch als Vertrauensbruch oder als unfähiges Managementhandeln interpretiert: Beides wird keinen positiven Verlauf der weiteren Transaktion zur Folge haben. Darüber hinaus kann ein potenzieller Käufer auch die Idee haben, einen Teil des Kaufpreises an das Erreichen bestimmter zukünftiger Ziele zu knüpfen („earn-out"), so dass letztlich ein Teil des Kaufpreises unrealisierbar wird (vgl. insgesamt Seiler 2000, S. 70 f.).

10.4 Identifikation potenzieller Käufer

Ergründung der Motivlage potenzieller Käufer

Die Identifikation potenzieller Käufer beginnt mit der Überlegung, wer an dem Unternehmen Interesse haben könnte, sei es aus strategischer Sicht oder aus Renditegesichtspunkten. Es gilt, sich in potenzielle Käufer hineinzuversetzen und deren Motivlage zu ergründen (vgl. Baumüller 1988, S. 78, und Gösche 1991, S. 65 ff.). Dazu hilft eine Betrachtung der potenziellen Käufergruppen. Grundsätzlich können das Finanzinvestoren oder strategische Investoren sein. Wohingegen Finanzinvestoren rein von Renditegesichtspunkten getrieben sind, gilt es bei strategischen Käufern, Synergien zu zeigen (vgl. Schmitz-Valckenberg 2003, S. 58 ff.).

Abbildung 10-4

Überblick über mögliche Käufergruppen eines Wachstumsunternehmens

Finanzinvestoren	Strategische Investoren
■ Engagement in der Regel nur mit Kapital ■ Kein strategisches Interesse ■ Wertmaximierung als Ziel ■ Investition mit begrenztem Zeithorizont	■ Engagement mit Kapital und Management ■ Ziel ist, das strategische Interesse zu verwirklichen, finanzielles Ziel als Nebenbedingung ■ Getrieben von der Suche nach Synergien

Käuferlisten

Aufbauend auf der Kenntnis der unterschiedlichen Motivlagen der Käufergruppen werden alle potenziellen Käufer zu identifizieren versucht und damit eine sogenannte „long list" erstellt. Diese wird dann zu einer „short list" eingeschränkt. Das kann durch eine genauere Analyse der spezieller zu analysierenden Motive der einzelnen Käufer geschehen, aber auch von den nachfolgenden Ausschlusskriterien getrieben sein (vgl. Schmitz-Valckenberg 2003, S. 62 ff.):

- Persönliche Antipathie: Zu direkten Konkurrenten besteht nicht immer ein gutes Verhältnis, beispielsweise deshalb nicht, weil man sich durch gegenseitiges Abmahnen geärgert hat. Hier fällt eine Ansprache schwer, auch wenn sie sich gerade aus strategischen Gesichtspunkten her empfiehlt (vgl. auch Leibinger 1992, S. 72).

- Gefahr der Verletzung der Vertraulichkeit: Gerade bei direkten Konkurrenten besteht die Gefahr, dass diese die erhaltenen Informationen gegen den Informationsgeber ausnutzen. Davor vermag in der Regel auch eine Vertraulichkeitserklärung nicht zu schützen.
- Zweifel an der Kompetenz/Zahlungsfähigkeit: Mitunter fehlt potenziellen Käufern erkennbar die Kompetenz oder die Zahlungsfähigkeit, um eine Transaktion abzuschließen.
- Zeitdruck: Zeitdruck führt vor allem dazu, dass die Anzahl der anzusprechenden Unternehmen reduziert werden muss.
- Schutz der Eigenständigkeit des Unternehmens: Realisieren strategische Käufer Synergien, so kann das dazu führen, Teile des Unternehmens, wenn nicht sogar das ganze Unternehmen, aufzulösen (z.B. wenn sie letztlich nur an der Kundenbasis interessiert sind).

Abschätzung des Kaufinteresses

Durch die genauere Analyse der Motivlage und die genannten Gründe wird die Anzahl der potenziellen Käufer in Richtung auf eine short list eingeschränkt, so dass letztlich die Verbliebenen geeignet angesprochen werden können. Um das Kaufinteresse zu objektivieren, empfiehlt es sich aber vor der Ansprache, ein paar Gedanken auf Kriterien zur Messung des Kaufinteresses zu verwenden, um nicht zu viel Zeit im Prozess zu verschwenden. Diese Kriterien sind letztlich nicht vollständig zu operationalisieren, sie sollen vielmehr eine Indikation geben.

Kaufpreis, Information und Antwortgeschwindigkeit

Als erstes Kriterium spielt der genannte Kaufpreis eine Rolle. Je höher er ist, desto größer sollte das Kaufinteresse sein. Allerdings besteht hier die Gefahr, dass scheinbare Käufer ein hohes Angebot abgeben, um Konkurrenten aus dem Feld zu schlagen, und dann im Laufe der Due Diligence den Preis wieder herunter handeln bzw. es gar nicht mehr zum Kauf kommen lassen. Außer dem Preis spielen die Informationen, die ein potenzieller Käufer neben dem Informationsmemorandum anfordert, eine wichtige Rolle. Je detaillierter und ausgefallener diese sind, desto mehr hat sich der Käufer mit dem Kaufobjekt beschäftigt. Darüber hinaus sind Antwortgeschwindigkeiten ein gutes Indiz für Interesse: Je höher diese sind, desto größer das Interesse an dem angebotenen Wachstumsunternehmen (vgl. insgesamt Roy 1989, S. 529 ff.).

10.5 Kontaktierung potenzieller Käufer

Ablauf der Kontaktierung potenzieller Käufer

Die Kontaktierung potenzieller Käufer ist geprägt durch die erste Ansprache von Interessenten, dem Abschluss einer Vertraulichkeitsvereinbarung und einer anschließenden Versendung des Informationsmemorandums. Die Ansprache potenzieller Käufer kann mit drei Verfahren geschehen, dem Exklusivverfahren, dem Parallelverfahren oder mit einer kontrollierten Auktion (vgl. Achleitner 1999, S. 207 ff.).

- Beim Exklusivverfahren unterscheidet man ein offenes und ein verdecktes Exklusivverfahren. Beim offenen Verfahren weiß der potenzielle Käufer, dass er der einzige ist, mit dem gesprochen wird. Das verschafft ihm eine relativ starke Position, so dass dieses Verfahren nur gewählt werden sollte, wenn entweder hohe Anforderungen an eine Vertraulichkeit gestellt werden müssen oder eine gute Beziehung zum potenziellen Käufer besteht. Möchte ein Wachstumsunternehmen den Versuch unternehmen, die Verhandlungsposition des potenziellen Käufers nicht zu stark werden zu lassen, so kann es das verdeckte Exklusivverfahren wählen und dem Käufer das Gefühl geben, es seien auch noch andere Käufer interessiert. Dieses Vorgehen ist einerseits rechtlich problematisch, da es als arglistig und damit als Betrug gewertet werden kann, andererseits droht die Gefahr, dass die Taktik offenbar wird. Ist das der Fall, wird eine Vertrauensbasis zerstört, die normalerweise für den Unternehmenskauf notwendig ist, so dass es nicht nur zum Abbruch des Verkaufsprozesses mit dem einen potenziellen Käufer kommen kann, sondern auch zu einem schwierigeren Stand bei anderen Käufern, da sich ein solches Verhalten im Markt herumsprechen kann (vgl. Seiler 2000, S. 73 ff.).

- Beim Parallelverfahren wird versucht, mehrere potenzielle Käufer parallel so mit Informationen zu versorgen, dass ein möglichst hoher Wettbewerb zwischen den Käufern entsteht. Natürlich erfordert das, mehreren Interessenten Informationen zukommen zu lassen. Das hat in Bezug auf die Vertraulichkeit Nachteile, Vorteile verspricht das Verfahren im Hinblick auf den dabei erzielbaren Verkaufspreis.

- Zeigen sich in einem Parallelverfahren über längere Zeit mehrere potenzielle Käufer sehr interessiert, so kann man auch versuchen, eine kontrollierte Auktion zu inszenieren. Sie kann sich entweder an ein Parallelverfahren anschließen oder bereits als öffentliche Ausschreibung beginnen. Über mehrere Runden werden die potenziellen Käufer mit Musterkaufverträgen versorgt und gebeten, Angebote abzugeben. Die geringsten Angebote werden jeweils ausgeschlossen, so dass über mehrere Angebotsrunden hinweg der Preis steigen sollte. Da dies für potenzielle Käufer das Verfahren ist, was die größten Nachteile verspricht, nehmen nicht alle Kaufinteressenten an solchen Verfahren teil. Das könnte einen potenziellen Käuferkreis einschränken und das Verfahren in sich unmöglich machen (vgl. Moser 1991, S. 89).

Die Ansprache

Ist die Entscheidung für eines der drei Verfahren gefallen, so kann die Ansprache erfolgen. Idealerweise bestehen bereits Verbindungen zu den potenziellen Käufern, entweder dadurch, dass ein Interessent selber mit der Idee des Kaufs auf den Verkäufer zugekommen ist, oder, weil bereits eine Zusammenarbeit auf der operativen Ebene ausgeübt wird. In beiden Fällen fällt die Ansprache sehr leicht und schwächt die Verhandlungsposition des Verkäufers nicht gleich bei der Ansprache.

Der Abschluss einer Vertraulichkeitsvereinbarung

Sind potenzielle Käufer kontaktiert, so werden mit ihnen Vertraulichkeitsvereinbarungen geschlossen, um anschließend das ausführliche Informationsmemorandum zu verschicken. Auch wenn es letztlich kaum gelingen wird, den Bruch einer Vertraulichkeitserklärung nachzuweisen, so ist die Wirkung einer solchen Erklärung nicht zu unterschätzen. Darüber hinaus können bestimmte Käuferkreise, vor allem Finanzinvestoren, es sich nicht leisten, die Vertraulichkeit nicht einzuhalten, weil sich dies schnell in der Branche herumsprechen würde und somit der Deal Flow für diese Unternehmen erheblich gestört wäre (vgl. Holzapfel/Pöllath 2000, S. 16).

Inhalt von Vertrauchlichkeitsvereinbarungen

Inhaltlich versuchen Vertraulichkeitsvereinbarungen zu regeln, dass die Nutzung und Weitergabe von Informationen nur für die Prüfung des Unternehmens zum Zwecke eines Kaufs und auch nur für den potenziellen Käufer als Unterzeichner gestattet ist. So dürfen die erhaltenen Informationen über einen Zeitraum von drei bis fünf Jahren nicht zu Wettbewerbszwecken genutzt werden. Eine weitere Regelung kann sein, dass keine Mitarbeiter des zu verkaufenden Unternehmens vom Käufer angeworben werden dürfen. Problematisch ist dabei immer der Nachweis der Verletzung der Vertraulichkeit. Zumindest sollte der Verkäufer eine feste Vertragsstrafe in die Erklärung integrieren, damit er nicht auch noch den Schaden nachweisen muss, sondern auf jeden Fall eine bestimmte Summe erhält (vgl. auch Kaligin 1995, S. 22). Ist die Vertraulichkeitserklärung unterschrieben, so kann der Versand des Informationsmemorandums erfolgen. Spätestens zu diesem Zeitpunkt empfiehlt es sich auch, den Verkaufsprozess zu dokumentieren, um beispielsweise die Antwortzeiten bestimmen zu können.

10.6 Unternehmensanalyse im Rahmen eines Trade Sales

Elemente der Unternehmensanalyse

Im Rahmen der Unternehmensanalyse erhalten die potenziellen Käufer die Möglichkeit, das Wachstumsunternehmen über das Informationsmemorandum hinaus zu prüfen. Je nach dem, welches Verfahren zur Kontaktierung potenzieller Käufer gewählt wurde, müssen diese bei einem Parallelverfahren oder einer kontrollierten Auktion bereits ein erstes Angebot abgeben, um evtl. Kandidaten mit niedrigen Angeboten aussortieren zu können, die den weiteren Prozess dann nicht mehr durchlaufen dürfen. Mit allen anderen findet dann eine Managementpräsentation statt, die unter Umständen bereits mit einem Unternehmensbesuch verbunden sein kann. Ist das Interesse der Käufer auch weiterhin vorhanden, so erfolgt spätestens jetzt die Angebotsabgabe von allen potenziellen Käufern, also auch denen im Exklusivverfahren, bevor eine ausführliche Due Diligence stattfindet.

Die Managementpräsentation

Die Managementpräsentation kann in dem Verkaufsprozess bereits ein entscheidender Schritt sein. Ist der potenzielle Käufer ein Finanzinvestor, so ist er auf das Management zur Weiterführung des Unternehmens angewiesen. Ein solcher Investor wird den Kaufprozess aus seiner Sicht wahrscheinlich abbrechen, wenn er nicht zur Überzeugung kommt, dass das Management die von ihm gewünschte Rendite erwirtschaften kann. Hier spielen auch wieder die eingangs geschilderten Motive des Verkaufs eine Rolle: Wünscht neben dem Eigeninvestor ein Teil des Managements auszusteigen, so ist ein Finanzinvestor kaum der richtige Käufer. Aber auch bei strategischen Käufern spielt das Management mitunter eine wichtige Rolle: Gerade bei jungen Unternehmen geht man davon aus, dass ein großer Teil des Erfolgs der Unternehmen vom Management abhängt. So geben Investoren in der Regel an, „in ein Management, nicht in ein Unternehmen" zu investieren. Das Management kann auch für einen strategischen Investor ein Motiv für eine Investition bzw. eine Unternehmensübernahme sein. Insofern spielt die Managementpräsentation eine wichtige Rolle (vgl. Picot 1998, S. 23 ff.).

Der Unternehmensbesuch

Aufbauend auf der Managementpräsentation kann ein erster Unternehmensbesuch stattfinden. Hier ist vom Management darauf zu achten, dass es einerseits zwar versucht, den Wettbewerbsdruck für die potenziellen Käufer hoch zu halten, indem es möglichst viele Käufer an dem Prozess partizipieren lässt, andererseits aber die eigenen Mitarbeiter durch die häufigen Besuche nicht zu stark verunsichert. Darüber hinaus sollte sich das Unternehmen auch in einer äußerlichen Form präsentieren, wie es von den Käufern erwartet wird (vgl. Bruppacher 1987, S. 432).

Die Angebotsabgabe

Bei weitergehendem Interesse der Käufer werden diese nun gebeten, ein Angebot in Form eines Letters of Intent (LoI) abzugeben. Ein solches Angebot ist in seinem Inhalt grundsätzlich frei, in der Regel enthält es jedoch Angaben zum zu kaufenden Objekt, Angaben zum Kaufpreis und Angaben zum Transaktionsablauf. Bei der Präzisierung des Kaufpreises kann es sich um eine konkrete Summe handeln, es können aber auch lediglich die Modalitäten festgelegt werden, nach denen der Kaufpreis letztlich zu bestimmen ist. Bei den Angaben zum Transaktionsablauf interessiert vor allem, ob der Kaufpreis in Geld oder in einer sonstigen Form beglichen wird - dabei handelt es sich zumeist um Anteile am Unternehmen des Käufers - und ob es zeitliche Abstufungen der Zahlungen, Darlehensvereinbarungen oder Rückbeteiligungen des Verkäufers gibt. Auch wird hier meist schon ein Hinweis darauf gegeben, wie mit dem Management des zu kaufenden Unternehmens verfahren werden soll (vgl. Lutter 1998, S. 3).

Exklusivität weiterer Prüfungen

Mitunter versuchen potenzielle Käufer mit dem Hinweis auf den Aufwand, den sie im weiteren Prozess des Trade Sales haben, eine Exklusivität ihrer weiteren Prüfungen zu erlangen. Das geschieht, um nach der aufwändigen Prüfung auf jeden Fall das exklusive Wahlrecht zum Kauf zu haben und nicht von anderen Käufern verdrängt zu werden. Eine solche Exklusivität schwächt die Verhandlungsposition des Verkäufers und sollte nur dann abgeschlossen werden, wenn der Verkäufer sich auch explizit für ein Exklusivverfahren entschieden hat (vgl. Merkt 1997, S. 300 ff.).

Die Due Diligence

Ist ein LoI unterschrieben, so schließt sich die Due Diligence an (vgl. Berens 1999, S. 54, sowie Koch/Wegman 2001, S. 42 ff.). Diese umfasst die genaue Prüfung des zu kaufenden Unternehmens durch den Käufer. Meist wird dieser dabei umfangreich von Rechtsanwälten, Steuerberatern, Wirtschaftsprüfern und weiteren Beratern unterstützt. Vom Wachstumsunternehmen sollte dazu ein Datenraum eingerichtet werden, in dem alle notwendigen Informationen bereitgestellt werden. Jeder Käufer erhält für eine bestimmte Zeit Zugang zu diesem Raum und darf die Unterlagen prüfen, in der Regel aber nicht vervielfältigen. Die einzelnen Bereiche der Prüfung sind von Unternehmen zu Unternehmen unterschiedlich, je nach Branche, Art der Technologie, Rolle des Personals für den Erfolg etc. In der Regel umfasst die Prüfung des zu kaufenden Unternehmens mindestens die folgenden Teilbereiche:

- Business Due Diligence
- Financial Due Diligence
- Legal Due Diligence
- Tax Due Diligence

Inhalte der Due Diligence

In der Business Due Diligence werden die Angaben des Informationsmemorandums im Rahmen einer internen und externen Unternehmensanalyse überprüft. Diese umfasst alle Unternehmensbereiche, wie die Produktion, das Marketing, Personal, FuE, etc., aber auch Gespräche mit Kunden, Lieferanten oder Wettbewerbern (vgl. Pack 2000, S. 222 ff.). Bei der Financial Due Diligence werden die Bilanzen sowie Gewinn- und Verlustrechnungen der letzten Jahre (soweit vorhanden) überprüft. Dabei wird vor allem versucht zu ergründen, ob es Sondereinflüsse gab, die die Geschäftszahlen in den letzten Jahren beeinflusst haben und in der Zukunft anders sein werden. Auch kann es hier um die Aufdeckung von bilanzpolitischen Maßnahmen gehen, die bei jungen Unternehmen allerdings noch nicht so ausgeprägt sein sollten (vgl. Fleischer/Körber 2001, S. 841). Bei der Legal Due Diligence werden meist die gesamten Verträge des Kaufobjekts überprüft. Hier geht es einerseits um die Rechtmäßigkeit dieser Verträge, andererseits darum, in welcher Form die Verträge auch nach einem Trade Sale noch Bestand haben (vgl. Pack 2000, S. 245). Bei der Tax Due Diligence werden die steuerlichen Verhältnisse des zu kaufenden Unternehmens überprüft. Ziel ist es, einerseits Steuerrisiken aufzudecken, andererseits eine steuerlich optimale Gestaltung der Transaktion zu finden (vgl. Krüger/Kalbfleisch 1999, S. 178). Sind die einzelnen Prüfungen des zu kaufenden Unternehmens so durchlaufen, dass der potenzielle Käufer weiterhin Interesse hat, so kann es zur Endverhandlung mit dem Ziel eines Vertragsabschlusses kommen.

10.7 Endverhandlung und Vertragsabschluss im Rahmen eines Trade Sales

Elemente der Endverhandlung

Im Rahmen der Endverhandlung wird auf Basis der zuvor erlangten Informationen der Trade Sale so konkretisiert, dass es zu einem Vertragsabschluss kommen kann. Aus der Sicht des Verkäufers eines Unternehmens ist dabei Folgendes zu tun:

- Festlegung einer Verhandlungsstrategie
- Strukturierung der Transaktion
- Käuferauswahl
- Abschluss eines Vertrags

Wogegen die erste und dritte Tätigkeit allein erfolgen muss, werden die beiden anderen zusammen mit den oder dem potenziellen Käufer vorgenommen.

Die Festlegung der Verhandlungsstrategie

Im Rahmen der Festlegung der Verhandlungsstrategie ist vor allem die Aufteilung der Aufgaben zwischen den Beteiligten auf der Seite des Verkäufers wesentlich. Das geschieht vor folgendem Hintergrund: Einerseits hat ein Verkäufer großes Interesse an einem möglichst hohen Kaufpreis und sollte versuchen, diesen nach Möglichkeit hart zu verhandeln, andererseits müssen Käufer und Verkäufer in Zukunft zusammenarbeiten und sollten deshalb nicht ihre Beziehung vor Beginn der Zusammenarbeit durch eine zu harte Verhandlungsführung bereits zerstört haben. Deshalb bietet es sich idealerweise an, die Rollen in der Verhandlung aufzuteilen. Das kann entweder geschehen, indem Berater hinzugenommen werden, oder indem die am Unternehmen Beteiligten sich aufteilen: Hat ein Eigenfinanzierer Interesse, mit dem Trade Sale sein Finanzierungsengagement zu beenden, so kann er eher eine harte Verhandlungsführung wählen als das Management, das im Unternehmen verbleiben soll. Dies vorher für die Verkäuferseite zu klären, kann sehr sinnvoll sein.

Instrumente und Maßnahmen der Verhandlungsführung

Aufbauend auf der Verteilung der Rollen können verschiedene Instrumente und Maßnahmen zur Verhandlungsführung eingesetzt werden. Dazu zählt beispielsweise auch die gezielte Desinformation oder das Ausüben psychologischen Drucks. Hierbei ist jedoch immer zu beachten, dass es für einen Unternehmenskauf einer Vertrauensbasis bedarf, denn potenzielle Käufer werden es aufgrund der Vielzahl der Informationen auch in einer Due Diligence kaum schaffen, ein vollständiges Bild zu erlangen. Wird der Aufbau einer solchen Vertrauensbasis durch Verhandlungstaktiken behindert, so riskiert ein Käufer vielleicht den gesamten Abschluss (vgl. Allas/Gerogiades 2001, S. 87 ff.).

Die Strukturierung der Transaktion

Die Strukturierung der Transaktion umfasst auf jeden Fall den Kaufgegenstand und die Zahlungsmodalitäten. Unter Umständen sind damit auch bestimmte Garantien verbunden (vgl. Humpert 1985, S. 100). Der Kaufgegenstand kann einerseits das Unternehmen als Ganzes bzw. Anteile aus dem Unternehmen, andererseits aber auch nur bestimmte Assets aus diesem Unternehmen sein. Bei jungen Unternehmen, die kaum diversifiziert sind und zudem oft nur über ein Produkt verfügen, ist der Kaufgegenstand in der Regel das gesamte Unternehmen (vgl. Beisel/Klumpp 1996, S. 47 ff.). Da der Kaufgegenstand zwar geprüft, aber in der kurzen Zeit doch nicht vollständig erfasst werden kann, hat der Käufer ein Interesse daran, sich den Wert mit Hilfe von Garantien abzusichern. Ein Verkäufer hingegen hat ein Interesse, diese möglichst gering zu halten und zumindest für die Aspekte, die dem Käufer bei der Vertragsunterzeichnung bekannt waren oder bekannt hätten sein können, eine Gewährleistung auszuschließen. Bei den Garantien kann es sich um Bilanzgarantien handeln, in denen sichergestellt werden soll, dass die Bilanzpositionen richtig bewertet sind, um Ergebnisgarantien, die beispielsweise das Ergebnis des laufenden Jahres abzusichern versuchen, oder um sonstige Garantien, z.B. über den Verbleib des Managements im Unternehmen (vgl. zu den möglichen Garantien bei Unternehmensverkäufen Knott et al. 2001, S. 123 ff.).

Zahlungsmodalitäten

Die Zahlungsmodalitäten stellen den letzten Punkt der Strukturierung einer Transaktion dar. Hier wird erst einmal zwischen einem cash deal, also einem Verkauf gegen Geld, und einem share deal, also einem Verkauf gegen Anteile des kaufenden Unternehmens, unterschieden (vgl. Rock 1987, S. 201). Neben dieser grundsätzlichen Frage ist zu klären, ob ein Teil des Kaufpreises als Verkäuferdarlehen gestundet wird, so dass dem Käufer die Finanzierung der Transaktion erleichtert wird. Darüber hinaus ist denkbar, dass ein Teil des Kaufpreises variabel in Abhängigkeit von der Geschäftsentwicklung des gekauften Unternehmens vereinbart wird („earn-out", vgl. Baums 1993, S. 1273 ff.). Das ist nur sinnvoll, wenn das Management des gekauften Unternehmens im Unternehmen verbleibt und die Geschäftsentwicklung damit ausreichend eigenständig beeinflusst werden kann. Neben den genannten eher ökonomischen Aspekten können steuerliche Gesichtspunkte die Zahlungsmodalitäten ebenfalls beeinflussen (vgl. hierzu beispielhaft Hötzel 1993, S. 248 f.)

Die Käuferauswahl

Im Idealfall für den Verkäufer eines Wachstumsunternehmens schafft er es, bis zur Endverhandlung mit mehreren potenziellen Käufern verhandeln zu können. Dann ist die Chance auf einen hohen Kaufpreis und einen erfolgreichen Abschluss aufgrund des Wettbewerbs unter den Käufern am größten. Spätestens vor Vertragsunterzeichnung muss allerdings eine Käuferauswahl erfolgen. Kapazitätsrestriktionen bei jungen Unternehmen können es notwendig machen, diese Auswahl bereits früher vorzunehmen, um nicht mit zu vielen in aufwändige Verhandlungen treten zu müssen. Bei einem früheren Ausschluss von potenziellen Käufern entsteht das Problem, dass eine spätere Ansprache bereits ausgeschlossener Käufer in der Regel zu einer schwächeren Verhandlungsposition auf Seiten der Käufer führt (vgl. Roy 1989, S. 595).

Der Vertragsabschluss

„Ein Vertrag ist erst geschlossen, wenn die Tinte trocken ist" – bei einem Unternehmensverkauf ist jedoch nicht einmal das ausreichend für den Abschluss der gesamten Transaktion. Erst wenn aufschiebende oder auflösende Vertragsbedingungen geklärt und die sachrechtliche Übertragung von Kaufpreis und Unternehmen erfolgt sind („Closing"), dann ist der Trade Sale vollzogen (vgl. Merkt 1997, S. 329). Zwischen der Vertragsunterzeichnung („Signing") und dem Übergang des Unternehmens in die Hände des Käufers („Closing") kann beispielsweise bei Finanzinvestoren einige Zeit liegen, weil diese wiederum die Mittel erst von ihren Investoren abrufen müssen (vgl. Seiler 2000, S. 163).

10.8 Implikationen aus der Betrachtung praktischer Verkaufsprozesse im Mittelstand

Hinweise für den Verkauf von Wachstumsunternehmen aus empirischer Sicht

In den vorangegangenen Abschnitten wurde nach einer kurzen Einleitung in insgesamt sechs Schritten durch den Prozess eines Trade Sales geführt. Als Ziel des Trade Sales wurde in erster Linie definiert, einem vorherigen Investor die Möglichkeit zu verschaffen, sein Finanzengagement zu beenden. Damit hat er ein Interesse am Zustandekommen des Verkaufs und an einem möglichst hohen Verkaufspreis. Vor diesem Hintergrund wurde bisher ein idealtypischer Verkaufsprozess geschildert - der Prämisse folgend, dass ein strukturierter Verkaufsprozess die Erfolgswahrscheinlichkeit eines Verkaufs zu steigern und den Kaufpreis zu erhöhen vermag (vgl. hierzu z.B. Auerbach 1991, S. 52). Diese Prämisse wurde für mittelständische Unternehmen mit einem Transaktionsvolumen zwischen 2,5 und 50 Millionen € überprüft (vgl. Schmitz-Valckenberg 2003). Aus der Betrachtung lassen sich auch für den Verkauf von Wachstumsunternehmen wichtige Hinweise ableiten – ein großer Teil der betroffenen Transaktionen fiele in diesen Bereich (vgl. für die nachfolgenden Aussagen Schmitz-Valckenberg 2003, S. 163 ff.).

- Im Hinblick auf die Vorbereitung eines Trade Sale zeigt sich, dass der Ausstiegswunsch eines Finanzinvestors als sehr plausibel von Käufern interpretiert wird und sogar eine positive Kaufpreiswirkung haben kann. Bei allen anderen Motiven kommt es insbesondere auf die Darstellung an. Darüber hinaus empfiehlt es sich, frühzeitig Prozessberater, wie beispielsweise M&A-Berater einzubinden, da dies ebenfalls eine positive Wirkung auf den Kaufpreis hat.
- Bei der Dokumentation des Verkaufsobjekts zeigt es sich, dass nicht nur die Existenz eines Informationsmemorandums, sondern auch dessen Vollständigkeit den Kaufpreis positiv beeinflussen kann.
- Bei der Identifikation potenzieller Käufer ist es nicht empfehlenswert, möglichst viele Käufer in einen weiteren Prozess zu involvieren, sondern eher bewusst nicht passende auszuschließen.
- Die identifizierten Käufer sollten angesprochen und möglichst auch zur Angebotsabgabe gebracht werden. Dabei beeinflusst nicht nur die Anzahl der abgegebenen Angebote, sondern auch die Anzahl der Angebotsrunden, z.B. im Rahmen einer kontrollierten Auktion, den Kaufpreis positiv.
- Die Anzahl der potenziellen Käufer, mit denen weiterhin verhandelt wird, ist auch im nachfolgenden Prozess entscheidend: Die Häufigkeit der Managementpräsentationen, aber auch die Anzahl der potenziellen

Käufer, die eine Due Diligence durchführen, haben einen positiven Einfluss auf den Kaufpreis.

- Kommt es dann zu einer Endverhandlung, so wirken sich Garantien und Gewährleistungen, die der Verkäufer gibt, positiv auf den Kaufpreis aus. Auch hat es einen positiven Einfluss, wenn der Verkäufer weiterhin am Unternehmen beteiligt ist.

Insgesamt zeigt sich, dass dem Prozess des Trade Sales eine wesentliche Rolle für die Möglichkeit eines Eigenfinanzierers zukommt, sein Finanzengagement zu beenden. Der Trade Sale birgt also Chancen in sich, er ist aber auch nicht frei von Gefahren. Das ist in der nachfolgenden Abbildung 10-5 pragmatisch zusammengefasst.

Abbildung 10-5

Chancen und Gefahren eines Trade Sale in kurzer Form (vgl. nach Schmitz-Valckenberg 2003, S. 202 ff.)

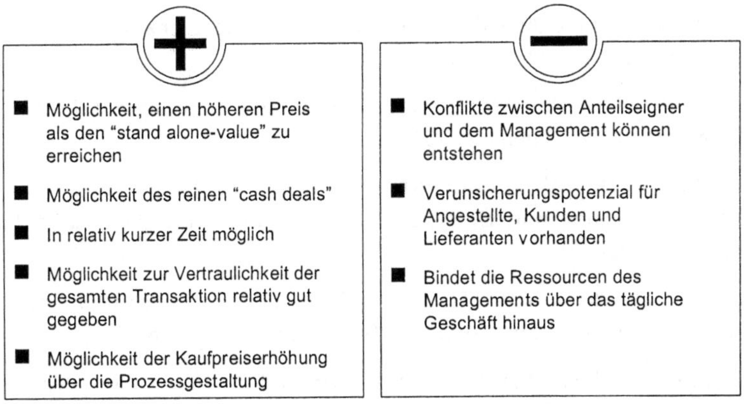

Auf die aktive Gestaltung des Transaktionsprozesses kommt es an

Wesentlich ist es bei der Entscheidung für einen Trade Sale, den Transaktionsprozess aktiv und in der beschriebenen Form zu gestalten. Dann lässt sich nicht nur das Ziel der Beendigung des Finanzengagements, sondern auch das eines möglichst hohen Kaufpreises realisieren.

10.9 Literatur

ACHLEITNER, ANN KRISTIN (1999): Handbuch des Investment Banking, Wiesbaden.

ALLAS, TERA/GEROGIADES, NIKOS (2001): New Tools for Negotiators, in: McKinsey Quarterly 2, S. 87-97.

AUERBACH, ALAN J. (1991): Mergers and Acquisitions, Chicago et al.

BAETGE, JÖRG/KRUMBHOLZ, MARCUS (1991): Überblick über Akquisition und Unternehmensbewertung, in: BAETGE, JÖRG (Hrsg.): Akquisition und Unternehmensbewertung, Düsseldorf, S. 1-30.

BAUMS, THEODOR (1993): Ergebnisabhängige Preisvereinbarungen in Unternehmenskaufverträgen ("earn-outs"), in: Der Betrieb 46, S. 1273-1276.

BAUMÜLLER, KONRAD (1988): Unternehmenshandel, Frankfurt am Main et al.

BEISEL, WILHELM/KLUMPP, HANS-HERMANN (1996): Der Unternehmenskauf, 3. Auflage, München.

BERENS, WOLFGANG (1999): Due Diligence bei Unternehmensakquisitionen, 2. Auflage, Stuttgart.

BRUPPACHER, PETER R. (1987): Nachfolgeregelung: Durch Verkauf des Unternehmens, in: IO-Management 56, S. 431-433.

BUSSE VON COLBE, WALTHER/COENENBERG, ADOLF G. (Hrsg.) (1992): Unternehmensakquisition und Unternehmensbewertung: Grundlagen und Fallstudien, Stuttgart.

FLEISCHER, HOLGER/KÖRBER, THORSTEN (2001): Due Diligence und Gewährleistung beim Unternehmenskauf, in: Betriebsberater 56, S. 841-849.

FORST, MARTIN (1992): Management Buy-out und Buy-in als Form der Übernahme mittelständischer Unternehmen, Stuttgart.

FREUND, WERNER (2000): Familieninterne Unternehmensnachfolge, Wiesbaden.

FUNK, JOACHIM (1995): Aspekte der Unternehmensbewertung in der Praxis, in: Zeitschrift für betriebswirtschaftliche Forschung 47, S. 491-514.

GÖSCHE, AXEL (1991): Mergers & Acquisitions im Mittelstand - Unternehmen und Beteiligungen gezielt kaufen und verkaufen: Planung, Strategie, Durchführung, Integration, Wiesbaden.

HOLZAPFEL, HANS JOACHIM/PÖLLATH, REINHARD (2000): Unternehmenskauf in Recht und Praxis, 9. Auflage, Köln.

HÖTZEL, OLIVER (1993): Steuerorientierte Gestaltung des Unternehmenskaufs, Düsseldorf.

HUMPERT, FRANZ W. (1985): Unternehmensakquisition - Erfahrung beim Kauf von Unternehmen, in: Die Betriebswirtschaft 45, S. 30-41.

JANSEN, STEFAN A. (2000): Mergers & Acquisitions: Unternehmensakquisitionen und Kooperationen, 2. Auflage, Wiesbaden.

JUNG, WILLI (1993): Praxis des Unternehmenskaufs, 2. Auflage, Stuttgart.

KALIGIN, THOMAS (1995): Unternehmenskauf, Heidelberg.

KNOTT, HERMANN/MIELKE, WERNER/WEIDLICH, THOMAS (2001): Unternehmenskauf, Köln.

KOCH, WOLFGANG/WEGMAN, JÜRGEN (2001): Praktikerhandbuch Due Diligence - Chancen und Risiken - Analyse mittelständischer Unternehmen, 2.. Auflage, Stuttgart.

KRÜGER, DIRK/KALBFLEISCH, EBERHARD (1999): Due Diligence bei Kauf und Verkauf von Unternehmen - Rechtliche und steuerliche Aspekte der Vorprüfung beim Unternehmenskauf, in: DStR, S. 174-180.

LEIBINGER, BERTHOLD (1992): Übernahme- und Beteiligungsversuche aus Sicht der Eigentümer von Akquisitionsobjekten, in: Sieben, Günter (Hrsg.), Unternehmensakquisitionen: Strategien und Abwehrstrategien, Stuttgart.

LUTTER MARCUS (1998): Der Letter of Intent, 3. Auflage, Köln et al.

LÜDKE, ULRIKE/FRIEN, BASTIAN (2001): Der beste Freund des Übernahmekandidaten - M&A-Berater: Was sie können - und was nicht, in: Finance 28, S. 10-30.

MERKT, HANNO (1997): Internationaler Unternehmenskauf, Köln.

MOSER, ANTON C. (1991): Gefahren beim Kauf von Unternehmen, Stuttgart et al.

MÜLLER-STEWENS, GÜNTER/SPICKERS, JÜRGEN/DEISS, CHRISTIAN (1999): Mergers & Acquisitions, Stuttgart.

OSSADNIK, WOLFGANG (1995): Die Aufteilung von Synergieeffekten bei Fusionen, Stuttgart.

PACK, HEINRICH (2000): Due Diligence, in: Picot, Gerhard (Hrsg.): Handbuch Mergers & Acquisitions, Stuttgart, S. 221-254.

PICOT, GERHARD (1998): Unternehmenskauf und Restrukturierung, 2. Auflage, München.

ROCK, MILTON L. (1987): The Mergers & Acquisitions Handbook, New York.

ROY, ASIM (1989): Optimal Offer Strategies in Mergers and Acquisitions, in: Decisions Sciences Journal 20, S. 591-601.

RUDOLF, MARKUS/WITT, PETER (2002): Bewertung von Wachstumsunternehmen: Traditionelle und innovative Methoden im Vergleich, Wiesbaden.

SCHILDBACH, THOMAS (1995): Der Verkäufer und das Unternehmen "wie es steht und liegt": Zur Unternehmensbewertung aus Verkäufersicht, in: Zeitschrift für betriebswirtschaftliche Forschung 47, S. 620-632.

SCHMITZ-VALCKENBERG, COLLIN (2003): Verkaufsprozess mittelständischer Unternehmen: Empirische Untersuchung der Einflussfaktoren auf die Preisbildung, Wiesbaden.

SCHRÖER, EVELYN/FREUND, WERNER (1999): Neue Entwicklungen auf dem Markt für die Übertragung mittelständischer Unternehmen, IFM-Materialien Nr. 136, Bonn.

SEILER, KARL (2000): Unternehmensverkauf - das Unternehmen richtig darstellen, den passenden Käufer finden, steuersparend veräußern, Landsberg/Lech.

SINNECKER, MARC (1994): Die Gestaltung von Informationsmemoranden für Unternehmenskäufe, Diplomarbeit, Hochschule St. Gallen, St. Gallen.

SPIELBERGER, KARL (1996): Kauf von Krisenunternehmen, Wiesbaden.

SUDHOFF, HEINRICH (2000): Unternehmensnachfolge, 4. Auflage, München.

11 Börsengang eines Wachstumsunternehmen

11.1 Einleitung

Wechselhafte Historie für Börsengänge in Deutschland

In Deutschland spielte der Aktienmarkt zur Finanzierung mittelständischer Unternehmen, auch wenn sie stark wuchsen, traditionell keine große Rolle. Der Zugang zur Börse war weitgehend den großen und etablierten Unternehmen vorbehalten. Das änderte sich erst im Jahr 1997 mit dem Börsengang der Deutsche Telekom AG, der den Erwerb von Aktien eines Unternehmens für eine breitere Öffentlichkeit privater -Anleger populär machte (vgl. Francioni 2002, S. 542), und der Schaffung eines neuen Börsensegments für Wachstumsunternehmen, den Neuen Markt. Insbesondere in den Jahren 1999 und 2000 ließen sich sehr viele, zum Teil noch sehr junge Wachstumsunternehmen am Neuen Markt notieren. Im Jahr 2001 fanden dann nur noch wenige Neuemissionen an diesem Wachstumssegment der Deutschen Börse statt, im Jahr 2002 gar keine mehr. 2003 wurde der Neue Markt eingestellt. In anderen Ländern Europas ergaben sich ähnliche Entwicklungen. In den USA stellt vor allem die Nasdaq seit ihrer Gründung im Jahr 1971 das bevorzugte Börsensegment für junge, expandierende Unternehmen dar, es ist die weltweit größte Wachstumsbörse.

Der Neue Markt und sein Vermächtnis

Ob der Neue Markt in Deutschland insgesamt als ein Erfolg oder ein Misserfolg zu werten ist, lässt sich unserer Ansicht nach nicht pauschal beurteilen. Zunächst hat der Neue Markt einen entscheidenden Durchbruch geschafft, er hat jungen Wachstumsunternehmen die grundsätzliche Möglichkeit der Finanzierung durch einen Börsengang eröffnet. Er ist aber im Gegensatz z.B. zur Nasdaq wieder geschlossen worden. Aufgrund der zunächst sehr starken Wertsteigerung vieler am Neuen Markt notierten Unternehmen, an den sich dann ein (fast) beispielloser Absturz der Aktienkurse anschloss, konnte das anfängliche aufgebaute Vertrauen der Unternehmer sowie der privaten Anleger in börsennotierte, junge Wachstumsunternehmen nicht bewahrt werden. Ende des Jahres 2004, dem Zeitpunkt der Drucklegung dieses Buches, planten nur sehr wenige erfolgreiche Wachstumsunternehmen einen Börsengang in näherer Zukunft, und dann häufig auch nicht an einer deutschen Börse. In diesem Sinne stehen wir also nicht viel besser da als vor 1997. Der Börsengang-Boom der New Economy muss aus heutiger Sicht eher als Mode denn als neue deutsche Tradition gesehen werden (vgl. Rudolf/Witt 2002, S. 1). Dennoch sind wir optimistisch, dass der Börsengang von Wachstumsunternehmen in Deutschland in Zukunft wieder größere Bedeutung erlangen wird. Um ein Bild zu benutzen: Die Saat ist gelegt, um den jetzt trockenen Boden bei neuem Regen wieder in eine blühende Landschaft zu verwandeln.

Der Wettbewerb der Börsenplätze

Ein börseninteressiertes Wachstumsunternehmen steht zunächst vor der Frage, in welchem Land und an welcher Börse eines Landes es eine Notierung anstreben sollte. Viele Unternehmen wählen eine Börse ihres Heimatlandes. Andere wählen das Land aus, in dem die meisten ihrer (potenziellen) Aktionäre wohnen. Schließlich gibt es auch die Möglichkeit einer Notierung an zwei Börsen, das sogenannte „Dual Listing". Da sich ein Dual Listing nur für etablierte Unternehmen mit einem sehr großen Emissionsvolumen lohnt (vgl. Schanz 2000, S. 449), spielt es für den Börsengang von Wachstumsunternehmen nur in Ausnahmefällen eine Rolle. In Europa findet seit einigen Jahren eine Konsolidierung und Vereinheitlichung der Wertpapiermärkte statt. Die Amsterdamer, die Brüsseler und die Pariser Börse haben sich beispielsweise zur Verbundbörse Euronext zusammen geschlossen (vgl. Francioni 2002, S. 558). Wir wollen uns in diesem Kapitel dennoch nur mit Börsengängen in Deutschland befassen, weil dort einheitlich deutsches Aktienrecht gilt und annähernd identische Börsenordnungen vorliegen, international unterschiedliche Rechtssysteme also außer Acht bleiben können. Weiterhin werden wir von den acht deutschen Wertpapierbörsen nur eine näher vorstellen, die Frankfurter Börse. Frankfurt ist mit großem Abstand der führende deutsche Börsenplatz. Die Bedeutung der Regionalbörsen nimmt eher ab, seit im Oktober 1998 der elektronische Handel in Xetra auf alle Börsensegmente ausgeweitet wurde. Schließlich ist Frankfurt auch deshalb die erste Wahl für den Börsengang eines Wachstumsunternehmens in Deutschland, weil die dortige Deutsche Börse AG - ein privatisiertes und seinerseits börsennotiertes Unternehmen - als einziger deutscher Börsenplatz über eine internationale Bekanntheit verfügt, die mit der großer Wettbewerbern wie der Nasdaq und der NYSE in den USA oder der Euronext und der LSE in Europa vergleichbar ist.

Die Deutsche Börse AG

Zur Zeit bestehen an der Deutsche Börse AG in Frankfurt zwei Marktstandards und vier verschiedene Marktindizes (vgl. Deutsche Börse AG 2003, S. 12-17). Emittenten können zunächst zwischen dem General Standard und dem Prime Standard wählen. Im General Standard gelten die allgemein für einen Börsengang an der Frankfurter Wertpapierbörse verpflichtenden gesetzlichen Anforderungen für den Amtlichen Markt bzw. den Geregelten Markt. Sie finden sich im Börsengesetz, in der Börsenzulassungsverordnung, der Börsenordnung und dem Wertpapierhandelsgesetz. Typische Anforderungen für die im General Standard gelisteten Unternehmen sind das Erstellen eines Jahresberichts und die Veröffentlichung von Ad-hoc-Mitteilungen.

Im Prime Standard müssen Emittenten darüber hinaus gehende internationale Publizitäts- und Transparenzanforderungen erfüllen. Dazu zählen Quartalsberichte, eine Rechnungslegung nach IFRS oder US-GAAP, ein Unternehmenskalender, die Berichterstattung in deutscher und englischer Sprache sowie mindestens eine Analystenkonferenz pro Jahr. Insgesamt betrachtet eignet sich der Prime Standard damit für Unternehmen, die internationale Investoren ansprechen wollen. Der General Standard richtet sich eher an Unternehmen, die nationale Investoren im Blick haben und eine kostengünstige Börsennotierung bevorzugen.

Marktsegmente und Indizes

Die von der Frankfurter Börse zusammengestellten Indizes strukturieren den Prime Standard weiter und dienen als Basiswerte für Terminmarktprodukte und Derivate. Am bekanntesten ist dabei der DAX, der die nach Marktkapitalisierung und Umsatz größten deutschen Unternehmen umfasst. In die drei anderen Indizes der Deutschen Börse, den MDAX, den SDAX und den TecDAX können auch internationale Unternehmen aufgenommen werden. Im MDAX sind die 50 auf den DAX folgenden Werte in klassischen Branchen enthalten. Der SDAX umfasst dann die 50 größten auf den MDAX folgenden Werte, ebenfalls aus klassischen Branchen. Für Wachstumsunternehmen am bedeutsamsten ist der TecDAX. In ihm werden die 30 größten auf den DAX folgenden Werte zusammengefasst, die nicht in klassischen Branchen, sondern in Technologiebranchen tätig sind. Über die Aufnahme von im Prime Standard gehandelten Unternehmen in die genannten Auswahlindizes entscheidet der Vorstand der Deutsche Börse AG auf Vorschlag des Arbeitskreises Aktienindizes. Dabei kommt es vor allem auf die Marktkapitalisierung der Aktien im Streubesitz und auf die Marktliquidität der entsprechenden Aktie an. Abbildung 11-1 zeigt die an der Frankfurter Börse verfügbaren Börsensegmente und Börsenindizes im Überblick.

Abbildung 11-1 *Börsensegmente und Börsenindizes (vgl. Deutsche Börse AG 2003, S. 17)*

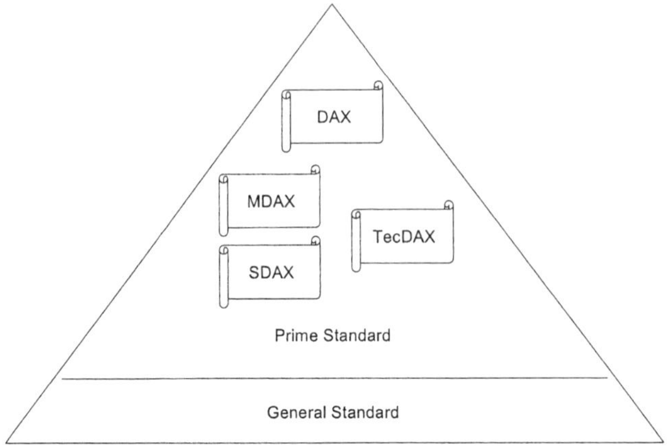

Finanzwirtschaftliche Konsequenzen eines Börsengangs

Neben dem Kapitalzufluss aus dem eigentlichen Börsengang kommt der Tatsache der Börsennotierung erhebliche finanzwirtschaftliche Bedeutung zu. Die Beschaffung weiteren Eigenkapitals durch Kapitalerhöhung und Verkauf neuer Aktien am Kapitalmarkt ist zu vergleichsweise niedrigen Transaktionskosten und in großem Umfang möglich. Zudem stehen neue Finanzierungsinstrumente zur Verfügung, die eine Börsennotierung voraussetzen. Beispiele sind Wandel- und Optionsanleihen (vgl. Schanz 2000, S. 12). Für den Fall eines späteren Ausstiegs der geschäftsführenden Aktionäre, z.B. der Gründer und langjährigen Vorstände eines Wachstumsunternehmens, erleichtert die Börsennotierung die Vermögensplanung und die Optionen der Erbregelung. Konkret kann der Ausstieg bei einem wenig liquiden Markt für die betreffende Aktie über einen längeren Zeitpunkt gestaffelt oder, bei sehr liquiden Märkten, auf einmal und unter Nutzung von günstigen Kapitalmarktbedingungen durchgeführt werden. Zudem hat die Börsennotierung für die bestehenden Großaktionäre den konkreten Vorteil, täglich über den Marktwert des Unternehmens informiert zu sein. Wenn Übernahmeangebote erfolgen, ist die Unternehmensbewertung und damit die Beurteilung der Attraktivität eines entsprechenden Angebots leicht.

11.2 Vorteile und Nachteile einer Börsennotierung

Börsengang als ökonomischer komplexer Vorgang

Der Börsengang eines Wachstumsunternehmens, der mittlerweile auch in Deutschland häufig als IPO („Initial Public Offering") bezeichnet wird, ist ein Vorgang mit sehr komplexen ökonomischen Konsequenzen. Wir wollen im Folgenden zunächst versuchen, die Vorteile eines Börsengangs zu analysieren. Danach werden wir auf die potenziellen Nachteile hinweisen. Abschließend werden wir den Versuch unternehmen, die Vor- und Nachteile zu vergleichen und abzuleiten, für welche Wachstumsunternehmen der Börsengang empfehlenswert ist und für welche nicht. Auf den finanzierungstheoretisch ebenfalls komplexen und interessanten Vorgang des Rückzugs eines Unternehmens von der Börse, das sogenannte „Delisting", gehen wir in diesem Buch nicht ein. Das liegt hauptsächlich daran, dass ein Rückzug von der Börse vor allem von Unternehmen erwogen wird, die nicht mehr stark wachsen, keinen großen externen Finanzierungsbedarf mehr haben und daher von einem wesentlichen Vorteil der Börsennotierung, dem kostengünstigen Zugang zu neuem Eigenkapital, keinen Gebrauch mehr machen können oder wollen (zu den Gründen und dem Verfahren eines Börsenrückzugs vgl. Zillmer 2003).

Verbreiterung der Kapitalbasis

Ein ganz wesentlicher Vorteil eines Börsengangs und einer Börsenotierung ist die Verbreiterung der Finanzierungsmöglichkeiten des Unternehmens (vgl. Schanz 2000, S. 11). Dies betrifft zunächst die Eigenkapitalbasis. Da der Börsengang mit einer Kapitalerhöhung verbunden ist, fließen dem Wachstumsunternehmen neue liquide Mittel zu. Gleichzeitig kann die Gesellschafterstruktur erheblich erweitert werden, weil neue Aktionäre zu sehr geringen Transaktionskosten Anteile des Unternehmens erwerben können. Zudem können Anteilseigner ihre Aktien auch sehr leicht wieder verkaufen, so dass auch Personen mit kurzfristigen Investitionsinteressen zur langfristigen Finanzierung des Unternehmens beitragen können (Prinzip der Fristentransformation). Neben der Verbreiterung der Eigenkapitalbasis verbessert ein Börsengang aber auch die Möglichkeiten der Fremdfinanzierung (vgl. Deutsche Börse AG 2003, S. 26). Das liegt zum einen an der Erhöhung des Eigenkapitalanteils, zum anderen aber auch an der öffentlichen Verfügbarkeit von Unternehmensinformationen und Unternehmensanalysen, welche die Bonitätsprüfung der Banken erleichtern und tendenziell zu einer höheren Kreditwürdigkeit führen. Kreditgebende Banken werden über die Kapitalmärkte zwar nicht unbedingt Informationen erhalten, die sie durch Informations- und Berichtpflichten aus den Kreditverträgen nicht erhalten hätten, aber die Publizität führt doch zu einer effizienteren Kontrolle des Unternehmens durch den Kapitalmarkt und damit auch zu einer höheren Bonität. Unter Umständen wird auch eine Beziehung zu den Banken des

Konsortiums aufgebaut oder gefestigt, die ein Gefühl der erhöhten Verantwortlichkeit bei diesen Banken bewirkt und auf diese Weise verbesserte Möglichkeiten der Kreditfinanzierung zur Folge hat (vgl. Schanz 2000, S. 12).

Streuung des Anteilsbesitzes

Häufig ist mit einem Börsengang eine Abnahme der Anteilskonzentration verbunden. Insbesondere bei einem Ausschluss des Bezugsrechts der Altaktionäre findet eine Verwässerung der Anteilseignerstruktur statt, d.h. mehr Personen halten jeweils kleinere Anteile am gesamten Eigenkapital des Unternehmens. Ob die Erweiterung der Aktionärsstruktur für das Unternehmen und seine bisherigen Gesellschafter immer vorteilhaft ist, kann nicht ohne weiteres entschieden werden. Für das Management, das typischerweise selber größere Anteilspakete hält, könnte eine stärkere Streuung des Anteilsbesitzes die Handlungsspielräume erhöhen und auf diese Weise die Agency-Kosten der Minderheitsaktionäre erhöhen (vgl. Berle/Means 1932). Für einzelne Großaktionäre könnten in ähnlicher Weise die Einflussmöglichkeiten auf das Unternehmen zunehmen. Demgegenüber führt eine verbreiterte Anteilseignerstruktur aber zu deutlich besseren Möglichkeiten der Aufnahme neuen Eigenkapitals und damit zu sinkenden Eigenkapitalkosten für das Wachstumsunternehmen.

Erleichterung von Akquisitionen

Ein zweiter wesentlicher Vorteil einer Börsennotierung ist die Erleichterung von Unternehmensakquisitionen. Das börsennotierte Wachstumsunternehmen kann andere Unternehmen im Wege eines Anteilstausches kaufen und muss den Kaufpreis nicht mehr unbedingt mit liquiden Mitteln bezahlen. Die eigenen Aktien werden durch die Börsennotierung so fungibel, dass sie dem Unternehmen als „Akquisitionswährung" zur Verfügung stehen. Je höher der Aktienkurs des eigenen Unternehmens ist, desto „billiger" wird der Erwerb anderer Unternehmen. Zudem ergibt sich anders als bei einem sogenannten „Cash Deal" die Möglichkeit, den Kauf eines anderen Unternehmens steuerneutral zu gestalten (vgl. Deutsche Börse AG 2003, S. 28). In der Vergangenheit haben diese Effekte dazu geführt, dass vergleichsweise kleine Unternehmen, gemessen am Umsatz oder der Anzahl der Mitarbeiter, deutlich größere Unternehmen übernehmen konnten, wenn ihre Marktkapitalisierung zum Zeitpunkt der Akquisition nur ausreichend hoch war. Eindrucksvolle Beispiele sind die Übernahme von Time Warner durch AOL, die einer häufigen Sprachregelung folgend nicht als Übernahme, sondern als Fusion bezeichnet wurde, und die phasenweise bestehenden Gerüchte, das Internet-Portal Yahoo könnte den Disney-Konzern übernehmen.

Erhöhung der Bekanntheit

Ein dritter wesentlicher Vorteil einer Börsennotierung eines Wachstumsunternehmens ist das verbesserte Image und der schlagartig steigende Bekanntheitsgrad. Die im Rahmen des Börsengangs stattfinden Vermarktungsaktivitäten für die Aktie sind immer auch Werbemaßnahmen für das Unternehmen selbst. Ähnliches gilt für Analysten- und Presseberichte. Solange sie positiv ausfallen, stellen sie eine vergleichsweise kostengünstige

Werbung für das Unternehmen und seine Produkte dar. Selbst wenn Analysten und Journalisten negativ berichten, bleibt doch immer noch der Effekt steigender Bekanntheit. Zumindest gehen manche Experten davon aus, dass negative Publicity immer noch besser ist als gar keine Publicity. Die größere Bekanntheit eines börsennotierten Unternehmens hat nicht nur absatzfördernde Wirkung, sie erleichtert auch die Beschaffung von Produktionsfaktoren, z.B. die Einstellung qualifizierter Mitarbeiter und Führungskräfte. Börsennotierte Wachstumsunternehmen genießen eine höhere Reputation als ihre nicht gelisteten Wettbewerber und können so leichter Mitarbeiter rekrutieren. Auch die Nutzung von wertorientierten Leistungsanreizen ist leichter möglich, z.B. durch Aktienoptionen und liquidere Mitarbeiterbeteiligungen. Bei den Lieferanten von Rohstoffen und Vorprodukten kann die Reputation einer Börsennotierung dazu führen, dass günstigere Einkaufskonditionen gewährt werden (vgl. Schanz 2000, S. 14).

Mehr Publizität und mehr Berichtspflichten

Der vielleicht wichtigste Nachteil eines Börsengangs ist die Publizität. Börsennotierte Unternehmen stehen in viel stärkerem Maße als zuvor im Lichte der Öffentlichkeit. Der Handel der Aktien am Kapitalmarkt bedingt die Prospektpflicht bei der Börseneinführung, die Verpflichtung zur Veröffentlichung von Geschäftsberichten, die Ad-hoc-Publizität und die deutlich erweiterten Verpflichtungen bei der Durchführung einer Hauptversammlung. Finanzdaten werden bei einer Börsennotierung nicht nur Investoren bekannt, sondern erreichen auch Kunden, Lieferanten und Wettbewerber. Diesem Einwand ist entgegen zu halten, dass die Publizitätspflichten prinzipiell auch für nicht börsennotierte Unternehmen gelten. Es gibt lediglich kleinere „Erschwernisse" für börsennotierte Firmen. So gelten beispielsweise Unternehmen, die an einer Börse in der Europäischen Union zugelassen sind, z.B. zum Amtlichen Handel oder zum Geregelten Markt, nach § 267 (3) 2 HGB immer als große Kapitalgesellschaft und fallen daher automatisch unter die entsprechend strengeren Rechnungslegungsvorschriften. Zudem werden Investoren häufig strategische Überlegungen und Informationen kommuniziert, die deutlich über allgemeine Publizitätspflichten hinausgehen. Hinzu kommt die Abhängigkeit von allgemeinen Kapitalmarktschwankungen. Das Umfeld kann unabhängig von den individuell gegebenen Informationen den Kurs einzelner Unternehmen und ganzer Branchen beeinflussen, im Guten wie im Schlechten (vgl. Deutsche Börse AG 2003, S. 30).

Keine Kontrolle mehr über den Aktionärskreis

Ein zweiter wesentlicher Nachteil einer Börsennotierung ist die potenzielle Einschränkung des Einflusses der Altgesellschafter durch die Aufnahme neuer und personell nicht mehr „auswählbarer" bzw. „ablehnbarer" Aktionäre. Jeder kann an der Börse eine Aktie eines börsennotierten Unternehmens kaufen, die entsprechende Hauptversammlung besuchen und seine Aktionärsrechte wie beispielsweise Stimmrechte ausüben. Börsennotierte

Aktiengesellschaften werden zumindest in Deutschland wesentlich häufiger von Minderheitsaktionären verklagt als nicht börsennotierte Gesellschaften. Selbst wenn empirisch gesehen die meisten dieser Klagen erfolglos bleiben, kostet ihre Behandlung und Abwendung das Wachstumsunternehmen doch Zeit und Geld (vgl. Schanz 2000, S. 18). Ein verwandtes Problem börsennotierter Unternehmen ist das Risiko, einem feindlichen Übernahmeversuch ausgesetzt zu sein. Solange nicht einzelne interne Gesellschafter die Mehrheit der Anteile halten, kann ein Übernahmeangebot mit ausreichend hoher Prämie erfolgreich sein. Das liegt daran, dass die Verbundenheit bzw. Loyalität von fremden Minderheitsaktionären und institutionellen Investoren zum Management eines börsennotierten Wachstumsunternehmens geringer ist als bei einem geschlossenen und wohlbekannten Aktionärskreis.

Hohe Kosten

Ein dritter Nachteil eines Börsengangs bzw. einer Börsennotierung sind die hohen fixen und variablen Kosten. Unter Fixkosten verstehen wir hier die einmalig zu entrichtenden Kosten des Börsengangs. Darunter fallen die Gebühren für die Konsortialbanken, die Kosten der Erstellung des Emissionsprospekts, Kosten der Due Diligence u.ä. Sie haben in der Vergangenheit nicht nur absolut hohe Beträge erreicht (mindestens 500.000 €), sondern sind auch im Vergleich zum Emissionsvolumen erheblich (zwischen fünf und sieben Prozent). Mit dem Begriff der variablen Kosten bezeichnen wir die Aufwendungen, die pro Jahr zur Erfüllung der gesetzlichen und börsenaufsichtsrechtlichen Verpflichtungen anfallen, z.B. für Ad-hoc-Publizität, Erstellen und Versenden von Geschäftsberichten sowie Investor Relations. Zu den direkt quantifizierbaren Kosten kommen Opportunitätskosten bzw. Transaktionskosten in ebenfalls beträchtlicher Höhe. Die Gespräche mit Investmentbanken und Wirtschaftsprüfern, die Durchführung von Investorengesprächen („Road Shows") sowie die Erstellung der Emissionsmaterialien absorbieren leicht bis zu 100 % der Arbeitszeit der Mitglieder des Vorstands (vgl. Schanz 2000, S. 19).

Börsengang zur Finanzierung weiteren Wachstums

Insgesamt gesehen eignet sich ein Börsengang vor allem für solche Unternehmen, die auch in Zukunft stark wachsen wollen, entsprechende Kapitalbedarfe haben und eine Ausweitung des Aktionärskreises nicht scheuen. Da die Kosten des Börsengangs und auch der Börsennotierung weitgehend fix sind, werden beide mit zunehmendem zukünftigen Kapitalbedarf wirtschaftlich attraktiver. Je mehr Wert ein Unternehmen durch fortgesetztes Wachstum schaffen kann, desto eher stellt eine Börsennotierung die langfristig kostengünstigste Form der Finanzierung dar. Nur zur Schaffung einer Exit-Möglichkeit für die Altgesellschafter oder zur Deckung eines einmaligen Kapitalbedarfs lohnt sich ein Börsengang nicht. Aus diesen Überlegungen ergibt sich auch, dass der Börsengang nicht die Lösung aller Finanzierungsprobleme ist, sondern eher den Anfang einer neuen Ära der Wachstumsfinanzierung darstellt. „Ein erfolgreiches IPO mag zwar zunächst einmal das ‚Happy End' nach einer Phase gewaltiger zeitlicher und auch nervlicher Belastungen sein. Doch der Ernst des Lebens beginnt eigentlich erst danach" (vgl. Francioni 2002, S. 543). Abbildung 11-2 fasst die Vor- und Nachteile einer Börsennotierung zusammen.

Vor- und Nachteile einer Börsennotierung

Abbildung 11-2

Vorteile eines Börsengangs	*Nachteile eines Börsengangs*
■ Schaffung einer Exit-Option für Altaktionäre	■ Weitgehende Publizitätspflichten für Informationen, die potenziell auch von Wettbewerbern genutzt werden
■ Verbesserung der Finanzierungsmöglichkeiten, Senkung der langfristigen Eigenkapitalkosten	■ Kreis der Aktionäre ist nicht mehr kontrollierbar
■ Eigene Aktien stehen als „Akquisitionswährung" zur Verfügung.	■ Risiko einer feindlichen Übernahme
■ Höherer Bekanntheitsgrad bei Kunden, kostenlose Werbung durch Analysten und Journalisten	■ Hohe Kosten (Emissionskosten) des Börsengangs
■ Besseres Image bei Lieferanten und Mitarbeitern	■ Hohe laufende Kosten einer Börsennotierung (Publizität, Investor Relations etc.)

11.3 Planung und Ablauf des Börsengangs

Vielstufiger, stark geregelter Ablauf

Der Prozess eines Börsengangs beginnt mit der Entscheidung der Geschäftsführung bzw. des Vorstands eines wachsenden Unternehmens, an die Börse zu gehen. Typische Auslöser dieser Entscheidung sind ausgeschöpfte Finanzierungsmöglichkeiten, eine Wachstumsplanung, eine anstehende Internationalisierung oder der Wunsch der Altaktionäre, die gehaltenen Anteile in Zukunft zu veräußern (vgl. Deutsche Börse AG 2003, S. 36-38). Die Umwandlung einer nicht börsennotierten Gesellschaft in eine börsennotierte ist nach herrschender Meinung ein Vorgang, der nur mit Zustimmung der Aktionäre betrieben werden darf. Zwar sieht das Aktiengesetz die Zuständigkeit der Hauptversammlung nicht explizit vor, aber sie ergibt sich aus dem eindeutig strukturverändernden Charakter des Börsengangs (vgl. Noack 2001, S. 341). Die Beteiligung der Aktionäre ist auch deshalb erforderlich, weil im Verlauf des Börsengangs eine Kapitalerhöhung stattfindet, bei der das Bezugsrecht der Altaktionäre ausgeschlossen werden muss. Sonst könnten keine Aktien für neue Investoren bereit gestellt und an der Börse verkauft werden. Einem Urteil des Bundesgerichthofs vom 13.3.1978 zufolge reicht jedoch ein Mehrheitsbeschluss der Hauptversammlung sowohl für die Entscheidung zum Börsengang als auch für den Ausschluss des Bezugsrechts aus.

Zentrale Rolle des Börseneinführungsteams

Zur Prüfung der Durchführbarkeit des Börsengangs bzw. der „Börsen- oder Kapitalmarktreife" (vgl. Schanz 2000, S. 185 und 190) bildet das betreffende Unternehmen ein Börseneinführungsteam. Da die endgültige Entscheidung für einen Börsengang eine erhebliche Tragweite für die weitere Entwicklung der Gesellschaft hat, sind kompetente und erfahrene Börseneinführungsteams sehr wichtig. Sie sind typischerweise mit Spezialisten aus den Bereichen Rechnungswesen, Finanzen, Kommunikation sowie strategische Planung besetzt, von der Teamgröße her eher klein und unterliegen höchster Vertraulichkeit. Der Vorstandsvorsitzende und der Finanzvorstand müssen eng in die Arbeit des Börseneinführungsteams eingebunden werden. Angesichts der großen Komplexität des Börsengangs und seiner Einflussfaktoren ist davon auszugehen, dass das Börseneinführungsteam vollamtlich arbeitet und keine weiteren Aufgaben im Tagesgeschäft übernehmen kann. Auch wenn externe Berater wie beispielsweise Investmentbanken, Rechtanwälte oder Unternehmensberater hinzu gezogen werden, verbleibt die Verantwortung für die betriebswirtschaftliche Planung und die gesellschaftsrechtliche Vorbereitung des Börsengangs doch bei den gegenwärtigen Vorständen und Aufsichtsräten.

Anforderungen an das Unternehmen

Abgesehen von gesellschaftsrechtlichen Anforderungen wie z.B. dem Vorliegen der Rechtsform einer Aktiengesellschaft oder (in sehr seltenen Ausnahmefällen) auch einer Kommanditgesellschaft auf Aktien müssen Unternehmen, die einen Börsengang in Erwägung ziehen, etliche betriebswirtschaftliche und organisatorische Anforderungen erfüllen (vgl. Scherer/ Bassen 2001, S. 723-724). Zu ihnen zählen neben übersichtlichen und klaren Organisationsstrukturen vor allem ein gut qualifiziertes und auch nach dem Börsengang zur Verfügung stehendes Management. Berichtssysteme, Rechnungswesen und Controlling müssen den Kapitalmarktanforderungen an Transparenz, Vollständigkeit und Zeitnähe genügen. Die vielleicht wichtigste Voraussetzung eines Börsengangs ist das erkennbare Wachstums- und Wertsteigerungspotenzial. Die Zugehörigkeit zu einer Wachstumsbranche reicht dabei nicht aus. Das betreffende Unternehmen muss klare und auf Dauer zu verteidigende Wettbewerbsvorteile haben, weiter wachsen und für dieses Wachstum weiter externes Kapital benötigen. Ob zum Zeitpunkt des Börsengangs eine Mindestgröße und ein Mindestalter vorliegen müssen ist strittig (vgl. Schanz 2000, S. 193). Aus theoretischer Sicht ist keines von beidem erforderlich, da die Marktteilnehmer an der Börse ausschließlich aufgrund einer positiven Erwartung bezüglich der zukünftigen Unternehmensentwicklung investieren und vergangene Erfolge höchstens als Indikator eines geringeren Risikos zukünftiger Erfolge nutzen. Zudem hat die Geschichte des Neuen Markts in Deutschland gezeigt, dass auch sehr junge Unternehmen erfolgreich an die Börse gebracht werden können. Ein schönes Beispiel ist das Unternehmen *Ricardo.de,* das auf den Tag genau ein Jahr nach seiner Gründung an die Börse ging und dann später vom britischen Wettbewerber *qxl* übernommen wurde.

Vermarktung der Aktien durch Konsortialbanken

An die Entscheidung eines Unternehmens, an die Börse zu gehen, schließt sich ein sehr stark regulierter Prozess an, den ein emissionswilliges Unternehmen, der Emittent, kennen und sorgfältig planen muss. Er beginnt mit der unternehmensinternen Vorbereitung des Börsengangs, an den sich die Auswahl der Konsortialbanken anschließt. Man spricht hier auch von einem „Beauty Contest" der sich bewerbenden Investmentbanken, er endet mit dem Abschluss eines Emissionsvertrags. Der Konsortialführer trägt die Hauptverantwortung für die Durchführung des Börsengangs. Der eigentliche Prozess des Börsengangs beginnt dann mit der Stellung des Zulassungsantrags bei der Börse, an dem die Aktie gelistet werden soll. Nach dem Zulassungsbeschluss der Börse beginnt die Vermarktung, also die Werbung für das Produkt „Aktie des Unternehmens". Diese Vermarktung besteht aus Werbung, Roadshows, Investorentreffen und ähnlichen Maßnahmen. Wenn das Interesse potenzieller Investoren geweckt ist, findet der Verkauf der neuen Aktien statt, also das Bookbuilding, die Preisfestsetzung und abschließend die Zuteilung der Aktien, zunächst an die Banken und anschließend dann an die Investoren. Der Prozess des Börsengangs ist formal abgeschlossen, wenn die Aktie des neu gelisteten Unternehmens erstmalig frei am Markt gehandelt wird. Abbildung 11-3 zeigt die einzelnen Schritte zur Durchführung eines Börsengangs im Überblick. Wir werden sie in den folgenden Abschnitten noch näher erläutern.

Abbildung 11-3 *Schritte zur Durchführung eines Börsengangs*

Entscheidung des Managements und der Aktionäre für einen Börsengang

Unternehmensinterne Vorbereitung der Börseneinführung

„Beauty Contest" der Banken, Auswahl des Konsortiums, Emissionsvertrag

Antrag auf Börsenzulassung, Zulassungsbeschluss, Werbung, Roadshows

Bookbuilding, Preisfestsetzung, Zuteilung der Aktien

Erstnotiz der Aktien des Unternehmens am gewählten Börsensegment

Due Diligence

Der Prozess eines Börsengangs bindet aufgrund der Vielzahl der zu erfüllenden Aufgaben und der zu koordinierenden Beteiligten viel Managementkapazität. Da der normale Geschäftsbetrieb weiter gehen muss und zudem Qualifikationen und Fachwissen benötigt werden, die ein Wachstumsunternehmen typischerweise nicht selber vorhält, empfiehlt sich die Zusammenarbeit des Börseneinführungsteams mit externen Spezialisten (vgl. Deutsche Börse AG 2003, S. 39-46). Dazu zählen Emissionsberater, die das Emissionskonzept prüfen und ein sogenanntes „Factbook" erstellen, Rechtsanwälte, die Zulassungsdokumente erstellen und eine rechtliche Unternehmensprüfung vornehmen („legal due diligence"), Wirtschaftsprüfer, die den Jahresabschluss testieren und eine finanzielle Unternehmensprüfung vornehmen („financial due diligence"), sowie Investor Relations-Agenturen, die Werbung für die Aktie machen und das Unternehmen bei der Kommunikation mit Investoren unterstützen. Alle diese externen Beratungen und Dienstleistungen verursachen natürlich Kosten, denen zum Zeitpunkt der Vorbereitung des Börsengangs nur schwierig zu quantifizierende Nutzen gegenüberstehen. Der Hauptnutzen ist aus unserer Sicht darin zu sehen, das Risiko eines Fehlschlags der Emission zu begrenzen.

Die Funktionen des Emissionskonsortiums

Der unstrittig bedeutsamste externe Partner eines Unternehmens, das an die Börse gehen will, ist das Emissionskonsortium. Zwar ist die Eigenemission durch das Unternehmen theoretisch möglich (vgl. Schanz 2000, S. 299), faktisch werden Börsengänge jedoch fast immer von einem Zusammenschluss mehrerer Banken betreut, einem Bankenkonsortium. Sogar das amerikanische Unternehmen *Google.com,* das öffentlich über eine Internet-Auktion seiner Aktien beim Börsengang nachgedacht hatte, vertraute letzten Endes auf eine Platzierung durch ein Bankenkonsortium. Es steht unter der Leitung eines Konsortialführers, der mit der Buchführung (dem „bookrunning") des Börsengangs betraut ist. Das Konsortium bewertet das Unternehmen, begleitet den Zulassungsprozess und strukturiert die Emission. Es vermarktet die Aktien an Investoren, übernimmt mitunter selbst Aktienpakete und betreut das Unternehmen auch nach dem Börsengang, indem es eine ausreichende Liquidität im Handel mit den neuen Aktien sicherstellt. Aufgrund der überragenden Bedeutung des Konsortiums für den Erfolg eines Börsengangs sollte der Emittent die begleitenden Banken im Beauty Contest sehr sorgfältig aussuchen. In diesem Auswahlverfahren stellen die Banken ihre Pläne bezüglich des Unternehmenswerts und des Emissionspreises vor. Sie schildern zudem ihre Platzierungskraft am Markt und geben eine erste Einschätzung der potenziellen Nachfrage nach den Aktien des Unternehmens ab (vgl. Deutsche Börse AG 2003, S. 42).

Kriterien der Auswahl der Konsortialbanken

Das Unternehmen hat grundsätzlich einen Anreiz, im Beauty Contest die Bank auszuwählen, die den höchsten Emissionspreis und die niedrigsten Gebühren verspricht. Beide Kriterien sollten aber nicht alleine ausschlaggebend sein (vgl. Schanz 2000, S. 262-283). Entscheidend ist vielmehr die Platzierungskraft des Konsortialführers und der von ihm beauftragten anderen Konsortialbanken im Markt. Wenn das Unternehmen bei der Emission eine bestimmte Aktionärsgruppe ansprechen will, z.B. internationale Pensionsfonds, dann sind solche Banken auszuwählen, die einen besonders guten Zugang zu diesen potenziellen Aktionären haben. Große Bedeutung haben auch die Erfahrung und die Reputation des Konsortialführers. Viele Investoren, die eine neue Aktie nicht gut beurteilen können, schließen von der Reputation des Konsortialführers auf die Qualität der angebotenen Aktie. Je besser das Unternehmen seine eigenen Ziele des Börsengangs kennt und je weiter die internen Vorbereitungen für den Börsengang vorangeschritten sind, desto zielgerichteter kann die Auswahl des Konsortialführers erfolgen und desto besser können die im Beauty Contest abgegebenen Angebote beurteilt werden.

Das Emissionskonzept

Nach der Grundsatzentscheidung für einen Börsengang, der Auswahl des Konsortialführers und der Bestimmung der anderen Konsortialbanken durch den Konsortialführer wird das Emissionskonzept erarbeitet. Es handelt sich dabei um ein Dokument, das die mit dem Börsengang verfolgten Ziele nennt und eine Abwägung der unternehmensspezifischen Vor- und Nachteile des Börsengangs durchführt. Es wird im Verlauf des Börsengangs immer wieder intern benutzt, fortgeschrieben und in der externen Kommunikation eingesetzt. Wichtige Bestandteile des Emissionskonzepts sind der angestrebte Börsenplatz, die Aktiengattung, das Emissionsvolumen, das

Platzierungsverfahren, die geltenden Publizitätsvorschriften, notwendige Umstrukturierungen, die geplante Verwendung des Emissionserlöses und ein Projektplan (vgl. Scherer/Bassen 2001, S. 725-728). Außerdem sollte das Emissionskonzept Angaben über die Aktienstückelung, das Bankenkonsortium, die Kosten des Börsengangs, die Zielgruppe der Platzierung, die Grundgedanken der Equity-Story und das Investor Relations-Konzept enthalten (vgl. Deutsche Börse AG 2003, S. 59).

Die Equity Story

Sobald ein erstes Emissionskonzept vorliegt, kann die Due Diligence beginnen. Der Begriff bezeichnet einen schriftlich dokumentierten Prozess der Prüfung des Unternehmens. Ziel der Due Diligence sind die Identifizierung von Risiken und die Bewertung des Unternehmens (vgl. Deutsche Börse AG 2003, S. 60-61). In einer rechtlichen Prüfung („legal due diligence") werden die Gesellschaftsverhältnisse und alle wichtigen vertraglichen Vereinbarungen des Unternehmens geprüft. Prüfungsgegenstand sind neben den Dienstverträgen des Managements auch Versicherungsverträge, laufende oder drohende Gerichtsverfahren sowie behördliche Genehmigungen und Gewährleistungsansprüche (vgl. Schanz 2000, S. 248-250). In ähnlicher Weise sucht eine steuerliche Prüfung nach Risiken aus nicht erkannten Steuerverbindlichkeiten bzw. potenziellen Steuernachforderungen. Die Due Diligence ist insgesamt nur für den internen Gebrauch bestimmt. Sie ist interne Grundlage der zu erstellenden Equity Story, d.h. der in den Sprachgebrauch von Investoren und Analysten übersetzten Beschreibung der Unternehmensstrategie. Die Equity Story wird im Gegensatz zu den Ergebnissen der Due Diligence für die externe Kommunikation genutzt, d.h. sie dient als Grundlage der Vermarktung des Unternehmens durch das Bankenkonsortium und den Vorstand des Emittenten.

Der Börsenzulassungsprospekt

Das zentrale Dokument des Börsengangs ist der Börsenzulassungsprospekt. In ihm legt der Emittent die wesentlichen Unternehmensdaten offen, informiert über die wirtschaftlichen und rechtlichen Verhältnisse des Unternehmens und legt eine Finanzübersicht vor. Die Mindestinhalte des Börsenzulassungsprospekts sind in verschiedenen Gesetzen geregelt, u.a. im Börsengesetz, in der Börsenzulassungsverordnung, der Börsenordnung und der Verkaufsprospekt-Verordnung (vgl. Deutsche Börse AG 2003, S. 62). Der Prospekt muss von der Zulassungsstelle der Börse gebilligt worden sein, bevor der Börsengang stattfinden kann. Für den Prospektinhalt haften sowohl die Konsortialbanken als auch der Emittent. Unrichtige oder unvollständige Angaben können nicht nur zivilrechtliche Schadensersatzansprüche von Investoren bewirken, sie haben auch strafrechtliche und ordnungswidrigkeitsrechtliche Relevanz (vgl. Schanz 2000, S. 433-443). Nach der bisherigen deutschen Rechtssprechung kann ein Haftungsrisiko schon dann bestehen, wenn der Gesamteindruck des Börsenzulassungsprospekts zu positiv ist, ohne dass einzelne Angaben nachweisbar falsch oder unvollständig gewesen wären. Dementsprechend aufwändig und zeitintensiv ist die Erstellung des Prospekts, die Frankfurter Wertpapierbörse schätzt mindestens 16 Wochen Zeitbedarf vom Beginn der Aufarbeitung der Materialien bis hin zum Vorliegen des fertigen Dokuments (vgl. Deutsche Börse 2003, S. 64). In Abbildung 11-4 ist die Gliederung aufgeführt, welche die Deutsche Börse für einen Börsenzulassungsprospekt verlangt. Aus ihr gehen auch die wichtigsten Pflichtangaben hervor.

Prospektgliederung — *Abbildung 11-4*

1. Prospektkopf
2. Inhaltsverzeichnis
3. Allgemeine Informationen
4. Zusammenfassung
5. Börsenzulassung und Angebot
6. Risikofaktoren
7. Angaben über die Geschäftstätigkeit des Emittenten
8. Angaben über den Emittenten
9. Angaben über das Kapital des Emittenten
10. Angaben über Geschäftsführungs- und Aufsichtsorgane des Emittenten
11. Geschäfte und Rechtsbeziehungen mit nahestehenden Personen
12. Management's Discussion & Analysis
13. Finanzteil
14. Angaben über den jüngsten Geschäftsgang und die Geschäftsaussichten des Emittenten
15. Glossar
16. Zulassungsklausel
17. Unterschriften der Antragsteller

Die Vermarktungsphase

Wenn die Ergebnisse der Due Diligence vorliegen, die Equity-Story erstellt ist und ein erster Entwurf des Börsenzulassungsprospekts vorliegt, können die Analysten der Konsortialbanken sogenannte Research Reports schreiben und mit dem Marketing der Aktie beginnen. Man spricht in dieser Phase vom „Pre-Marketing" (vgl. Rudolf/Witt 2002, S. 46). Aus den ersten Gesprächen mit potenziellen Investoren ergeben sich Anhaltspunkte für die Unternehmensbewertung durch den Markt und damit für die mögliche Bookbuilding-Spanne. Sie bezeichnet die Bandbreite des möglichen Emissionspreises für die neuen Aktien. Gleichzeitig präsentiert der Vorstand des Emittenten das Unternehmen und seine Equity Story auf Roadshows, d.h. Präsentationen vor institutionellen Investoren wie Pensionsfonds oder Investmentgesellschaften (vgl. Deutsche Börse AG 2003, S. 67). Mit diesen Roadshows und der dreitägigen Bookbuilding-Zeit setzt die letzte Phase des Prozesses eines Börsengangs ein. In dieser Zeit dürfen die Konsortialbanken keine Research Reports mehr veröffentlichen, man spricht auch von der „black-out period". Nach Festlegung der Bookbuilding-Spanne beginnt die Zeichnungsphase. Die eingehenden Zeichnungsaufträge für die Aktien werden in einem elektronischen Orderbuch erfasst und ausgewertet. Erst am Ende des Bookbuilding-Prozesses steht der genaue Emissionspreis und damit auch der Emissionserlös für das Unternehmen fest. Dem Konsortium kommt dann die Aufgabe zu, die Zuteilung der Aktien vorzunehmen. Der Börsengang gilt als gelungen, wenn alle Aktien platziert werden konnten und der Kurs des Unternehmens in den ersten Wochen und Monaten nach der Erstnotiz stabil bleibt bzw. ansteigt. Bei einer großen Übernachfrage können zusätzlich noch Aktien aus einer Kapitalerhöhung oder von Altaktionären zugeteilt werden, der sogenannte „Greenshoe" (vgl. Noack 2001, S. 344-345).

11.4 Zum Exit von externen Anteilseignern während und nach einem Börsengang

Der Börsengang aus der Sicht von VC-Gesellschaften

Viele VC-Gesellschaften sehen einen Börsengang als idealen Exit für ihre Beteiligungen an jungen Wachstumsunternehmen (Portfolio-Unternehmen) an, da er üblicherweise den höchsten Veräußerungserlös ermöglicht (vgl. Lerner 1994). Ein weiterer Vorteil für die Risikokapitalgeber besteht darin, dass bei einem Börsengang selten Interessenkonflikte mit dem Management entstehen, da auch die Mehrzahl aller Gründer einen Börsengang anstrebt bzw. einem Verkauf des Unternehmens an andere Investoren (Trade Sale) vorzieht. Darüber hinaus streben VC-Gesellschaften gerne einen Börsengang an, ohne dadurch einen Trade Sale von vornherein auszuschließen. Im Rahmen eines zweigleisigen Vorgehens, das sowohl die Möglichkeit eines Börsengangs als auch eines Trade Sales offen hält, kann der Verkaufspreis unter Umständen nach oben getrieben werden, da der Verkäufer dadurch gegenüber potenziellen Käufern eine glaubwürdige Alternative vorweisen kann und somit eine stärkere Verhandlungsposition einnimmt. Schließlich gewährt der Börsengang einer VC-Gesellschaft die Option, am zukünftigen Wachstum des Unternehmens teilhaben zu können, gleichzeitig aber auch die Sicherheit, die Anteile jederzeit an der Börse verkaufen zu können.

Vor- und Nachteile des Börsengangs für Investoren

Zunächst ist theoretisch zu klären, ob der Börsengang für die Portfoliounternehmen, für die er prinzipiell möglich ist, wirklich die aus Sicht des VC-Gebers beste Exitmöglichkeit darstellt. Denn trotz der oben genannten Vorteile bringt ein Börsengang auch einige Nachteile mit sich. Allein auf Grund von Halte-Regelungen ist es nicht möglich, alle Anteile beim Börsengang sofort zu veräußern. Neu hinzu kommende Investoren erwarten von VC-Gesellschaften, dass diese ihre Anteile auch nach dem Börsengang weiterhin behalten. Ein sofortiger Verkauf der Aktien durch die Altaktionäre würde das Vertrauen der neuen Anleger in das Unternehmen schwächen und eine erfolgreiche Platzierung der Aktien erschweren. Aber auch nach Ablauf der

Halteperiode ist es in Märkten mit geringer Liquidität für VC-Gesellschaften oft unmöglich, die Aktien zu veräußern, ohne den Kurs maßgeblich sinken zu lassen. In der Praxis kann es natürlich noch schwieriger sein, mehrere interessierte und zahlungskräftige Interessenten für einen Trade Sale im Rahmen eines Auktionsverfahrens zu finden als das Unternehmen an der Börse zu platzieren. Ein Trade Sale kann durchaus mit einer sehr langen Suche nach dem geeigneten Käufer verbunden sein. Ein Börsengang hingegen ist ein standardisierter Prozess, der zwar zeitaufwändig, bei guten Kapitalmarktbedingungen aber möglicherweise mit weniger Schwierigkeiten verbunden und schneller durchzuführen ist (vgl. Bartlett 1988). Wägt man die beiden Alternativen Trade Sale und Börsengang daher unter Beachtung aller Transaktionskosten gegeneinander ab, so hängt die gewinnmaximierende Exitstrategie davon ab, ob die Liquiditätsprämie, die durch die erhöhte Fungibilität der Anteile entsteht, oder der strategische Wert des Unternehmens größer ist. Ist Ersteres der Fall, so lohnt sich ein Börsengang, bei Letzterem ist ein Trade Sale die bessere Alternative.

Das Timing des Börsengangs

Eine Ausnahme von der theoretischen Grundregel einer gewinnmaximalen Wahl des Exitkanals durch die Kapitalgeber kann dann gegeben sein, wenn z.B. junge VC-Gesellschaften ihre Reputation durch den Börsengang einer Portfoliogesellschaft erhöhen wollen, obwohl ein Trade Sale oder ein späterer Börsengang einen höheren Exit-Erlös erbringen würden (vgl. Gompers 1996). In einem solchen Fall muss der marginale Veräußerungsverlust durch einen nicht ideal gestalteten Exit durch den Gegenwartswert der erwarteten Zusatzeinkünfte in Form von Managementgebühren für neue Fonds oder durch Gewinnanteile von zukünftigen Investitionen ausgeglichen werden. Für viele Portfoliounternehmen ist ein Börsengang schließlich überhaupt keine Exit-Option. Dies kann daran liegen, dass sie nicht die Wachstumsraten erreichen konnten, die einen Börsengang sinnvoll erscheinen lassen. Aber auch wachsende Firmen haben mitunter keine Chance, an die Börse zu gehen, wenn ihre Größe nicht ausreicht oder die Branche, in der sie aktiv sind, gerade nicht den Erwartungen oder Vorstellungen der Kapitalmarktteilnehmer entspricht. Zudem gibt es Zeiten, in denen es wegen niedriger Bewertungsniveaus für kaum ein Portfolio-Unternehmen attraktiv ist, an die Börse zu gehen.

Einschränkungen des Exit

Ein unmittelbarer Verkauf der Beteiligung, welche die VC-Gesellschaft an einem Portfolio-Unternehmen hält, ist im Rahmen der Emission und abhängig vom gewählten Börsensegment nur unter bestimmten Bedingungen möglich: Aus Gründen des Anlegerschutzes müssen große Teile des Emissionsvolumens aus einer Kapitalerhöhung stammen. Es soll so verhindert werden, dass Altaktionäre beim Börsengang „Kasse machen" und sich danach vollständig aus dem Unternehmen zurückziehen können. Da jedoch Teile des Emissionsvolumens von Altgesellschaftern auf den Markt gebracht werden können, haben VC-Gesellschaften grundsätzlich die Möglichkeit, zumindest einen Teil ihrer Aktien schon im Rahmen des Börsengangs zu veräußern. Sie sind in diesem Fall an einem möglichst hohen Emissionspreis bzw. an einer geringen Differenz zwischen Emissionspreis und Erstnotiz („Underpricing") interessiert. Empirische Studien aus den USA zeigen, dass VC-finanzierte Unternehmen bei ihrem Börsengang ein geringeres Underpricing aufweisen als andere Unternehmen (Lin 1996, S. 55-65). Untersuchungen zu Börsengängen am mittlerweile eingestellten Segment des Neuen Markts in Deutschland belegen jedoch eher das Gegenteil, das Underpricing war am Neuen Markt höher wenn eine VC-Finanzierung bestand als wenn das nicht der Fall war (vgl. Mayer 2001 und Witt/Schmidt 2002). Die Altgesellschafter sind nach den Bestimmungen der Deutschen Börse verpflichtet, ihre Anteile für eine Dauer von mindestens sechs Monaten nach dem Börsengang zu halten. Dieser Zeitraum wird als „Haltefrist" („lockup period") bezeichnet und kann von den Altgesellschaftern freiwillig verlängert werden, um zusätzliches Vertrauen bei den Anlegern zu gewinnen. Damit können die Altaktionäre den neuen Anteilseignern zeigen, dass sie an eine weitere Wertsteigerung des Unternehmens glauben. Aus Sicht einer VC-Gesellschaft ist eine lange Haltefrist ungünstig. Sie lässt ihr nur die Möglichkeit eines zur Schonung des Aktienkurses zeitlich gestaffelten Exit nach Ablauf der Haltefrist.

Die empirische Studie von Witt und Schmidt (2002)

In einer empirischen Untersuchung zum Exit von VC-Gesellschaften während und nach dem Börsengang von Beteiligungsunternehmen prüfen Witt und Schmidt (2002), ob VC-Gesellschaften ihre zum Zeitpunkt des Börsengangs gehaltenen Aktien veräußert haben und wenn ja, in welchem Ausmaß. Die Ergebnisse zeigen, dass der Börsengang für Venture Capital-Gesellschaften typischerweise keinen unmittelbaren Exit darstellt bzw. nicht für einen Exit genutzt wird. Nur 56 % der beim Börsengang gehaltenen VC-Anteile wurden bis zum Untersuchungszeitpunkt veräußert. Dieser Wert bezieht sich auf die Stückzahl der Aktien. Betrachtet man das zum Emissionspreis bewertete Volumen, so wurden sogar nur 54 % der Anteile veräußert. Dieser empirische Befund ist auch deshalb erstaunlich, weil der Wert der im Besitz von VC-Gesellschaften verbliebenen Anteile im Vergleich zum Emissionspreis deutlich gesunken war und zum Erhebungszeitpunkt 59 % unter dem Ausgabepreis lag. Ein Verkauf der Anteile während des Börsengangs oder unmittelbar nach Ablauf der Haltefrist wäre also zumindest ex post betrachtet deutlich attraktiver gewesen als das Halten der entsprechenden Aktien. Abbildung 11-5 zeigt die wichtigsten Ergebnisse der empirischen Studie im Überblick.

Abbildung 11-5

Exit-Verhalten von deutschen VC-Gesellschaften am Neuen Markt (vgl. Witt/Schmidt 2002, S. 755).

	Portfolio-vermögen von VC-Gesell-schaften zum Zeitpunkt des IPO (in Mio. Euro)	Zum 1.7.2001 verkaufte Anteile	Wert der verbleibenden Anteile (in Mio. Euro)	
			Bewertet zum Emissions-kurs	Bewertet zum Kurs 1.7.01
Summe	6.285		2.881	1.175
Mittelwert	41	56 %	19	8
Median	22	56 %	6	1

11.5 Zum Exit von internen Anteilseignern während und nach einem Börsengang

Der Börsengang aus der Sicht der Gründer

Ein unter Unternehmensgründern in der Praxis weit verbreiteter Irrtum besteht darin, durch den Börsengang des Unternehmens eine Möglichkeit für einen persönlichen Exit zu erlangen. Dies gelingt zumindest kurz- und mittelfristig nur in seltenen Fällen. Weder mit Blick auf die Realisierung von liquiden Vermögenszuflüssen noch mit Blick auf den Ausstieg aus der Geschäftsführung schaffen Unternehmensgründer im Zuge eines Börsengangs den Exit. Die Situation der Gründer ähnelt nämlich der externer Eigenkapitalgeber wie z.B. VC-Gesellschaften, wie sie im vorangegangenen Abschnitt behandelt wurden. Aufgrund des Erfordernis einer Kapitalerhöhung und wegen der bestehenden Beschränkungen beim Verkauf von Anteilen durch Altgesellschafter sind die Möglichkeiten eines finanziellen Exits während des Börsengangs sehr stark eingeschränkt. Nach Ablauf der Haltefristen (vgl. Noack 2001, S. 347-348) besteht zwar theoretisch die Möglichkeit, die eigenen Aktien auf einmal oder gestaffelt an der Börse zu verkaufen, praktisch ist das aber für Anteilseigner, die auch noch geschäftsführend tätig sind (also für den typischen Fall eines Gründers, der Mitglied im Vorstand seines Unternehmens ist), nicht so einfach.

Das Problem der Illiquidität

Zunächst werden die Aktien von börsennotierten Wachstumsunternehmen nicht immer sehr intensiv gehandelt. Die Frankfurter Wertpapierbörse hat aus diesem Grund für weniger liquide Werte sogenannte „Designated Sponsors" eingeführt, die für zusätzliche Liquidität sorgen, indem sie verbindliche Kauf- und Verkaufsorders stellen. Sie garantieren, dass auf eine Kursanfrage aus dem Markt innerhalb weniger Minuten ein Kurs bestimmt wird, zu dem eine Order ausgeführt werden kann (vgl. Deutsche Börse AG 2003, S. 18). Dennoch fand mit Aktien von Wachstumsunternehmen vor allem in der Zeit nach der ersten Börsengangseuphorie oft nur wenig Umsatz statt. Das hat zur Folge, dass größere Transaktionen unmittelbare Auswirkungen auf den Börsenkurs haben. Es hat aber auch zur Konsequenz, dass das Verhalten der Vorstände eines börsennotierten Unternehmens von den Kapitalmarktteilnehmern sehr genau beobachtet wird. Verkäufe von Aktien werden als Signal einer fehlenden Zuversicht gedeutet. Je weniger liquide der Handel mit den Aktien eines jungen Wachstumsunternehmens ist, desto stärker ist die Reaktion. Anteilsverkäufe durch Gründervorstände führen üblicherweise zu negativen Kapitalmarktreaktionen, konkret also zu stark fallenden Aktienkursen.

Der Ausstieg als Mitglied des Vorstands

Aber auch für die Mitarbeit eines Gründers im Vorstand seines Unternehmens ist der Börsengang typischerweise keine Möglichkeit eines Exit. Im Prozess des Börsengangs wurde das Management aktiv vermarktet. Die Gründer spielen eine wichtige Rolle bei der Beurteilung der zukünftigen Wertsteigerungspotenziale eines Wachstumsunternehmens. Das Ausscheiden eines Gründervorstands kurz nach Börsengang wird am Kapitalmarkt als ein entsprechend negatives Signal aufgefasst. Es führt zu deutlichen Kursabschlägen und somit zu starken Vermögensverlusten bei den ausscheidenden Mitgliedern des Vorstands. Nur im Rahmen einer langfristig avisierten und gut begründeten Nachfolgeregelung im Vorstand kann ein Gründer den Exit aus der Geschäftsführung schaffen, ohne erhebliche Verminderungen seines Vermögens in Kauf nehmen zu müssen. Eine solche Nachfolgeregelung bedarf nach allen vorliegenden praktischen Erfahrungen aber mehrerer Jahre. Sie bedarf wohl auch eines gewissen zeitlichen Abstands zum Zeitpunkt des Börsengangs, so dass insgesamt nur langfristig die Möglichkeit eines Exits der Gründer aus den Geschäftsführungsaufgaben eines börsennotierten Wachstumsunternehmens besteht. Der Exit erfolgt zudem typischerweise nicht vollständig, sondern besteht zunächst in einem Wechsel der betreffenden Person vom Vorstand in den Aufsichtsrat des betreffenden Unternehmens. Ein Beispiel für dieses Vorgehen ist das deutsche Softwareunternehmen SAP AG. Drei der Gründer, die zum Zeitpunkt des Börsengangs Mitglieder des Vorstands waren (Dietmar Hopp, Hasso Plattner und Klaus Tschira), sind erst viele Jahre später aus dem Vorstand ausgeschieden.

Kein kurzfristiger Exit möglich

Insgesamt gesehen kann ein Börsengang für interne Anteilseigner, insbesondere für die im Vorstand aktiven Gründer des betreffenden Wachstumsunternehmens, daher kurzfristig nicht als Exit im eigentlichen Wortsinn gelten.

Zwar erhöht er die Fungibilität der Anteile und verschafft den betreffenden Personen den Zugang zu einem gut organisierten und transaktionskostengünstigen Markt für Gesellschaftsanteile. Die Anonymität der Wertpapiertransaktionen, die für Kleinaktionäre besteht, trifft aber für Gründervorstände nicht zu. Selbst bei Verkäufen von kleineren Anteilspaketen muss eine Veröffentlichung stattfinden. Entsprechende Vorgänge bewirken Kursverluste, weil die Bedeutung einzelner Personen für den Gründungserfolg bei Wachstumsunternehmen so groß ist. Entsprechend haben die Gründer von börsennotierten Wachstumsunternehmen uns gegenüber in persönlichen Gesprächen ihr Vermögen als „funny money" oder auch „paper money" bezeichnet. Sie sehen durchweg keine kurz- oder mittelfristige Möglichkeit, auch nur Teile ihres Vermögens aus Aktienbesitz am eigenen Unternehmen in liquides Vermögen zu überführen.

11.6 Literatur

BARTLETT, JOSEPH W. (1988): Venture Capital Law, Business Strategies and Investment Planning, New York.

BERLE, ADOLF A./MEANS, GARDINER C. (1932): The Modern Corporation and Private Property, New York.

DEUTSCHE BÖRSE AG (2003): Ihr Börsengang. Leitfaden für Unternehmen zum Going und Being Public, Frankfurt.

FRANCIONI, RETO (2002): Marktformen zum Handel von Unternehmensanteilen, in: Hommel, Ulrich/Knecht, Thomas C. (Hrsg.): Wertorientiertes Start-up Management, München, S. 541-562.

GOMPERS, PAUL (1996): Grandstanding in the venture capital industry, in: Journal of Financial Economics 42, S. 133-156.

LERNER, JOSH (1994): Venture capitalists and the decision to go public, in: Journal of Financial Economics 35, S. 293-316.

LIN, TIMOTHY (1996): The Certification Role of Large Block Shareholders in Initial Public Offerings: The Case of Venture Capitalists, in: Quarterly Journal of Business and Economy 35, S. 55-65.

MAYER, MATIJA D. (2001): Venture Capital Backing als Qualitätsindikator beim IPO am Neuen Markt?, in: Zeitschrift für Betriebswirtschaft 71, S. 1043-1063.

NOACK, ULRICH (2001): Gesellschaftsrechtliche Aspekte des Börsengangs, in: Achleitner, Ann-Kristin/Bassen, Alexander (Hrsg.): Investor Relations am Neuen Markt, Stuttgart, S. 335-351.

RUDOLF, MARKUS/WITT, PETER (2002): Bewertung von Wachstumsunternehmen – Traditionelle und innovative Methoden im Vergleich, Wiesbaden.

SCHANZ, KAY (2000): Börseneinführung. Recht und Praxis des Börsengangs, München.

SCHERER, MIRKO/BASSEN, PETRA (2001): Die Bedeutung von Investor Relations beim Börsengang, in: Achleitner, Ann-Kristin/Bassen, Alexander (Hrsg.): Investor Relations am Neuen Markt, Stuttgart, S. 719-732.

WITT, PETER/SCHMIDT, TOBIAS (2002): Venture Capital, Börsengänge und Beteiligungsexits, in: Finanz Betrieb 4, S. 752-756.

ZILLMER, PETER (2003), Going Private. Der freiwillige Börsenrückzug in Deutschland, Wiesbaden.

12 Kapitalkosten, Bewertung und Risikomanagement von Wachstumsunternehmen

12.1 Einleitung

Kapitalkosten und Unternehmensbewertung

Das vorliegende Kapitel beschäftigt sich mit der Bestimmung der Kapitalkosten von Wachstumsunternehmen. Gelingt die Ermittlung der Kapitalkosten, dann lässt sich das betrachtete Unternehmen bewerten und das Risiko des Unternehmenswertes lässt sich managen. Kapital ist eine der wesentlichen Ressourcen für die Wertschöpfung von Unternehmen. Löst man daher das Problem der Kapitalkosten, so löst sich automatisch auch die Frage des Unternehmenswertes. Der Wert eines Unternehmens bemisst sich an der Wertschöpfung verglichen mit alternativen Möglichkeiten des Kapitaleinsatzes. Weil jedem Aktionär und jedem Fremdkapitalgeber mindestens eben so gute Investitionsbedingungen geboten werden müssen wie sie ihm alternativ zur Verfügung stehen, bestimmen die Alternativen der Kapitalverwendung die Kosten des Fremdkapitals und des Eigenkapitals. Kapitalkosten und Unternehmensbewertung bedingen einander. Quantifiziert man die Werttreiber des Unternehmens, dann kennt man auch die Sensitivitäten des Unternehmenswertes bei Schwankungen der Werttreiber. Risikomanagement und Bewertung hängen daher ebenfalls sehr eng zusammen. Diese Überlegung motiviert die Kapitelüberschrift; es geht um Kapitalkosten und deren Implikationen für den Unternehmenswert und es geht um das Risikomanagement des Unternehmenswertes. Alle drei Aspekte dieses Kapitels sind an sich theoretisch gelöst, jedenfalls für am Kapitalmarkt gehandelte Unternehmen. Hier geht es allerdings um Wachstumsunternehmen, die nicht am Kapitalmarkt gehandelt werden. Das macht die Fragestellung schwieriger und die Lektüre dieses Kapitels hoffentlich interessanter.

Modigliani Miller und die Kapitalkosten

Die Bestimmung der Kapitalkosten von Unternehmen gilt seit dem Artikel von Modigliani und Miller (1958) als konzeptionell gelöst. Die Grundaussage des Modiglini Miller (MM) Theorems ist eine Irrelevanzaussage: Die Gesamtkapitalkosten (Weighted Average Cost of Capital - WACC) eines Unternehmens werden von dessen Kapitalstruktur nicht berührt. Das MM Theorem gilt unter den üblichen neoklassischen Annahmen perfekter Kapitalmärkte. Und obwohl diese Annahmen manchmal als zu rigoros für die Praxis angesehen werden, bleibt der grundsätzliche „Geistesblitz" des

MM Theorems schwer zu entkräften: Warum sollte der CEO eines Unternehmens darüber nachdenken, wie sich das Unternehmen optimal verschulden könnte, wenn die Aktionäre sich jederzeit persönlich entsprechend ihrer Verschuldungsneigung verschulden können. Hält ein Aktionär beispielsweise den Leverage eines Unternehmens für zu niedrig, so kann er selbst Fremdkapital bei seiner Hausbank aufnehmen und zum Kauf von Aktien verwenden. Ist ihm hingegen der Verschuldungsgrad des Unternehmens zu hoch, so steht es jedem Aktionär frei, nicht sein gesamtes Geld in das betreffende Unternehmen zu investieren, sondern stattdessen das frei verfügbare Geld am Kapitalmarkt anzulegen. Jeder Aktionär kann sich also den von ihm individuell gewünschten Verschuldungsgrad (Homemade Leverage)selbst wählen. Der CEO kann seine Zeit verwenden, um wichtigere Probleme zu bewältigen. Diese These war revolutionär. Bis dahin glaubte man, es gäbe einen optimalen Verschuldungsgrad, der den Marktwert des Gesamtunternehmens maximieren könnte. Das MM Theorem zeigt aber, dass der Marktwert von Eigen- und Fremdkapital zusammengenommen unabhängig vom Verschuldungsgrad ist. Wird das Fremdkapital und damit der Leverage ausgeweitet, so sinkt der Wert des Eigenkapitals im gleichen Ausmaß. Die Eigenkapitalrendite steigt zwar mit zunehmendem Leverage, aber der Umfang des eingesetzten Eigenkapitals verringert sich im genau gleichen Umfang. Durch die Steigerung des Leverage bleibt der Bruttogewinn (EBIT: earnings before interest and taxes) im Endeffekt aber dennoch völlig unverändert. Nur die Verteilung des Bruttogewinns zwischen Aktionären und Gläubigern ändert sich. Bis heute wird über das Theorem lebhaft diskutiert. Doch trotz aller Widersprüche, die man gefunden hat, wurde diese bestechende Idee mit Nobelpreisen belohnt. Franco Modigliani erhielt ihn 1985 und Merton Miller 1990.

Modigliani Miller und Gründungsunternehmen

Überträgt man die Erkenntnisse von Modigliani und Miller auf Gründungsunternehmen, so ergeben sich verschiedene Schwierigkeiten. Eine Schwierigkeit ist sicherlich, dass die neoklassisch idealistische Wirtschaftsverfassung in der Realität nicht anzutreffen ist. Insbesondere gibt es Steuern, die Fremdkapital gegenüber Eigenkapital privilegieren: Zinszahlungen auf Fremdkapital können von der Steuerschuld abgezogen werden, Dividenden an Aktionäre werden hingegen nach Steuern ausgeschüttet. Obwohl dieses Phänomen zweifellos stichhaltig ist, so ist es doch keineswegs eines, das ausschließlich auf Gründungsunternehmen bezogen wäre. Für Gründungsunternehmen bedeutend ist hingegen die mangelnde Verfügbarkeit von Kapitalmarktdaten. Das MM Theorem postuliert, dass die WACC unabhängig vom Verschuldungsgrad sind. Sie sind einfach ein kapitalisierungsgewichteter Durchschnitt der Eigen- und der Fremdkapitalkosten. Wie hoch die Kapitalisierung des Eigen- und des Fremdkapitals ist, lässt sich in einer neoklassischen Welt am Kapitalmarkt ablesen. Die Kapitalisierung des Eigenkapitals wird durch Aktienbörsen bestimmt und die Kapitalisierung des Fremdkapitals durch die Schuldnerqualität, die Laufzeit des Fremdkapitals und durch die Zinsstruktur am Kapitalmarkt. Problematisch für Gründungsunternehmen ist daher primär die mangelnde Verfügbarkeit von Kapitalmarktinformationen.

EBIT Modelle als Bewertungsinstrument

Zur Erfassung dieser beiden Probleme – Unvollkommenheiten des Kapitalmarktes und die Abwesenheit von Gründungsunternehmen vom Kapitalmarkt – hat sich in den letzten drei bis vier Jahren eine Literatur herausgebildet. Man bezeichnet die hier zu behandelnde Modellklasse als „EBIT Modelle". EBIT Modelle stützen sich auf Rechnungslegungsinformationen und auf Kapitalmarktinformationen zur Bewertung von Unternehmen. Als initiale Literaturquelle dazu wird häufig das Papier von Goldstein, Ju und Leland (2001) herangezogen. Dieses Kapitel verdeutlicht, welche Entscheidungen die Geschäftsführung eines Gründungsunternehmens treffen muss, wenn sie den Firmenwert aus der Sicht der Fremd- und der Eigenkapitalgeber optimieren möchte.

12.2 Modigliani Miller in einem vollkommenen Kapitalmarkt

Unternehmens-Stakeholder

Ein Unternehmen befindet sich in einem Umfeld verschiedenster Interessensgruppen. Offensichtlich sind zwei Interessengruppen: Zunächst sind die Aktionäre an hohen Dividenden und Steigerungen des Unternehmenswertes interessiert. Zweitens sind die Gläubiger daran interessiert, ihre versprochenen Zinszahlungen zu erhalten. In einer nicht perfekten Ökonomie gibt es aber einen weiteren Interessenten, nämlich den Staat. Der Staat möchte aus den Bruttogewinnen der Unternehmen die ihm zustehenden Steuern abschöpfen. Unter allen drei Interessensgruppen (Stakeholders) werden die Aktionäre zuletzt bedient. Erst wenn die EBIT ausreichend waren, um sowohl Zinsen an Gläubiger wie auch Steuern an den Staat zu bezahlen, erst dann wird das eingesetzte Kapital der Aktionäre aus den Nettogewinnen gedeckt. Abbildung 12-1 zeigt ein Beispiel für alle drei Stakeholder. Dabei wird von einem EBIT von 100.000 € ausgegangen. Wenn der Fremdkapitalzinssatz 5 % beträgt bei einem Schuldenstand von 800.000 €, dann stehen den Gläubigern 40.000 € aus dem EBIT zu. Der verbleibende Gewinn nach Zinszahlungen beträgt dann nur noch 60.000 €. Der effektive Unternehmenssteuersatz (Körperschaftssteuersatz und Dividendensteuersatz) wird zudem mit 48 % angenommen; dies impliziert eine Steuerzahlung in Höhe von 28.800 € an den Staat. Für die Aktionäre verbleiben 31.200 €.

Abbildung 12-1 *Die Stakeholder eines Unternehmens*

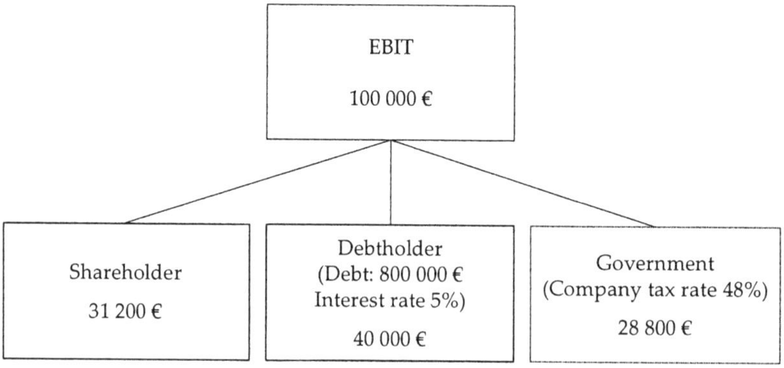

Der Staat als Stakeholder

Das oben skizzierte Modigliani Miller Theorem berücksichtigt nur zwei Stakeholder, weil es auf einem perfekten Kapitalmarkt keinen Staat gibt. Auf einem solchen Markt werden keine Steuern gezahlt. Der Gesamtmarktwert des Unternehmens bliebe unter den Bedingungen des MM Theorems für verschiedene Verschuldungsgrade konstant, ebenso wie der EBIT. Abbildung 12-2 verdeutlicht die Situation in drei verschiedenen Szenarien. Hier wird ein Unternehmen betrachtet, das ein Gesamtfinanzierungsvolumen von 1.000.000 € hat. Das Finanzierungsvolumen wird über Eigen- und über Fremdkapital generiert. Die Bruttogewinne des Unternehmens werden an die drei in Abbildung 12-1 gezeigten Gruppen aufgespaltet. Der Wert des gesamten Unternehmens setzt sich daher aus den Anwartschaften dieser drei Gruppen zusammen.

Abbildung 12-2 *Leverage und Eigenkapital – Rendite (Annahme: Eigenkapital – Rendite einer unverschuldeten Unternehmung sei 10 %)*

Leverage	Markwert Verschuldung	Marktwert Eigenkapital	Zinszahlung (5%)	Dividende	EBIT	Eigenkapital – Rendite
1	500.000 €	500.000 €	25.000 €	75.000 €	100.000 €	15%
1,5	600.000 €	400.000 €	30.000 €	70.000 €	100.000 €	17,5%
4	800.000 €	200.000 €	40.000 €	60.000 €	100.000 €	30%

Im ersten Szenario wird ein Leverage von eins angenommen. Die Marktwerte des Fremd- und Eigenkapitals stimmen in diesem Szenario überein. In den beiden anderen Szenarios steigt die Verschuldung, und zwar auf einen Leverage von 1,5 bzw. von vier. Die Zinszahlungen des Unternehmens steigen von 25.000 € über 30.000 € auf 40.000 € an. Dennoch bleibt der Bruttogewinn in allen drei Szenarios identisch bei 100.000 €. Da der Anteil der Zinszahlung am Bruttogewinn mit dem Verschuldungsgrad wächst, nimmt der für die Aktionäre bestimmte Anteil am EBIT ab. Bei einem Leverage von eins erhalten die Aktionäre 75.000 € Dividende, bei einem Leverage von 1,5 erhalten sie eine Dividende von 70.000 € und bei einem Leverage von vier sinkt die Dividende auf 60.000 €. Gleichzeitig sinkt natürlich auch der Kapitaleinsatz der Aktionäre. Im Endeffekt steigt deren Eigenkapital-Rendite von 15 % auf 30 %, auch wenn der absolute Gewinn sinkt. Für die Eigenkapital-Rendite und damit die Kosten des Eigenkapitals gilt nach dem MM Theorem eine lineare Beziehung zum Leverage.

$$r_{EK}(l) = r_{EK,0} + l \cdot (r_{EK,0} - r_{FK})$$

r_{EK}: Eigenkapital - Rendite

$r_{EK,0}$: Eigenkapital - Rendite eines unverschuldeten Unternehmens

l: Leverage = Fremdkapital / Eigenkapital

r_{FK}: Fremdkapital - Rendite

Für das erste Szenario aus Abbildung 12-2 ergibt sich beispielsweise eine Eigenkapital - Rendite von

$$10\% + 1 \cdot (10\% - 5\%) = 15\%.$$

Linearität der Eigenkapitalrendite

Durch die Linearität der Eigenkapital-Rendite bleibt der Bruttogewinn unabhängig vom Verschuldungsgrad und der Gesamtmarktwert des Unternehmens ist konstant. Der Grund für die Irrelevanz der Kapitalstruktur besteht darin, dass jeder Aktionär den gewünschten Finanzierungsgrad durch den Homemade Leverage jederzeit selbst erzeugen kann. Daher sind Kapitalstrukturentscheidungen im Gleichgewicht irrelevant für den Unternehmenswert. Dies gilt für alle Unternehmen, somit natürlich auch für Gründungsunternehmen. Abbildung 12-2 macht aber auch deutlich, dass der Staat als Stakeholder im MM Theorem nicht berücksichtigt wird. Durch die Existenz von Steuern könnte die Aufnahme von Fremdkapital attraktiver werden, weil die Zinszahlungen auf das Fremdkapital steuerlich absetzbar sind. Der nachfolgende Abschnitt zeigt, welche Konsequenzen sich daraus für Wachstumsunternehmen ergeben.

12.3 EBIT Modelle, Unternehmenswert und Wertveränderungen

Die Grundidee der EBIT Modelle

Eine realistischere Modellierung der Anspruchsgruppen als im MM Theorem gelingt in den so genannten EBIT Modellen. EBIT Modelle modellieren Größen aus dem Rechnungswesen, um Rückschlüsse auf den Marktwert des Unternehmens zu ziehen. Dies trägt der Tatsache Rechnung, dass Kapitalmarktinformationen häufig nicht verfügbar sind, insbesondere natürlich für Gründungsunternehmen, aber auch für andere nicht an Sekundärmärkten gehandelten Unternehmen. Mittelständische Unternehmen würden ebenfalls in diese Kategorie fallen. EBIT Modelle betrachten den Wert des Unternehmens als Derivat auf den EBIT Prozess. Einer der wichtigsten Aufsätze zu diesem Thema stammt von Goldstein, Ju, Leland (2001), die als Ausgangspunkt die Theorie der dynamischen Wahl des optimalen Verschuldungsgrades von Fischer, Heinkel und Zechner (1989) wählen. Darüber hinaus gibt es zahlreiche Varianten des Ansatzes von Goldstein, Ju und Leland (2001). Im Zusammenhang mit der Bewertung von Wachstumsunternehmen ist auch das Papier von Schwartz und Moon (2001) bekannt geworden. Hier werden anstelle der EBIT die Umsätze und die Kosten getrennt voneinander modelliert. Eine empirische Anwendung von Schwartz und Moon stammt von Keiber, Kronimus und Rudolf (2002). Eine neue Variante von Goldstein, Ju und Leland stammt von Ammann und Genser (2004). Obwohl EBIT-Modelle Rechnungslegungsgrößen verwenden, weisen sie ein deutlich höheres Modellierungsniveau aus als die statischen Modelle der Wirtschaftsprüfer. EBIT-Modelle beruhen auf stochastischen Prozessen, aus denen die Komponenten des Unternehmenswertes abgeleitet werden.

Das Modell von Goldstein, Ju und Leland

Das Papier von Goldstein, Ju und Leland (2001) wählt als Ausgangspunkt die drei in Abbildung 12-1 dargestellten Interessengruppen, die den jeweiligen Bruttogewinn (EBIT) unter sich aufteilen. Der Bruttogewinn des betrachteten Unternehmens an die drei Gruppen (Aktionäre, Gläubiger und Staat) folgt einer geometrischen Brown'schen Bewegung. Der Wert der drei Anteile für die Aktionäre, die Gläubiger und den Staat wird als ein Derivat auf diesen EBIT-Prozess modelliert. Technisch wird dabei eine Differentialgleichung hergeleitet, die für jedes Derivat auf den EBIT-Prozess erfüllt sein muss. Diese Differentialgleichung lässt sich dann unter spezifischen Nebenbedingungen lösen. Eine solche Nebenbedingung könnte beispielsweise sein, dass der Wert einer Konkursabsicherung bei sehr hohen Unternehmenswerten beinahe gleich null ist. Bei sehr niedrigen Unternehmenswerten hingegen muss eine Absicherung den erwarteten Verlust im Konkursfall auffangen. Die vergleichsweise simple Aufteilung des Unternehmenswertes an Aktionäre und Gläubiger wie im MM Fall (siehe Abbildung 12-2) wird damit im Goldstein, Ju, Leland (2001) Modell komplexer. Wertkomponenten bei nicht perfektem Kapitalmarkt

Abbildung 12-3 zeigt die sechs Komponenten des Unternehmenswertes. Die drei Anspruchsgruppen evaluieren ihre Anteile am Unternehmen unter zwei verschiedenen Annahmen. Die erste Annahme ist, dass das Unternehmen solvent bleibt. Allerdings sind auch im Fall der Insolvenz Zahlungen aus dem Konkursvermögen für die Gläubiger und den Staat zu erwarten. Die Aktionäre gehen im Konkursfall leer aus. Immerhin tragen sie aber die Konkurskosten. Deshalb zeigt Abbildung 12-3, dass die eventuell anfallenden Konkurskosten bereits in das Eigenkapital hineinbewertet werden.

Abbildung 12-3

Wertkomponenten der Unternehmung und deren Determinanten

Aktionäre	Gläubiger	Staat
Wert des Eigenkapitals resultierend aus Solvenz-Annahme •Effektiver Steuersatz •Konkursschwelle •Aktueller Firmenwert •Leverage	Wert des Fremdkapitals resultierend aus Solvenz-Annahme •Zins-Steuern •Leverage •Konkursschwelle	Wert der Steuereinnahmen bei Solvenz-Annahme •Effektiver Steuersatz •Aktueller Firmenwert •Zins-Steuern •Konkursschwelle •Leverage
Konkurskosten • Konkurskostensatz • Konkursschwelle	Wert des Fremdkapitals resultierend aus Konkursannahme •Konkurskostensatz •Effektiver Steuersatz •Konkursschwelle	Wert Steuereinnahmen resultierend aus Konkursannahme •Konkurskostensatz •Effektiver Steuersatz •Konkursschwelle

Die Rolle der Steuern

Abbildung 12-3 zeigt auch die Determinanten der einzelnen Bestandteile des Unternehmenswertes. Im Gegensatz zum perfekten Kapitalmarkt der MM Welt spielen im Goldstein, Ju, Leland Modell auch Steuern eine wichtige Rolle bei der Bestimmung des Unternehmenswertes. Berücksichtigt werden Körperschaftssteuern und Dividendensteuern (zusammen die effektive Steuer) sowie zusätzlich der Steuersatz für Zinseinkünfte. Zudem wird der derzeitige Gesamt-Unternehmenswert als externe Variable im Modell verwendet. Der Leverage, d.h. das Verhältnis aus Eigen- und Fremdkapital, ist eine Determinante des Unternehmenswertes (Aktien + Anleihen + Steuern) im Solvenzfall. Im Gegensatz dazu ist der Konkurskostensatz als Prozentsatz des Unternehmenswertes nur im Insolvenzfall eine Determinante. Alle sechs in Abbildung 12-3 angegebenen Komponenten hängen von der Konkursschwelle ab. Dabei handelt es sich um ein interessantes Spezifikum im Goldstein, Ju und Leland (2001) Modell, das im nachfolgenden Abschnitt näher betrachtet wird.

12.4 Anwartschaften und Konkursschwelle

Optimaler Verschuldungsgrad und optimale Konkursschwelle

Die Eigentümer eines Unternehmens haben zu jedem Zeitpunkt die Möglichkeit, das Unternehmen Konkurs gehen zu lassen. Damit haben die Aktionäre ein Gestaltungsrecht, mit dem sie die Rechte der Gläubiger immer dann absterben lassen können, wenn die Überschuldung des Unternehmens droht. Die Konkursschwelle hängt damit maßgeblich vom aktuellen Verschuldungsniveau ab. Allerdings birgt ein hohes Verschuldungsniveau auch die Chance auf hohe Eigenkapital-Renditen und damit auf einen höheren Verdienst der Aktionäre. Die optimale Konkursschwelle und gleichzeitig der optimale Verschuldungsgrad ergeben sich für denjenigen Unternehmenswert, der den Marktwert des Eigenkapitals maximiert. Anders als unter den Annahmen des MM Theorems existieren unter den Annahmen des Goldstein, Ju und Leland (2001) Modells ein optimaler Verschuldungsgrad und eine optimale Konkursschwelle. Zwar ergänzen sich die Anwartschaften aller drei Stakeholder aus Abbildung 12-1nach wie vor zu einem konstanten Unternehmenswert. Weil allerdings der staatliche Anteil über die Steuern nun durch die Optimierung des Verschuldungsgrads gesteuert werden kann, ist der Anteil der Aktionäre und der Gläubiger nicht mehr unabhängig vom Verschuldungsgrad. Um das Konzept der Konkursschwelle zu verdeutlichen und um daraus die in Abbildung 12-3 gezeigten Wertkomponenten abzuleiten, wird in Abbildung 12-4 ein Zahlenbeispiel konstruiert. Neben den Determinanten des Unternehmenswertes aus Abbildung 12-3 enthält Abbildung 12-4 auch die Volatilität der relativen EBIT-Veränderung. Sie spezifiziert den Prozess der EBIT- Veränderung als geometrische Brown'sche Bewegung. Zudem werden Restrukturierungs- und Konkurskostensätze eingeführt. Aus diesen Ausgangsdaten ergeben sich einige Eckzahlen der fiktiven Unternehmung nach dem Goldstein, Ju und Leland (2001) Modell. Diese Eckzahlen findet man in Abbildung 12-5.

Ausgangsdaten eines fiktiven Beispiels

Abbildung 12-4

EBIT p.a.	100.000 €
Kurs-Gewinn Verhältnis (vor Steuern und Zinsen)	10
Körperschaftssteuersatz	35%
Dividendensteuersatz	20%
Effektiver Steuersatz (ergibt sich aus Körperschafts- und Dividendensteuersatz)	48%
Risikoloser Zinssatz	5%
EBIT Volatiliät	25%
Restrukturierungskosten bei Umschuldung als Prozentsatz des Schuldenvolumens	1%
Konkurskosten als ein Prozentsatz des Firmenwertes	5%
Aktuelle, jährliche Zinsverpflichtungen (Kupons)	45 000 €

Komponenten des Unternehmenswertes

Abbildung 12-5

	Heutiger Gegenwert des Unternehmenswertes im Fall der ...		
	Solvenz	**Insolvenz**	**Summe**
Gesamt	812 578 €	187 422 €	1 000 000 €
Gläubiger: Brutto-Anwartschaft auf Zinszahlungen während der Solvenz des Unternehmens	456 344 €		456 344 €
Gläubiger: Netto-Anwartschaft (Bruttowert vermindert um Steuern auf Zinseinnahmen) auf Zinszahlungen	296 623 €	92 586 €	389 210€
Aktionäre: Eigenkapital	185 242 €	0 €	185 242 €
Staat: Anwartschaft auf Steuerzahlungen	330 713 €	85 464 €	416 177 €
Aktionäre: Konkurskosten		9 371 €	9 371 €
Summe	**812 578 €**	**187 422 €**	**1 000 000 €**

Das in Abbildung 12-4 charakterisierte Unternehmen wird mit einem Gesamtvolumen von 1.000.000 € finanziert; der Gesamtunternehmenswert entspricht 10 Mal dem jährlichen EBIT. Dieser Betrag teilt sich aber auf eine Anwartschaft auf den Unternehmenswert im Solvenzfall und auf eine Anwartschaft im Konkursfall auf. Obwohl Goldstein, Ju, Leland keine expliziten Annahmen zur Konkurswahrscheinlichkeit treffen, ergibt sich die Unterscheidung in den Solvenz- und den Insolvenzfall aus dem Verschuldungsgrad. Daraus errechnen Goldstein, Ju und Leland einen Arrow-Debreu-Preis für 1 €, der im Konkursfall bezahlt wird. Ein Arrow-Debreu-Wertpapier ist ein Anrecht auf 1 € für den Konkursfall. Der Preis dieses Wertpapiers hängt von drei Komponenten ab. Erstens hängt er von der Eintrittswahrscheinlichkeit des Konkursfalles ab, zweitens vom Diskontfaktor für den später stattfindenden Konkurs und drittens von den persönlichen Präferenzen des Entscheidungsträgers für 1 € im Konkursfall. Der Preis eines solchen Arrow-Debreu-Wertpapiers liegt immer niedriger als 1 €. Damit wird die Konkurswahrscheinlichkeit implizit berücksichtigt. Wenn der Preis des Arrow-Debreu-Wertpapiers mit ρ bezeichnet wird, dann lässt sich der Unternehmenswert V für den Fall der Insolvenz aus heutiger Sicht als

$$V_{Insolvenz} = \text{Konkursschwelle} \cdot \rho$$

bestimmen. Die Konkursschwelle ist derjenige Unternehmenswert, bei dem die Aktionäre den Konkurs beschließen. Aus der Parametermenge in Tabelle 12-2 lässt sich ein Arrow-Debreu Preis von $\rho = 0.49$ € bestimmen, eine Insolvenzschwelle von 380.203 € und damit ein heutiger Gegenwert des Unternehmenswertes im Fall der Insolvenz in Höhe von 187.422 €. So lange also der Unternehmenswert die Konkursschwelle nicht unterschreitet, werden die Aktionäre die Unternehmung weiterführen. Der gesamte Unternehmenswert ergibt sich aus dem Gegenwert der Anwartschaft im Konkursfall und im Solvenzfall. Letztere ergibt sich nach Abbildung 12-4 als 812.578 €.

Zustandspreise im Konkurs- und im Solvenzfall

Abbildung 12-6 zeigt ein Beispiel für den Zustandspreis ρ nach dem Goldstein, Ju, Leland (2001) Modell. Je höher der Leverage ist, desto höher ist die Konkurswahrscheinlichkeit und desto höher ist daher auch der Wert eines € im Konkursfall. Derjenige Teil der Anwartschaft $V_{Insolvenz}$ auf den Unternehmenswert, der sich auf den Insolvenzfall bezieht, wird also mit steigendem Leverage ansteigen. Diese Art der Modellierung der Konkursbedingung unterscheidet sich von anderen Ansätzen wie beispielsweise Schwartz und Moon (2001). Dort wird der Cashbestand als Konkurskriterium herangezogen: Sobald der Cashbestand negativ wird, wird das Unternehmen als bankrott angesehen. Dies vernachlässigt, dass Schuldenmoratorien oder andere aufschiebende Rechtsbedingungen den Konkurs auch bei negativem Cashbestand verhindern können. Zudem kann man nicht mit Sicherheit voraus sehen, wann der Konkurs eintreten wird. Die Verwendung des Arrow-Debreu-Preises ρ vermeidet die explizite Modellierung der Gegenstände des Anlagevermögens oder des rechtlichen Rahmens. Der Arrow-Debreu Preis ist vielmehr ein simpler, beobachtbarer Marktpreis, der sowohl die Erwartung des Gesamtmarktes zur Konkurswahrscheinlichkeit als auch zum Konkurszeitpunkt implizit berücksichtigt.

Preise für den Konkurszustand

Abbildung 12-6

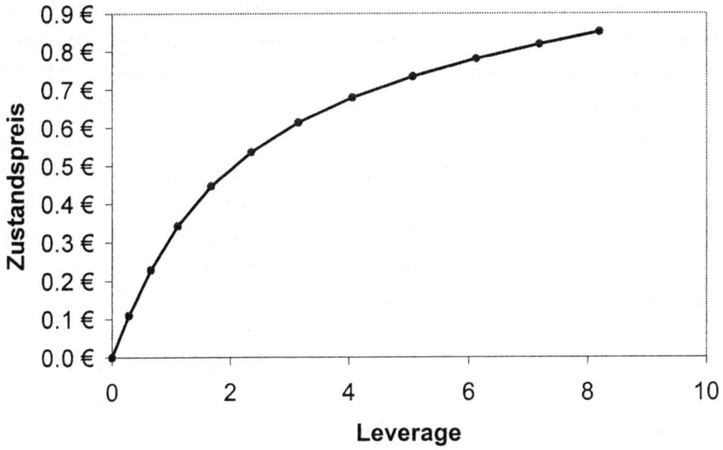

Wert des Fremdkapitals

Für den Wert des Fremdkapitals in Abbildung 12-5 ergibt sich aus einer jährlichen Zinsverpflichtung in Höhe von 45 000 € ein Bruttowert aller Zinstitel in Höhe von 456.344 € für den Fall, dass die Unternehmung überlebt. Der entsprechende Nettowert ist 35 % niedriger und mit 296.623 € angegeben. Auch im Konkursfall können die Gläubiger zwar nicht den gesamten Betrag erwarten, aber dennoch einen Prozentsatz 1-α des Unternehmenswertes $V_{Insolvenz}$ vermindert um die effektiven Steuern. Dies entspricht einem heutigen Gegenwert von 92.586 €. Die gesamten Forderungen gegenüber dem Unternehmen könnten demnach am Kapitalmarkt für 389.210 € verkauft werden. Schließlich lautet der Wert des Eigenkapitals des Unternehmens 185.242 €. Dieser Wert ergibt sich nach dem Goldstein, Ju, Leland Modell, wenn man den Gegenwert zum Unternehmenswert im Solvenzfall um den Wert der Zinsverpflichtungen reduziert und mit dem effektiven Steuersatz besteuert. Schließlich folgen die Konkurskosten aus dem Konkurskostensatz von α = 5 % multipliziert mit dem Gegenwert des Unternehmenswertes bei Insolvenz.

Modellierung von Anwartschaften

Diese Art der Modellierung der Anwartschaften auf den Unternehmenswert hat gegenüber dem MM Theorem zwei Vorteile. Der erste offensichtliche Vorteil ist, dass die Anwartschaft des Staates einbezogen werden kann. Der zweite Vorteil ist, dass die Anwartschaften aller Stakeholder differenziert werden können nach dem Gegenwert der Anwartschaft im Konkursfall und im Solvenzfall. Während die Einbeziehung des Staates im MM Fall offensichtlich keine Rolle spielt, weil von einem perfekten Kapitalmarkt ausgegangen wird, ist der Konkurs eines Unternehmens auch unter den Bedingungen des MM Theorems möglich. Abbildung 12-7 enthält deshalb die gleichen Betrachtungen wie Abbildung 12-2, nur im Rahmen des Goldstein, Ju, Leland (2001) Modells. Dazu muss man in Abbildung 12-4 alle Steuersätze auf 0 setzen. Ebenso werden der Restrukturierungskostensatz und der Konkurskostensatz auf 0 gesetzt. Für den Marktwert des Eigenkapitals und des Fremdkapitals ergeben sich exakt die gleichen Werte wie in Abbildung 12-4. Für das Fremdkapital ergibt sich 500.000 € bei einem Leverage von 1.600.000 € bei einem Leverage von 1,5 und 800.000 € bei einem Leverage von 4. Interessant ist aber die Aufteilung. Bei einem Leverage von 1 beträgt der Gegenwert des potenziell insolventen Fremdkapitals 106.845 €, also 21 % der Gesamtverschuldung. Die Recovery Rate (Verwertungsrate) im Konkursfall wäre beim hier betrachteten Unternehmen also 21 %. Bei einem Leverage von 1,5 erhöht sich die Recovery Rate auf 28 % und bei einem Leverage von 4 auf 46 %. Der Wert des Fremdkapitals wird also wesentlich stärker durch die Rückzahlung im Insolvenzfall geprägt, je höher der aktuelle Leverage ist, je höher also das Konkursrisiko ist. Damit zeigt Abbildung 12-7 sehr deutlich, dass das Goldstein, Ju, Leland Modell eine verallgemeinerte Version des MM Modells ist.

Abbildung 12-7 *Leverage und Eigenkapital – Rendite nach dem Goldstein Ju Leland (2001) Modell unter den Annahmen des MM Modells*

Leverage	Heutiger Gegenwert des Markwertes der Verschuldung bei Solvenz	Heutiger Gegenwert des Markwertes der Verschuldung bei Konkurs	Marktwert des Eigenkapitals	Zinszahlung (5%)	Dividende	EBIT	Eigenkapital-Rendite
1	393.155 €	106.845 €	500.000 €	25.000 €	75.000 €	100.000 €	15%
1,5	431.704 €	168.296 €	400.000 €	30.000 €	70.000 €	100.000 €	17.5%
4	431.035 €	368.965 €	200.000 €	40.000 €	60.000 €	100.000 €	30%

Komponenten des Unternehmenswertes bei unterschiedlichen Verschuldungsgraden – Aufteilung nach Solvenz / Insolvenz

Abbildung 12-8

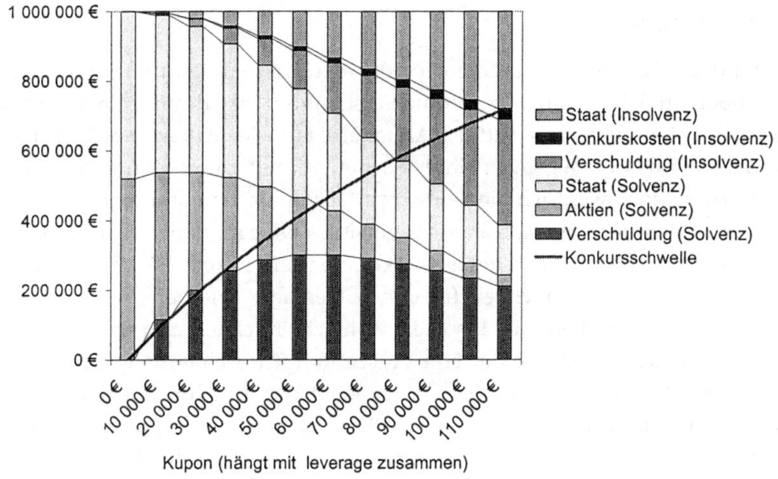

Komponenten des Unternehmenswertes bei unterschiedlichen Verschuldungsgraden – Aufteilung nach Stakeholders

Abbildung 12-9

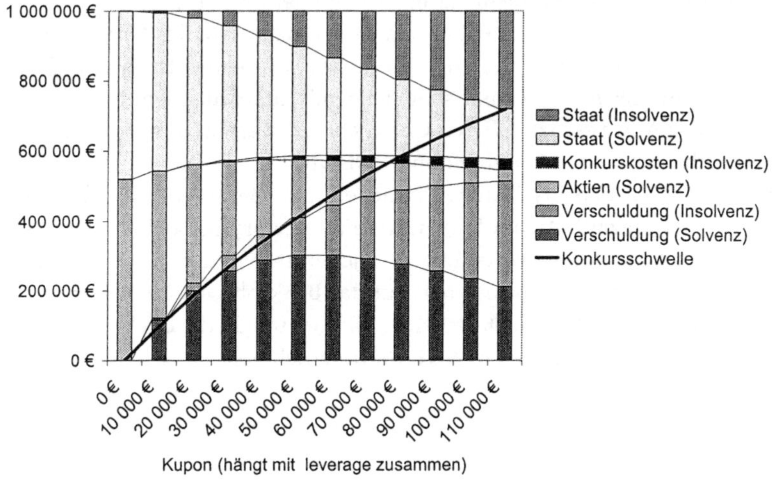

Fraglich ist, wie sich die beschriebenen Anwartschaften verschieben, wenn sich die Finanzierungsstruktur verändert. Zudem ist zu prüfen, ob man eine optimale Verschuldungspolitik finden kann. Die Abbildungen 12-8 und 12-9 zeigen die Aufteilung des gesamten Unternehmenswertes für unterschiedliche Leverages.

Verschuldungsgrad und Anwartschaften der Stakeholder

Abbildung 12-8 zeigt im unteren Teil die Anwartschaft der drei Stakeholdergruppen im Solvenzfall. Je höher die Verschuldung ist, desto kleiner wird offensichtlich die Anwartschaft der Aktionäre. Für die Gläubiger zeigt sich ein geteiltes Bild. Der Gegenwert ihrer Position nimmt zunächst mit dem Leverage zu, einfach weil sich die jährlich zu leistenden Zinszahlungen erhöhen. Überschreitet der Leverage aber ein gewisses Niveau, dann wird der Effekt steigender Zinsverpflichtungen überkompensiert durch die immer kleiner werdende Wahrscheinlichkeit für den Solvenzfall. Wie bereits weiter oben diskutiert wurde, steigt die Insolvenzwahrscheinlichkeit und damit die Anwartschaft der Gläubiger auf eine Auszahlung des Unternehmens im Solvenzfall. Die Anwartschaft des Staates sinkt mit zunehmendem Leverage. Der Grund dafür ist im vorliegenden Beispiel die Tatsache, dass die Unternehmenssteuern effektiv 48 % betragen, die Steuern auf die Zinseinnahmen der Gläubiger aber nur 35 %. Damit werden durch einen höheren Leverage zwar mehr Steuern auf Zinseinnahmen generiert, allerdings fallen überproportional mehr Steuern auf Unternehmensgewinne und Dividenden weg.

Anwartschaften im Konkursfall

Die oberen drei Teilsegmente der Säulen in Abbildung 12-8 beziehen sich auf die Anwartschaften im Konkursfall. Dort fällt das Eigenkapital völlig weg. Deshalb teilt sich ein immer größerer Teil des gesamten Unternehmenswertes auf die Anwartschaft der Gläubiger auf. Die Aktionäre haben im Konkursfall keine Zahlung mehr zu erwarten; allerdings müssen sie die Konkurskosten tragen, die annahmegemäß ein Prozentsatz des Unternehmenswertes im Konkursfall sind. Die gesamte Anwartschaft auf den Unternehmenswert im Konkursfall steigt mit zunehmendem Leverage auf Kosten der Anwartschaft auf den Unternehmenswert im Solvenzfall an. Dies zeigt sich sehr deutlich in Abbildung 12-8, wo sich die oberen drei Segmente der Säulen auf den Insolvenzfall beziehen und die unteren drei Segmente auf den Solvenzfall. Auch die Anwartschaft des Staates auf den Unternehmenswert steigt bei Konkurs. Das ist wiederum bedingt durch den größer werdenden Wert der Anwartschaft auf das bankrotte Unternehmen, je größer der Leverage ist. Dem Staat stehen im Konkursfall die effektiven Steuern auf den verbleibenden Gesamtwert des Unternehmens zu.

Komponenten des Unternehmenswertes bei unterschiedlichen Verschuldungsgraden – Modigliani Miller Welt

Abbildung 12-10

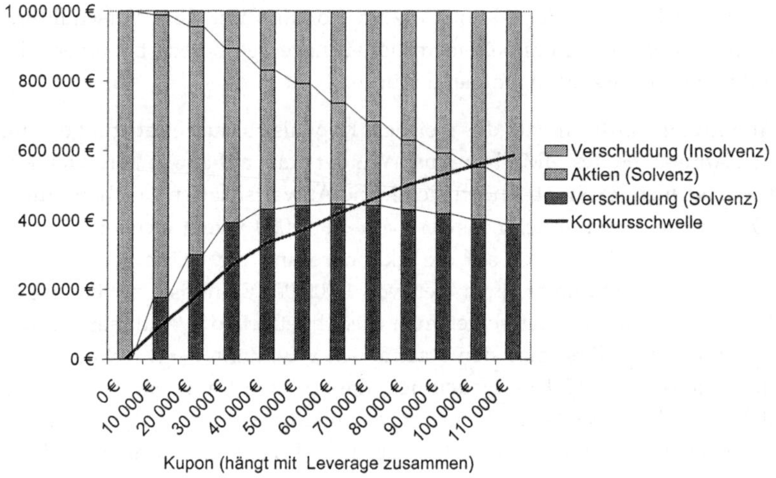

Die Konkursschwelle

Schließlich zeigen die Abbildungen 12-8 und 12-9 auch den Wert der Konkursschwelle in Abhängigkeit des Leverage. Die dunkle Linie zeigt, wie die Konkursschwelle ständig ansteigt. Je höher der Verschuldungsgrad ist, desto höher ist auch die Schwelle, bei der die Aktionäre die Unternehmung Konkurs gehen lassen. Der Grund dafür liegt im Verhältnis zwischen dem aktuellen und dem optimalen Verschuldungsniveau. Weiter unten wird sich herausstellen, dass es eine optimale Kapitalstruktur unter den hier beschriebenen Annahmen tatsächlich gibt. Je höher das aktuelle Verschuldungsniveau ist, desto höher ist auch das optimale Verschuldungsniveau. Die optimale Verschuldung kann dann zwar im Verhältnis zu einem hohen aktuellen Verschuldungsniveau einen Abbau von Fremdkapital bedeuten. Dennoch ergibt sich ein positiver Zusammenhang zwischen aktuellem und optimalem Leverage im Goldstein, Ju, leland (2001) Modell. Daher steigt auch die Konkursschwelle mit dem Leverage in Abbildung 12-9. Man erkennt ganz gut, dass die Konkursschwelle ab einem jährlichen Zinskupon von etwa 60.000 € deutlich höher liegt als der Marktwert der Verschuldung. Bei einem relativ hohen Verschuldungsgrad würden die Aktionäre die Unternehmung demnach Konkurs gehen lassen, selbst wenn noch ein substanzieller Teil Eigenkapital vorhanden ist. Ab einem jährlichen Zinskupon von 80.000 € kann sogar ein guter Teil des staatlichen Anspruchs noch bedient werden; und dennoch würden sich die Aktionäre für den Konkurs des Unternehmens entscheiden.

Nur bei sehr niedrigen Verschuldungsgraden würde man den Unternehmensgesamtwert bis beinahe auf null sinken lassen, bevor die Aktionäre Konkurs anmelden. Als Fazit aus Abbildung 12-9 lässt sich also festhalten, dass die Konkursschwelle zwar mit dem Leverage stetig ansteigt. Dennoch steigt die Neigung der Aktionäre zum Konkurs mit dem Verschuldungsgrad, weil der Konkurs bei einem hohen Leverage bereits bei einer relativ guten Finanzausstattung lohnend würde.

Leverage und Unternehmenswert

Abbildung 12-10 enthält die gleichen Kapitalstrukturbetrachtungen unter den Annahmen des MM Theorems. Weil der Staat auf einem perfekten Kapitalmarkt nicht existiert, finden sich keine Anwartschaften in Abbildung 12-10. Der Gesamtunternehmenswert von 1.000.000 € teilt sich nur auf zwei Stakeholder auf, nämlich auf die Aktionäre und die Gläubiger. Deren Gesamtposition hat immer einen Wert von 1.000.000 € und ist unabhängig vom Verschuldungsgrad. Betrachtet man ausschließlich die Aktionäre und die Gläubiger (und lässt man den Staat außen vor), dann zeigt Abbildung 12-8 im Gegensatz zu 12-10 sehr deutlich, dass es eine Kapitalstruktur gibt, die den Wert dieser beiden Stakeholder maximiert. Auch im MM Fall lautet das Ergebnis, dass der Wert der Anwartschaft auf das Fremdkapital für den Insolvenzfall zunimmt und für den Solvenzfall zunächst zu- und dann abnimmt. Die Argumentation hierzu entspricht der Argumentation zu Abbildung 12-8. Der Wert des Eigenkapitals nimmt naturgemäß mit dem Leverage ab.

12.5 Optimale Kapitalstruktur

Wertkomponenten und Verschuldungsgrad

Die Abbildungen 12-8 bis 12-10 haben verdeutlicht, wie die Wertkomponenten des Unternehmens mit dem Verschuldungsgrad zusammenhängen. Nun scheint es so, als könnte man eine Kapitalstruktur wählen, die optimal ist. Abbildung 12-11 zeigt den Zusammenhang zwischen dem Leverage und dem Vermögen der Aktionäre und der Gläubiger zusammen genommen, inklusive der Restrukturierungskosten. Offenbar existiert im Gegensatz zum klassischen MM Theorem ein optimaler Leverage, der den Wert der Anwartschaften dieser beiden Stakeholder maximiert. Er liegt bei etwa 2,3. In der in Abbildung 12-5 beschriebenen Ausgangssituation liegt der Leverage bei etwa 2. Im Optimum lässt sich der Wert der Anwartschaften dieser beiden Gruppen auf 581.560 € steigern; 418.440 € stehen dem Staat zu. Beim aktuellen Leverage von 2 ist der Wert der Anwartschaft der Aktionäre und der Gläubiger 1.629 € niedriger.

Restrukturierungsentscheidungen

An diesem Ergebnis ist problematisch, dass die optimale Verschuldung vom aktuellen Verschuldungsniveau abhängt. Würde man also die Finanzierung restrukturieren und den aktuellen an den optimalen Leverage anpassen, dann wäre der berechnete optimale Leverage nicht mehr das Optimum. Unser Zahlenbeispiel aus Abbildung 12-5 startet beispielsweise mit einem Verschuldungsniveau von 389.210 €. Die optimale Verschuldung erkennt man aus Abbildung 12-12. Dort ist die dünne Linie die Winkelhalbierende, die die aktuelle und die optimale Verschuldung gegenüberstellt. Für andere Verschuldungsgrade kann aber der optimale Verschuldungsgrad eine ziemlich dramatische Restrukturierung des Kapitals bedeuten. Mithilfe eines rekursiven numerischen Verfahrens kann man den optimalen Verschuldungsgrad treffen.

Optimale Konkursschwelle

Für eine optimale Verschuldung ergibt sich auch die optimale Konkursschwelle in Abhängigkeit des optimalen Verschuldungsgrades. Im MM Fall lässt sich die optimale Konkursschwelle allerdings nicht mehr berechnen, denn es gibt ja keine optimale Kapitalstruktur. Es ist für die Aktionäre deshalb irrelevant, bei welchem Unternehmenswert sie das Unternehmen Konkurs gehen lassen.

Stakeholder Value Maximierung ohne Staat

Abbildung 12-11

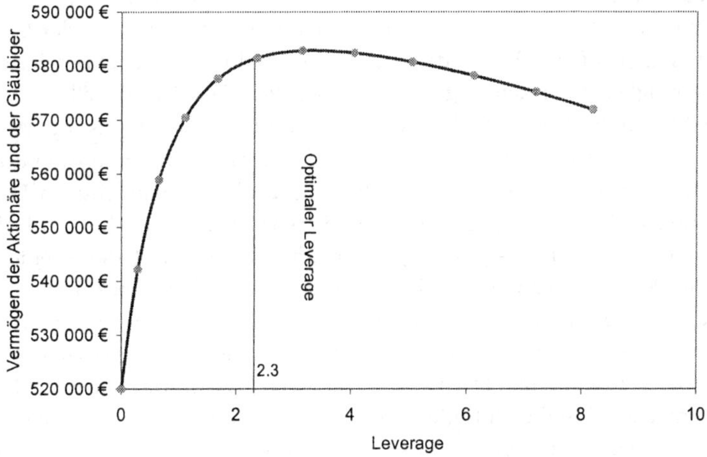

Abbildung 12-12 *Verschuldung und optimale Verschuldung*

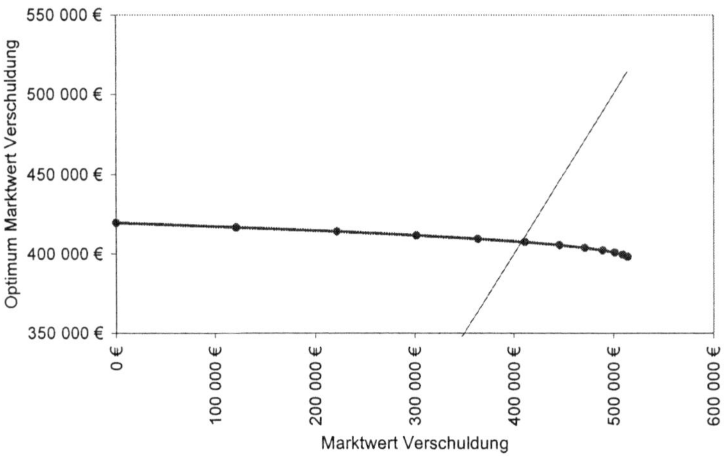

Shareholder-Value versus Stakeholder-Value

Abschließend kann man sich fragen, warum die optimale Verschuldung nicht so gewählt wird, dass die Aktionäre alleine ihren Anteil maximieren. Tatsächlich maximiert man in Abbildung 12-11 den Stakeholder Value ohne Staat, d.h. den Wert der Anwartschaften der Aktionäre und der Gläubiger. Es ist ganz offensichtlich, dass die Aktionäre ihre Rendite maximieren, wenn sie möglichst gar kein Eigenkapital einsetzen. Dann wäre selbst 1 € Partizipation am Bruttogewinn bereits eine unendlich hohe Verzinsung. Wenn kein Eigenkapital eingesetzt wird, dann ist der Konkurs sicher. In Abbildung 12-4 wird angegeben, dass die jährliche Zinsschuld der betrachteten Unternehmung 45.000 € beträgt. Steigert man diese jährliche Zinsschuld auf 216.154 € (siehe auch Abbildung 12-13), dann erreicht der Wert des Fremdkapitals 494.000 € und der Wert des Eigenkapitals 50.000 €; das entspricht exakt den Konkurskosten, also 5 % auf den gesamten Unternehmenswert. Bei dieser Konstellation wäre der Wert des Fremdkapitals eine Anwartschaft auf den sicheren Konkursfall. Der Wert der staatlichen Anwartschaft wäre 456.000 €. Demnach hätte die Optimierung des Shareholder Values anstelle des Stakeholder Values eine triviale Lösung: Die Aktionäre würden so viel Fremdkapital aufnehmen, dass sie selbst kein Eigenkapital einsetzen müssen und der Wert der Anwartschaft auf eine solvente Firma null wäre. Der gesamte Firmenwert würde nur durch den sicheren Konkursfall generiert werden. Es ist offensichtlich, dass sich in diesem Fall keine Fremdkapitalgeber finden würden, die Fremdkapital bereitstellten.

Bewertung von Anwartschaften auf den Unternehmenswert

Abbildung 12-13

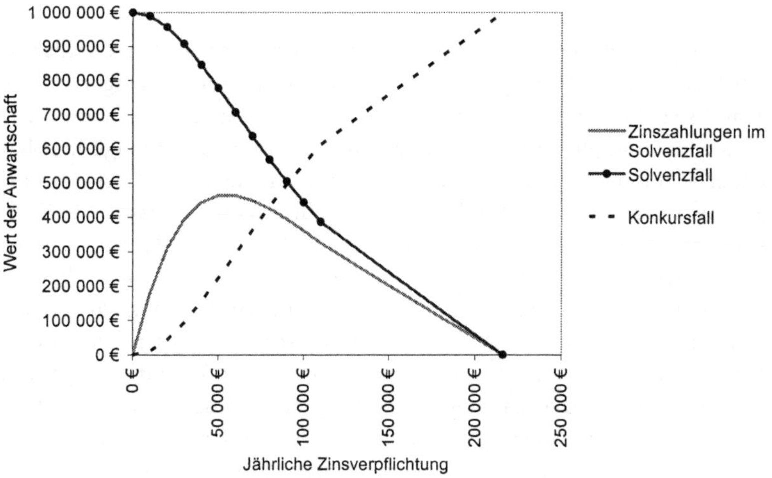

Bewertung der Anwartschaften

Abbildung 12-13 zeigt die Bewertungen der Anwartschaften auf (i) die Zinszahlungen im Solvenzfall, (ii) den Unternehmenswert im Solvenzfall und (iii) den Unternehmenswert im Insolvenzfall. Es wird deutlich, dass die Anwartschaft auf das Unternehmen im Solvenzfall mit erhöhtem Leverage an Wert verliert und zwar auf Kosten der Anwartschaft auf das Unternehmen im Konkursfall. Die Zinsanwartschaft hingegen wird zunächst mit dem Leverage wertvoller, weil die jährliche Zinsverpflichtung ansteigt. Ab einem Niveau der jährlichen Zinsverpflichtung von etwa 50.000 € (genau bei 48.699 €) sinkt der Wert der Zinsanwartschaft kontinuierlich, weil das Überleben der Firma zunehmend unwahrscheinlicher wird. Wegen dieses Optimums in der Bewertung der Zinsanwartschaft ergibt sich die optimale Verschuldungsstruktur wie in Abbildung 12-11. Würde man die Optimierung nur aus Sicht der Aktionäre betreiben, dann wäre der optimale Punkt bei einer Verschuldung von 216.154 € und damit bei einem Wert der Anwartschaft auf den Solvenzfall von null.

12.6 Option zum Einstieg in ein Wachstumsunternehmen

Stakeholdererwartungen und Unternehmenswert

Im vorangegangenen Abschnitt wurde der Wert einer Firma modelliert, die drei Stakeholder befriedigen muss: Die Aktionäre, die Gläubiger und den Staat. Es stellte sich heraus, dass die Aktionäre so lange bereit sein werden, ihren Zins- und Steuerverpflichtungen nachzukommen, so lange ihr Shareholder Value maximiert wird. Wenn das nicht mehr der Fall ist, wenn der gesamte Firmenwert die Konkursschwelle unterschreitet, dann werden die Aktionäre die Firma Konkurs gehen lassen. Im Gegensatz zur optimalen Konkursschwelle ist die optimale Wahl der Verschuldung nicht allein von den Aktionären abhängig. Die Aktionäre allein würden möglichst kein Eigenkapital einsetzen, wenn sie alleine zu entscheiden hätten. Die optimale Wahl der Verschuldung ist dann maximal für den Stakeholder Value, wenn die Aktionäre und die Gläubiger als Stakeholder angesehen werden. Der gesamte Unternehmenswert besteht dann aus dem Unternehmenswert im Solvenzfall plus dem Wert der Option, das Unternehmen in die Pleite gehen zu lassen.

Konkurs- und Beteiligungsoptionen

Nun kann man das Modell von Goldstein, Ju und Leland auch genau umgekehrt interpretieren, nämlich als ein Modell, das den minimalen Unternehmensgesamtwert errechnet, ab dem ein Investor bereit ist, sich zu beteiligen. Gerade bei Gründungsunternehmen ist die entscheidende Frage nicht, ob ein bestehender Aktionär aussteigt, sondern ob neue Aktionäre gewonnen werden können. Der Unternehmenswert nähert sich in diesem Szenario von unten der Konkursschwelle an, und nicht mehr von oben. Die Konkursschwelle muss als Beteiligungsschwelle uminterpretiert werden. Der Wert der Konkursoption ist dann als Beteiligungsoption zu interpretieren. Ein solcher Zugang zum Kapitalstrukturproblem mit dem Fokus auf der Beteiligungsoption an einem Gründungsunternehmen wurde erstmalig von Grünbichler und Keiber (1999) publiziert. Dabei handelt es sich um einen Spezialfall des Goldstein, Ju und Leland (2001) Ansatzes, der aber das Beteiligungsproblem löst, welches bei Goldstein, Ju, Leland gar nicht berücksichtigt wird. Nachfolgend wird deren Ansatz basierend auf dem Zahlenbeispiel aus Abbildung 12-4 verdeutlicht. Zusätzlich wird aber angenommen, dass die Beteiligung am Gründungsunternehmen eine Eigenkapital-Investition von 400.000 € erfordert.

Beteiligungsschwelle in Abhängigkeit der EBIT – Volatilität und des Unternehmenswertes

Abbildung 12-14

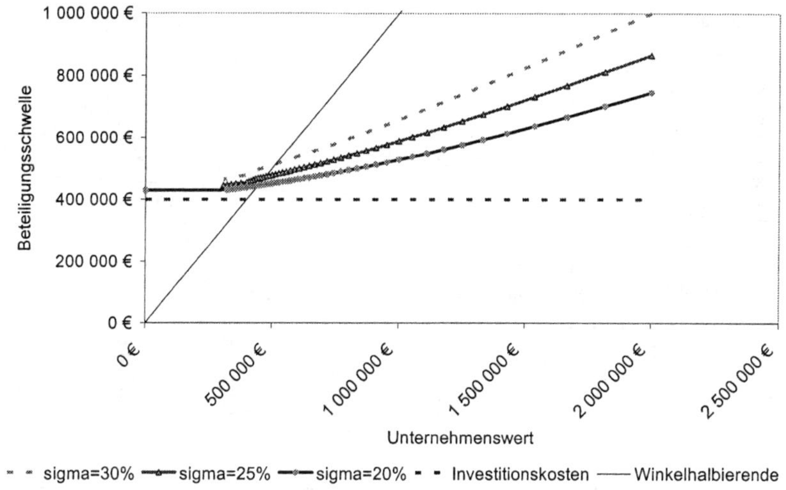

Wert der Beteiligungsoption und der Beteiligungsschwelle

Abbildung 12-15

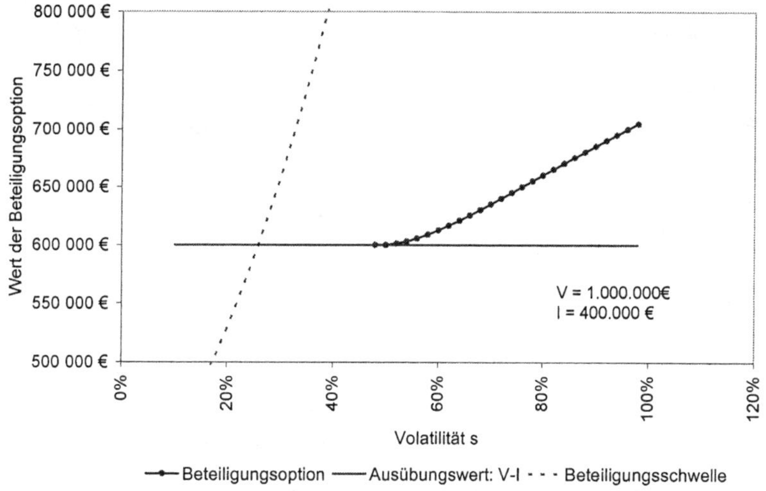

Abbildung 12-16 *Wert der Beteiligungsoption*

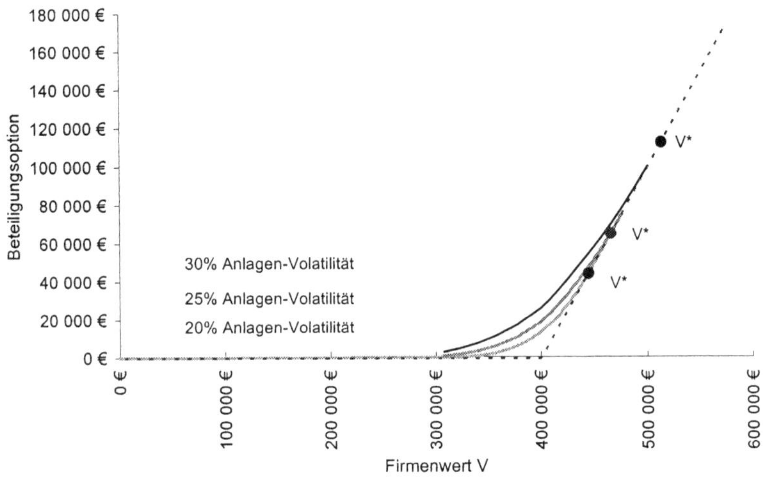

Abbildung 12-17 *Wert der Beteiligungsoption: Black Scholes vs. Grünbichler und Keiber*

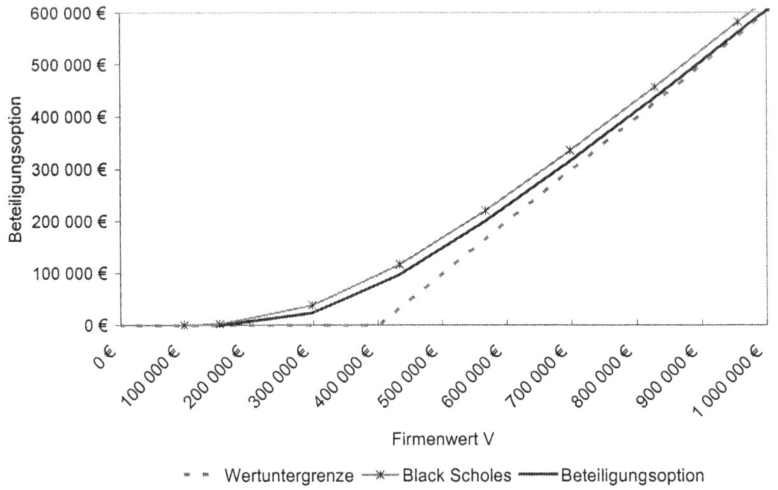

Die Idee der Beteiligungsschwelle

Ebenso wie im Goldstein, Ju, Leland Ansatz gibt es bei Grünbichler und Keiber (1999) eine Schwelle für den Unternehmenswert. Im Gegensatz zu Goldstein, Ju, Leland (2001) ist diese Schwelle keine Konkursschwelle, sondern eine Beteiligungsschwelle. Ein Eigenkapitalgeber, z.B. ein Venture Capitalist, würde nur dann in das hier betrachtete Gründungsunternehmen investieren, wenn der Gesamtwert des Unternehmens die Beteiligungsschwelle überschreitet. Abbildung 12-14 zeigt die Beteiligungsschwellen für verschiedene Volatilitäten der EBIT-Veränderungen. Je höher die Volatilität ist, desto höher ist die Beteiligungsschwelle. Offensichtlich schrecken die Investoren vor riskanten Investitionsmöglichkeiten eher zurück als vor weniger riskanten. Zudem muss man beachten, dass der Eigenkapitalgeber eine Beteiligungsoption besitzt, die verfällt, sobald er sich beteiligt. Je risikobehafteter die EBIT-Ströme des Gründungsunternehmens sind, desto wertvoller ist bekannterweise die Beteiligungsoption und desto weniger attraktiv ist die Ausübung der Beteiligung. Mit zunehmendem Unternehmenswert erhöht sich auch die Beteiligungsschwelle. Allerdings wird die Beteiligungsoption ausgeübt, sobald der Unternehmenswert die Investitionskosten etwas mehr als überschritten hat. Sie wird nicht sofort bei Überschreiten der 400.000 € ausgeübt, weil die Option einen Zeitwert aufweist, der um so höher ist, je höher die EBIT-Volatilität ist.

Volatilität und Beteiligungsschwelle

Abbildung 12-15 zeigt die Beteiligungsschwelle in Abhängigkeit der Volatilität. Wie vorher bereits analysiert, steigt die Beteiligungsschwelle mit der Volatilität. Die Abbildung zeigt zudem den Wert der Beteiligungsoption inklusive dem Unternehmenswert. Dieser Wert steigt mit zunehmender Volatilität, wie man vermuten würde, ab einer Volatilität von etwa 50 %. Erst ab dieser Volatilität überschreitet die Beteiligungsschwelle den Unternehmenswert von 1.000.000 €. Jenseits dieser Volatilität liegt der Firmenwert also niedriger als die Beteiligungsschwelle, so dass erst hier die Betrachtung der Beteiligungsoption sinnvoll ist. Für eine Beteiligungsschwelle, die unter 1.000.000 € liegt, wäre die Beteiligungsoption ja bereits ausgeübt worden und man bräuchte sie nicht mehr zu bewerten. Die waagerechte Linie in Abbildung 12-15 ist der Ausübungswert der Beteiligungsoption, also der Firmenwert von 1.000.000 € vermindert um die Investitionskosten in Höhe von 400.000 €. Berechnet man übrigens für diese Schwelle die Anwartschaften auf den Unternehmenswert wie in Abbildung 12-13, so erhält man negative Werte für die Anwartschaft im Solvenzfall. Dies erklärt sich durch die Tatsache, dass die Beteiligungsschwelle in Abbildung 12-13 eine Konkursschwelle ist. Hier würden die Aktionäre die Unternehmung Konkurs gehen lassen, während die Schwelle in 12-15 eine Beteiligungsschwelle ist. Es hat bisher noch gar keine Beteiligung am Unternehmen statt gefunden, weil dessen Wert noch zu klein ist, um eine positive Anwartschaft auf den Solvenzfall zu erreichen. Möchte ein Firmengründer Eigenkapitalgeber anziehen, dann muss er die Beteiligungsschwelle senken. Das gelingt ihm entweder durch eine Steigerung des Unternehmenswertes oder durch eine Absenkung der EBIT-Volatilität.

12.7 Schlussfolgerungen

Grundidee der EBIT Modelle

Im vorliegenden Kapitel werden Entscheidungen modelliert, die für Wachstumsunternehmen wichtig sind. Es geht um die optimale Kapitalstruktur auf einem Kapitalmarkt, der sowohl Steuern, als auch Bankrott- und Kapitalumstrukturierungskosten kennt. Gründungsunternehmen sind nicht am Kapitalmarkt gehandelt, deshalb wird hier in die Klasse der so genannten EBIT Modelle eingeführt, die den Unternehmenswert und die optimale Kapitalstruktur aus Rechnungslegungsgrößen ableiten. Das Modell von Goldstein, Ju und Leland (2001) erlaubt eine sehr umfassende Analyse der Kapitalstruktur und der Wertkomponenten von nicht börsengehandelten Unternehmen. Es zeigt sich, dass die Unternehmensgründer und –eigentümer eine Option besitzen, ihr Unternehmen Konkurs gehen zu lassen. Daraus und aus der steuerlichen Privilegierung von Fremdkapital gegenüber Eigenkapital leitet sich eine optimale Kapitalstruktur aus der Sicht der Stakeholder des Unternehmens ab.

Konkurs- und Beteiligungsschwellen

Schließlich zeigt sich auch, dass EBIT Modelle geeignet sind, die Entscheidung für oder gegen eine Beteiligung an einem Gründungsunternehmen zu untersuchen. Während bestehende Aktionäre die Option haben, das Unternehmen Konkurs gehen zu lassen, haben neue Aktionäre die Option, sich an dem Unternehmen zu beteiligen. Mithilfe von EBIT Modellen lässt sich nicht nur eine Konkursschwelle für den Unternehmenswert identifizieren, sondern auch eine Beteiligungsschwelle. Die Abbildungen 12-16 und 12-17 verdeutlichen den Wert der Beteiligungsoption in Abhängigkeit des Firmenwertes. Zunächst zeigt sich in Abbildung 12-16, dass der Wert der Beteiligungsoption sowohl mit der Volatilität als auch mit dem Firmenwert steigt. Abbildung 12-17 zeigt wiederum den Wert der Beteiligungsoption, berechnet nach zwei verschiedenen Methoden. Die obere Linie berechnet den Wert der Beteiligungsoption nach dem Black Scholes Modell. Das Modell ist an sich nicht anwendbar, denn es bewertet ausschließlich Derivate auf marktgehandelte Anlagen. Die Bruttogewinne (EBIT) eines Gründungsunternehmens sind nicht am Kapitalmarkt gehandelt. Deshalb ist das Black Scholes Modell nicht anwendbar; man muss stattdessen das von Grünbichler und Keiber (1999) vorgeschlagene Modell verwenden. Abbildung 12-17 zeigt aber, dass der Bewertungsfehler nicht extrem groß ist. Er liegt zwischen 1 % und 5 % des Unternehmenswertes. Bei einem Leverage von 1 entspräche dem ein Intervall von 2 % - 10 % des Aktienwertes. EBIT Modelle bringen also eine Verbesserung.

12.8 Literatur

AMMANN, MANUEL/GENSER, MARTIN (2004): A testable EBIT-based credit risk model, Arbeitspapier Universität St. Gallen.

BEHM, GEORG (2003): Valuation of innovative companies, Dissertation Wirtschaftsuniversität Wien.

FISCHER, EDWIN/HEINKEL, ROBERT/ZECHNER, JÜRGEN (1989): Dynamic capital structure choice: Theory and tests, in: Journal of Finance 44, S. 19-40.

GOLDSTEIN, ROBERT/JU, NENGJIU/LELAND, HAYNE (2001): An EBIT-based model of dynamic capital structure, in: Journal of Business 74, S. 483-512.

GRÜNBICHLER, ANDREAS/KEIBER, KARL (1999): Zur Finanzierungsproblematik von Gründungsunternehmen aus optionstheoretischer Sicht, in: Zeitschrift für Betriebswirtschaft 69, Ergänzungsheft 3, S. 151-167.

KEIBER, KARL/KRONIMUS, ANDRÉ/RUDOLF, MARKUS (2002): Bewertung von Wachstumsunternehmen am Neuen Markt, in: Zeitschrift für Betriebswirtschaft 72, S. 735-764.

KRONIMUS, ANDRÉ (2003): Firm valuation in continuous time, Dissertation, WHU.

MODIGLIANI, FRANCO/MILLER, MERTON H. (1958): The cost of capital, corporation finance, and the theory of investment, in: American Economic Review 48, S. 261–297.

SCHWARTZ, EDUARDO S./MOON, MARK (2001): Rational Pricing of Internet Companies Re-visited, in: Financial Review 36, S. 7-26.

13 Psychologische Aspekte des Umgangs mit Kapitalgebern

13.1 Einleitung

Wachstumsfinanzierung als PA-Problem

Die verschiedenen Kapitel dieses Buches haben gezeigt, dass das Verhältnis zwischen einem Wachstumsunternehmen und seinen Kapitalgebern durchaus schwierig sein kann. Es wird geprägt von Informationsasymmetrien, verschiedenen Interessen und einer sehr unterschiedlichen Beteiligung an den unternehmerischen Risiken. Insofern haben wir an mehreren Stellen des Buches die Principal Agent-Theorie verwendet, um die Interaktion zwischen einem kapitalsuchenden Wachstumsunternehmen und seinen Kapitalgebern zu analysieren. Typischerweise ergibt diese Analyse, dass Kapitalgeber Kontrollinstrumente einsetzen, um Risiken des „moral hazard" und der „adverse selection" zu begrenzen. Diese können je nach Art der Finanzierungsbeziehung ganz unterschiedlich ausgestaltet sein und reichen von Sitzen im Aufsichtsrat über Berichtssysteme und gestaffelte Bereitstellung des Kapitals hin zu Vetorechten bei wichtigen unternehmerischen Entscheidungen. Umgekehrt müssen sich auch die Wachstumsunternehmen durch Kontrollmechanismen vor einem opportunistischen Verhalten der Kapitalgeber schützen.

Die Rolle von Vertrauen und Reputation

Unsere bisherigen Ausführungen haben aber auch gezeigt, dass die Agency-Probleme der Finanzierung von Wachstumsunternehmen nie ganz beseitigt werden können. Die abzuschließenden Finanzierungsverträge sind selbst bei einem sehr hohen Detaillierungsgrad immer unvollkommen, weil nicht alle zukünftigen Umweltzustände und Verhaltensweisen der Beteiligten antizipiert und vertraglich geregelt werden können. Viele Agency-Probleme treten zudem nicht auf, wenn der langfristige Erfolg eines Vertragspartners auch von seiner Reputation am Markt abhängt. So wird sich beispielsweise eine Venture Capital-Gesellschaft gegenüber einem Portfolio-Unternehmen dann nicht opportunistisch verhalten, wenn dadurch ihre Reputation geschädigt und ihre Chancen auf zukünftige attraktive Beteiligungsmöglichkeiten eingeschränkt würden. Umgekehrt sind dem eigennützigen Verhalten der Manager von Wachstumsunternehmen ebenfalls Grenzen gesetzt, wenn diese selbst Eigenkapitalanteile halten und deren Wert durch ein opportunistisches Verhalten gegenüber den Kapitalgebern geschmälert würde.

Die Bedeutung der persönlichen Interaktion

Insgesamt gesehen kommt der persönlichen Interaktion zwischen Kapitalgebern und Kapitalnehmern große Bedeutung zu. Sie kann helfen, gegenseitige Erwartungen zu klären und Informationsasymmetrien zu verringern. Sie hilft auch beim Aufbau von Vertrauen und senkt damit langfristig die Kapitalkosten des Wachstumsunternehmens. Je besser Gründer bzw. Manager von Wachstumsunternehmen die Wünsche, die Erwartungen und die Ängste von potenziellen Kapitalgebern kennen, desto eher können sie Agency-Probleme durch eigene Anstrengungen und durch entsprechende Informationen – sogenanntes „signalling" - vorab begrenzen bzw. ganz ausschließen. Bei der Interaktion zwischen Kapitalgebern und Wachstumsunternehmen spielen auch psychologische Aspekte eine große Rolle. Eine gemeinsame Sprache und Verständnis für die Interessen des Vertragspartners helfen beim Aufbau von persönlichen Beziehungen und Sympathie. Persönliche Sympathie ihrerseits fördert das Entstehen von Vertrauen. Umgekehrt bewirken Ungeduld, Gier und zu große Ängstlichkeit in den Gesprächen, dass keine oder keine guten Verträge abgeschlossen werden. „The entrepreneur encounters numerous strategic, legal, and other ‚sand traps' during the fundraising cycle and needs awareness and skill in coping with them" (vgl. Timmons/Spinelli 2004, S. 518).

Gestaltungsspielräume sind vorhanden

Die psychologischen Aspekte des Umgangs mit Kapitalgebern sind für ein Wachstumsunternehmen auch deshalb so wichtig, weil große Gestaltungsspielräume für die Zusammenarbeit bestehen. Es ist keineswegs so, dass man als Gründer oder Manager eines Wachstumsunternehmens alles hinnehmen und jeden Vertrag unterschreiben muss, nur um eine Finanzierung zu erhalten. Die potenziellen Agency-Probleme sind aus der Sicht potenzieller Finanziers auch nicht so groß, dass es zu einem Marktversagen und damit zu einer ineffizient geringen Versorgung von Wachstumsunternehmen mit Kapital käme. Zumindest für Eigenkapital gibt es unserer Auffassung nach kein solches Marktversagen. Vielmehr handelt es sich um einen Markt, auf dem Investoren sehr hohe Renditen erwirtschaften können. Daher sind Privatpersonen (Business Angels) und Institutionen (Venture Capital- und Corporate Venture Capital-Gesellschaften) gerne bereit, aussichtsreiche Wachstumsunternehmen zu finanzieren. Das gilt grundsätzlich auch für Fremdkapitalgeber. Es gibt aber auf den Märkten der Finanzierung von Wachstumsunternehmen auch konjunktur- und liquiditätsbedingte Zyklen: „During periods of surplus cash, entrepreneurs will find easier credit, simpler terms and more expeditious service. However, during recessionary times entrepreneurs will find that the cold-hearted efficiency of the capital markets also works to their disadvantage" (Shulman 1997, S. 241).

Verhandlungen als Kernbestandteil der Interaktion

Ob eine Zusammenarbeit zwischen Finanzier und Unternehmen zustande kommt und wie sie konkret aussieht, hängt von der Verhandlungsposition der Beteiligten, aber auch von ihrem individuellen Verhandlungsgeschick ab. Gründer bzw. Unternehmer sollten ihre Verhandlungsmöglichkeiten nicht unterschätzen. Generell gilt der Grundsatz: „Far more is negotiable than entrepreneurs think" (Timmons/Spinelli 2004, S. 512). Wir werden daher im Folgenden zunächst auf einige generelle Empfehlungen zur Verhandlungsführung mit Kapitalgebern eingehen. Anschließend stellen wir die Besonderheiten des Umgangs mit einzelnen Typen von Kapitalgebern dar. Unsere Perspektive wird immer die des kapitalsuchenden Wachstumsunternehmens und seiner Möglichkeiten des geeigneten psychologischen Verhaltens gegenüber Kapitalgebern sein. Die Empfehlungen sind nur zum Teil aus Theorien abgeleitet oder empirisch nachgewiesen worden. Zum Teil beruhen sie einfach auf unseren persönlichen Erfahrungen und Gesprächen mit Gründern und Finanziers von Wachstumsunternehmen.

13.2 Generelle Empfehlungen zur Verhandlungsführung mit Kapitalgebern

Das Buch von Fisher, Ury und Patton (1995)

Eines der besten Bücher zu Fragen einer erfolgreichen Verhandlungsführung ist das Werk von Fisher und Ury (1981), das auch ins Deutsche übersetzt wurde und in späteren Auflagen als Fisher/Ury/Patton (1995) erschienen ist. Das Buch fasst die Erkenntnisse eines großen Forschungsprojekts an der Harvard Law School zusammen, des sogenannten „Harvard Negotiation Project". Es enthält eine Fülle verschiedenster Beispiele von Verhandlungssituationen. Wir wollen im Folgenden versuchen, die wichtigsten Ergebnisse des Buches, die für Verhandlungen zwischen Unternehmen und Kapitalgebern relevant sind, zusammen zu fassen. Dabei können wir natürlich viele Details und theoretische Hintergründe nicht wiedergeben. An Verhandlungsführung näher interessierten Lesern empfehlen wir die Lektüre des Originalbuches bzw. der deutschen Übersetzung. Darüber hinaus wird dieser Abschnitt auch einige Methoden vorstellen, wie mit schwierigen Verhandlungspartnern und unfairen Verhandlungsmethoden umgegangen werden kann. Dabei werden wir uns vornehmlich auf das Buch von Ury (1993) beziehen, einer weiteren Publikation zum „Harvard Negotiation Project", die unserer Ansicht nach ebenfalls sehr lesenswert ist.

Sachbezogenes Verhandeln

Eine generelle Empfehlung für Verhandlungen lautet, nicht um Positionen zu feilschen, sondern sachbezogen zu verhandeln. Das bedeutet einerseits,

Verhandlungen nicht als Konflikte anzusehen, in denen man „hart" vorgehen und einen Sieg über die Gegenseite erzielen muss. Es bedeutet aber andererseits auch, dass eine „weiche" Strategie des Feilschens mit dem Ziel der harmonischen Übereinkunft und der Bereitschaft, immer wieder Zugeständnisse zu machen, nicht zu optimalen Ergebnissen führt. Idealerweise sehen sich die Verhandlungspartner als Bearbeiter eines gemeinsamen Problems. Das „Win-win-Prinzip", das in Abbildung 13-1 grafisch dargestellt ist, setzt Engagement für die eigenen Ziele und die Bereitschaft voraus, den Verhandlungspartner auch seine Ziele erreichen zu lassen.

Abbildung 13-1 *Das Grundprinzip des „Win-Win-Verhandelns"*

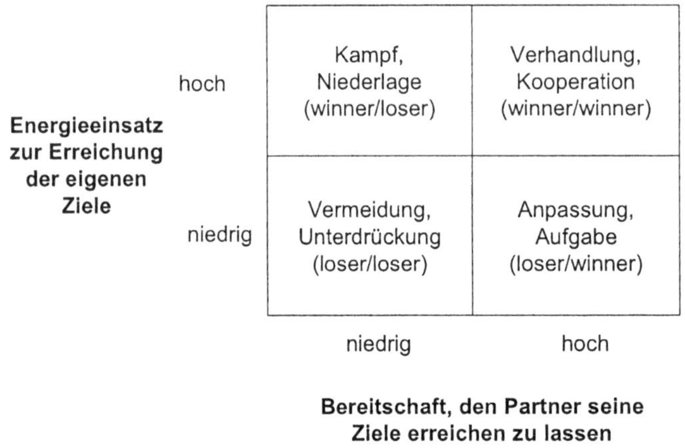

Die Idee des „win-win"

Ein typisches Beispiel für die Idee des „win-win" sind Verhandlungen zwischen einem Business Angel und einem kapitalsuchenden Gründungsunternehmen. Beim Feilschen um Positionen würde es in der Verhandlung vornehmlich um die Bewertung des Unternehmens und damit um Sieg oder Niederlage bei direkt entgegengesetzten Positionen gehen. Der Business Angel würde versuchen, eine niedrige Bewertung durchzusetzen, um für seine Investition einen möglichst hohen Anteil am Eigenkapital des Unternehmens zu erhalten. Umgekehrt würde das Gründungsunternehmen danach streben, eine hohe Bewertung durchzusetzen, um möglichst wenig Eigenkapitalanteile abgeben zu müssen. Je nach Verhandlungsverlauf würde diese positionsbezogene Vorgehensweise dazu führen, dass entweder gar keine Einigung zustande kommt oder dass einer der beiden Opponenten das Gefühl hat, verloren zu haben. Keines dieser Ergebnisse wäre dem Erfolg des Wachstumsunternehmens zuträglich, selbst wenn es zum Abschluss eines Beteiligungsvertrags käme. Denn der „unterlegene" Verhandlungspartner würde sich in Zukunft nicht bestmöglich für das Wohl des Partners einsetzen, sondern eher versuchen, seinen Verlust wieder „wettzumachen". Die Idee des sachbezogenen Verhandelns weist daher darauf hin, dass hinter der Position „Bewertung des Unternehmens" viele verschiedene Interessen stehen, z.B. die immaterielle Unterstützung durch den Business Angel, die Staffelung der Investition, der Zeitpunkt des Mittelzuflusses usw., bei denen eine Einigung im gemeinsamen Interesse leichter möglich erscheint als bei einem Feilschen um die Bewertung.

Menschen und Probleme getrennt behandeln

Das erste Grundprinzip des sachbezogenen Verhandelns besagt, Menschen und Probleme getrennt voneinander zu behandeln (vgl. Fisher/Ury/Patton 1995, S. 39-67). Dahinter steht die Überzeugung, dass alle Verhandlungspartner sachliche Interessen befriedigen und gleichzeitig persönliche Beziehungen zur Gegenseite aufbauen wollen, z.B. um weitere gute Geschäfte in der Zukunft zu ermöglichen. Die Trennung von Sachfragen und menschlichen Beziehungen –„weich" zu den Menschen sein und „hart" in der Sache– erlaubt es, beide Ziele gleichzeitig zu erreichen. Konkret sollten Verhandlungspartner versuchen, sich in die Lage des anderen zu versetzen, die Schuld an eigenen Problemen nicht der Gegenseite zuzuschieben, offen über die Vorstellungen beider Seiten zu sprechen, Emotionen zu artikulieren, nicht auf emotionale Ausbrüche des Verhandlungspartners zu reagieren und klar verständlich zu sprechen. Aufmerksames Zuhören, klares Kommunizieren und ein Verzicht auf persönliche Angriffe schaffen alleine schon sehr gute Voraussetzungen für eine partnerschaftliche Verhandlung. Zusätzlich hilft der Aufbau von persönlichen und institutionalisierten Beziehungen dabei, Missverständnisse, Emotionalitäten sowie eine Vermengung von Sachfragen und menschlicher Beurteilung zu vermeiden.

Sich auf Interessen konzentrieren

Das zweite Grundprinzip des sachbezogenen Verhandelns lautet, sich auf Interessen zu konzentrieren und nicht auf Positionen (vgl. Fisher/Ury/Patton 1995, S. 68-88). Da hinter scheinbar unvereinbaren Verhandlungspositionen immer bestimmte Interessen liegen, sich widersprechende und sich ergänzende, sollte die Verhandlung zunächst vor allem der Klärung der gegenseitigen Interessen dienen. Dies geschieht z.B. mit Fragen wie „warum?" und „warum nicht?". Diese Klärung ergibt häufig, dass beide Seiten vielfältige Interessen haben, von denen viele auf menschliche Grundbedürfnisse wie Selbstbestimmung, Anerkennung oder Sicherheit zurückzuführen sind. Verhandlungspartner sollten die Interessen der Gegenseite als Teil des Problems respektieren. Anschließend kann dann nach gemeinsamen und nach ausgleichbaren Interessen gesucht werden. Für den Fall der Wachstumsfinanzierung besteht das offensichtliche, aber in Verhandlungen oft übersehene gemeinsame Interesse beider Verhandlungspartner im wirtschaftlichen Erfolg des zu finanzierenden Unternehmens. Alle Einigungen und Maßnahmen, die diesen Erfolg fördern, dienen der Zielerreichung beider Parteien und sollten daher auch vom Wachstumsunternehmen vorrangig verfolgt werden. Ein Grundinteresse von Kapitalgebern besteht in der Verringerung der unvermeidbaren Informationsasymmetrie. Hier können Wachstumsunternehmen viele Zugeständnisse machen, die dem Verhandlungspartner nutzen, ohne eigene Interessen zu gefährden.

Suche nach Optionen zum beiderseitigen Vorteil

Das dritte Grundprinzip des sachbezogenen Verhandeln ist die Suche nach Entscheidungsmöglichkeiten zum beiderseitigen Vorteil (vgl. Fisher/Ury/Patton 1995, S. 89-120). Es ist weniger einfach umzusetzen, als man auf den ersten Blick denken würde. Der Druck, ein bestimmtes Ergebnis wie z.B. eine Finanzierungszusage erzielen zu müssen, macht kreatives Denken und die Suche nach bisher nicht beachteten Optionen schwierig. Hinzu kommt die gängige Annahme, dass der zu verteilende „Kuchen" bereits festliegt und es nur darum geht, ein möglichst großes Stück davon zu erhalten. Um Entscheidungsmöglichkeiten zum beiderseitigen Vorteil zu finden, müssen Verhandlungspartner bei der Entwicklung von Optionen zunächst auf eine Beurteilung verzichten. Sie müssen auch versuchen, die Anzahl der Optionen zu vermehren anstatt schnell auf die „eine richtige" Lösung zuzusteuern. Oft hilft es, ein strittiges Verhandlungsproblem in kleinere Einheiten aufzuspalten und nach Problemlösungen mit unterschiedlichem Wirkungsgrad zu suchen. So könnte bei der Verhandlung zwischen einer Bank und einem Wachstumsunternehmen das Problem fehlender Kreditsicherheiten gelöst werden, indem andere Formen der Absicherung der Bank diskutiert werden, z.B. die formelle Kurzfristigkeit des Kredits mit Möglichkeiten der Prolongation, die Bürgschaft eines großen Unternehmens oder ein Mandat im Aufsichtsrat des Unternehmens.

Anwendung neutraler Beurteilungskriterien

Das vierte Grundprinzip des sachbezogenen Verhandelns besagt, auf der Anwendung neutraler Beurteilungskriterien zu bestehen (vgl. Fisher/Ury/Patton 1995, S. 121-139). Es ergänzt bzw. präzisiert das eingangs dargestellte Prinzip des „win-win-Verhandelns". Da es immer Einigungen über widerstreitende Interessen gibt, kommt der Festlegung von neutralen und objektivierbaren Kriterien große Bedeutung zu. Sie sollten von beiden Parteien als fair empfunden werden und unabhängig vom Willen der Verhandlungspartner überprüfbar sein. Dabei hilft es manchmal, sich zunächst über die Prinzipien zu verständigen, nach denen die anzuwendenden Kriterien festgelegt werden sollen. Bei der Verhandlung zwischen einer Venture Capital-Gesellschaft und einem Wachstumsunternehmen könnte beispielsweise die gestaffelte Bereitstellung des Kapitals vereinbart werden. Die entsprechenden Meilensteine müssen dabei so objektiv und konkret wie nur möglich sein, um spätere Streitigkeiten zu vermeiden. Statt eines unpräzise formulierten Meilensteins „Das Produkt ist fertig entwickelt" sollte man lieber die technischen Funktionalitäten des Produkts und die Fertigstellung eines genau definierten Prototypen als Kriterium der Erreichung des Meilensteins vereinbaren. Ähnliche Präzisierungen sind für den häufig vereinbarten Meilenstein „Erzielung eines ersten Umsatzes" erforderlich, z.B. für die Art des Umsatzes (mit dem Kernprodukt oder mit einer anderen Leistung) und den Status des Auftrags (Letter of Intent, unterschriebener Vertrag oder Zahlungseingang). Abbildung 13-2 fasst die vier Grundprinzipien der Verhandlungsführung noch einmal so kompakt wie möglich zusammen.

Abbildung 13-2

Die vier Grundprinzipien erfolgreicher Verhandlungen (in Anlehnung an die Darstellungen bei: Fisher/Ury/Patton 1995)

Vier Grundprinzipien der Verhandlungsführung:

- Menschen und Probleme getrennt voneinander behandeln
- Auf Interessen konzentrieren, nicht auf Positionen
- Entscheidungsmöglichkeiten (Optionen) zum beiderseitigen Vorteil entwickeln
- Auf der Anwendung neutraler Beurteilungskriterien bestehen

Verhandlungsmacht und Verhandlungsgeschick

Bei vielen Verhandlungen mit potenziellen Kapitalgebern werden Gründer bzw. Manager von Wachstumsunternehmen das Gefühl haben, in der schwächeren Position zu sein. Die Verhandlungspartner verfügen fast immer über mehr Erfahrung und mehr Verhandlungsgeschick. Je schlechter die Kapitalmarktbedingungen sind, desto weniger werden Unternehmerinnen und Unternehmer glauben, sich in Verhandlungen mit Kapitalgebern durchsetzen zu können. Schließlich zeigen Einzelerfahrungen, dass potenzielle Kapitalgeber mitunter auch zu unfairen Verhandlungsmethoden greifen bzw. Verhandlungstricks anwenden, um für sich selbst günstige Ergebnisse zu erreichen. Selbst wenn es so wäre, Kapitalsuchende müssten doch weiter sachbezogen verhandeln. Auf keinen Fall darf das Gefühl der Unterlegenheit dazu führen, dass Wachstumsunternehmen Einigungen „um jeden Preis" anstreben und ungünstige Finanzierungsverträge unterschreiben. Wenn das erreichbare Verhandlungsergebnis schlechter ist als kein Verhandlungsergebnis, wenn also das vorab zu bestimmende BATNA („Best Alternative to Negotiation Agreement", vgl. Ury 1993, S. 21-24) unterschritten wird, muss die Verhandlung abgebrochen werden. Wenn unfaire Verhandlungsmethoden eingesetzt werden, muss man versuchen, diesen wirkungsvoll zu begegnen. Abbildung 13-3 listet einige unfaire Verhandlungsmethoden und die Möglichkeiten ihrer Bekämpfung auf. Auf einige Beispiele, die für Verhandlungen im Rahmen der Finanzierung von Wachstumsunternehmen von Bedeutung sind, wollen wir im Folgenden näher eingehen.

Abbildung 13-3 *Unfaire Verhandlungsmethoden und ihre Bekämpfung (in Anlehnung an die Darstellungen bei: Ury 1993)*

Unfaire Methoden ...	... und ihre Bekämpfung
■ auf eigenem Boden verhandeln ■ Protokoll erstellen ■ „Ankerpunkte" definieren ■ Unklare Verantwortlichkeiten ■ Stress verursachen ■ Verzögerungen ■ „Letzte" Angebote ■ Irrelevante Punkte einstreuen ■ Fakten falsch darstellen	■ auf neutralem Boden verhandeln ■ Protokoll erstellen ■ „Ankerpunkte" ignorieren ■ Verantwortlichkeiten frühzeitig klären ■ Verhandlungen unter Zeitdruck vermeiden ■ „Auf den Balkon gehen" ■ Verhandlungen abbrechen

Die Bekämpfung unfairer Verhandlungsmethoden

Die Durchführung der Verhandlungen auf eigenem Boden wird für Wachstumsunternehmen immer dann schwer durchsetzbar oder unmöglich sein, wenn es sich bei potenziellen Investoren um professionelle Risikokapitalgeber handelt, z.B. um Venture Capital-Gesellschaften. In solchen Fällen hilft nur das Bewusstsein, dass Verhandlungen auf dem „Terrain" des Verhandlungspartners schwieriger sind als Verhandlungen auf eigenem Boden. In manchen Fällen bevorzugen Wachstumsunternehmen sogar ein Treffen beim Finanzier, weil die vorhandenen eigenen Räumlichkeiten noch nicht so gut ausgestattet sind (und das Wachstumsunternehmen auch noch nicht den „Reifegrad" erreicht hat), dass ein Besuch vor Ort einen guten Eindruck beim potenziellen Investor hinterlassen könnte. Unklare Verantwortlichkeiten können entstehen, wenn der Verhandlungspartner seine hierarchische Position in der kapitalgebenden Organisation offen lässt und nach Abschluss der Gespräche auf das Erfordernis der Zustimmung eines Vorgesetzten verweist. Das passiert mitunter bei Banken. Kapitalsuchende Unternehmen können sich gegen diesen Verhandlungstrick nur wehren, indem sie frühzeitig die Entscheidungsbefugnis des Gesprächspartners klären.

Nicht unter Druck verhandeln

Nicht unter Druck zu verhandeln, ist die vielleicht wichtigste Empfehlung für kapitalsuchende Wachstumsunternehmen. Um nicht durch laufende Auszahlungsverpflichtungen und schwindende finanzielle Reserven unter Zeitdruck zu geraten, der die eigene Verhandlungsposition schwächt, ist es grundsätzlich empfehlenswert, mit der Kontaktaufnahme zu potenziellen Kapitalgebern frühzeitig zu beginnen. Wachstumsunternehmen sollten sich auch nicht von einem einzigen Kapitalgeber abhängig machen, sondern persönliche Beziehungen zu mehreren Investoren aufbauen bzw. unterhalten: „Entrepreneurs should be thinking of raising money when they do not need it, while preserving the option to find another source of capital" (Timmons/Spinelli 2004, S. 508). Praktische Erfahrungen von Unternehmerinnen und Unternehmern zeigen, mit welchen Methoden manche Investoren versuchen, vom Zeitdruck kapitalsuchender Wachstumsunternehmen zu profitieren. So werden mitunter Termine zur Vertragsunterschrift extrem kurzfristig (weniger als eine Stunde vor dem vereinbarten Zeitpunkt) abgesagt und auf einen späteren Termin verschoben. An diesem späteren Termin wird dann eine Vertragsänderung mit einer Neubewertung des Unternehmens (mit einem niedrigeren Wert) gefordert.

Extreme Forderungen ignorieren

Dem Aufbau von Druck dienen auch extreme Forderungen. Sie sollen die Erwartungen der Gegenseite herunterschrauben, noch bevor die eigentlichen Verhandlungen richtig begonnen haben. Manche Venture Capital-Gesellschaften geben beispielsweise an, für Wachstumsunternehmen aus bestimmten Branchen unabhängig von deren Zustand und der Qualität des Managementteams nicht mehr als eine bestimmte Bewertung anzusetzen. Eine ähnliche Wirkung haben letzte Angebote („take it or leave it offers"). Die beste Reaktion auf solche Verhandlungsmethoden besteht darin, sie zu ignorieren (vgl. Fisher/Ury/Patton 1995, S. 194-199). Zu den unfairen Verhandlungstaktiken zählen weiterhin das Einstreuen irrelevanter Punkte und die falsche Darstellung von Fakten. In allen diesen Fällen hilft zunächst das Herbeiführen einer Verhandlungsunterbrechung. Sie bietet die Gelegenheit, Angaben der Gegenseite nachzuprüfen oder objektive Fakten beizubringen. Außerdem nimmt sie einer Verhandlung die emotionale Schärfe, weil sie eine Form der „Nicht-Reaktion" ist (vgl. Ury 1993, S. 37). Manchmal kann man unfaire Verhandlungsmethoden auch dadurch unterbinden, dass man sie beim Namen nennt und um eine sachbezogene Fortführung der Gespräche bittet. Wenn auch das nichts nützt und es weiter zu unfairem Verhandeln durch die Gegenseite kommt, bleibt nur eine mögliche Reaktion, der Abbruch der Verhandlung.

13.3 Der Umgang mit Venture Capital- und Corporate Venture Capital-Gesellschaften

VC als exklusive Form der Wachstumsfinanzierung

Wir haben in Kapitel 5 darauf hingewiesen, dass nur ein sehr kleiner Teil aller Gründungsunternehmen eine Venture Capital-Finanzierung erhält. Bei Wachstumsunternehmen ist es aufgrund der höheren Renditechancen ein etwas größerer Anteil, aber Venture Capital und Corporate Venture Capital stellen insgesamt doch eine sehr exklusive Form der Wachstumsfinanzierung dar. Sie wird nur Unternehmen zuteil, die sich durch besonders hohe Chancen der Wertsteigerung in einem vergleichsweise kurzen Zeitraum auszeichnen (vgl. Timmons/Spinelli 2004, S. 481 und Wetzel 1997, S. 185). Dennoch versuchen viele Wachstumsunternehmen, Venture Capital zu erhalten, indem sie Businesspläne einreichen, auf Venture Capital-Messen fahren oder Venture Capitalists persönlich ansprechen. Die meisten scheitern. Die Ablehnungsquoten bei Kontaktaufnahmen bzw. Verhandlungen sind bei keiner anderen Form der Wachstumsfinanzierung so hoch wie bei Venture Capital und Corporate Venture Capital.

Formen des Kontakts mit VC-Gesellschaften

Für Wachstumsunternehmen, die trotz aller Ablehnungsrisiken und Mühen der Vorbereitung den Versuch unternehmen wollen, diese Form der Eigenkapitalfinanzierung zu erhalten, stellen sich mehrere Herausforderungen. Zunächst muss ein professioneller Businessplan vorliegen. Weiterhin muss ein gut qualifiziertes Gründer- bzw. Managementteam zur Verfügung stehen. Und schließlich muss die Art der Kontaktaufnahme dazu geeignet sein, aus der Flut von Antragstellern hervorzustechen und im persönlichen Umgang mit Venture Capital- und Corporate Venture Capital-Gesellschaften – so er denn überhaupt zustande kommt oder sich zufällig ergibt - mit dem Team und mit der Geschäftsidee zu überzeugen. Dabei sind nicht nur technische und kaufmännische Merkmale des zu finanzierenden Unternehmens und seines Managements entscheidend, sondern auch das persönliche Erscheinungsbild der Kapitalsuchenden. Es gibt sehr unterschiedliche Anlässe und Formen des Kontakts zwischen Wachstumsunternehmen und Venture Capital- bzw. Corporate Venture Capital-Finanziers (vgl. Abbildung 13-4), die wir im Folgenden etwas näher beschreiben wollen.

Formen des Kontakts zwischen Wachstumsunternehmen und VC- bzw. CVC-Finanziers

Abbildung 13-4

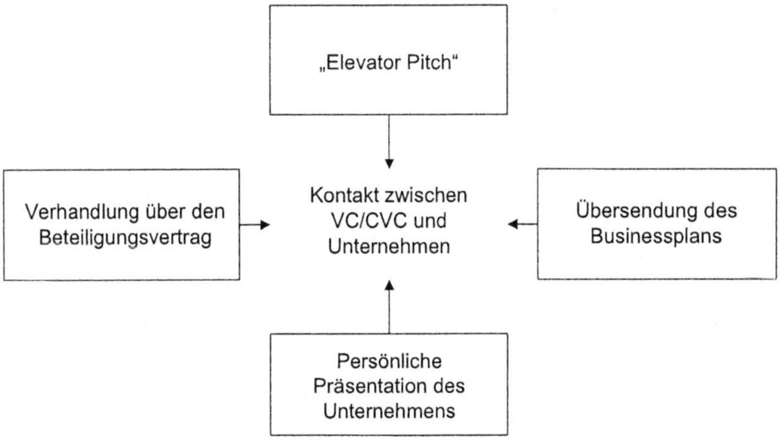

Der „Elevator-Pitch"

Die kürzeste denkbare Möglichkeit für die Präsentation eines Geschäftskonzepts gegenüber einem Venture Capitalist oder einem Corporate Venture Capitalist ist der sogenannte „Elevator Pitch". Man bezeichnet damit ein zufälliges oder geplantes Zusammentreffen von etwa 30 bis 120 Sekunden Dauer. Konkret (und zur Erläuterung des Begriffs) kann man sich die Situation in einem Fahrstuhl vorstellen: Man steigt ein, der gewünschte Gesprächspartner steht auch in dem Fahrstuhl und kann 30 bis 120 Sekunden nicht entweichen. Diese Zeit muss genutzt werden, um Interesse auf ein weiteres Gespräch zu wecken, bzw. die Übersendung des Businessplans vorzubereiten. Manchmal wird als Ziel eines Elevator Pitches auch angegeben, „on top of the pile" zu gelangen, also das eigene Vorhaben möglichst weit oben auf dem Stapel der durchzusehenden und zu entscheidenden Vorgänge des Gesprächspartners zu platzieren. Ein Elevator Pitch sollte im Stil enthusiastisch, aber nicht detailliert sein. Die wenigen Sätze, die man in der zur Verfügung stehenden Zeit sagen kann, müssen folgende Fragen beantworten: Wer bin ich? Was ist mein Produkt? Warum ist es wichtig und aufregend? Was ist es wert? Was habe ich schon erreicht? Was brauche ich noch zum weiteren Erfolg?

Der Businessplan

Eine zeitlich etwas (aber nicht viel) längere Gelegenheit, das Interesse eines Venture Capitalist oder Corporate Venture Capitalists zu wecken, ist die Einsendung eines Businessplans. Idealerweise geht der Einsendung des Businessplans eine Empfehlung einer bekannten Persönlichkeit voraus (vgl. Timmons/Spinelli 2004, S. 483). Es kann angenommen werden, dass zumindest das Deckblatt und die Executive Summary vom Investment Manager gelesen werden, was etwa zwei bis fünf Minuten dauert. Wenn die Executive Summary einen professionellen Venture Capitalist nicht überzeugt, wird er bzw. sie wahrscheinlich nicht weiter lesen, sondern das Dokument (mit einer Standard-Antwort) an den Versender zurückschicken. Die Executive Summary eines Businessplans sollte aus diesem Grund sehr kompakt sein (nicht mehr als zwei Seiten) und Lust auf das Weiterlesen machen. Sie muss vom Stil her ausgewogen zwischen der technischen und der kaufmännischen Darstellung sein. Es geht vor allem darum, die wesentlichen Fragen eines Venture Capitalists möglichst klar und einfach zu beantworten und Interesse für die Idee hervorzurufen. Konkret müssen zumindest die folgenden Punkte inhaltlich und formell in professioneller Weise präsentiert werden: Das Gründer- bzw. Managementteam, das anzubietende Produkt, der Markt und das Zielsegment, die Markteintrittstrategie, die Wettbewerbssituation, die Investitionsmöglichkeiten und die wichtigsten Risiken. Falls es ganz einzigartige positive Bestandteile gibt, z.B. ein sehr hochkarätiges Team, ein weltweites Patent oder einen ersten Großkunden, so sind sie schon in der Executive Summary hervorzuheben.

Die Präsentation

Die zeitlich längste und intensivste Chance zur Kommunikation des eigenen Geschäftskonzepts bei einem Venture Capital- oder Corporate Venture Capital-Manager ist die persönliche Präsentation. Sie findet typischerweise überhaupt nur statt, wenn der Businessplan als interessant erachtet wurde und die VC- oder CVC-Gesellschaft das Managementteam und die Idee näher kennen lernen will. Es ist durchaus üblich, dass zu einem entsprechenden Präsentationstermin alle Mitglieder des Managementteams eingeladen werden. Aus Sicht des Investors entsteht so die Möglichkeit, alle Entscheidungsträger persönlich zu treffen und auch deren Umgang miteinander zu beobachten. Die Zeitdauer für eine VC- oder CVC-Präsentation beträgt 45 bis 60 Minuten, nur selten länger. Das Ziel des Wachstumsunternehmen muss es sein, in dieser Zeit nicht nur die eigenen Vorstellungen zu präsentieren, sondern auch alle Fragen der Investoren eindeutig zu klären und persönlich einen guten Eindruck zu machen. Der Aufbau der Präsentation folgt der einer Executive Summary im Businessplan. Stilistisch - in deutlichem Gegensatz zur Vorgehensweise bei einer akademischen Arbeit – sollte man zuerst die Aussage machen und dann die Begründung folgen lassen. Je einfacher und klarer die Gedankenführung ist, desto besser. Im Englischen bezeichnet man das entsprechende Präsentationsprinzip als „kiss" („keep it short and simple"). Trotz des Enthusiasmus für das eigene Vorhaben, muss es eine klare Orientierung am Wissensstand und an den Interessen der Investoren geben, man darf nicht „abheben".

Vertragsverhandlungen

Wenn die Gespräche mit Venture Capital- oder Corporate Venture Capital-Gebern erfolgreich verlaufen sind und es zu einer grundsätzlichen Einigung gekommen ist, stehen sehr komplizierte und mitunter auch sehr langfristige Vertragsverhandlungen an. Sie dauern mindestens einige Wochen, können sich aber auch über mehrere Monate erstrecken (vgl. Timmons/Spinelli 2004, S. 483). Manager von Wachstumsunternehmen sind gut beraten, zu diesen Verhandlungen immer einen sachkundigen und erfahrenen Rechtsbeistand mitzunehmen. Die typischen Klauseln, die VC- oder CVC-Gesellschaften in den Beteiligungsverträgen vorsehen, sind für Nicht-Experten in ihrer Tragweite oft nicht abschätzbar. Zwar hängt auch hier das Ergebnis, d.h. die Regelungen im endgültigen Vertrag, von der Verhandlungsmacht der beteiligten Parteien ab, aber ohne juristische Expertise kann ein Wachstumsunternehmen keine sinnvollen Verhandlungen mit Venture Capitalists bzw. Corporate Venture Capitalists führen. Es muss in solchen Verhandlungen auch vorab festgelegt werden, welche Regelungen für das zu finanzierende Wachstumsunternehmen auf keinen Fall akzeptabel sind bzw. zu einem Abbruch der Verhandlungen führen müssen. Auslöser der Abbruchsentscheidung ist die Unterschreitung des weiter oben erwähnten BATNA.

13.4 Der Umgang mit Banken

Bankbeziehungen und der „Faktor Mensch"

Traditionell handelt es sich bei einem Kreditvertrag zwischen einem Wachstumsunternehmen und einer Geschäftsbank um eine stark von persönlichen Beziehungen geprägte und langfristig ausgerichtete Geschäftsbeziehung. Zwar wird die Ansicht vertreten, „der Faktor Mensch" werde in Zukunft bei der Kreditvergabe eine „deutlich geringere Rolle spielen" (Geisen/Demps/-Schüller 2003, S. 15). Sicher ist das aber nicht. Wir gehen eher davon aus, dass persönliche Beziehungen zwischen dem Kreditnehmer und dem Sachbearbeiter bei der Bank auch in Zukunft eine große Bedeutung haben werden. Fremdkapitalfinanzierung ist unseres Erachtens zumindest bei kleinen und jungen Unternehmen ein „people business". Ob ein Wachstumsunternehmen einen Kredit oder im Bedarfsfall auch eine kurzfristig erweiterte Kreditlinie erhält, hängt – neben der anhand finanzieller Daten nachzuweisenden Bonität – von der Informations- und Kommunikationspolitik gegenüber der Bank und vom Bestehen einer persönlichen Vertrauensbeziehung ab: „Banking relations are embedded in social relations that uniquely shape credit access and costs in ways that are inadequately incorporated into financial theory" (Uzzi 1999, S. 481).

Die Bedeutung von Informationen

Regelmäßige Informationen des Kreditgebers durch den Kreditnehmer haben daher große Bedeutung. Aus institutionenökonomischer Sicht verursachen sie dem Wachstumsunternehmen zwar Transaktionskosten, dienen aber dazu, Vertrauen aufzubauen. Vertrauen erhöht die Bereitschaft der

Partner, über die vertraglich festgelegten Regelungen hinaus nach gemeinsamen Vorteilen zu suchen und sich gegenseitig zu unterstützen (vgl. Uzzi 1997, S. 51) und senkt so langfristig die Fremdkapitalkosten. Gründer bzw. Manager von Wachstumsunternehmen sollten frühzeitig und wiederholt mit der Bank abstimmen, welche Informationsbedarfe in welchem Detaillierungsgrad und zu welchen Zeitpunkten bestehen. Auch bei schwierigen Unternehmenssituationen oder unvorhergesehenen negativen Ereignissen sollte das Unternehmen die Bank offen und ehrlich informieren. Vertrauen wird auch durch Transparenz und Nachvollziehbarkeit der gelieferten Informationen gefördert. Schließlich kommen gute Geschäftsbeziehungen zu einer Bank, sogenannte Hausbankbeziehungen, dann eher zustande, wenn das kreditnehmende Unternehmen mehrere Bankprodukte von ein und derselben Bank erwirbt. Empirische Untersuchungen in den USA haben ergeben, dass mit zunehmender Dauer und zunehmender Produktvielfalt einer Bankbeziehung die Kreditkosten signifikant sinken (vgl. Uzzi 1999, S. 498).

Gegenstände einer Kreditverhandlung

Bei der Interaktion eines Wachstumsunternehmens mit kreditgebenden Banken kommt es immer wieder zu Verhandlungen. Neben den zentralen Konditionen der Kreditvergabe wie Zinssatz, Laufzeit und zu stellende Sicherheiten, gibt es eine Fülle von zusätzlichen vertraglichen Vereinbarungen, welche die Höhe der Kosten des Fremdkapitals bestimmen und über die im Gespräch mit dem Kreditsachbearbeiter verhandelt werden muss. Ein erstes Beispiel sind die Informationspflichten des Kreditnehmers. Gründer bzw. Manager von Wachstumsunternehmen müssen sich hier überlegen, welche Intensität und welche Form der Regelberichterstattung an die Bank sie leisten wollen und welche Kosten dadurch entstehen. Je deckungsgleicher die Berichte an die Bank mit ohnehin zu erstellenden Geschäftsunterlagen sind, desto niedriger sind diese Kosten. Ein zweites Beispiel sind Einfluss- bzw. Mitentscheidungsrechte der Bank. So können die Einsatzmöglichkeiten eines Kredits auf Investitionen eines bestimmten Typs beschränkt werden. Oder die Bank schreibt Untergrenzen für den Bestand an Umlaufvermögen in den Kreditvertrag. Denkbar sind auch Klauseln, die der Bank ein Mitspracherecht bei der Besetzung von Führungspositionen einräumen (vgl. Shulman 1997, S. 231-232). Ein drittes Beispiel einer zu verhandelnden Regelung im Kreditvertrag sind Einschränkungen der weiteren Kreditaufnahme. Konkret versuchen viele Banken, die Aufnahme weiteren Fremdkapitals bei anderen Banken zustimmungspflichtig zu machen oder ganz zu untersagen.

Unstimmigkeiten und Streitigkeiten

In der Praxis des Firmenkundengeschäfts kommt es in der Phase des Vertragsabschlusses immer wieder zu Unstimmigkeiten oder sogar Streitigkeiten zwischen dem Kreditkunden und der Bank. So kann es vorkommen, dass Kundenberater mündlich Kreditzusagen machen, die Kredite dann aber nachher doch verweigert werden. Für das kreditnehmende Wachstumsunternehmen, das auf die mündliche Kreditzusage vertraut und sofort Investitionen bzw. Ausgaben tätigt, wirft ein solcher Fall schwerwiegende Probleme auf. Im günstigsten Fall kann bei einer anderen Bank ein Kredit aufgenommen werden, so dass „nur" Kosten für die Überbrückungsfinanzierung entstehen. Im ungünstigsten Fall scheitert die Finanzierung ganz, so dass die Unternehmer ihre Investitionen rückgängig machen müssen oder insolvent werden. Kreditnehmende Wachstumsunternehmen sollten mit der Verausgabung von Mitteln daher auf jeden Fall warten, bis ein unterschriebener Kreditvertrag vorliegt. Zudem empfiehlt es sich für Bankkunden, mündlich gegebene Kreditzusagen unmittelbar schriftlich zu bestätigen bzw. sie durch einen Zeugen beweisen zu können.

Gerichtsentscheidungen zu Kreditvereinbarungen

Ganz ohne Rechte sind Kreditnehmer im Umgang mit Banken jedoch nicht. Das Oberlandesgericht Koblenz hat entschieden (AZ: 5 U 228/91), dass eine Bank sich an eine mündliche Kreditzusage halten und Schadenersatz leisten muss, wenn der Kunde aufgrund einer nicht eingehaltenen mündlichen Kreditzusage einen ungünstigeren Kredit bei einer anderen Bank aufnehmen muss. Ähnliches gilt für Kreditzinserhöhungen bei variablen Krediten, z.B. Kontokorrentkrediten. Das Landgericht Dortmund konkretisierte in einem Urteil (AZ: 8 O 559/99) die Informationspflichten der Kreditinstitute bei der Begründung von Zinserhöhungen gegenüber Kreditkunden. Demnach reichen Verweise auf „allgemeine Zinserhöhungen" nicht aus, der Kunde muss vielmehr erkennen können, unter welchen Bedingungen und wann sich Kreditkosten verändern. Auch die Höhe von Sicherheiten, die bei einer Kreditaufnahme zu stellen sind, führt oft zu Streitigkeiten. Der Bundesgerichtshof hat entschieden (AZ: GZS 1/97 und 2/97), dass ab einer Sicherungshöhe von 150 Prozent der Kreditforderung eine Übersicherung vorliegt. Sie berechtigt den Kreditkunden, die Freigabe der entsprechenden Sicherheiten zu fordern, und verpflichtet die Bank, dieser Forderung nachzukommen. Sicherheiten in Höhe von 110 % der Kreditforderung sind nach Ansicht des Bundesgerichtshofes jedoch gerechtfertigt.

Rating und Kreditverhandlung

Eine wesentliche Herausforderung im Umgang mit Banken ist auch der Ratingprozess nach Basel II. Er wird in Deutschland typischerweise nicht, wie beispielsweise in den USA, von externen Ratingagenturen durchgeführt, sondern von den kreditgebenden Banken selbst. Grundsätzlich dient der Ratingprozess dem Ziel, Kreditwürdigkeitsprüfungen zu standardisieren, zu objektivieren und damit zu beschleunigen. Beobachter rechnen damit, dass der Handlungsspielraum von Kreditsachbearbeitern in Banken durch das Rating eingeschränkt wird: „Während früher eine Entscheidung für oder gegen einen Kredit vor allem von den Kenntnissen über seine Kreditkunden, von seinem persönlichen Vertrauen zu ihnen und davon abhängig war, ob ein Kreditkunde ihn im Gespräch von der Erfolgswahrscheinlichkeit eines

Geschäfts überzeugen konnte oder nicht, wird dies alles in Zukunft von geringer Bedeutung sein." (Geisen/Demps/Schüller 2003, S. 18). Dennoch werden persönliche Beziehungen zu Bankmitarbeitern auch im Ratingprozess eine wichtige Rolle bei der Kreditentscheidung und der Festlegung der Kreditzinsen spielen.

Die Rolle von Vertrauen und „soft facts"

So hat ein Kreditsachbearbeiter einer Bank das Recht, bei besonders wichtigen Gründen abweichend vom Ergebnis des computergestützten Analyseverfahrens zu entscheiden, also das „maschinelle Rating" zu überstimmen. Darüber hinaus hilft eine vertrauensvolle und intensive Kommunikation mit den Mitarbeitern der Bank dem Wachstumsunternehmen dabei, die Kriterien und die Kriteriengewichte des Rating besser kennen zu lernen und entsprechende Verbesserungen bzw. Restrukturierungen im Unternehmen vorzunehmen. Schließlich helfen eine regelmäßige Kommunikation und das Vorliegen einer persönlichen Vertrauensbeziehung dabei, die „soft facts" des Rating zu beeinflussen. Dazu zählen die Regelung der Nachfolge, die Qualität des Management, die Güte der Planung oder die Konsistenz des Rechnungswesens. Je besser sich Gründer bzw. Manager von Wachstumsunternehmen auf die entsprechenden Fragen des Kreditsachbearbeiters vorbereiten, desto eher werden sie in der Lage sein, gute Bewertungen zu erhalten und ihr Rating zu verbessern.

13.5 Der Umgang mit öffentlichen Förderbanken

Programmdichte und Intermediäre

Die Ausführungen in Kapitel 9 dieses Buches haben gezeigt, wie schwierig es für Gründer sein kann, aktuelle und umfassende Informationen zu einzelnen Förderprogrammen der öffentlichen Hand zu bekommen. Vertreter öffentlicher Förderbanken weisen selber auf die „hohe Programmdichte mit teilweise starken Ausdifferenzierungen in den einzelnen Programmen sowie zahlreichen Überschneidungen zwischen den einzelnen Förderebenen" hin (Reden/Struck 2002, S. 416). Interessenten sind daher auf die eigene Recherche im Internet oder die Nutzung von Beratern bzw. Intermediären angewiesen. Dabei ist zu beachten, dass Intermediäre durchaus eigene Interessen verfolgen können, die sich nicht immer mit den Interessen des kreditsuchenden Wachstumsunternehmens decken. Hinzu kommt das Problem, dass auch in den Prozess der eigentlichen Kreditwürdigkeitsprüfung und Kreditverhandlung mehrere Personen und Institutionen eingebunden sind.

Die Rolle der Banken

Ein gutes Beispiel ist der konkrete Ansprechpartner zur Beantragung eines Förderkredits. Bei fast allen öffentlichen Förderprogrammen besteht der

Kontakt der Gründer nur mit der Hausbank, nicht aber mit der Förderbank selbst. Im Falle eines durchgeleiteten Kredits nehmen private Banken staatliches Kapital auf, das sie ihren Kunden als (zinsgünstiges) Darlehen anbieten. Bei durchlaufenden Krediten beschränkt sich die Funktion der Hausbank auf die treuhänderische Annahme und Weiterleitung von Förderkrediten ohne eigene Darlehensvergabe und Haftungsrisiken. Aus juristischer Sicht handelt es sich daher um ein Nebeneinander von öffentlich rechtlichen und zivilrechtlichen Rechtsverhältnissen (vgl. Bals 2003, S. 2-18). Aus ökonomischer Sicht ist entscheidend, dass die Hausbank als erwerbswirtschaftliches Unternehmen eigene Interessen verfolgt, z.B. die Vermarktung eigener Kreditprodukte. Zudem partizipiert sie nicht (bzw. nicht ausreichend) an den Renditen aus der Kreditgewährung durch die Förderbank, so dass sie den Einsatz von eigenen Ressourcen zur Beratung und Betreuung des Förderkunden möglicherweise begrenzt. Im schlimmsten Fall werden Antragsteller für Förderkredite einfach „abgewimmelt" oder nur sehr eingeschränkt beraten. Daher empfehlen Ratgeber zur Nutzung von Förderprogrammen (vgl. z.B. Meyer/Hansen 1999, S. 7-8) die Beachtung einiger Verhaltensregeln im Umgang mit öffentlichen Förderbanken und den durchleitenden Kreditinstituten.

Hausbank und Förderkredit

Der direkte und persönliche Kontakt mit Mitarbeitern der Hausbank hilft in einer frühen Phase des Suchprozesses dabei, einige einfache Fragen zu möglichen Förderkrediten schnell zu klären. Detaillierte Informationen zu einzelnen Programmen können dann durch gezielte eigene Suche zusammen gestellt werden, ohne die Zeit und den guten Willen des Ansprechpartners bei der Hausbank über Gebühr in Anspruch zu nehmen. Beim zweiten Kontakt mit dem durchleitenden Kreditinstitut ist es ratsam, sehr gut vorbereitet zu sein, um gezielt Fragen stellen und Unklarheiten beseitigen zu können. Kreditsuchende Wachstumsunternehmen müssen in diesem Gespräch aber auch hartnäckig bleiben und dürfen sich nicht leichtfertig „abwimmeln" lassen. Es darf nicht unterstellt werden, dass der Gesprächspartner die öffentlichen Fördermöglichkeiten alle gleich gut (oder überhaupt) kennt. Mitunter scheinen Kreditsachbearbeiter in Banken Förderkredite zwar gut zu kennen, aber trotzdem von der Beantragung abzuraten. Die Begründung ist dann, dass sich der ganze Aufwand nicht lohne (vgl. Bals 2003, S. 34). Das stimmt zwar vielleicht aus der Sicht der Bank, aber sicher nicht aus der Sicht eines Unternehmens, das nach einer Fremdfinanzierung zu günstigen Konditionen sucht.

Die Bedeutung der guten Vorbereitung

Weiterhin können Zeit und Mühe gespart werden, wenn die Gründer die erforderlichen Unterlagen zur Antragstellung bereits vollständig verfügbar haben. Dabei sind besonders fachliche Gutachten und externe Stellungnahmen zum Geschäftskonzept geeignet, den Ansprechpartner bei der Hausbank zu überzeugen und die Erfolgsaussichten der Antragstellung zu erhöhen (unabhängig davon, ob die Hausbank oder die öffentliche Förderbank die letzte Kreditvergabeentscheidung trifft). Die Kosten für externe Gutachten und Stellungnahmen können teilweise über das Förderprogramm selbst finanziert oder von öffentlichen Institutionen kostenfrei durchgeführt werden. Es muss beim persönlichen Umgang mit der Hausbank immer bedacht werden, dass nur geringe wirtschaftliche Anreize zum Abschluss des Kreditvertrags bestehen. Alles, was für die Hausbank die Kosten der Durchleitung von Förderkrediten senkt, erhöht die Chancen eines positiven Votums aus Sicht des kreditsuchenden Unternehmens. Die ökonomische Verhandlungsmacht des Antragstellers ist gering und beschränkt sich im Grunde auf den justiziablen Anspruch, dass die Hausbank keine Formfehler oder unangemessene Ungleichbehandlungen begeht.

Der laufende Kontakt zur Hausbank

Nachdem das Antragsverfahren angestoßen ist, sollte der persönliche Kontakt zum zuständigen Sachbearbeiter in der Hausbank nicht gleich abgebrochen werden. Es lohnt sich für die Gründer, schon in dieser frühen Phase der Wachstumsfinanzierung bei einer regelmäßigen Kontaktaufnahme zu bleiben und eine persönliche Beziehung aufzubauen. Es handelt sich dabei weniger um eine persönliche Beziehung zur Förderbank, die ja in den allermeisten Fällen über den indirekten Weg der Hausbank gar nicht aufgebaut werden kann, sondern um den Aufbau einer persönlichen Beziehung zur Hausbank. Sie kann in späteren Phasen der Unternehmensentwicklung für weitere Kreditfinanzierungen genutzt werden. Dies gilt auch dann, wenn die Beantragung des Förderkredits als einmaliger Vorgang angesehen wird und das Wachstumsunternehmen auch nicht vorhat, weitere Kreditfinanzierungen aufzunehmen. Kein Wachstumsunternehmen kann sicher sein, dass es in Zukunft nicht einmal auf eine private Fremdfinanzierung angewiesen sein wird, und sei es nur ein Kontokorrentkredit zur Überbrückung kurzfristiger Liquiditätsengpässe.

Die rechtliche Problematik eines privaten Intermediärs

Insgesamt ist die große Bedeutung privater Geschäftsbanken bei der Vergabe von Förderkrediten bzw. das Erfordernis der kreditsuchenden Unternehmen, sich mit der betreuenden Hausbank „gut zu stellen", nicht unproblematisch. Aus ökonomischer Sicht müsste geprüft werden, ob eine Direktvergabe von Förderkrediten durch den Staat nicht effizienter ist als die Einschaltung von Intermediären mit eigenen Interessen in Form von Geschäftsbanken. Aus juristischer Perspektive ist eine möglicherweise rechtswidrige Verfremdung der Bankfunktion zum Öffentlichen festgestellt worden. Sie berge die Gefahr, dass Subventionsempfänger willkürlichen Entscheidungen der Intermediäre ausgesetzt sind, bzw. bewirke eine besondere Gewährleistungsverantwortung des Staates, der sich bei der Erfüllung staatlicher Aufgaben Privater bedient (vgl. Bals 2003, S. 22-23).

13.6 Der Umgang mit externen Ratingagenturen

Große Ratingagenturen

Basel II verpflichtet Banken, ihre Kreditkunden anhand eines Rating näher zu untersuchen und anschließend in eine bestimmte Risikoklasse einzustufen. Das Rating findet bankintern statt und ist für das kreditsuchende Unternehmen kostenlos. Neben einem solchen internen Rating gibt es auch externe Ratings, die auf Wunsch und auf Kosten des Unternehmens durchgeführt werden. Große Wachstumsunternehmen, die Anleihen oder Aktien am internationalen Kapitalmarkt platzieren wollen, können solche externen Ratings bei Moody's Investors Service, Standard & Poor's oder Fitch Ratings in Auftrag geben. Der Betrachtungszeitraum des Ratings liegt typischerweise bei drei bis fünf Jahren, der letztendlichen Einstufung geht eine längere und detaillierte Unternehmensanalyse voraus. Das Ergebnis des Ratings wird international veröffentlicht. Für kleinere Unternehmen, selbst wenn sie schnell wachsen, sind Ratings durch eine der großen drei Ratingagenturen mit Kosten von mindestens 50.000 € pro Jahr jedoch prohibitiv teuer. Zudem ist ein internationales Rating nur für solche Unternehmen sinnvoll, die ihre Finanzierungsmittel nicht nur in Deutschland, sondern in mehreren Ländern aufnehmen wollen.

Mittelständische Ratingagenturen

Aus diesem Grund hat sich seit einigen Jahren in Deutschland ein Markt für externe Ratings mittelständischer Unternehmen entwickelt, sogenannte „Mittelstandsratings" (vgl. Geisen/Demps/Schüller 2003, S. 40-44). Beispiele für Anbieter von Mittelstandsratings sind die Creditreform Rating AG in Neuss, die Euler Hermes Rating GmbH in Hamburg und die URA Unternehmens Ratingagentur AG in München. Sie werden von mittelständischen Unternehmen, insbesondere von wachsenden mittelständischen Unternehmen mit weiterem externen Finanzierungsbedarf engagiert, eine Unternehmensanalyse durchzuführen, auf Risiken hinzuweisen sowie Stärken und Schwächen aufzuzeigen. Die Kosten eines solchen externen Ratings liegen bei 15.000 bis 50.000 €, für kleine Unternehmen mit einfacher Geschäftsstruktur gibt es sie sogar schon für 5.000 €. Die Unternehmensleitung kann die negativen Ergebnisse des externen Ratings nutzen, um Restrukturierungen vorzunehmen und das Geschäftsmodell zu verbessern. Positive Ergebnisse können als Marketinginstrument eingesetzt werden und bewirken mitunter günstigere Liefer- und Zahlungsbedingungen. Schließlich kann das externe Rating immer auch kreditgebenden Banken zur Verfügung gestellt werden.

Interessenkonflikte beim Rating

Die Beziehung zwischen dem auftraggebenden Unternehmen und der externen Ratingagentur ist nicht unproblematisch. Sie ähnelt der Beziehung zwischen einem Unternehmen und seinem Wirtschaftsprüfer, nur dass die Prüfung des Jahresabschlusses durch einen Wirtschaftsprüfer ab einer gewissen Unternehmensgröße gesetzlich vorgeschrieben ist und nicht freiwillig in Auftrag gegeben wird. Die Parallele zwischen beiden Auftragsbeziehungen besteht darin, dass der Auftraggeber möglicherweise nicht an einer besonders gewissenhaften und kritischen Unternehmensanalyse bzw. Prüfung interessiert ist, sondern nur an einem positiven Ergebnis. Im Fall einer Ratingagentur handelt es sich um ein günstiges Rating, im Fall des Wirtschaftsprüfers geht es um die Erteilung eines uneingeschränkten Testats. Externe Ratingagenturen sind erwerbswirtschaftliche Unternehmen, die im Wettbewerb um Kundenaufträge stehen. Sie haben möglicherweise einen Anreiz, ihre Ratings mit möglichst wenig Arbeitsaufwand und zu unkritisch zu vergeben, um Kundenzufriedenheit zu erzielen und leichter an neue Aufträge zu kommen. Einer zu anspruchslosen Prüfung sind jedoch auch Grenzen gesetzt. Sie birgt das Risiko eines Reputationsverlustes für die Ratingagentur. Er tritt ein, wenn ein gut eingestuftes Unternehmen insolvent wird oder die Renditeerwartungen von Eigenkapitalgebern nicht mehr erfüllen kann. Langfristig wird eine Ratingagentur nur Kunden gewinnen könne, wenn ihre Einstufungen bzw. Ratings verlässlich sind und im Kapitalmarkt als ein wertvolles Signal aufgefasst werden. Nur dann lohnt es sich auch für das auftraggebende Unternehmen, eine Ratingagentur in Anspruch zu nehmen.

Der Nutzen eines Ratings

Natürlich gibt es auch Wachstumsunternehmen, die an einem objektiven und umfassenden Rating interessiert sind, weil sie Anregungen für Verbesserungen wünschen und sich im Sinne der Kapitalgeber besser aufstellen wollen. Für sie gelten recht einfache Regeln des persönlichen Umgangs mit einer beauftragten Ratingagentur. Ein Wachstumsunternehmen sollte zunächst versuchen, sich auf den Ratingprozess zu gut wie möglich vorzubereiten. Erforderliche Unterlagen können vorab zusammengestellt werden. Weiterhin ist Transparenz und Offenheit wichtig. Je besser die Daten sind, die den Mitarbeitern der Ratingagentur zur Verfügung gestellt werden, desto schneller können diese sich ein zuverlässiges Bild verschaffen. Idealerweise steht ein Mitglied der Geschäftsführung als dauerhafter Ansprechpartner der Ratingagentur zur Verfügung. Dann ist es empfehlenswert, auf Planabweichungen, ungünstige Entwicklungen, außergewöhnliche Geschäftsvorfälle, Problembereiche und Geschäftsrisiken offen hinzuweisen. Nur so wird eine Atmosphäre des gegenseitigen Vertrauens entstehen können, die für die effiziente Abwicklung des Ratingprozesses hilfreich ist. Schließlich sollte das Ergebnis der Analyse, also das Rating, intensiv mit der Ratingagentur diskutiert werden und dann zu weiteren Aktivitäten führen. Kein Kriterium und keine Bewertung dürfen der Geschäftsleitung des Wachstumsunternehmens unklar bleiben, sonst können keine entsprechenden Reaktionen bzw. Gegenmaßnahmen ergriffen werden: „Schwächen erkennen und ausgleichen: Hier liegt – für die meisten Mittelständler – der eigentliche tiefere Sinn des externen Ratings" (Geisen/Demps/Schüller 2003, S. 44).

13.7 Der Umgang mit Analysten

Börsengang und Wachstumsfinanzierung

In späteren Stadien der Entwicklung eines Wachstumsunternehmen ist der Börsengang eine Möglichkeit der Erweiterung der Eigenkapitalbasis (vgl. Rudolf/Witt 2002, S. 40-47). Ohne an dieser Stelle erneut auf die finanzierungstheoretischen Besonderheiten und Konsequenzen eines Börsengangs einzugehen, möchten wir doch auf eine neue und börsengangbedingte Form des Umgangs mit Kapitalgebern hinweisen, die indirekte Kommunikation über Analysten. Mit dem Börsengang steigt die Anzahl, die Anonymität und die Volatilität der Eigenkapitalgeber eines Wachstumsunternehmen so stark an, dass keine direkte Kommunikation und Beziehungspflege mit allen Aktionären mehr möglich ist. Dafür treten Analysten als neue Ansprechpartner des Unternehmens auf, die ihrerseits Informationen an Aktionäre und Vertreter der Presse weitergeben.

Die Rolle der Analysten

Finanzanalysten in Banken und Brokerhäusern, die manchmal auch „Sell-Side-Analysten" genannt werden (vgl. Achleitner/Bassen 2001, S. 33-34), verfassen Branchen- und Unternehmensstudien. Sie geben Kauf-, Halte- und Verkaufsempfehlungen für Aktien von Unternehmen ab. Sie erstellen auch Gewinnprognosen, die mitunter große Beachtung finden. Aufgabe der Kommunikation mit Anteilseignern, der sogenannten Investor Relations in Wachstumsunternehmen ist es, die Analysten so umfassend und so genau zu informieren, dass die Bandbreite der abgegebenen Gewinnschätzungen schmal und die Abweichungen der tatsächlichen Gewinne von den prognostizierten Werten gering bleiben. Bei Gewinnwarnungen oder größeren Abweichungen der Gewinnschätzungen verschiedener Analysten reagieren die Aktienkurse eines Unternehmens sehr stark, die Volatilität der Aktie steigt. Dadurch steigen auch die Eigenkapitalkosten. Neben der individuellen Kommunikation mit Finanzanalysten haben sich Analystentreffen, Conference Calls und Investor-Relations-Foren als wichtige Investor Relations-Aktivitäten erwiesen.

Indirekte Kommunikation mit Anteilseignern

So wichtig bei Wachstumsunternehmen die direkte Kommunikation der unternehmerischen Visionen und Planungen an die Großaktionäre – z.B. Venture Capital-Gesellschaften oder strategische Investoren – ist, so entscheidend ist auch die Qualität der indirekten Kommunikation, d.h. der persönliche Umgang mit den Analysten. Das Image, das ein Unternehmen gegenüber Analysten und damit auch gegenüber außenstehenden Aktionären hat, wird zu einem großen Teil von der Pünktlichkeit, der Ehrlichkeit und der Genauigkeit der Informationspolitik bestimmt. Vertrauen ist hier – wie in allen Bereichen des Lebens - nur schwer und nur langfristig zu erwerben, kann jedoch schnell zerstört werden. Je weniger die Analysten den Berichten und Prognosen des Vorstands und der Abteilung für Investor Relations Glauben schenken, desto schlechter werden ihre Analysen und Empfehlungen ausfallen. Gerade in schwierigen Phasen oder in Zeiten ungünstiger Kapitalmarktentwicklungen muss die Offenheit und die Kontinuität der Investor Relations-Arbeit fortgesetzt werden. Ein wichtiger Bestandteil glaub- und vertrauenswürdiger Kommunikation mit Analysten ist dabei das konsistente öffentliche Auftreten aller Unternehmensvertreter (vgl. Witt 2002, S. 515).

Grundsätze der Kommunikation

Damit durch die Aktivitäten der Investor Relations ein positives Unternehmensimage und Vertrauen bei den Analysten aufgebaut werden kann, müssen folgende Grundsätze der Kommunikationspolitik beachtet werden: Wesentlichkeit, Gleichbehandlung, Zeitnähe, Kontinuität, Vergleichbarkeit und Adressatengerechtigkeit (vgl. Marcus/Wallace 1997, S. 198-241). Wesentlichkeit bedeutet, dass nur solche Informationen kommuniziert werden sollten, die für aktuelle oder potenzielle Aktionäre kursrelevant sind. Die Gleichbehandlung aller Aktionäre und die Zeitnähe der Berichterstattung hängen eng zusammen. Damit Aktionäre schnell auf kursrelevante Informationen reagieren können, muss das Unternehmen sie zeitnah und allen Adressaten gleichzeitig kommunizieren. Es ist alleine schon wegen des Insiderhandelsverbots unzulässig, einige Analysten bzw. Aktionäre vorab und andere später zu informieren. Kontinuität besagt, dass ein Unternehmen Analysten und Anteilseigner regelmäßig und unabhängig davon informieren muss, ob es sich um positive oder negative Nachrichten handelt. Dies gilt insbesondere für Informationen außerhalb der gesetzlich vorgeschriebenen Pflichtberichterstattung.

Gute und schlechte Nachrichten

Wenn die IR-Abteilung sich bevorzugt nur mit positiven Nachrichten an die Öffentlichkeit wendet und ansonsten wenig berichtet, besteht die Gefahr, dass die Aktionäre schlimmere Zustände vermuten als tatsächlich vorliegen: „... if the firm had anything good to say for itself it would do so. Silence is bad news" (Easterbrook/Fischel 1991, S. 288). Die Vergleichbarkeit der gegebenen Informationen ist wichtig, damit sich die Analysten und Aktionäre auch im Zeitablauf leicht ein Bild von der Geschäftslage ihres Unternehmens machen können. Schließlich gilt für alle Arten der Kommunikation mit Anteilseignern das Gebot der Adressatengerechtigkeit, das den unterschiedlichen Informationsbedürfnissen der einzelnen Empfänger von Informationen Rechnung trägt. Ganz generell muss damit gerechnet werden, dass Analysten sachkundig und detailinteressiert sind. Bei ihnen können die Investor Relations also einerseits Methoden- und Fachwissen voraussetzen, müssen aber andererseits auch umfangreich und detailliert informieren.

13.8 Literatur

ACHLEITNER, ANN-KRISTIN/BASSEN, ALEXANDER (2001): Investor Relations von Wachstumsunternehmen und etablierten Unternehmen im Vergleich, in: Achleitner, Ann-Kristin/Bassen, Alexander (Hrsg.): Investor Relations am Neuen Markt, Stuttgart, S. 3-20.

BALS, STEFAN (2003): Vergabe und Abwicklung öffentlicher Förderkredite über Hausbanken, Köln et al.

BRÜDERL, JOSEF/PREISENDÖRFER, PETER/ZIEGLER, ROLF (1998): Der Erfolg neugegründeter Betriebe. Eine empirische Studie zu den Chancen und Risiken von Unternehmensgründungen, 2. Auflage, Berlin.

EASTERBROOK, FRANK H./FISCHEL, DANIEL R. (1991): The Economic Structure of Corporate Law, Cambridge/London.

FISHER, ROBERT/URY, WILLIAM (1981): Getting to Yes. Negotiating Agreement Without Giving In, Boston.

FISHER, ROBERT/URY, WILLIAM/PATTON, BRUCE (1995): Das Harvard-Konzept. Sachgerecht verhandeln – erfolgreich verhandeln, 13. Auflage, Frankfurt/New York.

GEISEN, BERND/DEMPS, JÜRGEN/SCHÜLLER, RUDOLF (2003): Rating für den Mittelstand, Frankfurt.

MARCUS, BRUCE W./WALLACE, SHERWOOD LEE (1997): New Dimensions in Investor Relations, New York.

MEYER, JÖRN-AXEL/HANSEN, PETER (1999): Handbuch der Förderprogramme für kleine und mittlere Unternehmen, München.

REDEN, ECKART VON/STRUCK, JOCHEN (2002): Nutzen und Wirkung öffentlicher Förderprogramme für Wachstumsunternehmen, in: Hommel, Ulrich/Knecht, Thomas C. (Hrsg.): Wertorientiertes Start-up Management, München, S. 413-428.

SHULMAN, JOEL M. (1997): Debt and other forms of financing, in: Bygrave, William D. (Hrsg.): The Portable MBA in Entrepreneurship, 2. Auflage, New York et al., S. 210-241.

TIMMONS, JEFFRY A./SPINELLI, STEPHEN (2004): New Venture Creation. Entrepreneurship for the 21st Century, 6. Auflage, Boston et al.

URY, WILLIAM (1993): Getting Past No. Negotiating Your Way From Confrontation To Cooperation, New York et al.

UZZI, BRIAN (1997): Social Structure and Competition in Interfirm Networks: The Paradox of Embeddedness, in: Administrative Science Quarterly 42, S. 35-67.

UZZI, BRIAN (1999): Embeddedness in the making of financial capital: how social relations and networks benefit firms seeking financing, in: American Sociological Review 64, S. 481-505.

WETZEL, WILLIAM E. (1997): Venture capital, in: Bygrave, William D. (Hrsg.): The Portable MBA in Entrepreneurship, 2. Auflage, New York et al., S. 184-209.

WITT, PETER (2002): Investor Relations, in: Hommel, Ulrich/Knecht, Thomas C. (Hrsg.): Wertorientiertes Start-up Management, München, S. 508-525.

Literaturverzeichnis

ACHLEITNER, ANN KRISTIN (1999): Handbuch des Investment Banking, Wiesbaden.

ACHLEITNER, ANN-KRISTIN/BASSEN, ALEXANDER (2001): Investor Relations von Wachstumsunternehmen und etablierten Unternehmen im Vergleich, in: Achleitner, Ann-Kristin/Bassen, Alexander (Hrsg.): Investor Relations am Neuen Markt, Stuttgart, S. 3-20.

ACHLEITNER, ANN-KRISTIN/ENGEL, RONALD (2001): Situation und Entwicklungstendenzen auf dem Markt für Inkubatoren in Deutschland, in: Finanz Betrieb 3, S. 76-82.

ACHLEITNER, ANN-KRISTIN/FINGERLE, CHRISTIAN H. (2004): Finanzierungssituation des deutschen Mittelstands, in: Achleitner, Ann-Kristin/von Einem, Christoph/von Schröder, Benedikt (Hrsg.): Private Debt – alternative Finanzierung für den Mittelstand, Stuttgart, S. 5-40.

ACHLEITNER, ANN-KRISTIN/NATHUSIUS, EVA (2003): Bewertung von Unternehmen bei Venture-Capital-Finanzierungen, Arbeitspapier TU-München.

ACHLEITNER, ANN-KRISTIN/WAHL, SIMON (2004): Private Debt als alternative Finanzierungsform für mittelständische Unternehmen, in: Achleitner, Ann-Kristin/von Einem, Christoph/von Schröder, Benedikt (Hrsg.): Private Debt – alternative Finanzierung für den Mittelstand, Stuttgart, S. 41-80.

ADMATI, ANAT/PFLEIDERER, PAUL (1994): Robust Financial Contracting and the Role of Venture Capitalists, in: Journal of Finance 49, S. 371-402.

ALBACH, HORST (1983): Zur Versorgung der deutschen Wirtschaft mit Risikokapital, ifm-Materialien Nr. 9, Bonn.

ALBACH, HORST (1993): Culture and Technical Innovation, Berlin.

ALBACH, HORST (1995): Finanzierungspolitik mittelständischer Unternehmen, in: Gerke, Wolfgang/ Steiner, Manfred (Hrsg.): Handwörterbuch des Bank- und Finanzwesens, 2. Auflage, Stuttgart, Sp. 673-681

ALBACH, HORST (1999): Unternehmensgründungen in Deutschland - Potentiale und Lücken, in: Hahn, Dietger/ Esser, Klaus (Hrsg.): Unternehmensgründungen: Wege in die Selbständigkeit, Chancen für innovative Unternehmen, Stuttgart, S. 1-13.

ALBACH, HORST/HUNSDIEK, DETLEF/KOKALJ, LJUBA (1986): Finanzierung mit Risikokapital, Schriften zur Mittelstandsforschung Nr. 15NF, Stuttgart.

ALBACH, HORST/HUNSDIEK, DETLEF (1987): Die Bedeutung von Unternehmensgründungen für die Anpassung der Wirtschaft an veränderte Rahmenbedingungen, in: Zeitschrift für Betriebswirtschaft 57, S. 562-580.

ALBRINCK, JILL/HORNERY, JENNIFER/KLETTER, DAVID/NEILSON, GARY (2000): Adventures in Corporate Venturing, in: Strategy + Business 22, S. 1-12.

ALLAS, TERA/GEROGIADES, NIKOS (2001): New Tools for Negotiators, in: McKinsey Quarterly 2, S. 87-97.

ALLEN, DAVID/MCKLUSKEY, RICHARD (1990): Structure, Policy, Services, and Performance in the Business Incubator Industry, in: Entrepreneurship Theory & Practice 15, S. 61-78.

ALMUS, MATTHIAS (2001): Evaluating the Impact of Public Start-up Assistance – Results from an Econometric Approach, ZEW Discussion Paper No. 01-23.

ALMUS, MATTHIAS/PRANTL, SUSANNE (2001a): Die Auswirkung öffentlicher Gründungsförderung auf das Überleben und Wachstum junger Unternehmen, ZEW Discussion Paper No. 01-03.

ALMUS, MATTHIAS/PRANTL, SUSANNE (2001b): Bessere Unternehmensentwicklung durch Gründungsförderung?, Bonn-Bad Godesberg.

AMIS, DAVID/STEVENSON, HOWARD (2003): Winning Angels: The Seven Fundamentals of Early-Stage Investing, London et al.

AMMANN, MANUEL/GENSER, MARTIN (2004): A testable EBIT-based credit risk model, Arbeitspapier Universität St. Gallen.

AUERBACH, ALAN J. (1991): Mergers and Acquisitions, Chicago et al.

AUTIO, ERKKO/KLOFSTEN, MAGNUS (1998): A Comparative Study of Two European Business Incubators, in: Journal of Small Business Management, January, S. 30-43.

BAETGE, JÖRG/KRUMBHOLZ, MARCUS (1991): Überblick über Akquisition und Unternehmensbewertung, in: Baetge, Jörg (Hrsg.): Akquisition und Unternehmensbewertung, Düsseldorf, S. 1-30.

BAIER, WOLFGANG/PLESCHAK, FRANZ (1996): Marketing und Finanzierung junger Technologieunternehmen: Den Gründungserfolg sichern, Wiesbaden.

BALS, STEFAN (2003): Vergabe und Abwicklung öffentlicher Förderkredite über Hausbanken, Köln et al.

BARTLETT, JOSEPH W. (1988): Venture Capital Law, Business Strategies and Investment Planning, New York.

BAUMS, THEODOR (1993): Ergebnisabhängige Preisvereinbarungen in Unternehmenskaufverträgen ("earn-outs"), in: Der Betrieb 46, S. 1273-1276.

BAUMÜLLER, KONRAD (1988): Unternehmenshandel, Frankfurt am Main et al.

BECKER, HANS PAUL (1982): Gründungsprobleme und die Förderung von Existenzgründungen - Ergebnisse einer Befragung in Baden-Württemberg, in: Zeitschrift für betriebswirtschaftliche Forschung 34, S. 510-523.

BEHM, GEORG (2003): Valuation of innovative companies, Dissertation Wirtschaftsuniversität Wien.

BEISEL, WILHELM/KLUMPP, HANS-HERMANN (1996): Der Unternehmenskauf, 3. Auflage, München.

BERENS, WOLFGANG (1999): Due Diligence bei Unternehmensakquisitionen, 2. Auflage, Stuttgart.

BERGER, ALLEN N./UDELL, GREGORY F. (1995): Relationship Lending and Lines of Credit in Small Firm Finance, in: Journal of Business 68, S. 351-381.

BERLE, ADOLF A./MEANS, GARDINER C. (1932): The Modern Corporation and Private Property, New York.

BERNSTEIN, PETER L. (1956): Growth Companies vs. Growth Stocks, in: Harvard Business Review, September, S. 87-98.

BIRCH, D L. (1979): The Job Creation Process. M.I.T. Studies on Neighbourhood and Regional Change, Cambridge, Mass.

BIRKELBACH, JÖRG (2001): Inkubator – Geschäftsmodell auch für Investment-Banken?, in: Die Bank, S. 356-361.

BLACK, BERNARD S./GILSON, RONALD J. (1998): Venture Capital and the Structure of Capital Markets, in: Journal of Financial Economics 47, S. 243-277.

BLACK, ERVIN L. (2003): Usefulness of financial statement components in valuation: an examination of start-up and growth firms, Venture Capital 5, S. 47-69.

BLOCK, ZENAS/MACMILLAN, IAN C. (1993): Corporate Venturing – Creating New Businesses within the Firm, Boston.

BLOCK, ZENAS/ORNATI, OSCAR A. (1987): Compensating Corporate Venture Managers, in: Journal of Business Venturing 2, S. 41-51.

BOERSCH, CORNELIUS (1998): Kreditgenossenschaften und Risikokapital: Unter besonderer Berücksichtigung des genossenschaftlichen Förderauftrages, Essen.

BOOT, ARNOUD W. A. (2000): Relationship Banking: What Do We Know?, in: Journal of Financial Intermediation 9, S. 7-25.

BRACHTENDORF, GERMAN (2004): Die gestaffelte Finanzierung junger Unternehmen – Eine empirische Untersuchung in Deutschland, Wiesbaden.

BRACHTENDORF, GERMAN/WITT, PETER (2004): Gründungsfinanzierung und optimale Kassenhaltung, in: Kredit und Kapital 37, S. 86-116.

BRETTEL, MALTE (2002): Business Angels in International Comparison, in: Journal of Private Equity 5, S. 53-67.

BRETTEL, MALTE (2002): Entscheidungskriterien von Venture Capitalists, eine empirische Analyse im internationalen Vergleich, in: Die Betriebswirtschaft 64, S. 305-325.

BRETTEL, MALTE (2004): Der informelle Beteiligungskapitalmarkt: Eine empirische Analyse, Wiesbaden.

BRETTEL, MALTE/JAUGEY, CYRIL/ROST, CORNELIUS (2000): Business Angels: Der informelle Beteiligungskapitalmarkt in Deutschland, Wiesbaden.

BRETTEL, MALTE/MEIER, DEGENHARD/REIßIG-THUST, SOLVEIG (2004): Vertragsgestaltung von Venture Capitalists und Business Angels im Vergleich, in: Die Betriebswirtschaft 64, S. 431-447.

BREUER, WOLFGANG (1998): Finanzierungstheorie. Eine systematische Einführung, Wiesbaden.

BRODY, PAUL/EHRLICH, DAVID (1998): Can big companies become successful venture capitalists?, in: The McKinsey Quarterly, S. 50-63.

BRÜDERL, JOSEF/PREISENDÖRFER, PETER/ZIEGLER, ROLF (1993): Staatliche Gründungsfinanzierung und der Erfolg neugegründeter Betriebe, in: Jahrbücher für Nationalökonomie und Statistik 212, S. 13-32.

BRÜDERL, JOSEF/PREISENDÖRFER, PETER/ZIEGLER, ROLF (1998): Der Erfolg neugegründeter Betriebe. Eine empirische Studie zu den Chancen und Risiken von Unternehmensgründungen, 2. Auflage, Berlin.

BRUPPACHER, PETER R. (1987): Nachfolgeregelung: Durch Verkauf des Unternehmens, in: IO-Management 56, S. 431-433.

BUNDESMINISTERIUM FÜR WIRTSCHAFT (1995): Effizienzanalyse öffentlicher Wirtschaftsförderung anhand einer Repräsentativbefragung von kleinen und mittleren Unternehmen in den neuen Bundesländern – Bedeutung, Einfluss und Wirkung der ERP-Förderung, Bonn.

BUNDESVERBAND DEUTSCHER KAPITALBETEILIGUNGSGESELLSCHAFTEN E.V. – BVK (2004): BVK Statistik 2003, Berlin.

BUSSE VON COLBE, WALTHER/COENENBERG, ADOLF G. (Hrsg.) (1992): Unternehmensakquisition und Unternehmensbewertung: Grundlagen und Fallstudien, Stuttgart.

BYGRAVE, WILLIAM D. (2000): Calling on Family and Friends for Start-Up Cash, in: Birley, Sue/Muzyka, Daniel F. (Hrsg.): Mastering Entrepreneurship: The Complete MBA Companion in Entrepreneurship, London, S. 97-98.

BYGRAVE, WILLIAM D. (2000a): How the Venture Capitalists Work Out the Financial Odds, in: Birley, Sue/Muzyka, Daniel F. (Hrsg.): Mastering Entrepreneurship: The complete MBA Companion in Entrepreneurship, London, S. 105-109.

BYGRAVE, WILLIAN D./TIMMONS, JEFFREY (1992): Venture Capital at the Crossroads, Boston.

BYGRAVE, WILLIAM D./HAY, MICHAEL/NG, EMILY/REYNOLDS, PAUL (2002): A Study of Informal Investing in 29 Nations Composing the Global Entrepreneurship Monitor (GEM), in: Frontiers of Entrepreneurship Research, S. 366-380.

CHESBROUGH, HENRY W. (2000): Designing Corporate Ventures in the Shadow of Private Venture Capital, in: California Management Review 42,S. 31-49.

CHESBROUGH, HENRY W./SCOLOF, STEPHEN J. (2000): Creating New Ventures from Bell Labs Technologies, in: Research & Technology Management, March-April, S. 13-17.

COVENEY, PATRICK/MOORE, KARL (1997): A Typology of Angels: A better Way of examining the Informal Investment Phenomena, in: Donkels, Rick/Meittinen, Asko (Hrsg.): Entrepreneurship and SME Research: On Its Way to the Next Millenium, Aldershot, S. 65-80.

COVENEY, PATRICK/MOORE, KARL (1998): Business Angels: Securing Start Up Finance, Chichester.

CUMMING, DOUGLAS/MACINTOSH, JEFFREY G. (2001): Venture Capital Investment Duration in Canada and the United States, in: Journal of Multinational Financial Management 11, S. 445-463.

DANIELS, HOLGER VON/LEKER, JENS/SEELIGER, CARSTEN W. (2002): Corporate Venture Capital – der Weg zur erfolgreichen Erschließung neuer Technologien? in: Perspektiven der Wirtschaftspolitik 3, S. 303-316.

DEUTSCHE BÖRSE AG (2003): Ihr Börsengang. Leitfaden für Unternehmen zum Going und Being Public, Frankfurt.

DEUTSCHE BUNDESBANK (2003): Monatsbericht August, Frankfurt.

DEVENOWA, ANDREA/WELCHA, IVO (1996): Rational Herding in Financial Economics, in: European Economic Review 40, S. 603-615.

DRUKARCZYK, JOCHEN (1993): Theorie und Politik der Finanzierung, 2. Auflage, München.

EASTERBROOK, FRANK H./FISCHEL, DANIEL R. (1991): The Economic Structure of Corporate Law, Cambridge/London.

EHRLICH, SANFORD D./DE NOBLE, ALEX F./MOORE, TRACY/WEAVER, RICHARD R. (1994): After the Cash Arrives: A Comparative Study of Venture Capital and Private Investor Involvement in Entrepreneurial Firms, in: Journal of Business Venturing 9, S. 67-82.

ENGELMANN, ANDREE (2000): Das Inkubationsprinzip – Ein ganzheitlicher Ansatz zur Unterstützung der Existenzgründung, in: Finanz Betrieb 2, S. 329-335.

ENGELMANN, ANDREE/JUNCKER, KLAUS/NATUSCH, INGO/TEBROKE, HERMANN-JOSEF (2000): Moderne Unternehmensfinanzierung: Risikokapital für Unternehmensgründung und -wachstum, Frankfurt.

FAISST, ULRICH/FRANZKE, EKKEHARD/HAGENMÜLLER, MORITZ (2002): Balanced Scorecard für Corporate Venture Capital, in: Finanz Betrieb 4, S. 340-345.

FAMA, EUGENE F./FRENCH, KENETH R. (1992): The cross-section of expected stock returns, The Journal of Finance ?, S. 427-465.

FEESER, HENRY R./WILLARD, GARY E. (1989): Incubators and performance: A comparison of high- and low-growth high-tech firms, in: Journal of Business Venturing 4, S. 429-442.

FIET, JAMES O. (1991): Network Reliance by Venture Capital Firms and Business Angels: An Empirical and Theoretical Test in: Churchill, Neil C./Bygrave, William H./Covin, Jeffrey G./Sexton, Donald P./Slevin, Denis P./Vesper, Karl H./Wetzel, William E. (Hrsg.): Frontiers of Entrepreneurship Research, S. 445-455.

FISCHER, EDWIN/HEINKEL, ROBERT/ZECHNER, JÜRGEN (1989): Dynamic capital structure choice: Theory and tests, in: Journal of Finance 44, S. 19-40.

FISHER, ROBERT/URY, WILLIAM (1981): Getting to Yes. Negotiating Agreement Without Giving In, Boston.

FISHER, ROBERT/URY, WILLIAM/PATTON, BRUCE (1995): Das Harvard-Konzept. Sachgerecht verhandeln – erfolgreich verhandeln, 13. Auflage, Frankfurt/New York.

FLEISCHER, HOLGER/KÖRBER, THORSTEN (2001): Due Diligence und Gewährleistung beim Unternehmenskauf, in: Betriebsberater 56, S. 841-849.

FORST, MARTIN (1992): Management Buy-out und Buy-in als Form der Übernahme mittelständischer Unternehmen, Stuttgart.

FRAME W. SCOTT/SRINIVASAN, ARUNA/WOOSLEY, LYNN (2001): The Effect of Credit Scoring on Small-Business Lending, in: Journal of Money, Credit, and Banking 33, S. 813-825.

FRANCIONI, RETO (2002): Marktformen zum Handel von Unternehmensanteilen, in: Hommel, Ulrich/Knecht, Thomas C. (Hrsg.): Wertorientiertes Start-up Management, München, S. 541-562.

FRANKE, GÜNTER/HAX, HERBERT (1999): Finanzwirtschaft des Unternehmen und Kapitalmarkt, 4. Auflage, Berlin.

FREEAR, JOHN/SOHL, JEFFREY E./WETZEL, WILLIAM E., JR. (1994): Angels and Non-Angels: Are there Differences?, in: Journal of Business Venturing 9, S. 109-123.

FREUND, WERNER (2000): Familieninterne Unternehmensnachfolge, Wiesbaden.

FRIED, VANCE H./HISRICH, ROBERT D. (1994): Toward a Model of Venture Capital Investment Decision Making, in: Financial Management 23, S. 28-37.

FRIED, VANCE H./HISRICH, ROBERT D. (1995): The Venture Capitalist: A Relationship Investor, in: California Management Review 37, S. 101-113.

FUNK, JOACHIM (1995): Aspekte der Unternehmensbewertung in der Praxis, in: Zeitschrift für betriebswirtschaftliche Forschung 47, S. 491-514.

GASTON, ROBERT J. (1989): Finding Private Venture Capital for Your Firm: A Complete Guide, New York.

GEIGENBERGER, ISABEL (2000): Risikokapital für Unternehmensgründer: Der Weg zum Venture-Capital, München.

GEISEN, BERND/DEMPS, JÜRGEN/SCHÜLLER, RUDOLF (2003): Rating für den Mittelstand, Frankfurt.

GÖSCHE, AXEL (1991): Mergers & Acquisitions im Mittelstand - Unternehmen und Beteiligungen gezielt kaufen und verkaufen: Planung, Strategie, Durchführung, Integration, Wiesbaden.

GOLDSTEIN, ROBERT/JU, NENGJIU/LELAND, HAYNE (2001): An EBIT-based model of dynamic capital structure, in: Journal of Business 74, S. 483-512.

GOMPERS, PAUL A. (1995), Optimal Investment, Monitoring, and the Staging of Venture Capital, in: Journal of Finance 50, S. 1461-1489.

GOMPERS, PAUL (1996): Grandstanding in the venture capital industry, in: Journal of Financial Economics 42, S. 133-156.

GOMPERS, PAUL A. (1998): Venture Capital Growing Pains: Should the Market Diet?, in: Journal of Banking & Finance 22, S. 1089-1104.

GOMPERS, PAUL A./LERNER, JOSH (1998): The determinants of corporate venture capital success: organizational structure, incentives and complementarities, Working Paper No. 6725, National Bureau of Economic Research, NBER Working Paper Series, Cambridge, MA.

GOMPERS, PAUL A./LERNER, JOSH (2000): The Venture Capital Cycle, Cambridge.

GORDON, MYRON J./SHAPIRO, ELI (1956): Capital Equipment Analysis: The Required Rate of Profit, in: Management Science 3, S. 102-110.

GRÜNBICHLER, ANDREAS/KEIBER, KARL (1999): Zur Finanzierungsproblematik von Gründungsunternehmen aus optionstheoretischer Sicht, in: Zeitschrift für Betriebswirtschaft 69, Ergänzungsheft 3, S. 151-167.

GUPTA, ANIL K./SAPIENZA, HARRY J. (1988): The Pursuit of Diversity by Venture Capital Firms: Antecedents and Implications, in: Frontiers of Entrepreneurship Research, S. 290-303.

GUTENBERG, ERICH (1980): Grundlagen der Betriebswirtschaftslehre. Band 3: Die Finanzen, 8. Auflage, Berlin.

HALLER, HEINZ (1999): Eigenkapital aus Förderprogrammen, in: Finanz Betrieb 2, S. 269-273.

HANSEN, MORTEN T./CHESBROUGH, HENRY W./NOHRIA, NITHIN/SULL, DONALD N. (2000): Networked Incubators. Hothouses of the New Economy, in: Harvard Business Review, September-October, S. 74-83.

HARDYMON, G. FELDA/DENINO, MARK J./SALTER, MALCOLM S. (1983): When corporate venture capital doesn't work, in: Harvard Business Review, May/June, S. 114-120.

HARRIS, ROBERT S./MARSTON, FELICIA C. (1994): Value versus Growth Stocks: Book-to-Market, Growth and Beta, in: Financial Analysts Journal 50, S. 18-24.

HARTMANN-WENDELS, THOMAS/PFINGSTEN, ANDREAS/WEBER, MARTIN (2000): Bankbetriebslehre, 2. Auflage, Berlin et al.

HEDRICH, WOLFRAM/SETZER, MATTHIAS (2000): Entscheidungskriterien von deutschen Venture Capitalisten: Eine vergleichende empirische Analyse, Diplomarbeit, WHU, Vallendar.

HELLMANN, THOMAS (1998): The Allocation of Control Rights in Venture Capital Contracts, in: Rand Journal of Economics 29, S. 57-76.

HELLMANN, THOMAS (2001): A Theory of Strategic Venture Investing, Working Paper, Graduate School of Business, Stanford University, February.

HELLMANN, THOMAS/PURI, MANJU (2002): Venture Capital and the Professionalization of Start-Up Firms: Empirical Evidence, in: Journal of Finance 57, S. 169-197.

HEMER, JOACHIM (1999): Business Angels und junge Technologieunternehmen, in: Koschatzky, Knut/Kulicke, Marianne, Nellen, oliver/Pleschak, Franz (Hrsg.): Finanzierung von KMU im Innovationsprozeß - Akteure, Strategien, Probleme, Stuttgart, S. 103-112.

HOCHGESAND, AXEL (2002): Venture Capital, in: Hommel, Ulrich/Knecht, Thomas (Hrsg.): Wertorientiertes Start-up Management, München, S. 370-395.

HOLZAPFEL, HANS JOACHIM/PÖLLATH, REINHARD (2000): Unternehmenskauf in Recht und Praxis, 9. Auflage, Köln.

HÖTZEL, OLIVER (1993): Steuerorientierte Gestaltung des Unternehmenskaufs, Düsseldorf.

HUMPERT, FRANZ W. (1985): Unternehmensakquisition - Erfahrung beim Kauf von Unternehmen, in: Die Betriebswirtschaft 45, S. 30-41.

INSTITUT FÜR MITTELSTANDSFORSCHUNG BONN (IfM) (2002): Finanzierung des Mittelstands, Bonn.

JANNEY, JAY J./DESS, GREGORY G. (2000): The Signalling Value of Investor Reputation in Assessing Start-up Firm Market Strategies, in: Frontiers of Entrepreneurship Research, S. 241-255.

JANSEN, STEFAN A. (2000): Mergers & Acquisitions: Unternehmensakquisitionen und Kooperationen, 2. Auflage, Wiesbaden.

JUNG, WILLI (1993): Praxis des Unternehmenskaufs, 2. Auflage, Stuttgart.

KALIGIN, THOMAS (1995): Unternehmenskauf, Heidelberg.

KAMBIL, AJIT/ESELIUS, ERIK D./MONTEIRO, KAREN A. (2000): Fast venturing: The quick way to start web businesses, in: Sloan Management Review 41, S. 55-67.

KEIBER, KARL/KRONIMUS, ANDRÉ/RUDOLF, MARKUS (2002): Bewertung von Wachstumsunternehmen am Neuen Markt, in: Zeitschrift für Betriebswirtschaft 72, S. 735-764.

KIRCHNER, H. (1998): Privatinvestoren, in: Achleitner, Ann-Kristin/Thoma, Georg F. (Hrsg.): Handbuch Corporate Finance: Konzepte, Strategien und Praxiswissen für das moderne Finanzmanagement, Köln.

KLUGE, JÜRGEN/MEFFERT, JÜRGEN/STEIN, LOTHAR (2000): The German road to innovation, in : The McKinsey Quarterly, S. 99-105.

KNIGHT, RUSSELL M. (1994): Criteria Used by Venture Capitalists: A Cross Cultural Analysis, in: International Small Business Journal 13, S. 26-37.

KNOTT, HERMANN/MIELKE, WERNER/WEIDLICH, THOMAS (2001): Unternehmenskauf, Köln.

KOCH, WOLFGANG/WEGMAN, JÜRGEN (2001): Praktikerhandbuch Due Diligence - Chancen und Risiken - Analyse mittelständischer Unternehmen, 2.. Auflage, Stuttgart.

KOLLMANN, TOBIAS (2004): E-Venture. Grundlagen der Unternehmensgründung in der Net Economy, Wiesbaden.

KRAFFT, MANFRED (2002): Kundenbindung und Kundenwert, Heidelberg.

KRAFFT, MANFRED/RUDOLF, MARKUS/RUDOLF-SIPÖTZ, ELISABETH (2005): Valuation of customers in new technology start-up companies - a scenario based model, erscheint in: Schmalenbach's Business Review 57.

KRONIMUS, ANDRÉ (2003): Firm valuation in continuous time, Dissertation, WHU.

KRÜGER, DIRK/KALBFLEISCH, EBERHARD (1999): Due Diligence bei Kauf und Verkauf von Unternehmen - Rechtliche und steuerliche Aspekte der Vorprüfung beim Unternehmenskauf, in: DStR, S. 174-180.

KULICKE, MARIANNE/BROß, ULRIKE/GUNDRUM, UWE (1997), Innovationsdarlehen als Instrument zur Förderung kleiner und mittlerer Unternehmen, Heidelberg.

LANDSTROM, HANS (1990): Cooperation between Venture Capital Companies and Small Firms, in: Entrepreneurship and Regional Development 2, S. 345-362.

LANDSTROM, HANS (1992): The Relationship Between Private Investors and Small Firms: An Agency Theory Approach, in: Entrepreneurship & Regional Development 4, S. 199-223.

LEIBINGER, BERTHOLD (1992): Übernahme- und Beteiligungsversuche aus Sicht der Eigentümer von Akquisitionsobjekten, in: SIEBEN, GÜNTER (Hrsg.), Unternehmensakquisitionen: Strategien und Abwehrstrategien, Stuttgart

LERNER, JOSH (1994): Venture capitalists and the decision to go public, in: Journal of Financial Economics 35, S. 293-316.

LESSAT, VERA/HEMER, JOACHIM/ECKERLE, TOBIAS H. (1999): Beteiligungskapital und Technologieorientierte Unternehmensgründungen, Gutachten für das

BMWi, erstellt vom Fraunhofer-Institut für Systemtechnik und Innovationsforschung (FhG-ISI), Karlsruhe und dem Zentrum für Europäische Wirtschaftsforschung (ZEW), Mannheim.

LIN, TIMOTHY (1996): The Certification Role of Large Block Shareholders in Initial Public Offerings: The Case of Venture Capitalists, in: Quarterly Journal of Business and Economy 35, S. 55-65.

LORENZ, MATTHIAS/SEELIGER, CARSTEN W. (2000): Corporate Venture Capital, in: Finanz Betrieb 2, S. 658-662.

LUTTER MARCUS (1998): Der Letter of Intent, 3. Auflage, Köln et al.

LÜDKE, ULRIKE/FRIEN, BASTIAN (2001): Der beste Freund des Übernahmekandidaten - M&A-Berater: Was sie können - und was nicht, in: Finance 28, S. 10-30.

MACMILLAN, IAN C./KULOW, DAVID M./KHOYLIAN, ROUBINA (1988): Venture Capitalists' Involvement in Their Investments: Extent and Performance, in: Journal of Business Venturing 3, S. 27-47.

MANSFIELD, EDWIN (1988): The Speed and Cost of Industrial Innovation in Japan and the United States: External vs. Internal Technology, in: Management Science 34, S. 1157-1168.

MARCUS, BRUCE W./WALLACE, SHERWOOD LEE (1997): New Dimensions in Investor Relations, New York.

MASON, COLIN M./HARRISON, RICHARD T. (1994): Informal Venture Capital in the UK, in: Hughes, Alan/Storey, David J. (Hrsg.): Finance and the Small Firm, London, S. 64 - 111.

MASON, COLIN M./HARRISON, RICHARD T. (1996): Informal Venture Capital: A Study of the Investment Process, the Post-Investment Experience and Investment Performance, in: Entrepreneurship & Regional Development 8, S. 105-125.

MAULA, JARKKU/MURRAY, GORDON (2000): Corporate venture capital and the creation of US public companies: the impact of sources of venture capital on the performance of portfolio companies, Working Paper, Helsinki University.

MAYER, MATIJA D. (2001): Venture Capital Backing als Qualitätsindikator beim IPO am Neuen Markt?, in: Zeitschrift für Betriebswirtschaft 71, S. 1043-1063.

MEISSNER, GERD (2001): SAP – die heimliche Software-Macht. Wie ein mittelständisches Unternehmen den Weltmarkt eroberte, München.

MENZEL, ROBIN R./DOBRO, MARC (2004): Historische Entwicklung des Private-Debt-Marktes in den USA und Europa, in: Achleitner, Ann-Kristin/von

Einem, Christoph/von Schröder, Benedikt (Hrsg.): Private Debt – alternative Finanzierung für den Mittelstand, Stuttgart, S. 93-100.

MERKT, HANNO (1997): Internationaler Unternehmenskauf, Köln.

MEYER, JÖRN-AXEL/HANSEN, PETER (1999): Handbuch der Förderprogramme für kleine und mittlere Unternehmen, München.

MIAN, SARFRAZ A. (1996): The university business incubator: A strategy for developing new research/technology-based firms, in: Journal of High Technology Management Research 7, S. 191-209.

MIAN, SARFRAZ A. (1997): Assessing and managing the university technology business incubator: An integrative framework, in: Journal of Business Venturing 12, S. 251-285.

MODIGLIANI, FRANCO/MILLER, MERTON (1958): The Cost of Capital, Corporation Finance and the Theory of Investment, in: American Economic Review 48, S. 261-297.

MONEY, MARK L. (1970): University-related research parks, in: Industrial Research, S. 62-64.

MORRIS, JANE K. (1988): The Pricing of a Venture Capital Investment, in: Morris, Jane K./Pratt, Stanley E. (Hrsg.): Pratt's Guide to Venture Capital Sources, 12. Auflage, Needham, S. 55-61.

MOSER, ANTON C. (1991): Gefahren beim Kauf von Unternehmen, Stuttgart et al.

MUCK, MATTHIAS/RUDOLF, MARKUS (2003): How Technology Stocks have become poor dogs and not cash cows, Editorial, in: Financial Markets and Portfolio Management 17, S. 1-8.

MÜLLER-STEWENS, GÜNTER/SPICKERS, JÜRGEN/DEISS, CHRISTIAN (1999): Mergers & Acquisitions, Stuttgart.

MYERS, STEWART C. (1977): Determinants of corporate borrowing, in: Journal of Financial Economics 5, S. 147-175.

NATHUSIUS, KLAUS (2001): Grundlagen der Gründungsfinanzierung, Wiesbaden.

NATHUSIUS, KLAUS (2003): Gründungsfinanzierung – Wie Sie mit dem geeigneten Finanzierungsmodell Ihren Kapitalbedarf decken, Frankfurt.

NOACK, ULRICH (2001): Gesellschaftsrechtliche Aspekte des Börsengangs, in: Achleitner, Ann-Kristin/Bassen, Alexander (Hrsg.): Investor Relations am Neuen Markt, Stuttgart, S. 335-351.

NORTON, EDGAR/TENENBAUM, BERNHARD H. (1993): Specialization versus Diversification as a Venture Capital Investment Strategy, in: Journal of Business Venturing 8, S. 431-442.

NVCA (Hrsg.) (2002): National Venture Capital Association Yearbook 2002, Newark.

OSNABRUGGE, MARK VAN (1998): Comparison of Business Angels and Venture Capitalists: Financiers of Entrepreneurial Firms, Oxford.

OSNABRUGGE, MARK VAN/ROBINSON, ROBERT J. (2000): Angel Investing, San Francisco.

OSSADNIK, WOLFGANG (1995): Die Aufteilung von Synergieeffekten bei Fusionen, Stuttgart.

OVERESCH, HUBERT (2003): Rating Advisory aus Sicht der Banken, in: Achleitner, Ann-Kristin/Everling, Oliver (Hrsg.): Rating Advisory. Mit professioneller Beratung zum optimalen Bonitätsurteil, Wiesbaden, S. 45-53.

PACK, HEINRICH (2000): Due Diligence, in: Picot, Gerhard (Hrsg.): Handbuch Mergers & Acquisitions, Stuttgart, S. 221-254.

PARKER, A. (2000): European Incubators: Watch for the shakeout, Forrester Research, Amsterdam.

PERRIDON, LOUIS/STEINER, MANFRED (1993): Finanzwirtschaft der Unternehmung, 7. Auflage, München.

PFEIFFER, FRIEDHELM/REIZE, FRANK (2000): Business start-ups by the unemployed – an econometric analysis based on firm data, in: Labour Economics 7, S. 629-663.

PFIRRMANN, OLIVER/WUPPERFELD, UDO/LERNER, JOSH (1997): Venture Capital and New Technology Based Firms: A US-German Comparison, Fraunhofer Institute for Systems and Innovation Research (ISI) Technology, Innovation and Policy Series, Heidelberg.

PICHOTTA, ANDREAS (1990): Die Prüfung der Beteiligungswürdigkeit von innovativen Unternehmungen durch Venture-Capital-Gesellschaften, Bergisch-Gladbach.

PICOT, GERHARD (1998): Unternehmenskauf und Restrukturierung, 2. Auflage, München.

RAH, JOONGDOUG/JUNG, KYUNGJIN/LEE, JINJOO (1994): Validation of Venture Evaluation Model in Korea, in: Journal of Business Venturing 9, S. 509-524.

RAJAN, RAGHURAM (1992): Insiders and Outsiders: The Choice between Informed and Arm's-Length Debt, in: The Journal of Finance 47, S. 1367-1400.

RAJAN, RAGHURAM/WHINTON, ANDREW (1995): Covenants and Collateral as Incentives to Monitor, in: The Journal of Finance 50, S. 1113-1146.

REDEN, ECKART VON/STRUCK, JOCHEN (2002): Nutzen und Wirkung öffentlicher Förderprogramme für Wachstumsunternehmen, in: Hommel, Ulrich/Knecht, Thomas C. (Hrsg.): Wertorientiertes Start-up Management, München, S. 413-428.

REIßIG-THUST, SOLVEIG (2003): Venture-Capital-Gesellschaften und Gründungsunternehmen. Empirische Untersuchung zur erfolgreichen Gestaltung der Beziehung, Wiesbaden.

REIßIG-THUST, SOLVEIG/BRETTEL, MALTE/WITT, PETER (2004): Vertragsgestaltung durch Venture Capital-Gesellschaften, in: Finanz Betrieb 6, S. 636-645.

RICHARDS, HUGH (2000): Recipe for a Capital Take, in: Birley, S./Muzyka, D. F. (Hrsg.): Mastering Entrepreneurship: The Complete MBA Companion in Entrepreneurship, London, S. 130-134.

RIND, KENNETH W. (1981): The role of venture capital in corporate development, in: Strategic Management Journal 2, S. 169-180.

ROCK, MILTON L. (1987): The Mergers & Acquisitions Handbook, New York.

ROY, ASIM (1989): Optimal Offer Strategies in Mergers and Acquisitions, in: Decisions Sciences Journal 20, S. 591-601.

RUDOLPH, BERND/FISCHER, CHRISTOPH (2000): Der Markt für Private Equity, in: Finanz Betrieb 2, S. 49-56.

RUDOLF, MARKUS/WITT, PETER (2002): Bewertung von Wachstumsunternehmen – Traditionelle und innovative Methoden im Vergleich, Wiesbaden.

RUDOLF, MARKUS/WITT, PETER (2002): Wachstumsunternehmen: Historie, Branchen, Bewertung, in: Das Wirtschaftsstudium, Nr. 10, S. 1247-1257.

RUDOLF, MARKUS/WITT, PETER (2003): Die Bewertung von KMU's – Möglichkeiten und Grenzen des Realoptionsansatzes, in: Meyer, Jörn-Axel (Hrsg.): Unternehmensbewertung und Basel II – in kleinen und mittleren Unternehmen, Lohmar/Köln, S. 141-155.

RUDOLF-SIPÖTZ, ELISABETH (2001): Kundenwert: Konzeption - Determinanten – Management, St. Gallen.

SAHLMANN, WILLIAM A. (1997): How to Write a Great Business Plan, in: Harvard Business Review 75, S. 98-109.

SAHLMAN, WILLIAM A./STEVENSON, H. H. (1985): Capital Market Myopia, in: Journal of Business Venturing 1, S. 7-30.

SATTLER, ANDREAS (1995): Kapitalbeteiligungsgesellschaften, in: Gerke, Wolfgang/Steiner; Manfred (Hrsg.): Handwörterbuch des Bank- und Finanzwesens, 2. Auflage, Stuttgart, S. 1092-1098.

SCHANZ, KAY (2000): Börseneinführung: Recht und Praxis des Börsengangs, München.

SCHEFCZYK, MICHAEL (1999): Erfolgsdeterminanten von Venture Capital-Investments in Deutschland, in: Zeitschrift für betriebswirtschaftliche Forschung 51, S. 1123-1145.

SCHEFZCYK, MICHAEL (2000): Erfolgsstrategien deutscher Venture Capital-Gesellschaften, 2. Auflage, Stuttgart.

SCHEFCZYK, MICHAEL/GERPOTT, THOMAS J. (1998): Beratungsunterstützung von Portfoliounternehmen durch deutsche Venture Capital Gesellschaften: Eine empirische Untersuchung, in: Zeitschrift für Betriebswirtschaft, Ergänzungsheft Nr. 2 68, S. 143-166.

SCHEFCZYK, MICHAEL/PANKOTSCH, MICHAEL (2003): Betriebswirtschaftslehre junger Unternehmen, Stuttgart.

SCHERER, MIRKO/BASSEN, PETRA (2001): Die Bedeutung von Investor Relations beim Börsengang, in: Achleitner, Ann-Kristin/Bassen, Alexander (Hrsg.): Investor Relations am Neuen Markt, Stuttgart, S. 719-732.

SCHERRER, WALTER (1996): Lange Wellen, neue Technologien und Beschäftigung: Ein Überblick, in: Wirtschaftspolitische Blätter 43, S. 132-141.

SCHILDBACH, THOMAS (1995): Der Verkäufer und das Unternehmen "wie es steht und liegt": Zur Unternehmensbewertung aus Verkäufersicht, in: Zeitschrift für betriebswirtschaftliche Forschung 47, S. 620-632.

SCHMIDT, REINHARDT H. (1986): Grundzüge der Investitions- und Finanzierungstheorie, 2. Auflage, Wiesbaden.

SCHMIDTKE, AXEL (1985): Praxis des Venture Capital-Geschäfts, Landsberg am Lech.

SCHMITZ-VALCKENBERG, COLLIN (2003): Verkaufsprozess mittelständischer Unternehmen: Empirische Untersuchung der Einflussfaktoren auf die Preisbildung, Wiesbaden.

SCHRÖDER, CHRISTOPH (1992): Strategien und Management von Beteiligungsgesellschaften: Ein Einblick in Organisationsstrukturen und Entscheidungsprozesse von institutionellen Eigenkapitalinvestoren, Baden-Baden.

SCHRÖER, EVELYN/FREUND, WERNER (1999): Neue Entwicklungen auf dem Markt für die Übertragung mittelständischer Unternehmen, IFM-Materialien Nr. 136, Bonn.

SCHUMPETER, JOSEF A. (1934): Theorie der wirtschaftlichen Entwicklung, 4. Auflage, Leipzig.

SCHUMPETER, JOSEF A. (1972): Kapitalismus, Sozialismus, Demokratie, 3. Auflage, München.

SCHWARTZ, EDUARDO S./MOON, MARK (2000): Rational Pricing of Internet Companies, in: Financial Analysts Journal 56, S. 62-75.

SCHWARTZ, EDUARDO S./MOON, MARK (2001): Rational Pricing of Internet Companies Re-visited, in: Financial Review 36, S. 7-26.

SCHWEEN, KARSTEN (1996): Corporate Venture Capital: Risikokapitalfinanzierung deutscher Industrieunternehmen, Wiesbaden.

SEILER, KARL (2000): Unternehmensverkauf - das Unternehmen richtig darstellen, den passenden Käufer finden, steuersparend veräußern, Landsberg/Lech.

SHEPERD, DEAN A./ETTENSON, RICHARD/CROUCH, ANDREW (2000): New Venture Strategy and Profitability, in: Journal of Business Venturing 15, S.449-467.

SHERMAN, HUGH D. (1999): Assessing the intervention effectiveness of business incubation programs on new business start-ups, in: Journal of Developmental Entrepreneurship 4, S. 117-133.

SHRADER, RODNEY C./SIMON, MARK (1997): Corporate versus independent new ventures : resource, strategy, and performance differences, in: Journal of Business Venturing 12, S. 47-66.

SHULMAN, JOEL M. (1997): Debt and other forms of financing, in: Bygrave, William D. (Hrsg.): The Portable MBA in Entrepreneurship, 2. Auflage, New York et al., S. 210-241.

SIEGEL, ROBIN/SIEGEL, ERIC/MACMILLAN, IAN C. (1988): Corporate venture capitalists: Autonomy, obstacles, and performance, in: Journal of Business Venturing 3, S. 233-247.

SIMON, MARK/HOUGHTON, SUSAN M./GURNEY, JUDITH (1999): Succeeding at Internal Corporate Venturing: Roles Needed to Balance Autonomy and Control, in: Journal of Applied Management Studies 8, S. 145-159.

SINNECKER, MARC (1994): Die Gestaltung von Informationsmemoranden für Unternehmenskäufe, Diplomarbeit, Hochschule St. Gallen, St. Gallen.

SMILOR, RAYMOND W. (1987): Managing the incubator system: Critical success factors to accelerate new company development, in: IEEE – Transactions on Engineering Management 43, S. 146-155.

SMILOR, RAYMOND W./GILL, MICHAEL D. JR. (1986): The New Business Incubator, Linking Talent, Technology, Capital and Know-how, New York.

SMITH, JANET K./SMITH, RICHARD L. (2000): Entrepreneurial Finance, New York et al.

SOHL, JEFFREY E./OSNABRUGGE, MARK VAN/ROBINSON, ROBERT (2000): Models of Angel Investing, Portals to the Early Stage Market, Annual Babson College Research Conference, Babson, S. 1-12.

SPIELBERGER, KARL (1996): Kauf von Krisenunternehmen, Wiesbaden.

STEDLER, HEINRICH/PETERS, HANS-HEINRICH (2002): Business Angels in Deutschland: Empirische Studie der FH Hannover im Auftrag der tbg Technologie-Beteiligungs-Gesellschaft mbH der Deutschen Ausgleichsbank, Bonn.

STEINER, MANFRED/STARBATTY, NIKOLAUS (2003): Bedeutung von Ratings in der Unternehmensfinanzierung, in: Achleitner, Ann-Kristin/Everling, Oliver (Hrsg.): Rating Advisory. Mit professioneller Beratung zum optimalen Bonitätsurteil, Wiesbaden, S. 15-35.

STIGLITZ, JOSEPH E./WEISS, ANDREW (1981): Credit rationing in markets with imperfect information, in: American Economic Review 71, S. 393-410.

STRINGER, ROBERT (2000): How To Manage Radical Innovation, in: California Management Review 42, S. 70-88.

STRUCK, JOCHEN/THOMSEN, UWE/KUHN, CLAUDIA (1998): Gründungsfinanzierung und Überbrückungsgeld – Zwei Förderansätze, eine Zielgruppe?, Bonn-Bad Godesberg.

SUDHOFF, HEINRICH (2000): Unternehmensnachfolge, 4. Auflage, München.

SULLIVAN, MARY. K. (1990): Segmenting the Informal Investment Market: A Benefit-based Typology of Informal Investors, Dissertation, The University of Tennessee, Knoxville.

SWEETING, ROBERT C./WONG, C. F. (1997): A UK "Hands-Off" Venture Capital Firm and the Handling of Post-Investment Investor-Investee Relationships, in: Journal of Management Studies 34, S. 125-152.

SYKES, HOLLISTER B. (1990): Corporate Venture Capital: Strategies for Success, in: Journal of Business Venturing 5, S. 37-47.

TAMASY, CHRISTINE (1996): Technologie- und Gründerzentren in Ostdeutschland – eine regionalwirtschaftliche Analyse, Münster.

THORNHILL, STEWART/AMIT, RAPHAEL (2000): A dynamic perspective on internal fit in corporate venturing, in: Journal of Business Venturing 16, S. 25-50.

TIMMONS, JEFFRY A./SPINELLI, STEPHEN (2004): New Venture Creation: Entrepreneurship for the 21st Century, 6. Auflage, Boston et al.

TREYNOR, JACK L. (1994): Growth companies, in: Financial Analysts Journal 50, S. 12-16.

TSCHAMMER-OSTEN, GEORG (1996): Business Angel, in: Die Betriebswirtschaft 56, S. 716-719.

TÜMPEN, MARIANNE (2001): Corporate Venture Capital – Ein Instrument für eine erfolgreiche Partnerschaft von Großorganisationen und Start-up-Unternehmen, in: Sadowski, Dieter (Hrsg.): Entrepreneurial Spirits, Wiesbaden 2001, S. 91-102.

TYEBJEE, TYZOON T./BRUNO, ALBERT V. (1984): A Model of Venture Capitalist Investment Activity, in: Management Science 30, S. 1051-1066.

UDELL, GREGORY F. (2004): SME lending: Defining the Issues in a Global Perspective, Working Paper, Kelley School of Business, Indiana University.

URY, WILLIAM (1993): Getting Past No. Negotiating Your Way From Confrontation To Cooperation, New York et al.

UZZI, BRIAN (1997): Social Structure and Competition in Interfirm Networks: The Paradox of Embeddedness, in: Administrative Science Quarterly 42, S. 35-67.

UZZI, BRIAN (1999): Embeddedness in the making of financial capital: how social relations and networks benefit firms seeking financing, in: American Sociological Review 64, S. 481-505.

VON EINEM, CHRISTOPH/SCHMID, STEFANIE (2004): Moderne Private-Debt-Finanzierungsinstrumente und deren rechtliche Implementierung, in: Achleitner, Ann-Kristin/von Einem, Christoph/von Schröder, Benedikt (Hrsg.): Private Debt – alternative Finanzierung für den Mittelstand, Stuttgart, S. 147-167.

VON EINEM, CHRISTOPH/TRÄNKLE, CLAUDIA (2003): Controllingsysteme für Investoren im Rahmen von Venture-Capital-Verträgen, in: Achleitner, Ann-Kristin/Bassen, Alexander (Hrsg.): Controlling von jungen Unternehmen, Stuttgart, S. 453-467.

WARNHOLTZ, THOMAS A. (2004): Private-Debt-Markt und Finanzierungsinstrumente aus Investorensicht, in: Achleitner, Ann-Kristin/von Einem, Christoph/von Schröder, Benedikt (Hrsg.): Private Debt – alternative Finanzierung für den Mittelstand, Stuttgart, S. 101- 110.

WEITNAUER, WOLFGANG (2001): Ein Mehr zu Venture Capital: Der New Economy Inkubator, in: Finanz Betrieb 3, S. 461-465.

WETZEL, WILLIAM E. (1982): Risk Capital Research, in: Kent, Calvin A./Sexton, Donald L./Vesper, Karl H. (Hrsg.): Encyclopedia of Entrepreneurship, Englewood Cliffs.

WETZEL, WILLIAM E., JR. (1983): Angels and Informal Risk Capital, in: Sloan Management Review 24, S. 23-34.

WETZEL, WILLIAM E. (1997): Venture capital, in: Bygrave, William D. (Hrsg.): The Portable MBA in Entrepreneurship, 2. Auflage, New York et al., S. 184-209.

WINTERS, TERRY E./MURFIN, DONALD L. (1988): Venture Capital Investing for Corporate Development Objectives, in: Journal of Business Venturing 3, S. 207-222.

WITT, PETER (2002): Investor Relations, in: Hommel, Ulrich/Knecht, Thomas C. (Hrsg.): Wertorientiertes Start-up Management, München, S. 508-525.

WITT, PETER (2003): Corporate Governance-Systeme im Wettbewerb, Wiesbaden.

WITT, PETER (2004): Entrepreneurs' networks and the success of start-ups, in: Entrepreneurship & Regional Development 16, Nr. 5, S. 391-412

WITT, PETER/BRACHTENDORF, GERMAN (2002): Gründungsfinanzierung durch Großunternehmen, in: Die Betriebswirtschaft 62, S. 681-692.

WITT, PETER/ROSENKRANZ, STEPHANIE (2002): Netzwerkbildung und Gründungserfolg, in: Zeitschrift für Betriebswirtschaft 72, Ergänzungsheft 5, S. 85-106.

WITT, PETER/SCHMIDT, TOBIAS (2002): Venture Capital, Börsengänge und Beteiligungsexits, in: Finanz Betrieb 4, S. 752-756.

WITT, PETER/ZILLMER, PETER (2002): Strategie- und Strukturveränderungen bei Inkubatoren in Deutschland, in: Finanz Betrieb 4, S. 190-194.

WRIGHT, MIKE/ROBBIE, KEN (1998): Venture Capital and Private Equity: A Review and Synthesis, in: Journal of Business, Finance & Accounting 25, S. 521-570.

ZEMKE, INGO (1995): Die Unternehmensverfassung von Beteiligungskapitalgesellschaften: Analyse des Institutionellen Designs deutscher Venture Capital-Gesellschaften, Wiesbaden.

ZILLMER, PETER (2003), Going Private. Der freiwillige Börsenrückzug in Deutschland, Wiesbaden.

Stichwortverzeichnis

W

Y

Z